都市农林特色复合应用型

人才培养模式的创新与实践

武 艳　马兰青 / 主编

中国农业出版社
北 京

本书由2023年中国高等教育学会高等教育科学研究规划课题——“高水平应用型都市农林人才实践体系研究”、2023年北京高等教育“本科教学改革创新项目”——“都市农林特色的高校基层教学组织建设与发展路径研究”和2023年北京市高等教育学会课题——“高水平应用型大学美育工作的研究与实践”资助。

本书编委会

主　编： 武　艳　马兰青

副主编： 董利民　颜亭玉　李志敏　郑冬梅

编　委（按姓氏笔画排序）：

丁　轲　于连贵　马　宁　王　蒸

王　燕　王　鑫　王玉辞　王占英

王树涛　孔兵兵　乔　多　刘续航

齐　莉　孙薇薇　李佳琪　肖广军

时　梦　吴卫元　吴雨桐　何美丽

宋迎迎　张人可　张红梅　张铜庆

陈静怡　郑　桐　赵汗青　赵筱萌

段慧霞　姜　楠　姚　华　莫建玲

徐广才　徐会松　郭传真　郭贵川

崔丽娜　崔婷婷　梁晓彤　董　翔

董占萍　韩莹琰　程　丹　樊林栋

魏占勇

前言

党的二十大报告中明确提出，全面建设社会主义现代化国家，最艰巨最繁重的任务仍然在农村，并着重强调要始终坚持把解决好“三农”问题作为全党工作的重中之重。党的二十届三中全会强调了教育、科技、人才在中国式现代化中的基础性、战略性支撑作用，并对此进行了深入的部署和规划，这些都为新时代高等农林教育指明了方向。北京农学院深入学习贯彻党的二十大和二十届三中全会精神，紧密结合北京都市农林业发展的新需求，以学校第四次党代会为新的起点，围绕全面建设具有都市农林特色的高水平应用型大学的办学定位，坚持德智体美劳“五育”并举，持续优化并完善人才培养体系，全面提高人才培养质量。

为系统回顾和总结北京农学院自2023年以来在教育教学改革方面所取得的显著成果和宝贵经验，教务处精心组织教学改革论文的征集工作，并将这些优秀成果汇编成册。本书紧密围绕人才培养、课程思政、课堂教学、实践教学、教学质量以及信息化教学等关键领域，进行了深入的理论探讨和实践总结。针对当前高等教育改革与发展中的热点、难点问题，以及高校教育教学面临的紧迫挑战，提出了具有创新性的改革思路、举措和目标。本书成果充分展示了北京农学院教师在教学研究领域的深厚功底和勇于探索的精神风貌，旨在推动农林高等教育实现内涵式发展，更好地服务于复合应用型都市农林人才的培养。

由于本书涵盖的内容广泛，编纂时间紧迫，因此在编校过程中难免存在疏漏和不足。我们诚挚地希望广大读者能够提出宝贵的意见和建议，以便我们不断完善和提高。同时，我们坚信本书的出版将进一步丰富都市型高等农林高校在人才培养研究方面的成果，为复合应用型都市农林人才的培养提供积极的引领、示范和导向作用。在此，我们向为本书付出辛勤努力的学校领导、广大教师和教学管理人员表示衷心的感谢，同时特别感谢中国农业出版社为本书的顺利出版所做出的贡献。

目录

课程与教材建设

实 践 教 学

教 学 质 量 建 设

信 息 化 教 学

人才培养模式

应用型本科院校兽医人才“产—学—研”培养路径探索

徐胜奎[①] 阮文科

摘要： 兽医行业作为保障动物健康、维护人类健康与生态安全的重要领域，对人才的需求呈现多元化、专业化的特点。兽医学科为应用型学科，既要服务于畜牧业，又要保障伴侣动物健康。兽医人才培养过程中应以教学为中心、科研为先导、产业为基础，实现“产—学—研”融合的培养模式，为社会培养具有扎实理论基础、刻苦钻研品格、能解决实际问题的专业人才，践行“为党育人、为国育才”的初心使命。

关键词： 兽医人才；产—学—研；人才培养；教学改革

北京农学院为都市农林特色鲜明、优势明显的高等农业院校，目标是建设都市农林特色高水平应用型大学。随着经济发展方式的转变和产业结构转型的升级，我国职业教育人才培养目标正从“高素质技能型人才”转变为“应用技术技能型人才”。北京农学院作为首都兽医人才培养的主要阵地，必须紧密对接行业需求，创新人才培养模式，提高人才培养质量。然而，当前应用型本科院校兽医人才培养存在课程设置不够合理、实践教学环节薄弱、产学研合作不够深入等问题。因此，探索“产—学—研”相结合的兽医人才培养路径显得尤为重要，本文可为我国兽医人才培养改革提供借鉴与思考。

一、兽医人才培养现状及存在问题

1. 课程体系设置不健全

本科生课程体系设置过程中往往是过于偏重理论知识，而关于兽医临床技能、动物疫病防控、企业经营管理、生物安全等实践内容设置较少。这导致尽管学生在理论知识的掌握上较为扎实，但实际操作和问题解决能力存在不足。此外，部分院校在开展实验课的过程中存在课时较少、重视程度不够等问题，导致在教学过程中无法保证实操得到锻炼，学生实践技能掌握不到位，最终导致理论与实践的脱节。

动物医学专业的课程体系设置应该紧密结合兽医行业的实际需求，但现实中，一些院校在教学安排和课程设计上未能充分考虑到这一点。它们可能更偏向于为大中城市及大中型企业培养兽医高级管理及技术人员，而忽略了农村或基层市场的需求。这使得人才培养的特色不突出，与中职教育、普通本科教育的差异不明显。本科生教学过程应该要全面，

---

① 作者简介：徐胜奎，男，博士，讲师，主要研究方向为动物分子病毒学与免疫学。

同时体现出学校的特色之处，并且要有职业导向和特色。

课程更新速度滞后。随着兽医行业的不断发展和新的兽医技术的不断涌现，动物医学专业的课程体系也需要不断更新和完善。然而，一些院校由于各种原因，可能无法及时跟上行业的步伐，导致课程内容陈旧，无法满足现代兽医行业的需求。

2. 人才培养特色不突出

动物医学是一个广泛而复杂的领域，涉及兽医临床、动物疫病防控、动物营养与饲料、兽药研发等多个方向。然而，在实际教学过程中，部分院校没有很好地针对不同方向和领域的需求进行课程设置，导致培养的学生缺乏明显的专业特色。例如，北京农学院以中兽医为特色，应该在教学以及实践过程中凸显出来，为我国中兽医发展提供更好的平台及人才储备。因此，课程设置一定要有针对性。

实践教学环节薄弱。北京农学院动物医学专业为五年制培养，强调学生的实践能力与动手能力。动物医学是一个实践性很强的专业，要求学生具备丰富的实践经验和动手能力。但是，在实际培养过程中，学生参与实践教学的积极性不高，且质量参差不齐，使得学生的实际操作能力和解决问题的能力无法得到有效的锻炼和提升。这在一定程度上削弱了人才培养的特色。

此外，师资队伍的结构和素质也影响了人才培养特色的形成。如果教师队伍缺乏行业经验、对新知识和技术不够敏感、教学方法和手段落后等，那么就难以培养出具备创新精神和实践能力的高素质动物医学人才。

3. 实践教学不足

在动物医学人才培养过程中，实践教学不足是一个显著的问题，会直接影响学生的实际操作能力、问题解决能力以及行业适应性的提升。以下是对当前实践教学不足的现状分析。

（1）对实践教学重视程度不够。与理论学习不同，实践教学在课程评价及考核过程中存在不完善，导致学生在实践教学过程中重视程度不足，不能很好地利用实践机会得到有效锻炼，很难将理论知识转化为实际操作技能。

（2）实践教学资源不足。部分实践课程在开展过程中由于资金、场地等限制，缺乏足够的实践教学资源，如实验室设备、动物医院或实习基地等。这导致学生无法获得充分的实践机会，难以积累实际操作经验。

（3）实践教学与行业需求脱节。由于教学内容更新不及时，未能跟上行业发展的步伐，或者是因为实践教学缺乏与行业的有效对接和沟通。当学生进入工作岗位之后，无法迅速融入工作之中，导致学习积极性下降。

（4）实践教学的师资力量薄弱。一些院校中，拥有丰富实践经验的教师资源相对匮乏，导致实践教学质量不高。目前，教师的考核往往是针对科研水平，学校无法引进适用于实践的教师。因此，在进行人才引进的过程中要进行全面的考核。

（5）实践教学评估与反馈机制不完善。实践教学的评估与反馈机制对于提升实践教学质量至关重要。然而，当前部分院校的实践教学评估与反馈机制尚不完善，无法有效地对实践教学进行监督和改进。

通过提高上述问题，可以有效地提升动物医学人才培养过程中的实践教学质量，培养出更多具备实际操作能力和问题解决能力的高素质动物医学人才。

4. 兽医人才流失

首先，由于兽医工作的特殊性，包括工作条件相对艰苦、收入待遇不高、工作压力大等因素，导致许多兽医人才选择离开行业，转向其他更有吸引力的领域。其次，不同地区和不同级别的兽医人才流失情况也存在差异。在经济发展相对落后的地区，由于兽医服务的需求相对较低，兽医人才更容易流失。在经济发达、畜牧业发展较好的地区，虽然对兽医人才的需求较高，但同样面临着人才流失的挑战。此外，兽医人才流失还受到一些其他因素的影响。例如，一些兽医人才可能因为对工作环境或职业发展不满意而选择离开；还有一些人可能因为个人原因，如家庭因素、健康状况等，而不得不放弃兽医工作。

兽医人才流失对畜牧业的发展和动物健康保护带来了不利的影响。因此，需要采取措施来加强兽医人才的培养和引进，提高兽医工作的待遇和吸引力，以减少人才流失的现象。例如，可以通过提高兽医的薪资水平、改善工作环境、加强职业培训等方式来吸引和留住兽医人才。

通过采取有效的措施，可以促进兽医人才的稳定和发展，为畜牧业的健康发展提供有力的保障。

二、"产—学—研"培养方式落实的要求

1. 人才培养模式需要转型升级

"产—学—研"培养方式是一种将产业、学校和研究机构紧密结合的人才培养模式。在这种模式下，学校、企业和研究机构共同参与人才培养过程，实现知识与实践的有机结合，提高学生的创新能力和实践技能。传统的"产—学—研"人才培养模式需要从以下几个方面进行转型升级。

首先，随着新技术、新业态的不断涌现，人才培养需要更加注重与市场需求的对接。这就要求"产—学—研"模式要紧密关注产业发展趋势，根据市场需求调整专业设置和课程内容，培养符合市场需求的高素质人才。

其次，人才培养需要更加注重创新能力和实践技能的培养。传统的"产—学—研"模式往往注重理论知识的传授，而忽视了实践技能和创新能力的培养。因此，转型升级的过程中，需要更加注重实践教学和实习实训环节，提高学生的实践能力和创新能力。

最后，人才培养需要更加注重跨学科、跨领域的综合型人才培养。在当今社会，单一领域的知识和技能往往难以满足复杂问题的需求。因此，"产—学—研"模式需要推动跨学科、跨领域的合作与交流，培养具备综合素质和创新能力的复合型人才。

针对以上要求，可以采取以下措施来推动"产—学—研"人才培养模式的转型升级：加强学校与企业的合作，建立稳定的合作关系和合作机制；加强研究机构的作用，推动科研成果的转化和应用；加强跨学科、跨领域的合作与交流。学校可以推动不同学科之间的交叉融合，建立跨学科的研究团队和教学团队，培养具备综合素质和创新能力的复合型人才。

总之，"产—学—研"人才培养模式的转型升级是当前社会经济发展的必然要求。通过加强学校、企业和研究机构的合作与交流，推动人才培养与市场需求对接，注重实践能

力和创新能力的培养，以及加强跨学科、跨领域的合作与交流，可以有效推动人才培养质量的提升和经济社会的发展。

2. 师资背景应多元化

师资力量是人才培养过程中的关键因素，直接关系到人才培养的质量和效果。在“产—学—研”合作的背景下，加强师资力量尤为重要。

首先，加强师资力量的建设需要注重教师的专业背景和实践经验。学校可以积极引进具有产业背景和研究经验的教师，或者鼓励现有教师参与产业实践和研究项目，以提升其实践能力和专业素养。同时，加强产学研合作，邀请产业界的专家和学者来校授课或开设讲座，为学生提供更广阔的视野和实践经验。

其次，加强师资培训和学习机会也是提升师资力量的重要途径。学校可以定期组织师资培训活动，提供学术交流和学术研讨的机会，鼓励教师参加学术会议和研讨会，以拓宽其学术视野、提升教学水平。此外，还可以建立与科研机构、企业等的合作机制，为教师提供实践研究和合作项目的机会，以促进其研究能力和实践经验的提升。

最后，加强师资力量的评估和激励机制也是必不可少的。学校可以建立科学的教师评价体系，对教师的教学水平、科研能力和实践经验进行全面评估，并根据评估结果给予相应的奖励和激励，以激发教师的积极性和创造力。

综上所述，加强师资力量是提升“产—学—研”人才培养质量的关键环节。通过引进优秀人才、加强师资培训和学习机会、建立评估和激励机制等措施，可以有效提升教师的专业素养和实践能力，为人才培养提供更加坚实的基础。

三、“产—学—研”培养人才的路径

“产—学—研”培养人才的路径是一个多元化、互动性的过程，旨在实现产业、学术与研究的深度融合，共同推动人才培养的质量提升。以下是一些关键的路径和步骤。

1. 明确人才培养目标

要确定人才培养的层次、专业方向以及所需的核心能力和素质。通过与产业界、学术界的深入沟通，确保人才培养目标紧密贴合市场需求和行业发展趋势。

2. 构建紧密的产学研合作关系

建立稳定、长期的产学研合作关系是实现“产—学—研”人才培养的关键。这包括与企业签订合作协议，共同设立研发中心、实践基地等，为学生提供实践机会和平台。

3. 优化课程设置与教学方法

在课程设置上，应根据人才培养目标和市场需求，加强跨学科、跨领域的课程整合，形成具有特色的课程体系。同时，注重理论与实践的结合，引入案例教学、项目驱动等教学方法，提高学生的实践能力和解决问题的能力。

4. 加强实践教学与实习实训

学校应与企业、科研机构等合作，共同制定实践教学计划，提供实践基地和指导教师。学生可以通过参与企业项目、实习实训等方式，了解实际工作环境和需求，提高实践能力和职业素养。

5. 推动科研成果转化与应用

学校应积极推动科研成果的转化和应用，将科研成果转化为教学资源和实践项目，为学生提供更多的学习和实践机会。同时，鼓励学生参与科研项目和学术活动，培养其创新意识和科研能力。

6. 建立评价与反馈机制

为确保“产—学—研”人才培养路径的有效性和可持续性，需要建立评价与反馈机制。这包括对人才培养过程进行定期评估，收集学生、企业、教师等各方的意见和建议，及时发现问题并进行改进。同时，建立人才培养成果的展示和分享平台，促进经验交流和成果推广。

通过明确目标、建立合作、优化教学、加强实践、推动转化以及建立评价反馈机制等措施，可以有效提升人才培养的质量和水平。

四、结论

应用型本科院校兽医人才“产—学—研”培养路径的探索，对于提高兽医人才培养质量具有重要意义。通过建立校企合作的实践教学体系、加强产学研结合、改革课程体系和加强师资队伍建设等措施，可以使应用型本科院校兽医人才培养更好地适应社会发展的需要。此外，各应用型本科院校应该根据实际情况，不断调整和完善兽医人才培养策略，努力提高兽医人才培养质量，为我国畜牧业的发展作出贡献。

参考文献

白瑞，王海东，孙子龙，等，2024. 动物医学专业产教融合校企协同育人模式的探索［J］. 产业与科技论坛（4）：135－138.

林海，姜世金，朱宝库，等，2022.“产教融合共同体”育人模式的构建与实践［J］. 高等农业教育（5）：20－27.

刘静雪，蔡青烽，林星朱，等，2024. 地方应用型高校现代产业学院建设模式研究［J］. 粮食加工（3）：129－132.

王申锋，钱明珠，2023. 产教深度融合视野下畜牧兽医类专业人才培养“实践范式”研究［J］. 安徽农业科学（24）：274－277.

辛俊亮，黄白飞，杨丽，2024. 应用型本科高校人才培养中存在的问题与对策［J］. 高教学刊（15）：168－171.

张瑞春，2020. 产教融合背景下应用型本科院校兽医人才培养路径探索［J］. 安徽农业科学（4）：265－268.

ChatGPT 生成式人工智能对中国高校国际化人才培养模式的影响*

杨　熙[①]　程小萌　耿瑞璇　高嘉齐　刘勇良

摘要：随着全球化的深入，人才国际化已经成为各国的共同目标。2020 年 6 月，《教育部等八部门关于加快和扩大新时代教育对外开放的意见》印发，进一步明确了推进我国教育现代化和培养具有全球竞争力人才的任务。近年来，我国高校不断适应世界发展变化，致力于构建国际化人才培养的新模式，加快培养具备全球视野的高层次国际化人才（马箫箫等，2024）。然而，2022 年 11 月，一款名为 ChatGPT（chat generative pre-trained transformer，简称 ChatGPT）的文本类人工智能应用产品问世，引发了社会各界的广泛关注。其表现出来的教育创新价值打破了我国高校国际化人才传统培养模式，冲击教师的角色定位，也为未来中国高等教育的改革带来了诸多挑战与机遇（朱永新等，2023）。

关键词：ChatGPT；高等教育改革；国际化人才培养

人工智能与教育融合需以人为本，注重高阶思维培养并建立伦理规范（吴砥等，2023）。其在职业教育、就业能力及高校课程内容重构方面影响深远（徐国庆等，2023；吴冰蓝等，2023）。生成式人工智能为国际化人才培养、高等教育变革和地方应用型高校就业育人提供了新路径，但也带来了伦理和公平挑战（李宝，2024；马箫箫等，2024；张鹏，2024）。研究强调提升师生智能素养和构建新型师生关系的重要性（杨俊锋，2024；张静，2024）。以下是相关文献总结（表 1）。

表 1　关于人工智能与教育融合的文献总结

发表时间	作者	论文名称	主要内容
2023 年 3 月	吴砥、李环、陈旭	人工智能通用大模型教育应用影响探析	人工智能与教育的融合发展要坚持以人为本，注重学生高阶思维培育，健全相应的伦理规范体系

* 本文系 2023 分类发展定额项目“人才培养质量提高经费：ChatGPT 对高等教育课程教学改革的影响研究和应对策略”；2024 北京市教育国际交流协会课题项目“人工智能在中外合作办学中辅助教学资源开发实践与挑战研究”（项目编号：YBGD202404）。

① 作者简介：杨熙，女，博士研究生，副教授，主要研究方向为创新创业、农村创业、数字教育。

（续）

发表时间	作者	论文名称	主要内容
2023年6月	徐国庆、蔡金芳、姜蓓佳、李政、杨惠、郑杰	ChatGPT/生成式人工智能与未来职业教育	从职业与职业能力、职业教育人才培养、职业院校科研等影响职业教育发展和体现职业教育重要职能的几个方面展开分析，揭示了ChatGPT影响下的未来职业教育图景
2023年1月	吴冰蓝、周丽萍、岳昌君	ChatGPT/生成式人工智能与就业替代：基于高校大学生能力供求的视角	我国在AI时代高校能力供求现状和特征以及高等教育对难以替代的核心能力的作用机制等方面形势严峻。各高校要锚准人才培养定位，重构教育课程内容，确保学生获得适应新技术要求的高阶能力，实现从“被动”向“积极主动”的劳动力市场政策转变
2024年3月	杨俊锋	生成式人工智能与高等教育深度融合：场景、风险及建议	有必要制定人工智能应用规范，缩小数字应用鸿沟，全面提升师生智能素养
2024年3月	李宝	生成式人工智能技术赋能教育变革的潜能、困境及突破路径	从把握教育变革中的价值坚守、提高教师智能技术素养、完善风险治理制度、建设教育大数据仓库、构建开放合理的版权使用制度等突破路径来引领生成式人工智能技术支持下的教育变革，进一步推动教育现代化发展、加快教育数字化转型
2024年4月	杜雨、夏雅倩	生成式人工智能如何影响劳动力市场？——基于中外文献的对比分析	通过对比分析中外文献在相关领域的研究异同，深入理解这一影响的跨文化特征，以及其对中国新时代劳动力市场的发展起到的指导性作用
2024年4月	马箫箫、刘林佳	生成式人工智能浪潮下高校国际化人才培养的范式转型	依据库恩的范式理论，得出通过虚拟时空与智能技术创新高校国际化人才培养实践与路径的同时，生成式人工智能浪潮也催生了对人才培养与高等教育国际化的价值反思的结论
2024年5月	张鹏	生成式人工智能赋能地方应用型高校就业育人的价值、困境与路径探索	人工智能技术的快速发展，为生成式人工智能赋能地方应用型高校就业育人带来了挑战和机遇，地方应用型高校应从各方面入手系统施策，构建智能化就业育人新生态，提升人才培养质量和学生就业竞争力
2024年5月	张静	生成式人工智能助力研究生教育变革的机遇、挑战与应对策略	需要坚持创新导向下的提质增效，警惕技术依赖下的算法偏见，构建增强心灵互动的新型师生关系，完善评价体系重塑学术公平，从而加快培养智能时代所需的拔尖创新型人才
2024年5月	王雯、李永智	国际生成式人工智能教育应用与省思	生成式人工智能推动现有产业组织形态、用工模式、用工理念发生根本性变化，进而重构人才培养目标、重塑教育形态、赋能科学评价。但同时生成式人工智能的“生成幻觉”问题，潜在的意识形态和伦理风险，师生之间的信任危机，以及对教育公平的新挑战也不容忽视

一、生成式人工智能与中外合作办学的交融基础

（一）ChatGPT 生成式人工智能技术行业概览

生成式人工智能技术，特别是像 ChatGPT 这样的模型，正在重塑教育领域的面貌。ChatGPT 以其卓越的自然语言处理能力，不仅能够创造出流畅、逻辑性强的文本，还能够进行复杂的对话交互，这为教育内容的个性化定制和交互式学习提供了前所未有的机会。据国际数据公司（IDC）的报告显示，到 2025 年，全球教育行业的 AI 市场价值预计将达到 200 亿美元，其中生成式 AI 将成为推动这一增长的重要力量（李森，2024）。

（二）中外合作办学模式简介

中外合作办学是中国高等教育国际化的关键策略之一，它通过与国际顶尖大学建立合作关系，不仅引进了高质量的教育资源，还促进了教育理念和管理经验的交流。目前，中国已与全球数十个国家和地区的数百所大学建立了合作关系，覆盖了从本科到博士教育的全链条，形成了包括联合学位、双学位、短期交流等多种合作模式（李莉，2024）。

（三）生成式人工智能技术在中外合作办学中的应用潜力

生成式人工智能技术在中外合作办学中的应用潜力具有多维度。首先，AI 技术能够辅助实现教学内容的本地化，通过智能翻译和文化适应性调整，使国际课程更加贴合中国学生的学习习惯。其次，AI 作为一个全天候的学习伙伴，提供及时的问题解答和学习支持，帮助学生克服学习障碍。最后，AI 技术通过大数据分析，为教师提供学生学习进度的实时反馈，帮助教师及时调整教学策略，提高教学效果（应益华等，2024）。

二、生成式人工智能在中外合作办学中的实际应用

（一）个性化学习路径的构建

个性化学习路径的构建是 AI 技术在教育中的一个重要应用。通过深度学习和数据挖掘技术，AI 系统能够分析学生的学习历史、能力和偏好，为其量身定制最适合的学习资源和路径。例如，中国的“智慧树”平台利用 AI 技术为学生提供个性化的课程推荐服务，显著提高学习效率和成果。这种个性化的学习体验不仅能够激发学生的学习兴趣，还能够帮助他们更有效地掌握知识和技能（吴冰蓝等，2024）。

（二）跨文化交流与语言学习的辅助

AI 技术在促进跨文化交流和语言学习方面发挥着重要作用。通过先进的语音识别和机器翻译技术，AI 工具如 Google Translate 和 iFlytek Translator 已成为学生在国际合作项目中沟通的重要助手（姜姗姗等，2024）。这些工具不仅提高了语言学习的效率，还增强了学生在全球化环境中的交流能力。例如，通过使用这些 AI 翻译工具，学生能够更容易地参与到跨国团队的项目中，促进了不同文化背景下的理解和合作（刘列斌，2024）。

（三）教学质量监控与评估的创新

AI 技术在教学质量监控和评估方面的作用日益显著。通过智能评分系统和学习分析工具，AI 能够帮助教师快速准确地评估学生的作业和考试，同时提供关于学生学习状态的深入洞察。例如，美国的 Turnitin 公司开发的 AI 评分工具，已经在全球范围内被广泛

应用于论文和作业的自动评分，极大地减轻了教师的负担。这种技术的应用不仅提高了评分的效率和公正性，还有助于教师更好地理解学生的学习进度，从而提供更有针对性的指导（喻国明等，2024）。

三、生成式人工智能对中外合作办学模式的正面影响

（一）提升教学效率与灵活性

AI技术的引入极大地提升了教学效率和灵活性。自动化教学管理系统和在线学习平台如Canvas和Moodle，利用AI技术优化了课程设计和学生管理流程，使教师能够更专注于教学内容的创新和学生个体差异的关注。例如，通过使用这些平台，教师可以轻松地发布课程资料、收集作业、进行在线讨论，同时还能够利用AI分析工具了解学生的学习动态，及时调整教学计划（周琼等，2024）。

（二）促进学生自主学习与创新能力培养

AI技术通过提供丰富的自主学习资源和即时反馈，激发了学生的自主学习动机和创新潜能。例如，麻省理工学院的Open Course Ware项目结合AI技术，为全球学生提供了开放获取的高质量教育资源，许多学生通过这些资源自学成才，展现出了卓越的创新能力。这种自主学习的环境鼓励学生主动探索知识，培养了其解决问题的能力和创新思维（岳瑨，2024）。

（三）加强国际教育资源的整合与共享

AI技术促进了国际教育资源的整合与共享，使得中外合作办学项目能够更有效地利用全球教育资源。平台如Coursera和edX不仅提供了来自世界各地的课程，还通过AI技术实现了课程内容和学习路径的个性化，使得学生能够根据自己的需求选择最合适的学习资源。这种资源的整合和共享不仅拓宽了学生的学习视野，还促进了全球教育的平等和包容（王小琳等，2022）。

（四）增强教育评估与研究的准确性和深度

生成式人工智能技术通过大数据分析和机器学习算法，为教育评估和研究提供了更为准确和深入的工具。在中外合作办学模式中，AI可以帮助分析学生的学习成果和教学效果，通过比对不同教学方法和资源的影响，为教育研究提供数据支持。此外，AI还能够预测学生的学习趋势和潜在需求，为教育政策的制定和教学改进提供科学依据（喻国明等，2024）。

（五）推动教育个性化与差异化教学

AI技术的个性化学习系统能够根据学生的学习进度和能力，提供定制化的学习计划和资源。在中外合作办学中，学生可能来自不同的教育背景和文化环境，AI技术的应用能够帮助教师更好地满足不同学生的学习需求，实施差异化教学。这种个性化和差异化的教学方式有助于每个学生发挥其最大潜力，提高整体的教育质量（王小琳等，2022）。

（六）促进教育技术的融合与创新

生成式人工智能技术的应用不仅仅是单一工具的改进，更是教育技术融合发展的一个体现。AI技术与其他教育技术如虚拟现实（VR）、增强现实（AR）、混合现实（MR）等的结合，为学生创造了全新的学习体验。在中外合作办学中，这种技术的融合可以跨越时

空限制，为学生提供沉浸式、互动式的学习环境，从而提高学习的吸引力和实效性（王小琳等，2022）。

（七）加强教师专业发展与支持

AI 技术不仅服务于学生，也为教师的专业发展提供了强有力的支持。通过 AI 辅助的教学工具和平台，教师可以获得最新的教育资源和教学方法，同时通过数据分析了解自己的教学效果，不断提升教学技能。此外，AI 技术还可以帮助教师减轻日常管理工作负担，让他们有更多时间进行教学反思和创新实践（喻国明等，2024）。

综上所述，生成式人工智能技术对中外合作办学模式产生了显著的正面影响。它通过提升教学效率、促进学生自主学习、加强资源整合、增强评估研究、推动个性化教学、促进技术创新和加强教师支持等多个方面，为中外合作办学带来了新的发展机遇，同时也为全球教育的发展注入了新的活力。随着技术的不断进步和应用的不断深入，我们有理由相信，AI 技术将在未来的教育领域扮演越来越重要的角色。

四、生成式人工智能对中外合作办学模式的挑战与反思

（一）教育公平性的考量

虽然 AI 技术为教育带来了很多积极的变化，但其普及也可能引发新的教育不平等。在基础设施和数字素养不足的地区，学生可能无法充分利用 AI 教育资源。因此，政府和教育机构需要采取措施，如增加对边远地区的教育投入，提供必要的硬件设备和教师培训，确保 AI 教育的普惠性。同时，还需要关注那些因经济条件限制无法接触到先进技术资源的学生群体，确保他们也能够享受到 AI 技术带来的教育红利（杨旭，2022）。

（二）教师角色的重新定位

随着 AI 技术在教育中的应用，教师的角色正在发生着变化。教师需要从传统的知识传递者转变为学习的引导者和设计者。这意味着教师不仅要掌握专业知识，还要具备运用 AI 工具的能力，以及对学生进行个性化指导的技能。为此，教育部门应提供相应的培训和支持，帮助教师适应这一转变。此外，还需要建立一种新的教师评价体系，以反映教师在 AI 辅助教学中的新角色和新贡献（杨旭，2022）。

（三）数据隐私与伦理问题

AI 技术在教育中的应用涉及大量的学生数据，如何保护这些数据的隐私和安全成为一个重要议题。教育机构在使用 AI 技术时，必须遵循相关的数据保护法规，如《中华人民共和国个人信息保护法》，确保学生的数据不被滥用。同时，还需要建立健全的伦理审查机制，确保 AI 技术的应用不会侵犯学生的权益。这包括对学生数据的收集、存储、处理和分享进行严格的伦理审查，以及确保学生和家长对于自己数据的使用有充分的知情权和控制权（喻国明等，2024）。

五、未来展望：智慧教育时代下中外合作办学的新策略

（一）政策引导与规范制定

为了促进 AI 技术在教育中的健康发展，政府和教育机构需要制定明确的政策和规范。这包括建立 AI 教育的质量标准、监管机制和伦理指南，以及提供资金支持和技术培训，以

确保AI技术的正确和有效使用。例如，欧盟委员会发布的《数字教育行动计划》就为AI在教育中的应用提供了指导方针。此外，政府还可以通过立法和政策激励，推动教育机构和企业之间的合作，共同开发和推广适合教育场景的AI技术和产品（熊丙奇，2024）。

（二）教育技术的持续创新与发展

教育技术的持续创新对于保持教育的先进性至关重要。政府和私营部门应继续投资AI和其他教育技术的研发，开发更多高效、易用的教育工具和平台（王小琳等，2022）。例如，科技部设立的专项资金，支持了一批具有自主知识产权的教育AI产品的研发和产业化。这种创新不仅包括技术层面的突破，还包括对教育内容和教学方法的创新，以适应不断变化的学习需求和社会发展（杨旭，2022）。

（三）教育国际化与本土化的平衡

在推广国际教育的同时，保持本土文化的传承和发展同样重要。中外合作办学项目应在引入国际教育资源的同时，注重本土教育特色的培养，确保学生在获得国际视野的同时，能够深刻理解和尊重自己的文化传统。例如，新加坡的"全球校园"项目就强调了国际教育与本土文化的有机结合，取得了良好的教育效果。这种平衡不仅有助于培养学生的全球竞争力，还能够促进文化的多样性和相互理解（陈艳丽等，2019）。

六、总结

在中外合作办学中，ChatGPT能够满足其特殊需求，并在提高教学质量和效率方面展现出潜在优势。首先，ChatGPT有助于构建个性化学习路径，根据学生的学习习惯和进度提供个性化学习资源，促进学生自主学习与创新能力的培养。其次，人工智能在跨文化交流和语言学习中发挥着重要作用，支持学生在多元文化背景下更好地适应和学习。ChatGPT在教学质量监控与评估方面的创新，有助于提升教学效率与灵活性，减轻教师的行政负担。此外，它还促进了国际教育资源的整合与共享。然而，生成式人工智能在中外合作办学模式中也带来了教育资源分配不均、教师角色转变以及数据隐私与伦理问题等挑战（王雯等，2024）。展望未来，政府和教育机构需要制定相关政策，引导人工智能的健康发展，促进教育技术的持续创新与进步，同时在推广国际教育的过程中，保持本土文化的传承与发展。

参 考 文 献

陈艳丽，芦碧波，2019. 中外合作办学条件下《人工智能》课程教学体系改革与探索［J］. 教育现代化（14）：84-86.

杜雨，夏雅倩，2024. 生成式人工智能如何影响劳动力市场？——基于中外文献的对比分析［J］. 上海商学院学报（2）：48-63.

姜姗姗，单珂，宋瑞雪，2024. 基于AI的高校英语个性化教学平台设计［J］. 无线互联科技（9）：69-71.

李宝，2024. 生成式人工智能技术赋能教育变革的潜能、困境及突破路径［J］. 井冈山大学学报（社会科学版）（2）：125-132.

李莉，2024. 基于转型背景下的中外合作办学质量保障体系研究［J］. 科技风（15）：161-163.

李森，2024. 生成式人工智能客体属性的挑战与回应［J］. 西昌学院学报（社会科学版）：1-10.

刘列斌，2024. AI 背景下大学英语教学模式探究 [J]. 湖北经济学院学报（人文社会科学版）(6)：147－149.

马箫箫，刘林佳，2024. 生成式人工智能浪潮下高校国际化人才培养的范式转型 [J/OL]. 河北师范大学学报（教育科学版）(1)：1－20.

陶婷婷，2024. 基于人工智能技术的高校英语教学智能翻译系统架构设计 [J]. 现代信息科技 (8)：51－54，59.

王雯，李永智，2024. 国际生成式人工智能教育应用与省思 [J]. 开放教育研究 (3)：37－44.

王小琳，2022. 人工智能时代中外合作办学人才培养存在问题及策略探究 [J]. 人才资源开发 (21)：67－69.

王小琳，张丹阳，2022. 人工智能时代中外合作办学国际化应用型人才培养模式创新研究 [J]. 国际公关 (11)：131－133.

吴冰蓝，周丽萍，岳昌君，2023. ChatGPT/生成式人工智能与就业替代：基于高校大学生能力供求的视角 [J]. 教育发展研究 (19)：40－48.

吴冰蓝，周丽萍，岳昌君，2024. AI 时代高等教育要素投入对本科生核心能力增值的贡献 [J]. 教育与经济 (2)：68－78，96.

吴砥，李环，陈旭，2023. 人工智能通用大模型教育应用影响探析 [J]. 开放教育研究 (2)：19－25，45.

熊丙奇，2024. 教育评价改革如何应对 AI 快速发展的挑战？[J]. 上海教育评估研究 (2)：25－27，43.

熊齐，潘梅森，2022. "人工智能＋教育"背景下地方高校双语课程智慧课堂建设路径研究 [J]. 科技资讯 (20)：193－198.

徐国庆，蔡金芳，姜蓓佳，等，2023. ChatGPT/生成式人工智能与未来职业教育 [J]. 华东师范大学学报（教育科学版）(7)：64－77.

严奕峰，丁杰，高赢，等，2024. 生成式人工智能赋能数字时代育人转型 [J]. 开放教育研究 (2)：42－48.

杨俊锋，2024. 生成式人工智能与高等教育深度融合：场景、风险及建议 [J]. 中国高等教育 (5)：52－56.

杨旭，2022. 人工智能时代高校中外合作办学中人才培养策略研究 [J]. 产业创新研究 (3)：153－155.

应益华，陈嘉乐，黄百俊，2024. 教育生态重塑：ChatGPT 的潜力、风险及治理 [J]. 继续教育研究 (5)：56－61.

喻国明，李钒，滕文强，2024. AI＋教育：人工智能时代的教学模式升维与转型 [J]. 宁夏社会科学 (2)：191－198.

岳瑨，2024. 人工智能伦理：规制、理论与实践难题——学术史梳理及其问题域考察 [J]. 东南大学学报（哲学社会科学版）(3)：32－41，150.

张静，2024. 生成式人工智能助力研究生教育变革的机遇、挑战与应对策略 [J]. 教育科学探索 (3)：64－70.

张鹏，2024. 生成式人工智能赋能地方应用型高校就业育人的价值、困境与路径探索 [C]. 中国电子劳动学会，"产教融合、校企合作"教育教学发展论坛优秀论文集，德州学院：4.

赵阳，曲红梅，李振国，等，2024. AI 结合混合式教学模式在外科学教学中的应用 [J]. 中国继续医学教育 (6)：88－92.

周琼，徐亚平，綦迎春，2024. 高校学生人工智能素养能力现状及影响因素多维分析 [J]. 图书情报知识 (1)：1－11.

朱永新，杨帆，2023. ChatGPT/生成式人工智能与教育创新：机遇、挑战以及未来 [J]. 华东师范大学学报（教育科学版）(7)：1－14.

党建引领下涉农高校乡村振兴人才培养路径的探索与实践

张　敏[①]　范小强

摘要：《中共中央、国务院关于做好2023年全面推进乡村振兴重点工作的意见》指出，“加强乡村人才队伍建设”。乡村振兴对涉农高校人才培养提出新要求。北京农学院党委充分发挥党的政治优势、思想优势和组织优势，把党建工作与人才培养、科技创新、社会服务有机结合起来，与服务乡村振兴战略深度融合起来，着力夯实产业振兴阵地，深入开展引才育才聚才行动，开辟了党建引领下涉农高校乡村振兴人才培养新路径。

关键词：党建引领；乡村振兴；人才培养路径

习近平总书记在党的二十大报告中强调，“全面推进乡村振兴……扎实推动乡村产业、人才、文化、生态、组织振兴”。人才振兴是乡村振兴的基础，习近平总书记提出，要推动乡村人才振兴，把人力资本开发放在首要位置，强化乡村振兴人才支撑。北京市委、市政府印发《北京市“十四五”时期乡村振兴战略实施规划》《关于深入学习运用“千村示范、万村整治”工程经验有力有效做好2024年乡村振兴重点工作的实施方案》，对北京市全面推进乡村振兴作出战略部署。基于乡村振兴对人才需求的不断增加，以及学校服务新时代首都发展、全面助力乡村振兴的战略部署，学校强化党建引领，以推动产业振兴为切入点，以人才振兴为发力点，不断推动科技下沉、人才下乡，为促进首都乡村全面振兴作出“北农贡献”，形成“北农方案”。

一、乡村振兴对涉农高校人才培养提出新要求

人才培养、科学研究和社会服务是高校的三大职能。人才培养是高校的基本职能和中心任务，在乡村振兴战略背景下，乡村振兴对人才的需求发生了根本性变化，对人才质与量的要求日益提高。北京农学院党委充分发挥党的政治优势、思想优势和组织优势，把党建工作与人才培养、科技创新、社会服务有机结合起来，与服务乡村振兴战略深入融合起来，建设了科技小院、教授工作站、博士农场、乡村振兴驿站等一批“支农平台”，培育了科技特派员、人才京郊行、驻村第一书记等一批“助农人才”，开展了揭榜挂帅、百师进百村、暑期社会实践等一系列“兴农项目”，通过不断探索服务乡村振兴的路径和方法，

① 作者简介：张敏，女，硕士研究生，讲师，党委组织部、统战部干部，主要研究方向为党建与思想政治教育。

创新服务模式，协同推进“产学研用”，开辟了以党建引领促乡村振兴的“北农路径”。

二、党建引领激活乡村人才振兴新动能

党的十八大以来，党对人才工作的领导全面加强，人才队伍快速壮大，人才效能持续增强，党管人才工作格局日益完善。要始终坚持党对人才工作的全面领导，切实履行管宏观、管政策、管协调、管服务职责，全面引才、精准育才、合理用才，构建符合乡村振兴人才成长发展规律、充分发挥人才作用的体制机制，把各方面优秀人才集聚到乡村振兴的伟大事业中来。2023 年 5 月 1 日，习近平总书记给中国农业大学科技小院的学生的回信，为涉农高校改进人才培养工作提供了科学方法和有效路径。学校党委始终坚持以立德树人为根本，以强农兴农为己任，充分发挥党委政治核心作用，把人才培养、科学研究、社会服务的方向进一步聚焦到助力首都乡村振兴战略上来，引导师生在乡村振兴事业中建功立业，把论文写在京郊大地上，把成果凝结在农民收获里。

三、党建引领下涉农高校乡村振兴人才培养路径探索

北京农学院充分发挥都市农林特色高水平应用型大学优势，注重农科教结合、产学研协作，坚持党建引领，深化开展党建三大工程，着力夯实产业振兴阵地，深入开展引才育才聚才行动，全面助力乡村振兴人才培养。

1. 建立健全党建工作与服务乡村振兴相衔接的工作机制

2022 年 6 月，全国组织部长会议强调，要深入推进抓党建促乡村振兴。作为农林高校，要牢牢扛起抓党建促乡村振兴的政治责任，坚持以党建为引领，充分发挥基层党组织的战斗堡垒作用，切实增强服务的整体性、精准性、可持续性，以高质量的党建引领服务乡村振兴事业高质量发展。

(1) 深入实施“党建结对共建工程”。基层党组织是党在基层全部工作和战斗力的基础，要持续开展“红色 1+1”、师生党支部与农村党支部结对共建机制，引导师生党支部紧贴首都新农村建设实际需求，发挥学科专业优势，开展人员培训、技术指导、成果转化、乡村治理等工作。在深入基层的同时，也将农村生产实践中的问题及时反馈到课堂教学环节，进一步提升教书育人能力和农林人才培养质量。通过因地制宜开展党建帮扶工作，着力打造“工作干得实、活动有特色、对接见成效、经验可推广”的结对共建成效。

(2) 深入实施“党建工作创优工程”。以抓党建促乡村振兴为目标主线，大力开展校级党建“双创”“两优一先”、党建思政成果评选表彰活动，积极营造争先创优、锐意进取的积极氛围，着力推动全校基层党组织在乡村振兴中比学赶超、奋勇争先，引领全校党员在乡村振兴中发挥先锋模范作用，锻造政治过硬、本领过硬、作风过硬的乡村振兴排头兵。

(3) 深入实施“党建+思政育人工程”。着力上好乡村振兴“大思政课”，在田间地头、场站基地建设实地教学“大课堂”，将学校千亩[①]农场、万亩林场以及 200 多个校外人才培养基地全部打造为大思政课平台。推广好学校“香草教授”“甘薯教授”“番茄教

① 亩为非法定计量单位。1 亩=1/15 公顷。——编者注

授”“板栗教授”“大葱博士”等典型案例，广泛邀请农业领域专家学者以及乡村“大户”“能手”走进校园，向师生传授服务乡村振兴专业知识，讲述身处“三农”一线的鲜活故事。创建“红色教育＋专业实习＋社会实践＋乡村振兴＋学科竞赛”的“五位一体”实践育人模式，广泛开展暑期社会实践活动，走进田间地头、涉农企业，引领青年学生在实践中厚植爱农情怀，练就兴农本领，在乡村振兴的大舞台上建功立业。

2. 着力夯实产业振兴阵地，搭建人才培养大平台

产业振兴是乡村振兴的重中之重。全面推进乡村振兴，要立足特色资源，坚持科技兴农，因地制宜发展新产业新业态，推动乡村产业发展壮大。通过建强用好科技小院、乡村振兴驿站、教授工作站等支农平台，持续推动科技下乡，培育壮大乡村特色产业，切实助农增收。

（1）全面推进“科技小院”建设提质增效。学校现已建设21家“统字牌”科技小院，遍布京郊6区，学校师生利用科技小院平台，发挥学科专业优势，为苹果、枣、甘薯、浆果、梨、百合、蔬菜等特色产业提供全方位科技服务，部分科技小院还促进了社会治理和农民参与，为乡村治理提供了新的途径。要继续发挥学校资源集聚优势，规范小院运行和管理机制，推动各个小院持续加强内涵建设，激活小院造血功能，着力破解技术难题，做大做强乡村产业，助力农民持续增收。不断提升校院育人功能，培养学生扎根基层，发现问题、研究问题、解决问题的能力，培养造就更多高素质的新型农林人才。持续深化社会服务，引导更多师生积极参与到新时代农村建设实践，切实将贯彻落实习近平总书记给中国农业大学科技小院学生的回信精神转化为支农扶农、强农兴农的生动实践。

（2）大力发挥“教授工作站”示范推广作用。由教授领衔组建跨学科服务团队，将工作阵地搬到“三农”一线，解决乡村发展中的重点问题和重点项目。作为学校服务乡村振兴战略与首都经济社会发展的“桥头堡”，学校已建成教授工作站40个，一批教授带领师生团队扎根京郊大地，谱写了科技为民、科学报国的生动篇章。面对延长产业链、提高附加值的都市型现代农业发展需求，教授工作站的智力优势、科创优势需要进一步发挥，让“科研梦”照进“产业路”，助力加快形成农业新质生产力。

（3）统筹开展“乡村振兴驿站”集团式服务。习近平总书记指出，要把乡村振兴战略这篇大文章做好，必须走城乡融合发展之路。统筹城乡融合与区域协调发展，农业高校科技服务模式要从单一技术传授向技术集成转变，由供给单一产品向形成产业链转变，由注重经济效益向经济、社会、生态效益并重转变。秉承“一家主建、多家共享、社会共用”的原则，全面参与北京“百村示范、千村振兴”工程，谋划建设一批乡村振兴驿站，整合多元主体力量开启一场科技大会战、人才大会战、资源融合共享大会战，打造集整体性、开放性、融合性为一体的服务乡村振兴新型平台。

3. 深入开展引才育才聚才行动，以人才振兴支撑乡村全面振兴

以人才振兴促进乡村振兴，要强化组织引领，引导人才向乡土流动，建设一支规模大、结构好、素质优良的人才队伍，实现“才”聚乡村沃土，“新农人”走好“兴农路”。

（1）用好政策引领，吸引各类人才资源下沉到乡村振兴一线。大力实施农业技术推广教授职称聘任，鼓励广大专业教师特别是青年教师俯下身子扎根基层。深度参与人才京郊行、百师进百村、挂职“第一书记”、科技特派员等人才项目，在全面推进乡村振兴过程中发挥重要人才的支撑引领作用。持续选派“科技副总”，开放校内科技资源，覆盖当地优势产业，探索“企业出题、高校破题、政府助题”模式，实现企业技术需求与科技人才精准对接的“双向奔赴”。

（2）育强“头雁”队伍，抓好本土人才培养。激发乡村振兴“内生动能”，重视培育各类乡村实用人才和涉农科技人才，培育一批有情怀、懂技术、善经营、会管理的新时代“新农人”。特别是注重培育乡村产业振兴带头人，对首都各涉农区域及对口支援地区规模种植户、农民专业合作社负责人、家庭农场主、返乡创新创业者、美丽乡村带头人、涉农基层干部等从业人员实施定制化、体验式、孵化型培育，促进各类人才安得下心、扎得下根，比学赶超、奋发有为，在乡村振兴大舞台上建功立业。

（3）用活人才杠杆，高位嫁接人才资源。人才不求所有、但求所用。创新协作机制，成立产业研究院，推动校地、校企全方位、宽领域合作，将新技术、新应用实践到农业生产之中。依托学校智慧农业研究院，在房山蒲洼开展中华蜂智慧养殖，巩固壮大村集体经济。依托农产品加工保鲜与流通产业研究院，与首农集团、顺鑫农业等行业头部企业合作，研发预制菜、鲜切菜等新产品、新技术。依托现代基质产业研究院，按照基质化利用方向，积极开展矿区生态治理，探索“两山”理论转化新路径。

参 考 文 献

冯国林，李召虎，2023. 乡村振兴背景下涉农高校人才培养的思考与实践［J］. 中国高等教育（103）：43－46.

毛维娜，曾凡颖，2024. 加强人才队伍建设　助力乡村全面振兴［N］. 科技日报，01－15.

新农科下都市园艺产学研协同人才培养策略解析*

郑　桐① 韩莹琰　王绍辉

摘要：随着新农科理念的提出和都市园艺产业的快速发展，对高素质、创新型的园艺人才需求日益迫切，也对人才培养提出了新的挑战。传统的人才培养模式往往难以适应产业快速变化的需求，导致人才供给与市场需求之间存在较大差距，使得都市园艺产学研协同人才培养成了一种新的教育模式，该模式强调高校、科研机构与企业之间的深度合作，共同培养具有创新精神和实践能力的高素质人才。基于此，本文以新农科为背景，分析了产学研协同在人才培养中的重要作用，并提出了相应的策略建议，以期培养适应都市园艺产业发展需要的高素质、创新型人才。

关键词：新农科；都市园艺；产学研协同；人才培养

农业是国家发展的重要基础，乡村的振兴与建设需要农业人才、科学技术人才培养模式的深化改革，加快新时代新农科的建设，是高等院校助力乡村振兴和生态文明建设的重要举措。在新农科的背景下，致力于培养卓越的农林专业人才，为乡村振兴提供智力支持和高水平的人才保障。然而在实际的人才培养过程中，涉农高校面临诸多挑战，如人才培养目标与社会需求脱节、毕业生缺乏实践操作能力、教学内容与区域农业产业融合不足等问题。特别是随着农业物联网技术和智慧农业的兴起，进一步加剧了人才培养的难度。为此，涉农高校应加强与农业产业的深度融合，教学内容应该贴近现代农业技术和发展趋势，引入农业物联网、智慧农业等新技术内容，培养学生对现代农业技术的理解和应用能力。同时，加强校企合作，为学生提供更多的实践机会和行业经验，使学生能够更好地融入农业生产和管理中。

一、高校产学研融合的必要性

1. 国家教育政策的引导

2017 年国务院办公厅下发的《关于深化产教融合的若干意见》中提出“加快教育体系建设、培养高素质人才、深化产教融合”的必要性，强调了推动人才链、教育链、创新

* 本文系北京市教育委员会，北京高等教育本科教学改革创新项目“新农科背景下都市园艺产学研协同人才培养模式创新实践”（项目编号：2023003）及 2022 年度北京市属高校教师队伍建设支持计划高水平教学创新团队（带头人）（编号：BPHR20220211）项目的成果。

① 作者简介：郑桐，女，硕士研究生，助理研究员，主要研究方向为教育教学管理。

链以及产业链的有机衔接，是目前促进人力资源供给侧创新以及改革的迫切需求。产学研融合的人才培养是通过将产业界、学术界和科研机构紧密结合起来，培养出更具实践能力和创新能力的人才。产学研融合人才培养模式不仅仅是灌输知识，更着重实践应用和解决现实问题的能力培养。在当前经济发展快速变化的环境下，产学研融合人才培养模式的应用是非常必要的，这不仅有利于学生个人的职业发展，也有利于社会经济的可持续发展。

2. 传统人才培养模式需要转变

传统的人才培养模式注重理论教育，学生在校期间主要接受书本知识的灌输，缺乏实践操作和创新能力的培养。但是随着社会的不断发展和经济结构的变革，单一的理论教育模式已经不能满足社会对优秀人才的需求，高校产学研融合成了当今教育领域的重要趋势。高校产学研融合是指高校、产业界和科研机构之间建立紧密合作关系，共同推动科研成果的转化和应用，促进优秀人才的培养和输送。这种模式打破了传统教育的壁垒，使学生能够更好地融入实际工作中，培养解决问题的能力和创新精神。在这一模式下，高校不再是孤立的象牙塔，而是与社会各界紧密联系，将优质资源和信息传递给学生，使学生能够更好地适应未来社会的发展需求。

二、新农科下都市园艺产学研协同人才培养策略

1. 明确培养目标、更新指导思想

随着城市化进程的加快和人们对绿色生活的需求增加，培养具备综合素养的都市园艺人才将对城市绿化、农业生产和生态环境保护起到至关重要的作用。根据国家教育长期改革以及发展规划中的意见，结合我国农业领域发展现状以及趋势的需求，应当及时更新都市园艺专业的办学指导思想，进一步明确新农科背景下的人才培养总体目标。在新的教育背景下，应坚持复合型、应用型、创新性的人才培养目标，这意味着要培养具有良好政治素质、全面发展、具备强大实践能力、专业基础扎实、创新精神强以及适应能力强的学生，学生需要系统掌握专业基本知识体系和实验技能，能够胜任农业领域中的生产经营、应用研究以及技术开发等工作，并逐步成为高素质的应用型人才。因此，需要更新培养理念，注重实践教学、创新教学方法，开展跨学科的研究和实践，引导学生将理论与实践相结合，培养其解决实际问题的能力，同时要加强学生的创新意识和团队合作精神，促进学生在实践中不断提升自己，为国家农业现代化和城市绿化事业做出更大贡献。

2. 多角度深化课程建设的力度

课程作为连接学生和教师之间的桥梁，课程的建设质量将会对人才目标和教学预期效果的实现带来直接的影响。现阶段，在课程设计方面，高校已经建立了“分流培养、加强基础”的模式，根据市场的需求紧抓就业和考研的主要方向。例如，在学生本科前两年教学的重点为加强专业基础课程建设，注重基础知识、实践技能的培养，以此来实现学生知识面的拓宽；而在本科的后两年则注重强化专业知识，并在此基础上实施分流教育，为学生未来深造和就业打下坚实基础。为了改革传统的教学方式，高校在课堂教学的过程中应鼓励教师积极采用创新的教学模式，与企业合作成立专业建设指导委员会，将教学与科研、生产、实践相结合，为学生提供更贴近实际的学习环境和机会，如在教学中引入红枣加工、花卉育种、纳米生物材料开发等农业项目，通过引入真实项目和探究式教学，在课

堂上激发学生的学习兴趣，培养其解决实际问题的能力。这样的课程建设策略不仅能够提高教学质量，激发学生的学习兴趣，培养学生解决实际问题的能力，还能更好地满足社会对高素质人才的需求，为学生未来发展奠定坚实基础，推动学院教育教学工作朝着更加务实、创新的方向迈进。

3. 制定产教融合育人新模式

依据新农科建设的最新要求，遵循双导师制和小班教学的原则，构建创新型人才培养的新模式，即在不同阶段为学生提供更全面和个性化的培养和指导，旨在促进学生的专业发展和实践能力的提升。首先，在第一阶段时，采用学生自愿报名和严格考核的模式，从农学专业二年级学生中遴选组建“新农科拔尖创新班”，培养具备农业科技创新能力的高端人才，在发掘其潜力和兴趣的基础上，为其提供更高水平的学术和发展平台；在实施“科研导师制”阶段，学院根据企业需求并结合校内导师的研究课题，为进入毕业论文选题阶段的二年级学生量身定制研究计划，全方位培养学生。其次，从大三学年开始的第二阶段，将部分教学活动转移至企业和课外进行，这不仅能提升学生的专业兴趣，还能激发其自主探究学习的积极性。通过将课堂延伸至实际工作环境，学生能够更深入地理解理论知识与实际应用之间的联系，从而培养其实践能力和解决问题的能力。最后，进入第三阶段，即大四学年的暑假伊始，学院将组织选拔具备卓越专业能力和优异学术成绩的学生，参与国家重点农业大学相关专业的夏令营活动，有针对性地提前介入研究生培养体系。通过参与夏令营等活动，学生可以接触到更高水平的教育资源和学术环境，拓宽学术视野、提升专业素养，为未来深造或就业奠定坚实基础。

4. 建立产学研融合实践基地

产学研融合实践基地的建立旨在促进学术研究、产业需求和教学实践的有机结合，为学生提供更多实践机会和深度学习体验，培养适应现代都市园艺产业发展的高素质人才。实践基地还可以成为学生展示自我及实践能力的平台，学生在实践基地中可以参与企业合作项目、科研课题，展现自己的专业素养和团队合作能力，同时获得企业和专家的指导和认可，有助于学生更好地适应未来的职业要求。首先，学校应与相关企业、科研机构之间建立稳固的合作关系，通过与产业界的紧密合作，学校可以及时了解产业需求、技术动态和市场趋势，有针对性地调整课程设置和实践项目，确保教学内容与产业发展需求相契合。其次，实践基地的建立应该注重项目导向和产业对接。通过在实践基地进行项目式教学和实践实习，学生将有机会接触真实的产业项目，了解行业运作机制，培养解决问题的能力和创新思维，利用贴近实际生产的实践将有助于学生将所学知识转化为实际技能，从而提高学生的就业竞争力，培养出适应都市园艺产业发展需要的高素质人才，为行业的创新和发展注入新的活力。

三、结束语

在产学研融合深入发展的背景下，通过整合各方合作力量而构建深度、长期的合作教学模式，逐步成为新农科背景下涉农高校实现产学研融合的新趋势。未来，还需要进一步深化课程体系、产教融合、产学研融合实践基地的建设力度，实现高校与企业之间的亲密合作，为学生提供更多实践机会和发展空间，培养适应都市园艺产业发展需要的高素质人才。

参 考 文 献

丁国超，郑喜群，2023. 新农科背景下涉农高校应用型人才培养模式探索与实践［J］. 才智（17）：64－67.

史明艳，王育娜，周晓君，等，2020. “新农科”背景下产学研融合人才培养模式探索与实践［J］. 天津农业科学（11）：72－74，79.

吴强盛，邹英宁，刘乐承，等，2011. Practice and Consideration of Innovative Talent Cultivation in Horticulture Specialty，Yangtze University［C］. Intelligent Information Technology Application Association. Economic，Education and Management（ICEEM 2011 V2）. 长江大学园艺园林学院：3.

吴强盛，邹英宁，刘乐承，等，2011. 园艺专业产学研合作教育的实践与思考［J］. 长江大学学报（自然科学版）（3）：260－262.

农林类高校会计学专业人才培养模式探究

余晓濛

摘要：随着科技的不断创新，会计行业的改革发展对农林类高校会计专业人才培养提出了新要求。本文探讨了农林类高校会计学专业的人才培养模式，旨在应对当前就业市场对会计人才的需求变化。通过分析现状，指出了培养目标同质化、缺乏实训基地、课程和教材缺乏特色等问题。提出了引入“1＋X”证书制度、开展农业特色课程、完善实践教学环节等对策，以期构建具有涉农特色的会计学人才培养模式，提高学生的就业竞争力和专业素质。

关键词：会计学人才；农林类高校；人才培养

随着我国经济的快速发展和高等教育的普及，会计学专业在高等院校中仍然是学生报考的热门选择。这一趋势在改革开放后尤其明显，随着经济体制的转型和市场经济的推进，会计作为企业和经济活动的重要组成部分，其专业教育得到了迅速发展。然而，近年来，尽管会计专业在农林类高校的招生规模不断扩大，学生的就业形势却日益严峻。

面对庞大的毕业生群体，农林类高校的会计学专业若想在激烈的竞争中脱颖而出，必须对其人才培养目标和模式进行深入反思和调整。具体来说，农林类高校需要确立明确的培养目标，打造具有自身特色的教育模式，探索适应市场需求和自身发展特色的培养路径。这不仅是提升毕业生就业竞争力的需要，更是推动高等教育改革，提升教育质量，服务经济社会发展的必然要求。在此背景下，本文将深入分析农林类高校会计学专业的人才培养模式现状，探讨其存在的问题，并提出相应的对策建议。通过这些努力，希望能够为农林类高校会计学专业的人才培养提供有益的思路和参考。

一、农林类高校会计学专业人才培养模式现状

统计数据显示，近年来大多数会计专业毕业生在就业市场上遇到了越来越多的困难，这一现象表明高等农业院校培养的会计专业人才尚未完全适应社会和市场的需求。就业竞争的激烈程度不断加剧，特别是在当前经济环境下，存量大、增长速度快的会计专业毕业生群体面临着极大的就业压力。

此外，行业内普遍存在的院校鄙视链现象也对农林院校会计系的学生就业带来了不利影响。在这一鄙视链中，农林院校的会计专业往往被认为不如综合性大学或财经类院校，这使得农林院校会计专业的学生在就业市场上的竞争力相对较弱。许多用人单位在招聘时更倾向于选择名校毕业生或专业背景更强的候选人，导致农林院校会计专

业学生的就业难度加大。

就业针对性差也是农林院校会计专业人才培养中存在的一个突出问题。许多高等农业院校在会计专业的人才培养上没有充分体现涉农特色，课程设置和教学内容与市场需求脱节，导致毕业生在求职时缺乏明显的优势。培养目标的同质化使得农林院校会计专业的学生在就业市场上难以脱颖而出。

二、农林类高校会计学专业人才培养模式存在的问题

（一）培养目标同质化，涉农特色不明显

农林类高校在会计学专业的人才培养上普遍存在培养目标同质化的问题，缺乏自身的特色和创新。这种同质化的培养目标导致农林类高校的会计专业学生在就业市场上难以形成独特的竞争优势。

具体来说，许多农林类高校未能充分挖掘和利用自身在农业、林业等领域的优势资源，将这些资源与会计专业教育相结合，从而形成具有涉农特色的会计人才培养模式。涉农特色不明显，使得这些高校培养的会计专业毕业生缺乏与其他类型高校会计专业毕业生相比的独特优势，无法满足现代农业经济发展对会计专业人才的特殊需求。

（二）缺乏实训基地、特色课程和教材

实践能力是会计专业人才的重要素质之一，但农林类高校在会计学专业的实践教学方面存在明显不足。许多农林类高校缺乏专门的实训基地，学生的实践机会有限，难以通过实训课程获得足够的实践经验。这不仅影响了学生实践能力的培养，也在一定程度上降低了他们的就业竞争力。

此外，农林类高校的会计学专业课程设置和教材开发也存在问题。许多高校在课程设置上没有充分体现涉农特色，课程内容缺乏创新性和针对性，不能有效满足学生对专业知识和实践技能的全面需求。现有的教材以普通会计知识为主，缺乏与农业经济相关的会计实务知识，无法帮助学生全面理解和掌握涉农会计的特殊要求。这种缺乏特色课程和教材的情况，导致农林类高校的会计学专业学生在学习过程中缺乏系统的涉农会计知识积累，实践能力和综合素质难以达到用人单位的要求。在就业市场上，这些学生往往难以与其他高校培养的会计专业人才竞争，面临更大的就业压力。

三、农林类高校会计学专业人才培养模式构建

（一）引入“1+X”证书制度，构建“岗课赛证”课程体系

2019 年 4 月，教育部、国家发展改革委、财政部和市场监管总局联合印发《关于在院校实施“学历证书＋若干职业技能等级证书”制度试点方案》。在会计领域，这一政策引入了首批“1＋X”证书，特别强调了“智能财税”这一关键内容，要求会计专业人员进行数字化和智能化的转型。该制度旨在通过融合学历和技能证书，提升职业技能证书的含金量和竞争力，同时充分发挥职业院校的教育和培训功能，建立一种既能促进学生个人成长，又能满足市场需求和国家发展的全新人才培养模式。

在农林类高校中，会计专业的学生不仅需要掌握多种理论知识，还需要具备较强的实际操作能力、学习能力和综合素质。“1＋X”证书制度的引入，有助于提升农业类高职会

计专业的人才培养效果。学校可以借助这一制度，根据学生的具体情况以及行业的发展趋势，与企业合作调整培养方案，优化课程内容，采用信息化教学手段，改进教学方法。具体措施如下所示。

1. 调整人才培养方案

结合“1+X”证书制度，学校应与企业紧密合作，共同研究和分析岗位的工作任务，建立与职业标准相匹配的课程体系。将最新的企业会计准则、管理会计标准以及农民专业合作社财务制度等纳入教学大纲和课程内容。

2. 优化课程体系

建立“岗课赛证”课程体系，包括通识教育必修课、专业基础课、专业核心课、专业拓展课和综合实训课等，全面提升学生的综合素养和职业技能（表1）。

表1 “岗课赛证”课程体系构建

课程	课程内容
通识教育必修课	培养学生的批判性思维、综合素质和多学科视野，为未来的专业学习和个人发展奠定坚实的基础
专业基础课	例如，“会计基础”“出纳实务”“会计电算化”等课程，与校内会计技能比赛对接，旨在培养学生的资金管理和会计核算能力
专业核心课	例如，“财务会计”“成本会计”“财务管理”“企业纳税实务”等课程，与智能财税“1+X”证书及各种会计综合技能大赛接轨，旨在培养学生的会计核算能力、成本核算与管理能力、会计监督能力及信息化处理能力
专业拓展课	例如，“农产品市场与贸易”“农村会计实务”“农村财务管理”等课程，与农业经济组织经营管理“1+X”证书接轨，旨在培养学生服务“三农”的意识，使其掌握涉农法律法规、农村集体经济组织的“三资”管理、涉农组织的会计制度以及农业会计核算方法
综合实训课	例如，虚拟商业社会环境跨学科综合实训、企业经营模拟实训、实地跟岗培训等课程，与各类创新创业竞赛对接，鼓励学生跨学科组队参赛，激发学习兴趣，培养创新思维，帮助学生探索职业发展路径

3. 多元人才评价机制

建立多元化的人才评价机制，包括学术成绩评估、实习和实践经验评估、技能和能力评估与综合素质评估，支持学生在获取学历证书的同时，获得多种职业技能等级证书去提升综合素质，扩展就业能力。

（二）开展农业特色课程，促进学科交叉融合

为了提升农林类高校会计学专业的竞争力和特色，开展农业特色课程并促进学科交叉融合显得尤为重要。通过引入具有农业和林业特色的课程内容，将会计学与农林经济、管理、科技等学科有机结合，能够培养出适应现代农业经济发展的复合型会计人才。具体措施如下所示。

1. 设置农业特色课程

农林类高校应当在会计学专业的课程设置中，增加涉及农业和林业经济的专业课程。例如，开设“农产品市场与贸易”“农业经济学”“农村财务管理”“农业政策与法规”等课程。这些课程能够帮助学生掌握农业经济活动的基本原理和特点，使其具备服务“三农”发展的专业知识和技能。

2. 融入涉农会计实务

在会计学专业的核心课程中，应当融入涉农会计实务内容。例如，在“财务会计”“成本会计”等课程中，增加农产品成本核算、农村集体经济组织财务管理、农民专业合作社财务制度等专题模块。这有助于学生了解和掌握涉农经济实体的财务运作模式和会计核算方法。

3. 促进学科交叉融合

农林类高校可以通过跨学科合作，促进会计学与其他学科的交叉融合。例如，与农业科学、林业科学、环境科学等学科开展合作，共同开发课程和科研项目。在课程设计上，鼓励开设跨学科选修课，如“生态农业管理”“绿色金融与会计”“农业科技创新管理”等。

4. 开发农业特色教材

农林类高校应当组织编写和开发具有农业特色的会计学教材。在教材内容中，融入最新的农业经济发展动态、农业会计准则、涉农政策法规等，使教材内容更加贴近实际，具有前瞻性和应用性。这不仅能够提高教学效果，也能够帮助学生更好地理解和应用所学知识。

（三）完善实践教学环节，健全实训基地，加强单位合作

完善实践教学环节是提升农林类高校会计学专业学生实际操作能力的关键。通过加强实训基地建设和深化校企合作，能够为学生提供丰富的实践机会，培养具备实践经验和动手能力的高素质会计人才。

1. 健全实训基地

一是加强与农业相关单位的合作。农林类高校应与农业经济站、乡镇企业和农民专业合作社等单位密切合作，建立农业会计实训基地。这些实训基地可以为学生提供真实的农业会计工作环境，让学生在实际操作中学习和掌握农业会计的实务技能。同时，涉农单位也可以为学生提供指导，帮助他们了解行业需求和工作流程，增强其实践能力和职业素养。

二是设立校内实训基地。充分利用农业院校的资源优势，在校内建立农业会计实训基地。将涉农专业实验室作为农业会计的实训基地，通过模拟真实的农业会计业务场景，让学生进行实际操作训练。校内实训基地不仅可以提供稳定的实践平台，还能够结合教学需求，灵活安排实训课程，提高教学效果。

2. 完善实践教学环节

一是设置实践课程。在会计学专业的课程体系中，增加实践课程的比重。例如，开设“农业会计实务”“涉农企业财务管理”“农村合作社会计”等实践课程，涵盖财务核算、成本管理、税务处理等内容。通过系统的实践课程训练，学生能够全面掌握农业会计的操作流程和技能。

二是组织实习实践。定期组织学生到涉农单位进行实习实践，让学生在真实的工作环境中锻炼和提升自己。通过实习，学生可以将所学理论知识应用于实际工作，积累实践经

验，了解行业动态和职业要求。同时，学校应当与实习单位保持密切联系，及时了解学生的实习情况，提供必要的指导和帮助。

三是开发实践教学资源。编写和开发农业会计实践教学教材和案例库。结合实际工作中的典型案例和问题，设计实践教学内容，使学生能够在模拟真实业务的过程中，学习和掌握农业会计的实际操作技能。同时，利用现代信息技术，开发虚拟仿真实训系统，提供多样化的实践教学资源。

四、结语

面对日益严峻的就业形势，农林类高校会计学专业必须调整和优化人才培养模式。通过引入"1+X"证书制度、开展农业特色课程、完善实践教学环节等措施，可以提升学生的就业竞争力和专业素质，为现代农业经济发展培养出高素质的会计人才。这不仅有助于解决学生就业难题，也为高等教育改革和服务经济社会发展提供了新的思路和参考。

参 考 文 献

董淑兰，2010. 高等农业院校本科会计学专业人才培养模式的构建 [J]. 中国农业会计 (4)：50-52.

耿晓媛，2013. 高等农业院校会计专业人才培养模式探析 [J]. 开封教育学院学报 (8)：89-90.

李彩霞，2011. "涉农"会计人才培养模式构建 [J]. 中国乡镇企业会 (11)：227-228.

沈于琛，2023. "1+X"证书制度背景下农业类高职院校会计专业人才培养策略探究 [J]. 创新创业理论研究与实践 (19)：63-66.

邹玉友，孔蓝蓝，2023. 新农科背景下农林高校会计专业人才培养的优化路径 [J]. 绿色财会 (5)：23-24.

多样化招生宣传策略提升生源质量*

——以北京市生源为例

刘续航①

摘要：随着中国高等教育的快速发展，高校的招生竞争更为激烈。招生宣传策略的多样化已经成为提升高校生源质量的关键。本文以北京市为例，探讨多样化招生宣传策略在提升生源质量方面的作用，并提供相应的解决方案。通过对北京生源现状的分析，我们能够更好地了解多样化招生宣传策略对高校招生质量的重要影响。

关键词：多样化招生宣传策略；生源质量；北京生源；高校招生

随着中国高等教育事业的迅速发展，每年都有大量的考生参与高校招生，使得高校招生工作面临着巨大的挑战。招生宣传策略的多样化对于提升高校生源质量具有重要作用。

一、北京高校招生现状分析

北京作为中国的首都，拥有众多知名高校，其招生现状备受关注。北京市高校的招生规模庞大，每年吸引着大量的考生申请。随着中国高等教育的普及化，高校的招生规模也在持续增长。这就意味着高校之间的竞争更加激烈，提高生源质量成为重要的课题。北京市高校分布广泛，涵盖了不同类型和学科范围的学校，如综合性大学、理工科院校、艺术类院校等。这种多元化的高校布局为考生提供了更多选择，也增加了高校招生工作的复杂性。北京市高校招生政策与制度相对完善，并且与国家相关政策保持一致。例如，高考是北京市高校招生的主要渠道，按照分数录取的方式进行。此外，北京市还实行了一些特殊的招生政策，如保送生、专项计划生等。由于北京市高校众多，每年吸引了大量的优秀考生申请，竞争异常激烈。考生需要通过高考的选拔，取得较高的分数才有机会被北京市高校录取。一些特色学科或热门专业的竞争更为激烈，考生需要准备充分、有独特的优势才能在竞争中脱颖而出。为了吸引更多优秀的考生，北京市高校采取了多样化的招生宣传策略。通过组织校园开放日、线上线下宣讲会、参加教育展览会等方式展示学校的资源和优势。同时，各高校也广泛利用社交媒体平台、建立官方网站和微信公众号等，与考生进行互动，提供相关招生信息。

---

* 本文系 2023—2024 年北京农学院教育教学研究与改革项目（课题编号：BUA2023JG58）。

① 作者简介：刘续航，男，硕士研究生，助理研究员，主要研究方向为本科教育教学管理。

二、北京市生源质量现状分析

北京作为中国的首都，吸引了许多优秀的考生前往北京市高校就读。北京作为中国教育资源最为集中和优质的地区之一，拥有众多高水平的中小学和培训机构。这为北京市考生提供了广阔的学习和发展机会，为他们积累了良好的基础知识和学习能力。由于北京市教育资源优越，许多考生在高考中取得了优异的成绩。高考是考生进入大学的主要途径，成绩的优劣直接影响考生被高水平的高校录取的机会。因此，北京市的高考成绩在全国范围内通常较为突出。由于北京市的教育资源丰富，北京市学生往往接触到更广泛的学科和知识领域。他们有机会参加各类学科竞赛、科技创新活动、学术研讨会等，积累了更多的专业知识和实践经验。这使得北京市生源在知识面上更加丰富和全面。北京市高校通常有较高的录取标准，要求考生具备一定的英语水平、科研能力、综合素质等。由于北京市的教育资源和学习环境的优越性，考生在这些方面相对具备较高的素质。北京市的高校拥有许多优秀的教师，他们在自己的学科领域有着丰富的知识和研究经验。这些优秀的师资力量为学生提供了良好的指导和支持，推动了学生的学业发展。

三、多样化招生宣传策略的概念与作用

多样化招生宣传策略是指高校为吸引优秀生源而采取的多种宣传手段和方式。它的作用是为了提高高校的知名度、吸引更多合适的考生申请，并最终达到招生目标。多样化的宣传方式包括校园开放日、招生宣讲会、教育展览会、校园参观、招生宣传片等。通过这些方式，高校可以向学生和家长展示学校的优势、特色和办学理念，增强其对学校的了解和兴趣。随着互联网的普及，线上宣传也成为不可或缺的一种手段。高校会建立官方网站、微信公众号、微博等社交媒体平台，通过发布招生信息、展示学校资源、回答学生问题等方式与考生进行互动。线上宣传具有传播范围广、互动性强的特点，可以更直接、及时地与目标群体进行沟通。高校在制定招生宣传策略时会考虑目标群体的特点和需求。例如，对于艺术类院校，会更注重在相关艺术类培训机构、学生绘画比赛等活动中进行宣传；对于理工科院校，可能会注重与研究机构、企业合作，参与科研项目等。目标群体的定位有助于更精准地传达信息，强化宣传效果。高校可以通过宣传特色院系、顶尖教师、科研成果、学科优势等途径，营造自己的特色办学形象，提升学校知名度和吸引力。特色办学形象的宣传可以吸引目标群体的关注，使其更加了解和认同学校的特点。多样化的宣传策略可以吸引更多的优秀生源申请。通过展示学校的优势、提供奖学金和资助、举办特殊招生计划等方式，高校可以吸引那些成绩优秀、综合素质出众的考生选择该校，提高学校的生源质量和竞争力。

综上所述，多样化的招生宣传策略能够帮助高校提高知名度、吸引合适的考生申请，并最终带来优质的生源。它不仅有助于学校的发展，也能够满足考生和家长的信息需求，实现双赢的效果。

四、基于多样化招生宣传策略的生源质量提升方案

基于多样化招生宣传策略的生源质量提升方案包括以下几个方面：①宣传更具针对性。针对目标群体的特点和需求，制定更有针对性的宣传策略。例如，在艺术类院校招生

宣传中，可以展示学校艺术类专业的优势、学生作品等；在理工科院校的招生宣传中，重点突出学校的科研成果、科研设施等。②引导优秀考生。通过宣传学校的专业特色、教育资源等，吸引优秀考生选择该校。针对优秀考生，可以提供更多奖学金、特殊招生计划等激励措施，以吸引他们报考。③教育资源展示。通过校园开放日、校园参观等方式，向考生和家长展示学校的教育资源。包括优质的教师团队、实验室设备、图书馆、实习机会等。展示学校的教育资源和硬件设施，能够增加招生的吸引力。④强化学术氛围宣传。通过宣传学校的学术氛围，包括学术交流、科研项目、学术研讨会等，吸引对学术研究有浓厚兴趣的考生。⑤强化实践教育宣传。通过宣传学校提供的实践教育机会，包括校企合作实习、社会实践、实验课程等，为考生提供实践锻炼的机会，吸引对实践教育有需求的考生。⑥加强校友资源宣传。通过宣传学校优秀的校友资源，包括校友创业成功案例、校友提供的就业机会等，为考生提供拓宽人脉、就业机会，增加学校的吸引力。⑦加强在线宣传。建设招生专题网站、社交媒体平台等，定期发布学校的招生信息、专业介绍、校园生活等相关内容，与考生和家长建立更紧密的联系，提高信息的传达效果。

总的来说，多样化的招生宣传策略是提升生源质量的关键。学校可以根据自身特点和目标群体需求，有针对性地制定宣传策略，展示学校的优势、特色和教育资源。通过精准的宣传，吸引更多优秀的考生申请该校，提高生源质量。

五、北京市高校招生质量与生源质量匹配优化

要优化北京市高校的招生质量与生源质量的匹配，可以采取以下措施：①完善高校招生政策。根据高校的定位和发展需求，优化招生政策，明确招生对象和招生要求。制定合理的录取标准，将生源质量与招生要求相匹配，确保录取的学生具备适应学校教育水平和学科要求的能力。②加强招生宣传和引导。通过多样化的宣传手段，向考生和家长传达高校的办学特色、学科优势和培养目标，提高考生的认知度和选择准确性。同时，积极引导考生选择适合自身兴趣、能力和发展方向的学校和专业，避免不合适的报考导致生源质量与招生需求不匹配。③增加专业评价和选择的透明度。提供专业就业情况的真实数据和学生就业率等信息，帮助考生更加清晰地了解专业就业前景和发展潜力。同时，加强职业指导和咨询服务，让考生有充分的信息依据，选择与其兴趣和能力匹配的专业，进而提高生源质量与专业招生需求的匹配度。④加强学业水平考核。在录取过程中，除了考虑学生的高考成绩外，还可以综合考虑学生的学业水平考核结果。通过多元化的考核方式，包括综合素质评价、学科竞赛成绩、科技创新能力、社会实践等方面的评价，综合反映学生的综合素质和潜力，以更全面的方式选拔生源。⑤加强学业辅导和导师制度建设。通过提供优质的学业辅导和个性化的学生管理服务，帮助学生提高学习能力和综合素质。建立健全导师制度，提供个性化的引导和指导，帮助学生选择适合自己的学科方向和学习路径，提高学生的学业水平和发展潜力。

通过以上措施，可以促使北京市高校的招生质量与生源质量更好地匹配，确保录取的学生具备适应学校教育水平和学科要求的能力，同时也提高学生的满意度和就业竞争力。

六、讨论与分析

多样化招生宣传策略可以提升生源质量，因为它能够更好地吸引和筛选具有适应学校要求和志愿的优质考生。

以下是多样化招生宣传策略可行性和实施效果的几个方面：①通过多样化的招生宣传策略，学校可以针对不同的目标群体制定有针对性的宣传方案。例如，在艺术类院校，面向有艺术天赋的学生，可以通过艺术展览、艺术家讲座等方式吸引他们的兴趣。这样可以提高招生的吸引力，增加志愿报考的准确性，从而提高生源质量。②通过多样化的招生宣传策略，学校可以充分展示自身的特色和优势，吸引符合学校定位和要求的考生。这可以通过校园开放日、校友分享、学科展示等方式来实现，从而提高学生对学校的了解程度，增加志愿报考学校的准确性。③多样化招生宣传策略可以提供更多关于不同专业的详细信息，包括就业前景、发展机会、课程设置等，帮助考生更加全面地了解不同专业，并选择符合自身兴趣和能力的专业。这有助于避免考生因无法适应专业要求而导致的辍学率和转专业率的提高，从而提高生源质量。

然而，多样化招生宣传策略也存在一些问题：①多样化的招生宣传往往会产生大量的信息，考生无法对其进行有效筛选和判断。而且，有些宣传信息可能存在夸大宣传、信息不准确等问题，容易误导考生，造成错选。②针对不同的目标群体，学校需要选择适合的宣传渠道。然而，选择适合的宣传渠道并不容易，因为不同的目标群体可能会倾向于不同的媒体和社交平台。这需要学校对考生群体的喜好和使用习惯进行深入了解。③由于宣传效果的评估较为复杂，很难准确评估每种宣传策略对于生源质量的影响。同时，宣传效果的评估需要一定的时间，无法立即得到反馈和调整。

综上所述，虽然多样化招生宣传策略可以提升生源质量，但也面临一些挑战。学校在制定招生宣传策略时，需要综合考虑宣传渠道的选择、信息的准确性和评估方法等问题，以更好地实现生源质量的提升。

参 考 文 献

崔海丽，朱红，马莉萍，2022. 高中生涯教育对学生未来规划清晰程度的影响：以强基新生为考察对象［J］. 教育发展研究（10）：67-76.

丁玉蓉，2021. 校友参与高校育人的路径研究［D］. 上海：华东师范大学.

董杨帆，刘振中，付孝泉，等，2022. 大数据时代高校招生宣传工作创新探索［J］. 安徽电子信息职业技术学院学报（5）：97-99，110.

范明明，2018. 浅谈新形势下高校招生宣传工作中面临的问题及对策［J］. 时代农机（10）：86-87.

郭丛斌，王天骄，2021. 学科评估参与和信息披露对本科生源质量的影响：基于 2016—2020 年全国高考录取数据的实证研究［J］. 高等教育研究（12）：40-50.

何云峰，王兆璟，马晶晶，等，2023. 新时代教师教育高质量发展的多维思考（笔谈）［J/OL］. 吉首大学学报（社会科学版）：1-29.

侯应莱，2023. 乡村振兴背景下高校暑期“三下乡”社会实践的意义与创新［J］. 公关世界（14）：40-42.

刘三宝，李剑，罗小锋，2022. 网络招生宣传能改善专业“盲选”与“错选”吗？[J]. 国家教育行政学院学报（2）：87－97.
汪霞，顾露雯，2018. 世界一流大学案例研究［M]. 南京：南京大学出版社.
吴文昕，2022. 高校校友会资源开发路径研究［D]. 镇江：江苏大学.
吴志涛，2023. 新形势下地方本科高校招生宣传工作研究与探索［J]. 才智（25）：119－122.
夏立新，杨宗凯，黄荣怀，等，2023. 教育数字化与新时代教育变革（笔谈）［J]. 华中师范大学学报（人文社会科学版）（5）：1－22.
钟永强，2023. 应用型本科院校校外实践教学基地建设探析［J]. 邢台学院学报（3）：114－119.

第二学士学位专业建设浅析*

郑冬梅①

摘要：本文通过对第二学士学位国内相关政策和教育现状的梳理，结合国内外第二学士学位专业建设情况，分析了第二学士学位专业建设所面临的多重挑战与机遇，并从优化课程体系与教学内容、加强师资队伍建设、创新教学模式与方法三个维度，提出了专业建设策略，从而促进第二学士学位教育的持续健康发展，满足社会对复合型人才的需求，为社会培养和输送更多具有多学科背景的专业人才。

关键词：第二学士学位；专业建设；挑战；机遇；策略

在全球化浪潮下，社会对各领域专业人才的需求不仅更加专业化，也更加注重多样性和综合性。第二学士学位教育，作为一种旨在培养学生跨学科知识与能力的教育模式，正逐渐受到广泛关注与认可。它允许学生在完成首个本科学位后，继续攻读第二个学士学位，从而深化专业知识、拓宽视野，并为学生开辟更宽广的职业发展道路。这种教育模式不仅契合了社会对复合型人才的实际需求，更在提升国家整体教育水平和增强国际竞争力方面发挥着关键作用。本文从第二学士学位教育的视角出发，结合国内外建设情况，详细分析第二学士学位专业建设面临的多重挑战和机遇，并从优化课程体系与教学内容、加强师资队伍建设、创新教学模式与方法三个维度，提出了专业建设策略，从而促进第二学士学位教育的持续健康发展，满足社会对复合型人才的需求，为社会培养和输送更多具有多学科背景的专业人才。

一、第二学士学位专业建设现状分析

1. 国外第二学士学位专业建设情况

在全球化和知识经济日益凸显的今天，第二学士学位教育的普及与发展已成为高等教育改革的重要趋势。国内外众多高校已深刻认识到，单一学位已无法满足日益多样化的人才需求，专业建设必须向跨学科、复合型的人才培养模式转型。国际上，许多国家已建立起成熟的第二学位体系，通过灵活的课程设置和多元化的教学模式，培养出兼具专业深度与广度的高素质人才。例如，欧美国家的大学普遍允许学生在完成本科学位后，选择攻读第二学士学位以增强职场竞争力。在这些国家，第二学士学位教育受到高度重视，其灵活

* 本文系教育部产学合作协同育人 2023 年项目“新农科视角下应用型高校优化实习教学管理模式的探索”（项目编号：230801313807024）。

① 作者简介：郑冬梅，女，博士，副研究员，主要研究方向为教育教学管理。

多样的课程方案为学生提供了宝贵的机会，让他们在主修学位之外，能够探索并深入其他专业领域。这种模式不仅拓宽了学生的知识视野，还显著提升了他们在职场中的综合竞争力。为了满足跨学科融合的迫切需求，许多高校积极创建新兴的交叉学科，激发了学科之间的协同合作与创新活力。

2. 国内第二学士学位专业建设情况

在我国第二学士学位教育起源于 20 世纪 80 年代，旨在培养跨学科的高层次专门人才。1987 年，国家教育委员会等部门联合下发《高等学校培养第二学士学位生的试行办法》，正式确立了这一制度。此后，第二学士学位教育在国内得到了一定的发展，但随着研究生教育的普及，其招生规模逐渐缩小。2019 年，国务院学位委员会决定从 2022 年起停止招收第二学士学位生。然而，受新冠疫情等因素的影响，教育部于 2020 年 5 月发布《关于在普通高校继续开展第二学士学位教育的通知》，重启第二学士学位教育，并将其定位为大学本科后教育，旨在培养复合型人才。随着高等教育改革的不断深化，特别是在《国家中长期教育改革和发展规划纲要（2010—2020 年）》的战略指导下，国内高等院校逐渐认识到第二学士学位教育的价值，并加大力度推动多学科交叉融合与复合型人才的培养。这一趋势在“985”和“211”等高校中尤为明显，它们率先启动了第二学士学位教育的试验性项目，通过跨学科知识体系的整合，有效应对日益复杂多变的职业市场需求。

第二学士学位主要招收当年普通高校本科毕业并获得学士学位的应届毕业生，以及近三年普通高校本科毕业并获得学士学位、目前未就业的往届生。教育部等部委对第二学士学位教育给予了政策支持，包括单列招生计划、给予高校更大招生自主权、解决高校后顾之忧等。这些措施为第二学士学位教育的发展提供了有力保障。

目前，第二学士学位教育在国内已得到一定规模的恢复和发展。多所高校已备案并开设了第二学士学位专业，如绍兴文理学院、长春理工大学、北京中医药大学等。各高校的招生规模不尽相同，有的高校招生计划仅为数十人，如绍兴文理学院 2024 年全日制第二学士学位计划招生 50 人；而有的高校招生计划则达到数百人甚至上千人，如内江师范学院 2024 年第二学士学位招生计划为 300 人，北京交通大学 2024 年第二学士学位招生计划共 550 人。第二学士学位教育的专业分布广泛，涵盖了公共卫生与预防医学、应急技术与管理、电子信息、大数据、中药学、公共事业管理、英语、自动化、软件工程、化学、应用化学、环境科学、体育教育、地理信息科学、资源环境科学、水利水电工程、电子信息工程、计算机科学与技术、金融学等多个领域。许多高校鼓励学生报考与原本科专业分属不同学科门类的第二学士学位专业，或与原本科专业属于同一学科门类、但不属于同一本科专业类的第二学士学位专业，以培养跨学科的高层次专门人才。

二、第二学士学位专业建设面临的挑战

尽管第二学士学位教育在国内外都展现出了蓬勃的发展态势，但仍面临一些挑战。

1. 社会认知度不高

尽管第二学士学位教育已经重启并得到了一定发展，但其社会认知度仍然有待提高。许多学生和家长对第二学士学位教育了解不足，甚至存在误解。

2. 高校资源有限

部分高校在开设第二学士学位专业时面临资源限制，如教师、教室、宿舍等硬件设施不足，这可能制约第二学士学位教育的进一步发展。

3. 学生适应问题

学生在面对不同学科的学习时，可能会感到知识体系的转换带来的压力和迷茫。不同学生对第二学士学位的认知和态度各不相同，有的可能难以适应交叉融合的思维方式和学习方法。

4. 实践环节缺失

专业学习不仅仅停留在理论学习层面，更需要丰富的实践经验。然而，因为学时所限，学生在实践环节的投入不足，这使学生难以将所学知识有效应用于实际情境中。

三、第二学士学位专业建设面临的机遇

1. 教育改革的政策支持

随着《国家中长期教育改革和发展规划纲要（2010—2020 年）》等政策的实施，国家对高等教育的改革与发展日益重视，为第二学士学位专业建设提供了良好的政策环境。这有助于高校探索新的教育模式和课程体系，推动第二学位专业建设的快速发展。

2. 人才市场需求变化

现代职场对复合型人才的需求不断增加，第二学士学位专业建设能够培养具备跨学科知识和综合能力的高素质人才，满足市场需求。此外，信息技术和互联网技术的快速发展，为教育带来了新的机遇和挑战，第二学士学位专业建设需适应这种变化，不断调整和优化教学内容和方法。

3. 学科交叉发展的趋势

随着科学技术的进步与社会问题的复杂化，各学科之间的界限逐渐模糊，交叉学科研究成为科研与教育的重要趋势。第二学士学位专业建设能够促进不同学科之间的合作与资源共享，推动创新和知识的融合。

4. 教育技术的进步

随着在线教育和数字化学习的普及，第二学士学位专业建设可以利用信息技术和互联网技术，提供更加灵活多样的学习方式和资源。这不仅可以满足学生的个性化学习需求，还可以提高教学质量和效果。

5. 学生需求的多样化

现代学生更加关注个性化学习和多样化发展，第二学士学位教育能够满足学生对不同知识领域的探索需求。随着学生对职业发展的期望提高，第二学士学位教育的吸引力也日益增强。

总之，第二学士学位专业建设面临着多方面的挑战与机遇。只有充分认识并把握这些挑战与机遇，才能推动第二学士学位专业建设的健康发展，培养更多具备跨学科知识和综合能力的高素质人才，以满足社会和市场的需求。

四、第二学士学位专业建设的策略

1. 优化课程体系与教学内容

为增强学科的实用性和交叉融合的深度，有必要对现有课程进行系统的整合与优化。打破学科之间壁垒，引入跨学科学习模块，以加深学科之间的融合度和提高学科的复合性。同时，确保课程体系的多元化，以促进学生的全面发展，从而提升其综合素质。

2. 加强师资队伍建设

有关部门需增加对师资团队培养的投入，着力引进或培养能够胜任交叉学科教学的优秀教师，以提升第二学士学位专业的师资力量；并建立长效机制，从而实现可持续发展，不断提升师资队伍水平。

3. 创新教学模式与方法

根据专业实际情况，探索合适的教学方式，并结合社会和市场的需求，定制个性化教学计划。通过引入案例教学、项目教学等创新教学方法，激发学生的学习积极性和创新能力。

随着社会对复合型人才需求的不断增加，预计未来第二学士学位教育的招生规模将进一步扩大。高校需根据市场需求和学科发展趋势，不断优化第二学士学位的专业设置，在课程设计、教学方法、评价体系等多维度进行深度革新，为提升教育质量开辟崭新路径，积极响应国家对于教育现代化的迫切需求。

课 程 思 政

基于课程思政的“园艺植物病理学”课程教学改革探索与实践*

高坦坦[①]　李为民　石芮竹

摘要：“园艺植物病理学”是北京农学院园艺专业大三学生的一门重要必修课，具有知识点多、实践性强和应用面广的特点。本文从“园艺植物病理学”课程的教学目标、教学改革举措等方面，围绕如何提高“园艺植物病理学”课程思政教学效果和教学质量进行了积极探索和实践。

关键词：园艺植物病理学；课程思政建设；思政元素；教学改革

2016年12月，全国高校思想政治工作会议在北京召开，习近平总书记在会议上发表重要讲话，指出“高校思想工作关系高校培养什么样的人、如何培养人以及为谁培养人这个根本问题。要坚持把立德树人作为中心环节，把思想政治工作贯穿教育全过程，实现全程育人、全方位育人”。习近平总书记强调，“要用好课堂教学这个主渠道，思想政治理论课要坚持在改进中加强，提升思想政治教育亲和力和针对性，满足学生成长发展需求和期待，其他各门课都要守好一段渠、种好责任田，使各类课程与思想政治理论课同向同行，形成协同效应”。高校教师承载着为社会培养专业人才的重任，在传授专业知识和培养专业能力的同时，帮助学生塑造正确的世界观、人生观和价值观，坚定理想信念，增强社会责任感。在这样的形势下，课程思政在全国高校专业课程中以“星星之火，可以燎原”之势展开。

课程思政是一种教育理念，是为了实现立德树人，主要形式是将思想政治教育元素，包括思想政治教育的理论知识、价值理念以及精神追求等融入各门课程中去，潜移默化地对学生的思想意识、行为举止产生影响。“园艺植物病理学”课程是北京农学院植物保护专业教师为园艺专业大三学生开设的一门重要专业必修课。该门课程教学内容丰富，且具有实践性和应用性强的特点。本文结合“园艺植物病理学”教学内容及教学方式进行分析，探索如何将课程思政融入教学过程中，为新农科背景下“园艺植物病理学”课程建设提供新思路。

---

* 本文系北京农学院2023—2024年度教育教学研究与改革项目“基于课程思政建设的‘园艺植物病理学’课程教学改革与实践”（项目编号：BUA2023JG28）。

① 作者简介：高坦坦，女，博士，讲师，主要从事植物病理学教学和研究。

一、“园艺植物病理学”课程的教学目标

2018年9月17日，教育部发布《教育部关于加快建设高水平本科教育全面提高人才培养能力的意见》，制定实施“六卓越一拔尖”计划2.0等重大项目。随后提出各高等院校要加快推进新工科、新医科、新农科、新文科建设，加快推进教育现代化、实现高等教育内涵式发展。值此之际，北京农学院教务处组织了各专业修订了人才培养方案。随后根据2020版园艺专业本科人才培养方案，课程组修订了“园艺植物病理学”教学大纲，最新教学大纲（2020版）不仅强化了课程内容对教学目标的支撑以及将课程思政融入教学中，而且明确了学生的知识要求、能力要求和素质要求（表1）。

表1 “园艺植物病理学”专业毕业要求和课程目标

专业毕业要求	专业毕业要求指标点	课程目标
知识要求	掌握现代农业基础知识，了解与学科和专业相关的产业发展状况、学科发展前沿、发展趋势	①了解植物病害的发生、危害与防治历史，学习园艺植物病理学的重要性
	掌握较扎实的专业基本理论与实验技能	②掌握园艺植物病理学的基本概念和基本理论，掌握园艺植物主要病害的发病规律和防治方法
能力要求	具有良好的自我学习能力、表达与交流能力	③具有良好的自我学习能力、表达与交流能力
	具备运用所学专业理论知识和技能，从事该专业领域的科学研究、产品研发、生产管理、技术推广、产业经营与管理等工作的能力	④具备园艺植物病害识别与调查、病害诊断、病原物鉴定及病害防治的能力、进一步提升园艺植物栽培管理能力，提高社会竞争力
素质要求	具有正确的政治方向，遵守职业道德、诚信为人	⑤具有良好的职业道德，爱护绿色生命、珍惜劳动成果
	具有较强的环境意识和可持续发展理念	⑥具有较强的环境意识和可持续发展理念
	受到严格的科学思维和专业技能训练，掌握一定的科学研究方法，有求实创新的意识和精神	⑦具备唯物辩证的价值观和求实创新的意识与精神

二、“园艺植物病理学”课程教学改革举措

1. 梳理教学内容，挖掘思政元素

“园艺植物病理学”课程内容丰富，其中蕴含大量的思政元素。课程组经过多次研讨，精简了教学内容，修订了各章节主要内容，在保留重要知识点的基础上突出重点，同时深入挖掘课程7个章节中包含的思政点，寻找恰当的切入点，将思政元素恰如其分地融入“园艺植物病理学”专业知识讲授过程中（表2）。

表 2 “园艺植物病理学”课程内容及其蕴含的思政元素

教学章节	教学内容	课程思政元素及融入点
第一章	绪论，介绍植物病害的发生与防治历史，园艺植物病理学的性质和任务，以及植物病害的危害性	介绍与植物病害有关的优秀传统文化，提升人文素养，增强文化自信；通过介绍历史上植物病害大事件和科学家对植物病原物的研究，让学生明白学习本课程的重要性，引导学生的专业使命感；我国对小麦条锈病的防控，保证了国家粮食安全，让学生认识到科技创新的重要性，激发学生的民族自豪感
第二章	植物病害基本概念，介绍植物病害的基本概念、病害三要素和病害类型划分，非侵染性病害和侵染性病害的主要区别，病原物种类和症状类型	从经济学和生物学观点分别介绍植物病害，锻炼学生从不同的角度思考事物，培养学生的辩证思维；“植物—病原物—环境”三者相互作用才会发生病害，培养学生用联系的、发展的眼光看问题、分析问题的能力
第三章	植物病害病原，介绍非侵染性病害病原和侵染性病害病原（菌物、原核生物、病毒、线虫、寄生性种子植物5大类），病原物的一般性状以及5大类病原物的典型特征和分类特点	结合植物病害重要病原物，介绍老一辈植物病理学家对病原物的生物学特性深入研究的故事，引导学生培养刻苦钻研、求实创新的科学精神；通过学习重要的检疫性植物病原，让学生理解国家加强植物检疫的必要性和重要性，也让学生认识到所学的专业知识在保卫国家生物安全中的重要意义，提升学生的专业认同感
第四章	植物病害的发生与发展，介绍病原物的致病性和寄主植物的抗病性，以及植物病害的侵染过程和植物病害循环	通过介绍病原物的致病性和寄主植物的抗病性之间的关系以及协同进化，培养学生的辩证思维和全面分析问题的能力；将最新的科学研究成果融入教学内容中，让学生了解我国科研工作者为我国农业发展做出的贡献，培养学生不断探索、勇于创新的科学精神以及以强农兴农为己任的使命感；通过柯赫法则鉴定植物病害，培养学生严谨、求实的科研态度；通过讲授侵染过程和病害循环的几个过程，让学生认识到做研究的科学方法和思路
第五章	植物病害的防治，介绍植物病害防治的指导方针，各种防治措施特点和综合治理概念以及农业防治、生物防治、物理防治和化学防治的具体措施	将生态文明建设的思想融入植物病害防治教学过程，引导学生树立“绿水青山就是金山银山”、人与自然和谐相处的发展理念；结合各种病害防治方法优缺点的分析，培养学生的辩证思维以及发现问题和分析问题的能力；通过分组讨论，培养学生进行团队合作
第六章	常见蔬菜病害与防治，介绍十字花科、茄科、豆科和葫芦科蔬菜常见病害的种类和发生规律，以及几种代表性蔬菜的常见病害的发生特点与综合防治方法	结合常见蔬菜和果树重要病害的成功防治案例，引导学生热爱专业，增强学生对园艺作物病害防控的信心，提高学生的职业荣誉感，增强服务“三农”的使命感和责任感，促使学生投身于乡村振兴战略的伟大事业中
第七章	常见果树病害与防治，介绍苹果、梨、桃、杏和葡萄常见病害的种类和发生规律，以及几种代表性果树病害的发生特点与综合防治方法	

2. 丰富教学方式，激发学生主动性学习

传统的“填鸭式”教学方式被动地将理论知识传输给学生，长此以往会导致学生产生厌学情绪，学习积极性降低，不能主动地去学习。随着教育平台日趋完善和多元化，线上线下混合式教学模式已普遍运用于高校的课程教学。“园艺植物病理学”课时有限，且教学内容较多，可引导学生充分利用线上课堂开展学习。

（1）线上教学。课程组依托北京农学院课程中心进行“园艺植物病理学”线上课程建设。在课程中心，任课教师及时发布课程教学大纲和教学课件，课前预习任务和课后作业，或话题讨论，通过线上学习，既可以激发学生主动学习的积极性，又可以通过参与话题讨论，提升专业认同感。通过线上教学实践，显著提升了教学效果。

（2）线下教学。在理论授课过程中，可采取多样化的授课手段进行授课，既可以活跃课堂气氛，增加师生互动，又提高了学生的学习效率。在课堂教学中，可采用案例式教学、分组讨论教学、翻转课堂等。例如，在讲到菌物时，教师让学生分成小组，每个小组负责一个门的菌物，通过查阅资料、教材等，学习菌物的分类地位、生物学特性、代表的属种和引起的典型病害，并在课堂上通过 PPT 汇报展示学习成果，最后教师进行点评。通过这种方式，培养了学生自主学习能力和团队合作精神，并加深了对理论知识的理解。又如，在讲到植物病害防治时，教师引用朱有勇院士利用生物多样性防治植物病害的案例，可以帮助学生更好地理解生物防治的内涵和应用，鼓励学生刻苦钻研、勇于创新的科研精神，培养学生学农爱农为农的“三农”情怀。

3. 改革考核方式，优化评价体系

以往的“园艺植物病理学”课程考评体系中，期末考试卷面成绩占比较高，为 70%，平时成绩仅占 30%，而且平时成绩主要是以上课出勤和实验报告为依据。上述考评体系存在较明显的缺陷，如学生平时学习不积极，课上不记笔记，考试前突击复习一下理论知识以应对期末考试。为了提高学生的学习主动性和积极性，改革后的考评体系提高了过程性考核比例，期末考试成绩和平时成绩各占总成绩的 50%。在平时成绩中，增加了课堂测验和表现、课程作业、实验操作和期中考试。在课堂上可以针对上节课的重要知识点进行课堂小测，不定期检查学生笔记，在实验课上学生动手操作的积极性以及实验方法的正确性等都纳入平时考核中，可以激励学生更多地参与完整的学习过程，树立正确的学习态度。在平时成绩考核中，可以通过话题讨论和思政案例等将课程思政融入考评中，提高考评效果。

三、结语

课程思政是习近平新时代中国特色社会主义思想的教育理念，是贯彻落实立德树人根本任务的重要途径之一。学生在学习专业知识的同时，更要注重树立正确的世界观、人生观和价值观。在未来“园艺植物病理学”教学中，课程思政体系的完善仍是课程建设的重要内容。作为专业课主讲教师，在今后授课过程中，注重将教学、科研和实践有机结合，丰富教学方式，不断寻找合适的切入点将思政元素有机融入教学全过程中，提高教学质量，培养学生成为高素质复合应用型农林人才。

参 考 文 献

王学俭，石岩，2020. 新时代课程思政的内涵、特点、难点及应对策略［J］. 新疆师范大学学报（哲学社会科学版）(2)：50－58.
新华社，2016. 习近平在全国高校思想政治工作会议上强调：把思想政治工作贯穿教育教学全过程，开创我国高等教育事业发展新局面［EB/OL］. https://news.12371.cn/2016/12/08/ARTI1481194922295483.shtml?10000skip=true.
张爱环，郭洪刚，2022. 基于课程思政的“城市森林昆虫学”课程教学改革探索［C］. 新农科背景下复合应用型都市农林人才培养体系的探索与实践论文集. 北京：中国农业出版社：27－31.
朱书生，黄惠川，刘屹湘，等，2022. 农业生物多样性防控作物病害的研究进展［J］. 植物保护学报(1)：42－57.

新农科背景下“地理信息系统导论”课程思政建设的探索与实践*

华玲玲[①]　刘　云　石生伟　梁　琼　朱新萍　王敬贤　张力匀

摘要：课程思政已成为专业课教学的关键环节之一，课程思政与专业课程的有机融合是如今高等学校专业课程建设与教育教学改革面临的一项重要挑战。无论是理论课教学，还是实验课教学，都有必要在教学设计过程中考虑课程思政的合理切入。本文以新农科背景下农业资源与环境专业“地理信息系统导论”课程为依托，探讨了新农科背景下农业资源与环境专业“地理信息系统导论”课程的特点及课程思政设计的初步探索与实践，研究希望为相关专业课程的思政教学提供参考。

关键词：新农科；农业资源与环境；地理信息系统；课程思政

自习近平总书记提出课程思政这一理念后，大学生的思想政治教育就不仅仅是在思政课程中完成，而是将其融入每一门课程，实现思政课程到课程思政的转变。专业课作为高校课程体系中重要的一环，也是占比较多的一环。因此，将课程思政与专业学科相融合，充分挖掘专业学科的思政资源，是推进课程思政建设的重要举措。近年，各高校根据不同学科的特点在教学设计及内容上不断探索。

新农科背景下，农业资源与环境专业不仅涵盖了传统的土壤学和植物营养学方向，还将农业环境保护、生态农业、农业资源管理及利用和资源遥感与信息技术等方向融入其中。地理信息技术因其可以将海量数据进行信息化、可视化而在农业资源与环境专业中发挥了重要作用，也得到了越来越广泛的应用。新农科建设背景下，对农业资源与环境专业学生系统开展地理信息系统（GIS）理论知识和技术实践教学，对于促进我国农业现代化和信息化具有非常重要的意义。

地理信息系统技术凭借其特有的空间信息管理与数据处理分析功能，目前已成为农业信息化强有力的分析和决策辅助工具。因为课程本身技术性、专业性很强，要将思政元素融入“地理信息系统导论”专业理论知识的教学中有一定难度，很难起到润物无声的思政教学效果。因此，深入挖掘农业资源与环境专业“地理信息系统导论”课程思政的元素并进行实践探索，对农业资源与环境专业“地理信息系统导论”课程的建设及潜移默化地增强学生的思想道德素养具有重要意义。

---

* 本文系北京农学院教育教学研究与改革重点项目（项目编号：BUA2024YB02）。

① 作者简介：华玲玲，女，博士，讲师，北京农学院资源与环境系副主任，主要研究方向为农田、湿地等的碳氮磷生物地球化学循环。

一、农业资源与环境专业地理信息系统导论课程特点

1. 授课对象缺乏与课程相关专业知识的前期储备

地理信息系统是一门集计算机科学、地理学、测绘遥感学和环境科学等为一体的新兴边缘学科，该学科具有多学科集成、渗透性强；理论性和应用性并重；发展速度快，内容更新快等特点。因此，在学习“地理信息系统导论”课程前，选修课程应该包括“计算机科学”“地理学”“测绘遥感”和“环境科学”等课程。

在学习该课程前，北京农学院农业资源与环境专业的本科生只学习了“资源环境信息技术”课程，对遥感科学有了初步了解，而对地理学、地图学和环境科学等专业还缺乏认识，这给“地理信息系统导论”理论部分的学习带来了一定的挑战。因此，如何将抽象的理论形象具体化，使学生易于理解接受，又充分借助课堂，润物无声地将思政融入其中，给专业授课教师提出了更高的要求和挑战。

2. 课程教学任务重

北京农学院农业资源与环境专业“地理信息系统导论”课程设置了七个章节，具体包括导论、数据结构、空间数据的处理、空间数据数据库、空间分析、地理信息系统的应用模型和地理信息系统的设计与评价。课程知识点众多、内容量大、面广且比较抽象。大多数 GIS 教材是针对 GIS 专业的学生撰写的，偏重基本理论。目前，农业资源与环境专业的“地理信息系统导论”课程是 2020 年教学大纲中的课程，2022 年开始面向 2019 级学生授课，总学时 32 学时，其中理论学时 24 学时，实验学时 8 学时。如何将庞大的课程内容融入有限的学时里还处于不断探索阶段，思政建设更是处于起步阶段，开展相关教学思政研究势在必行。

二、“地理信息系统导论”课程思政的建设途径

1. 专业教师课程思政意识的强化

据调查，高校专业课程占到了本科生课程的 4/5，学生一半以上的学习时间投入在专业学习中。因此，多数学生认为，专业课和专业课教师是大学学习生活中对自己影响最深的。因此，专业课程潜移默化地成了思政育人的主要渠道。然而，长期以来，专业教师在讲授专业课的过程中更多地将教学重点放在专业知识的讲授上，虽然也会通过专业名人事迹等对学生的人生观、价值观进行引导，但课程思政的意识还不强，且未形成一定的系统性和目的性。基于此，在专业教师中加强课程思政的宣传，使专业教师根据课程特点，通过理论学习、亲身实践等各个环节途径，积累课程思政素材，并根据章节内容，将不同素材融入每一章节中，做到有计划、有目的、系统的课程思政融入尤为重要。反过来，课程思政的融入也会潜移默化地使专业课程的广度、深度和温度不断提升，从而增加课程的知识性，提升课程引领性和时代性。

2. 思政元素的挖掘

“地理信息系统导论”课程思政元素的挖掘不仅仅要围绕书本、文献、视频中的资料，更应该结合农业资源与环境的专业特点，与科研实践实习相结合，在实践应用中挖掘思政元素。使思政元素的融入不仅能提升学生的思想道德品质，更能激发学生的专业自豪感、自信心。

（1）从课程理论知识中，深挖蕴含的思政元素。“地理信息系统导论”课程导论章节中，除了重点介绍地理信息系统的定义，其与其他信息技术的联合应用也是本章重点。这就可以借助一些技术热点，将与GIS相关的大国技术融入其中，培养学生的民族自豪感、自信心。例如，讲到GIS与全球卫星导航系统之间的关系时，除了介绍美国的GPS系统和俄罗斯的格洛纳斯卫星导航系统（GLONASS），更值得学生关注的是我国的北斗卫星导航系统。该系统是中国自行研制的全球卫星导航系统，在我国目前已逐步取代GPS。北斗卫星导航系统的引入，不仅可以调动学生的学习兴趣，更有利于增强学生的民族自豪感、自信心。

（2）从名人事迹中，深挖思政元素。任何一个学科的发展，一项技术的推进应用和推广，都离不开国内外一批批勇于追求真理和创新的科学家的努力。他们的事迹是最好的思政教育素材，也是专业课程中最容易实践的思政教育形式。例如，在讲数据处理空间插值方法一节时，整体内插存在一定的局限性，因此，泰森提出了局部内插方法——泰森多边形法。泰森多边形只考虑了局部相似，没有考虑空间立体的差异，因此克里金进一步将泰森多边形法进行优化，得出了克里金插值法。教师在讲述本章节重要内容缓冲区分析和叠置分析时，以1854年英国伦敦发生的霍乱为例，当时在所有人为霍乱的起因无能为力时，被称为拯救世界的英雄——约翰·斯诺医生用一张地图大胆猜测发现了霍乱的源头。他在地图上标出了每个霍乱病死者的住家位置，最终斯诺医生根据患者的居住地与饮用水井之间的空间位置关系揭示了霍乱病的发病根源。从斯诺的案例中试图启发学生可以利用地理信息系统的专业知识解决生活中的各类问题。专业课程中名人事迹的融入，不仅可以很好地使学生形成一个他人和自我的对比，还能切身地感染学生，向敢于探索未知、追求真理的科学家学习。

（3）从身边人身边事出发，寻找身边的思政点。除了名人事迹，笔者认为身边的与专业课相关的典型人典型事更能拉近与学生的距离，使学生更真切地感受到专业知识在当前社会需求中的实际应用，从而培养其专业自豪感、自信心，激发学生的学习兴趣。例如，在导论章节讲地理信息系统在农业中的应用时，借助当下我国正在如火如荼进行的第三次全国土壤普查，讲述学校专业教师参与其中，地理信息系统又在其中发挥了什么样的作用。学生不仅了解了地理信息系统技术的应用，还意识到了专业在国家大的方针政策中的应用。地理信息系统技术更是在专业本科生、研究生的毕业论文中应用广泛，教师可以给学生展示已有专业学生在论文研究中应用GIS的制图。身边人身边事案例的应用使“政能量”润物无声地融入专业课程。

3. 教学方法多元化

在实施地理信息系统导论课程思政建设中，除了思政元素的收集，多元化的教学方法的运用能起到事半功倍的效果，真正落实立德树人的根本任务。

（1）充分借助多媒体、雨课堂等途径，采用课上课下以及线上线下相结合的方式，拓展教学的时间和空间；借助网络，变教师讲授为学生主动探索。如在讲到北斗卫星导航系统时，就我国因为何事件开始研发自己的导航系统这一问题，让学生课下通过上网查询、课上分享来加深印象。

（2）充分发挥专业教师课题项目优势，使学生参与专业相关的实地调研中，真正将理论学习与专业实践结合起来。例如，与专业高度相关的第三次全国土壤普查工作正在如火如荼开展，在野外定点采样记录工作中，让学生参与其中并回来绘制采样点分布图。从实践中体会专业前景及课程价值。

三、反思与总结

课程思政已是高等学校实现育人育才的大势所趋。新农科建设背景下，将思政教学融入高校专业课程中，引导学生坚定理想信念、厚植爱农情怀。农业资源与环境专业“地理信息系统导论”课程思政的建设，首先离不开课程专业教师的引领，这就要求专业教师要提高自身思政意识，用理论学习与实践丰富思政素材。其次，除了课堂讲思政，还应该充分挖掘该门课程与其他专业课程的联系，做到不就某一课程讲思政，将思政融入专业的培养中。最后，运用多元化教学手段，不离专业讲思政，渗透思政讲专业，“如盐化水、如春在花”。真正实现高校教育教学全过程与全方位育人，实现培养德、智、体、美、劳五育并举的育人目标。

参 考 文 献

侯彤瑜，吕新，张泽，等，2021. 新农科背景下农学专业 GIS 课堂教学探讨 [J]. 高等教育研究 (11): 41-42.

胡洪彬，2019. 课程思政：从理论基础到制度构建 [J]. 重庆高教研究 (1): 112-120.

教育科学论坛，2018. 习近平：坚持中国特色社会主义教育发展道路培养德智体美劳全面发展的社会主义建设者和接班人 [J]. 教育科学论坛 (30): 7-9.

李发源，焦浩洋，2021.《地理信息系统原理》课程思政实验设计初探：以“一带一路”实验为例 [J]. 南京师大学报（自然科学版）(S1): 57-63.

田应兵，王文凯，2008. 地方高校农业资源与环境专业课程体系与教学内容改革探讨 [J]. 长江大学学报（社会科学版）(6): 244-246, 315.

王琛，2015. GIS 技术在农业资源与环境领域的应用进展 [J]. 现代农业科技 (17): 237-238.

王建梅，王卫安，2017. 翻转课堂在地理信息系统课程教学中的实践与思考 [J]. 测绘通报 (8): 146-149.

王琳，朱红霞，李映雪，2011. 农业资源与环境专业 GIS 课程教学模式探讨 [J]. 中国科教创新导刊 (25): 56.

王苑，张丰，李睿，等，2021. 地理信息科学专业课程思政建设的探索和实践 [J]. 地理信息世界 (1): 16-20.

吴佳妮，邹丹，肖汶斌，等，2021.“地理信息系统”课程开展课程思政教学探讨 [J]. 教育教学论坛 (41): 129-132.

许宏，赵静波，2013. 高校教师科研伦理意识和科研伦理行为状况调查分析 [J]. 科技管理研究 (9): 99-103.

徐英睿，杨逸文，刘静怡，2019. 地理信息系统课程混合式教学模式探索 [J]. 教育现代化 (91): 158-159.

姚佳纯，2022. 项目化教学法视角下遥感与地理信息系统课程思政教学探索 [J]. 经营与管理 (3): 284-289.

张鑫，2023. 课程思政视角下课程设计与案例分析：以地理信息系统课程为例 [J]. 现代商贸工业 (19): 251-253.

课程思政理念下实验室安全教育在实验课程中的研究与实践*

方洛云[①] 潘予琮 蒋林树

摘要：在实验课安全教育过程中融入课程思政育人理念，春风化雨地对学生的实验室安全意识和社会责任意识产生影响，对实验室安全教育管理具有重要意义。课程思政将专业技能传授与思想政治教育融于实验课全过程，充分发挥课程思政理念在实验室安全教育中的实施效果，必须从明确安全教育的核心目标、设计实验课安全教育内容、创新实验课教学方式、完善实验室安全教育评价体系、提升实验室师资队伍教育理念等方面进行改革，探索科学有效的实验室安全教育路径。

关键词：课程思政；实验室；安全教育；实验课程

教育兴则国家兴，教育强则国家强，高校作为国家人才培养的孵化器，承担着立德树人、为国育人育才的重任。“培养什么样的人，如何培养人，为谁培养人”是摆在高等教育工作者面前的必答题。课程思政通过将爱国主义教育、集体主义教育、生命教育、环保教育、安全教育、社会责任感、科研诚信等思政元素融入专业教育当中，将思想政治教育与专业教育有机地结合在一起，潜移默化地对帮助学生塑造正确的世界观、人生观、价值观，为培养人才搭建了良好的实践平台。高校实验室作为培养学生实践能力，创新思维的重要载体，是学生探索星辰大海的起点。扣好科研人生的第一粒扣子，必须从实验室安全教育开始，基于课程思政理念，真正将实验室安全教育入脑入心入魂，我们通过将实验室安全教育融入动科专业实验课程中，从教学方法、教学方式、教学考核等各个环节进行设计，从而提高学生的安全意识，提升学生的操作水平，使实验室安全教育内化于心，外化于行。促进学生的身心健康，全维度发展。

一、实验室安全教育课程思政存在的问题

高校实验课是高校课堂教育的有机组成，是学生感受专业知识的真正应用，掌握实验仪器的真正用法，是培养学生解决实际问题的能力、实践操作能力、应急应变能力、创新创业能力，实现学生从必然王国走向自由王国的重要环节，进而促进学生综合素质的提升。实验室安全教育作为贯穿所有实验课的基调，是实验课顺利完成的前提和保障，目

* 本文系2023年度北京农学院教改项目“高校实验室安全教育课程体系改革与创新：以北京农学院为例”（项目编号：BUA2023JG52）。

① 作者简介：方洛云，男，博士，高级实验师，主要研究方向为植提物与奶牛营养。

前，实验室安全课程思政存在如下问题。

（1）培养目标不明确。实验课程目标主要是培养学生具备实验仪器操作的能力和运用专业知识解决问题的能力，忽略了国家认同和社会责任、科学精神与动物伦理等思政目标，没有按照实验课特点，制定相应的课程思政目标。

（2）培养环节不完善。实验课程缺乏润物细无声地将思政教育融合到专业知识的传承中，转换过于生硬，教学内容的设计不够完善。

（3）评价结果不完整。实验课的教学效果评价未建立多维度的课程思政评价，评价结果更多停留在专业技能的评价，对思政教育教学评价不明显。

（4）教师课程思政综合能力较弱。部分教师忽视了实验课程中深藏的家国情怀、工匠精神以及爱国主义和集体主义等思政元素，缺乏深度挖掘。

二、实验室安全教育课程思政的教学设计

畜牧实验课程包括“饲料安全与营养评价”“饲料加工学”“饲料学”“动物营养学”等课程，是动物科学专业本科生的必修课。开设的实验课程涉及动物试验、大型仪器操作、危化品使用等，稍有不慎，就会对师生人身安全产生直接危害。

饲料安全与营养评价实验课由于涉及危化品使用，可以在教学设计中加入生命教育、环保教育和社会责任教育等。饲料加工学和饲料学涉及仪器操作，可在教学设计中融入家国情怀和大国工匠精神等。动物营养学和动物生产学涉及动物试验，可在教学设计中加入动物伦理、生命教育和职业道德教育等，并将责任教育贯穿所有实验课程的全过程。

在实验开始前，教师需要详细讲解并演示本次实验课程中存在的各项风险点、相应的处理措施等，学生在充分了解并在教师讲解后才能开展实验。在实验过程中，教师需加强监督，及时纠正不规范操作。实验结束后，要求学生对实验产生的所有废弃物进行安全、正确处理，严禁随意丢弃。

三、实验室安全教育课程思政的教学方式

1. 结合实验室规章制度，融入生命至上教育意识

为保护师生的生命安全，减少实验过程中不必要的伤害，在新生入学教育或实验课前宣讲《实验室安全注意事项》等各项规章制度规则，让学生明白遵守规则的重要性和必要性。通过举例有学生不规范使用马弗炉而导致烫伤，不规范使用水浴锅导致火灾，或不遵守浓硫酸使用规则导致不必要的伤害等。通过这些身边的例子，让学生了解不遵守规则带来的后果，从而将实验室安全教育、人身安全教育、规则教育等思政元素融入实验教学中，使学生从内心树立生命安全第一意识。实验结束后，通过打扫卫生，仪器设备还原，试剂耗材归位等，培养做事有始有终的工匠精神，以及甘于奉献的集体主义精神。学生在处理化学品废液时，可结合各学校实例，讲述发生在我们身边的故事和事故，将生物安全、环保教育融入专业知识传授中，培养学生社会责任意识和环保意识。

2. 结合实验课目标，融入家国情怀

探索实验课新型教学模式，根据实验课程目标精心设计，在测定饲料中的粗蛋白时，列举中国工程院院士谯仕彦教授，通过发明创制低蛋白日粮，有效降低了饲料中豆粕水

平，降低对国外进口豆粕的依赖；向学生介绍李德发院士立志高远，为振兴民族饲料工业所做的点点滴滴，培养学生专业认同感、使命感和自豪感。

3. 结合实验课程研究对象，融入动物伦理和动物福利意识

实验课要求学生必须穿好白大褂、不穿拖鞋或高跟鞋上实验课等，通过潜移默化来影响学生关心自身和他人健康，将实验室“三不伤害原则”默默贯彻落实。动物生产学涉及动物实验，可在此教学环节中融入实验动物福利和动物伦理教育，提高学生关爱实验动物和尊重生命的意识，让动物伦理学教育理念和动物福利理念入脑入心，为形成良好的职业素养打好基础，使学生树立正确的人生观和价值观。

4. 结合实验课程教学内容，融入大国工匠精神

在进行实验课时，以动物配方设计为载体，引入具体案例，将实验课堂教学与生产实际相结合，引导学生针对生产实际问题，结合市场、生产、客户的不同需要，分析讨论、解决问题，真正做到理论与实践相融合，促使学生综合运用饲料学和动物营养学知识，独立设计饲料配方，培养学生从实际出发，因地制宜解决实际问题。

四、实验室安全教育评价标准与提升安全教育理念

1. 确立实验室安全教育评价目标

目前开展的实验室安全教育培训一般为课前常规安全知识讲述，在实验课中，不同的学科教师根据自己的理解或要求侧重点不同，实验室安全教育呈现出极大的教师个人风格。为保障实验课教学质量，实验室安全教育培训必须坚持“生命至上、安全第一”为核心，贯彻实验室安全教育统领实验课全过程，课程思政融于其中，以充分发挥课程思政的作用。

2. 完善实验室安全教育评价体系

目前，高校没有结合课程思政教育元素制定科学、规范、合理的实验室安全教育评价体系，各实验室按所属院系要求制定符合本实验室安全要求的管理细则，包括明确的日常管理巡查、危险化学品管理、特种设备等危险源管理使用要求、安全准入、突发事件应急管理措施等，做到实验室安全管理有的放矢。对在实验室安全教育和课程思政融合中表现优秀的教师给予表彰和奖励。将实验室安全教育和课程思政融合情况纳入教师的绩效考核体系，激励其积极参与。

3. 提升实验室安全教育方式

受实验课内容及学时的限制，普适性的实验室安全可安排专门的课时，专业性实验室安全教育只能在实验课教学中穿插进行。专业性的实验室安全教育恰恰是不同学科学生最缺乏的。仅仅依靠实验课时的安全教育是远远不够的，需要加强实验室安全校园文化建设，利用微信公众号、班级群等方式进行宣传并融入校园文化建设，利用现代信息技术手段，如在线课程、虚拟现实等，开展实验室安全教育培训。开展形式多样的安全教育活动，如安全知识竞赛、应急演练等，提高师生的参与度和兴趣。鼓励教师开展安全教育研究，探索适合本校学生的安全教育方法和途径。

4. 提升实验室师资队伍安全教育理念

提升实验室师资队伍安全教育理念是确保实验室安全、培养学生安全意识的关键环

节。定期组织实验室师资队伍参加安全教育培训，包括实验室安全知识、操作规程、事故预防与处理措施等内容。邀请安全专家进行专题讲座或现场指导，传授先进的安全管理经验和方法。建立实验室安全教育培训体系，确保每位教师都能接受到系统、全面的安全教育培训。积极参加国内外实验室安全教育相关的学术交流与合作项目，了解国际先进的安全教育理念和方法。借鉴国外高校实验室安全教育的成功经验，结合本校实际情况进行改进和创新。邀请国外专家来校进行安全教育培训或现场指导，提升实验室师资队伍的安全教育水平。

5. 提升实验室管理者的安全管理理念

提升实验室管理者的安全管理理念是确保实验室安全运营和人员安全的重要措施。树立安全文化意识，认识到安全文化是实验室管理不可或缺的一部分，强调安全的重要性，并将其融入实验室的日常工作中。倡导全员参与安全管理的理念，鼓励实验室成员共同关注安全，共同维护实验室的安全环境。强化安全意识教育，定期组织安全教育培训，提高实验室管理者对安全法规、安全操作规程和应急处理措施等方面的认识和理解。强调实验室管理者的表率作用，通过自身的行为示范来影响和带动实验室成员的安全意识。建立安全责任体系，明确实验室管理者的安全管理职责，建立安全责任体系，确保安全管理工作的有效实施。将安全责任落实到个人，确保每个实验室成员都明确自己的安全职责和义务。

完善安全管理制度，建立健全实验室安全管理制度，包括实验室安全操作规程、危险品管理制度、应急预案等，确保实验室各项工作的安全进行。定期对安全管理制度进行审查和更新，确保其适应实验室发展的需要，并及时解决存在的问题和不足。加强安全检查与隐患排查，定期组织安全检查，对实验室的设施、设备、化学品等进行全面检查，确保安全状态良好。鼓励实验室成员积极参与隐患排查，对发现的安全隐患及时上报并采取措施进行整改。建立激励机制，对在安全管理中表现突出的师生给予表彰和奖励，激励其继续发挥积极作用。将安全管理纳入实验室管理者的绩效考核体系，确保安全管理与实验室的可持续发展相结合。

五、结语

在课程思政理念下，实验室安全教育在实验课程中的研究与实践，不仅提升了学生的安全意识，也深化了学生的科学素养和道德品质。这一理念的融合，使得实验室安全教育不再仅仅是简单的安全知识传授，而是成了一个集安全知识、专业技能、情感和价值观于一体的综合性教育过程。通过本项研究与实践，我们深刻体会到课程思政在实验室安全教育中的独特价值和作用。它使得实验室安全教育不再孤立于其他课程之外，而是与思想政治教育紧密结合，形成了一个相互促进、共同发展的良好局面。同时，我们也看到，实验室安全教育在实验课程中的实践，不仅提高了学生的安全意识和能力，也培养了学生的团队合作精神和创新意识，为他们未来的科研和职业发展奠定了坚实的基础。然而，我们也意识到，课程思政理念下的实验室安全教育在实验课程中仍存在一些挑战和不足。展望未来，我们将继续深化课程思政理念在实验室安全教育中的研究与实践，不断探索新的教育方法和手段，以提高学生的安全意识和能力，培养他们的科学素养和道德品质。同时，我们也希望更多的教育工作者能够加入这一实践中来，共同推动实验室安全教育的发展和创新。最终，我们期望通过大家的共同努力，构建一个安全、和谐、高效的实验室教学环境，为培养更多优秀的科研人才做出更大的贡献。

参 考 文 献

李少媚，黄克明，王志刚，2018. 高校实验室安全预警、风险防控机制的研究［J］. 消防界（电子版）（3）：119－120.

王梁燕，洪奇华，华跃进，2017. 高校实验室安全文化体系的构建和完善［J］. 教育教学论坛（33）：11－13.

钟翠红，张永英，石玉祥，等，2016. 高校畜牧专业实验室建设与管理实践及改革［J］. 黑龙江畜牧兽医（2）：194－195.

“动物临床药理学”课程思政模式建设研究*

——以北京农学院为例

刘晓晔

摘要：“动物临床药理学”是立足于临床实践和引导学生自主学习的重要课程，该课程建立的教学模式是响应首都涉农高校自主创新的典型案例。课程建设中，我们引入了信息检索课程模式，实践案例分享授课，分组研讨式教学和互研互听互评方案教学。鉴于这些新课标和实践新课堂，“动物临床药理学”课程赋能新评价，提升了动医专业学生的核心素养，同时也促进了学生临床实践技能的培养，为建设全能型复合动物医学专业人才奠定了基础。

关键词：动物临床药理学；信息检索课程思政模式；实践案例分享授课；分组引导式教学；互研互听互评方案教学

随着兽医学领域的不断发展，“动物临床药理学”作为其中的一个重要分支，其教学模式的构建显得尤为重要。该课程是理论与临床相承接的一门基础应用性课程。需要将大量的理论知识系统性地整合到临床实践当中，让学生学有所用，学以致用，学以应用。本文旨在探讨如何有效地构建“动物临床药理学”课程模式，以提高学生的学习效果和实践能力。通过对现有教学模式的分析，我们发现传统的授课方式在培养学生独立思考和解决实际问题的能力方面存在一定的局限性。因此，我们提出了一种基于讨论式教学的课程模式。这种模式通过引入实际案例和模拟临床场景，鼓励学生主动参与讨论，分析问题并提出解决方案，从而提高其临床判断和决策能力。在具体实施过程中，教师需要精心设计讨论主题，确保其具有现实性和挑战性。同时，教师还应注重引导和启发，帮助学生掌握药理学的核心知识并应用于实际临床问题的解决。经过一段时间的教学实践，我们发现学生在知识掌握、实践能力和团队合作等方面均有显著提升。综上所述，讨论式教学模式在“动物临床药理学”课程中的应用，不仅能够增强学生的学习积极性和参与度，还能有效培养其临床实践能力，为其未来的职业发展奠定坚实基础。

一、“动物临床药理学”课程核心定位

“动物临床药理学”开课时间是本科大三年级下半年，学习该课程的学生已经修完

* 本文系2023—2024年度北京农学院教育教学研究与改革项目“新农科‘1+1+N’交叉学科建设兽医药理系列课程研究”（项目编号：BUA2023JG21）。

“兽医药理学”课程。基于“兽医药理学”采取的“点散线网”式教学过程的引入。热点引入、散面铺入、线条连接、知识网络收紧的教学模式，让学生已经对“兽医药理学”课程的知识点有了系统性的理解。现在正满怀期待想要将理论知识应用到临床中。因此，本课程在这个阶段中开展，其主要的核心定位是将课程的知识点转入到临床实践中，让学生认识到理论知识的学习不仅能在生活当中应用，也能够为将来的行业发展添砖加瓦。随着现代兽医学的不断发展，临床药理学在动物医学中的地位日益突出。然而，传统的教学模式主要依赖于教师单向传授知识，学生被动接受，难以培养其独立思考和解决实际问题的能力。因此，改进教学模式，促进学生的主动学习和实践能力培养，显得尤为重要。基于临床实践转点的核心定位，本课程开展了四方面的课程建设，包括信息检索课程模式建设、实践案例分享授课、分组研讨式教学以及互研互听互评方案教学。这些模式通过引入实际案例和模拟临床场景，鼓励学生主动参与讨论，分析问题并提出解决方案，从而提高其临床判断和决策能力。可以为学生提供更多的实践机会和思考空间，激发其学习兴趣，提高其综合素质。这些新型教学模式的应用，不仅能够提升教学效果，还能为学生未来的职业发展打下坚实的基础。

二、信息检索课程思政模式建设

“动物临床药理学”课程第一节课就讲述了本课程所要完成的内容和考核方向，本课程最大的亮点是：利用信息检索的方式，将新兽药申报网站、农业农村部公告网站等信息告知学生，让学生通过这些信息检索平台，筛选出自己感兴趣的新兽药案例，通过对新兽药研发的追踪，以小组为单位，成立研讨组。根据本课程所讲，提前设定讨论的内容，在特定章节讲课时，简述研讨结果。本课程需要进行研讨的论题分为两方面，一方面是新兽药研发案例分享，另一方面是病例处方药物分享。这两方面内容很好地涵盖了临床药理学研究的意义。同时，教师通过信息检索平台，为学生提供更多的信息获取渠道。例如，通过新兽药网站，可以显示新药研发的单位，这些单位包括高等院校、科研院所、高精尖企业等。教师提供的这些信息，不仅能够为将来考研的学生明确哪些高校或者科研院所擅长的领域或方向，也为找工作的学生指明更多行业内的好企业。这些信息的展示，让学生认识到这门课程的扩展意义，借助于信息检索不仅能学到新的知识，也能为将来的职业规划提前做好准备，做一名有目标、有方向、有规划的学生。

三、实践案例分享授课

本课程最大的授课特点就是将大量的生活案例、实践案例、科研案例引入教学中，让学生对兽药的知识有一个立体的认识，明白所学的知识不仅可以在生活中学以致用，更是可以作为科学研究的主要项目，为人类科学的进步助力。实践案例分享授课是一种以实际案例为基础的教学模式，通过分享和分析典型的临床案例，帮助学生将理论知识与实际应用结合。具体实施过程中，可以通过以下几个步骤来进行：①案例选择与准备。教师根据课程内容和教学目标，选择具有代表性的临床案例，进行详细准备和分析。②案例分享与讨论。在课堂上，教师通过多媒体手段向学生展示案例，并引导学生进行讨论和分析，帮助学生理解和掌握药理学知识。③实践操作与应用。在案例分享和讨论的基础上，教师可以安排学生进行模拟临床操作，进一步巩固和应用所学知识。

四、分组研讨式教学

分组引导式教学是一种通过小组合作和引导学习的教学模式，旨在提高学生的团队合作和自主学习能力。具体实施过程中，可以通过以下几个步骤来进行：①分组与任务分配。教师将学生分成若干小组，并为每个小组分配具体的学习任务和目标。②引导与支持。教师在小组学习过程中起到引导和支持的作用，通过提供必要的资源和指导，帮助学生完成学习任务。③展示与评估。小组学习结束后，学生通过展示和汇报学习成果，进行相互评估和反馈，促进共同进步。在讨论式教学模式的设计与实施中，教师通过精心设计讨论主题，引导学生围绕这些主题进行深入探讨。具体实施过程中，可以通过以下几个步骤来进行：①确定讨论主题。教师根据课程内容和教学目标，选择具有代表性的实际案例作为讨论主题。这些案例应具有现实性和挑战性，能够引发学生的思考和讨论。②引导讨论。教师在讨论过程中起到引导和启发的作用，通过提出问题、引导学生思考和讨论，帮助学生掌握药理学的核心知识并应用于实际临床问题。③总结与反馈。讨论结束后，教师对讨论内容进行总结，指出学生的优点和不足，并给予相应的反馈和指导，帮助学生进一步提升。

五、互研互听互评模式教学研究

互研互听互评模式是一种通过学生之间的相互学习、相互评价和反馈，促进共同进步的教学模式。具体实施过程中，可以通过以下几个步骤来进行：①互研互学。学生通过相互合作和交流，分享学习经验和知识，促进共同进步。②互听互评。学生通过听取和评价他人的学习成果，发现自己的不足并加以改进。③反馈与改进。通过相互评价和反馈，学生可以不断改进和提升自己的学习水平。

通过对讨论式教学、实践案例分享授课、分组引导式教学和互研互听互评模式的综合应用，我们发现学生在知识掌握、实践能力和团队合作等方面均有显著提升。具体表现如下：①知识掌握。学生通过讨论和案例分析，能够更好地理解和掌握药理学知识，并能灵活应用于实际临床问题的解决。②实践能力。通过实践操作和模拟临床场景，学生的临床操作能力和决策能力得到显著提高。③团队合作。通过分组引导式教学和互研互听互评，学生的团队合作和沟通能力得到有效培养。

综上所述，基于讨论式教学、实践案例分享授课、分组引导式教学和互研互听互评模式的综合课程模式，不仅能够增强学生的学习积极性和参与度，还能有效培养其临床实践能力和团队合作精神，为其未来的职业发展奠定坚实基础。未来，我们将继续优化和完善这一课程模式，探索更多的教学方法和手段，进一步提升“动物临床药理学”的教学效果和质量。

参 考 文 献

刘晓晔，刘德俊，侯晓林，等，2022. 兽药创制与应用课程产研一体化建设探讨［J］. 教育教学研究论坛（50）：137.
刘晓晔，陆彦，侯晓林，等，2022. 兽医药理课程元素和思政库的多元化建设［J］. 教育科学（12）：119－122.
魏述永，刘娟，吴俊伟，等，2009. 改革兽医药理学实验教学，培养实用型兽医专业人才［J］. 西南农业大学学报（社会科学版）（6）：184－186.
杨莉，史慧君，付强，等，2021. “新农科”下兽医药理学的课程教学改革与实践：以新疆农业大学为例［J］. 中国畜禽种业（5）：20－21.
张伟，李存，艾霞，等，2021. “兽医药理学”课程思政研究与实践［J］. 天津农学院学报（2）：28.

“动物免疫学”的课程思政点的开发与创新*

阮文科① 徐胜奎

摘要：“动物免疫学”是生命科学领域中的前沿学科，是动物医学及生命科学类相关专业的主干课程。免疫学的发展迅猛，从理论知识到应用知识架构以及内容的不断更新，新理论、新技术和新方法不断出现，免疫学知识和应用已经渗透到生命科学的每个方面。“动物免疫学”作为一门生命学科，具有理论性强、实践性强但思政点难以融合等特点。因此，如何将理论、实践和思政点有机融合是“动物免疫学”课程教学的重点和难点。在多年的教学改革实践中，我们探索了通过以科学发展观为切入点的教学方式，同时也开展了实践教学思政点的挖掘和融合，实现了学生职业素质、实践能力和思想素质的同步提高。通过“动物免疫学”知识应用体系的理论和实践教学及思政点的开发和创新，有效地提高了思政教学质量，充实和完善了学生对本课程的知识积累、应用能力和思想素质，进一步提高了学生的综合素质。

关键词：动物免疫学；课程思政；开发与创新

动物免疫学是生命科学领域中的前沿学科。“动物免疫学”课程是伴随着动物微生物学发展起来的一门课程，在 20 世纪 60 年代后作为一门独立的课程建立了系统的知识架构。近年动物免疫学的发展迅猛，从理论知识到应用的内容不断更新，新理论、新技术和新方法不断出现。在学科知识点的不断更新中，课程讲授的内容也在不断地完善和调整。动物免疫学的内容越来越深奥难懂，但其应用性也越来越强，许多的生命现象用新的免疫知识得以阐释，许多检测物质也用新免疫学的方法得以快速、准确地检测。“动物免疫学”课程知识体系随着学科的不断发展也在更新和改革，一些重要的理论也在理论教学中更新，如“免疫应答”知识点，教学中丰富了其涵盖的知识和理解；在实践中一些新型免疫学技术也广泛应用，如胶体金、酶联免疫吸附试验（ELISA）等，在教学中一些重要的免疫学技术方法也在实践教学中来替代了一些相对落后的免疫学检测方法。总之，不管是过去、现在和未来，动物免疫学学科将是推动生命科学前进的主要力量在不断发展，“动物免疫学”课程而作为基础知识获取途径也将越来越重要。

一、“动物免疫学”课程理论和思政目标

动物医学专业学生的学习理论和思政目标是通过“动物免疫学”的教学，使学生获得

* 本文系北京农学院分类发展定额项目—人才培养质量提高经费—优质本科课程和教案—动物免疫学。

① 作者简介：阮文科，男，博士研究生，副教授，主要从事动物免疫学方面的教学与研究。

对生命现象的基本认识，更深入准确地认识疾病发生的机理机制；通过免疫学检测方法的学习使学生获得实践知识，提高实践能力，应用到生命科学领域的工作中。“动物免疫学”的课程讲授内容由浅及深，由实践开始，到理论分析，再到进一步的实践提升，课程的主要内容首先讲授免疫发生的基础动物的免疫系统，其中包括免疫器官和免疫细胞，带领学生回顾初中和高中时代学习的一些基础知识，进一步引申出专业知识和理论；接下来讲参与免疫的一些小分子，如抗原、抗体、补体和细胞因子等体液因子，通过这些基本知识的讲授，让学生有了免疫大厦的基本架构；之后讲授综合性的免疫应答部分，通过把前面知识的回顾、串联，将学生免疫应答的系统观建立起来；最后会讲述临床和应用免疫学，包括变态反应和抗感染免疫等内容。通过以上内容的学习，让学生建立朴素的免疫的唯物主义观，提高理论和思想素质。

二、“动物免疫学”思政教学中存在的问题

第一，“动物免疫学”作为一门理论性较强的生命科学课程，思政点较难融合。学生容易陷入在理论问题的困惑中，无法有效地增进自身的思想深度。因此，在教学中应结合思政点，对教学内容进行精细化打磨改造；以提高学生思想道德素质为目标，开展知识结合思政的教育，培养爱国爱家爱行业的专业人才。

第二，“动物免疫学”作为一门在实践应用中很重要的课程，其教学目标是了解理论的同时，进一步培养学生解决实际问题的能力。以解决实践问题为目标的实践教学中，重点在“动物免疫学”涉及的实验遇到的实际问题的解决方案征集与实施，在此过程中容易忽视融合思政点。

第三，在新型的教学方式中如何融入思政点也需要深入思考。无论是在设计性实验教学模式还是反转课堂的教学模式，都以充分调动学生的学习主动性，提高其自主获得知识的能力为基本目标，授课重点也着重放在启发、引导学生的自学上，培养他们发现问题、分析问题和解决问题的能力。这些教学革新虽然培养了学生的动手能力、学习兴趣和创新意识，但在过程中容易忽视思政点的融合和创新，因此需要教师进行精心打磨，无缝融入思政点。

三、“动物免疫学”思政点的开发和创新

“动物免疫学”课程具有广度的多交叉性和深度的多层次性，具有理论性强、抽象难懂等特点。作为一门生命科学课程，纯粹的免疫学的生命科学理论很难与思政教学结合。学生在学到相应的生命科学理论知识的同时，并不能以辩证唯物主义和一般规律与特殊关系的观点去认识事物中深刻的、隐藏的本质；只会获得基础知识，并不能使学生提高整体素质。基础性的知识在学生今后的学习和工作中可以起到一定的技术性指导，但当需要深刻分析事物本质和创新时便会遇到瓶颈。

为解决以上问题，我们对动物医学专业“动物免疫学”课程思政教学内容和教学方法进行了改造、充实与创新，形成了行之有效的特色理论、实践以及教学思政，其创新点如下。

1. 以科学的发展为切入点促进教学方式的创新

免疫学发展的历程中多以科学问题的提出和解决为出发点。因此，为提高学生的学习兴趣和知识获取程度，达到思政教学的目的，通过以科学发展观为基础的模块案例教学，有效地提高学生的学习效率和兴趣；通过辩证唯物主义的观点分析、看待免疫学的现象，让学生以辩证唯物主义的观点去分析疾病的本质，而不是单纯地认识事物的是非问题，增强学生在后续课程学习乃至工作实践中的认识问题、分析问题的能力。通过资本主义批判观点应用到免疫学的应用和生产教学，帮助学生建立对资本主义的深刻认识和批判观点。

科学发展观的教学方式使枯燥或老旧的免疫理论和实践知识更易于接受。摈弃以往枯燥乏味的照本宣科式教学。以科学发展观为基础，结合模块进行案例教学，帮助学生建立科学发展的思路和理念。让学生知道知识的来源，知道知识去处。例如，开展免疫应答的教学过程中，教师先讲述该内容的科学发现史，在回顾发现史的同时巩固本课程的各类基础知识，引出并巩固本模块的知识点，以及知识点在研究领域和工作实践中的具体应用，形成一个较完整的体系。课程通过这样多个小体系组成，知识通过在各个小体系内的反复循环，帮助学生更有效、更充分地吸取。例如，在讲免疫启动理论时，教师以溶血空斑实验，讲述树突状细胞 DC 发现者长达几十年的未被关注的发现过程，帮助学生建立艰苦奋斗的思想；以思考垃圾中苍蝇为何不感染，讲述 Hoffmann 发现免疫启动分子的过程，帮助学生建立勤于思考的习惯；以思考抗体多样性，讲述利根川进敢于突破基因-蛋白的生命准则，帮助学生建立敢于创新的勇气；从免疫负调节因子的发现讲起，通过讲解癌症的免疫细胞和分子疗法，帮助学生建立战胜疾病的信心；通过讲述修美乐的技术起源、制备方法，培养学生从事行业的兴趣。通过科学发展观模块教学，取得了良好的教学效果。

2. 加强实践和时政教学思政点的挖掘和融合

针对动物医学专业的培养定位和动物免疫学的特点，通过多年的深入研究，教师挖掘与课程教育密切相关的思想政治教育资源，完善课程内容，改进教学方法，探索创新课程思政建设模式和方法路径，将辩证唯物主义和资本主义批判观点应用到动物免疫学相关的实践教育和实际生产中诸多问题的分析中去。将辩证唯物主义代入“动物免疫学”的教学中，如在认识最重要的一种现象免疫应答时，在讲述这个反应的作用的同时也要让学生清楚地认识到免疫应答的危害（如在新冠疫情中造成的死亡病例）。以马列主义去看待分析疫苗等相关产品的诸多案例。例如，将资本主义的批判观点贯穿免疫应用产品的教学过程中，帮助学生建立对资本主义的深刻认识并形成批判观点。免疫学作为应用性较强的一门学科，其中最重要的应用为疫苗，疫苗生产厂家涉及诸多国际垄断企业。其中，不乏对资本主义的经典批判案例。疫苗的违规生产会带来极高的利润，可以让学生深刻地认识到疫苗违规生产的动力源所在。帮助学生以特殊商品看待疫苗的生产和使用，在寻找事物的一般规律的同时，因地因时因物制宜，更深刻地认识事物发展的规律。例如，在山东疫苗案中应用没有冷链保存的疫苗造成民众对疾病的恐慌，因此疫苗不仅是商品，更是一种关系动物和人健康的特殊商品。

3. 学生职业素质、实践能力和思想素质同步提高

教师应在“动物免疫学”教学过程中帮助学生分析、解决在实践中遇到的问题，或者抛出一些实践性问题让学生思考这些实践问题的出现，并对行业和社会发展的影响。在经济学和意识形态错综复杂的问题中，让学生进行充分的分析和讨论，提出解决方案。通过解决这些实践问题，让学生获取动物免疫学知识的同时，也获得了对经济学和意识形态的深入认识，使学生能积极思考、主动思考并解决问题，提高主观能动性，提高理论和思政教学效果。通过有目的地深入训练，同步提高学生的职业素质、实践能力和思想素质。

总之，“动物免疫学”是动物医学专业重要的专业基础课程。该课程理论更新快，应用实践性强。课程和实践内容广泛应用在生命科学领域的各个方面。无论在学生的课程学习、知识积累，还是在相关工作领域的应用，该课程的理论和知识均扮演着重要的角色。通过动物免疫学知识应用体系的理论和实践教学及思政点的开发和创新，有效地提高思政教学质量，充实、完善学生对本学科的知识积累、应用能力和思想素质，进一步提高学生的综合素质。

参考文献

雷程红，李建龙，卢亚宾，2019. 动物免疫学课程思政的教学实践 [J]. 畜牧与饲料科学 (2)：88 - 90.

刘永华，杨松，2020. 动物免疫学课程思政教学改革探索 [J]. 中国免疫学杂志 (36)：2020 - 2022.

马兴铭，张李峰，王竞秋，2018. 医学免疫学课程思政的教学改革与探索 [J]. 医学教育研究与实践 (6)：1013 - 1015.

冉旭华，崔羽，李天森，等，2022. 兽医免疫学开展课程思政的实践探索 [J]. 安徽农业科学 (15)：269 - 270.

唐超智，王然，许世佳，2024. 浅谈免疫学教学中的难点化解策略 [J]. 中国免疫学杂志 (3)：626 - 628.

殷书磊，李天亮，2023. 基于诺贝尔奖案例的课程思政在医学免疫学教学中的探索与应用 [J]. 中国免疫学杂志 (6)：1139 - 1141.

于颖，刘拂晓，2022. 将思政教育融入高校动物免疫学教学中的思考 [J]. 中国动物检疫 (5)：73 - 76.

“兽医产科学”课程思政教学探索与实践

肖龙菲[①] 王相国[②]

摘要： 在“兽医产科学”的教学中，围绕课程培养目标，深入挖掘思政元素，寻找适合切入点，通过列举世界以及我国兽医学历史中取得的辉煌成就和栋梁科学家的光荣事迹，巧妙地融入专业知识讲授中，实现专业课与课程思政齐头并进，加深学生爱国热情、民族自豪感、仁爱之心、创新精神等，培养国家迫切需要、社会满意的新时代高素质人才。通过将课程思政与“兽医产科学”课程教学内容有机融合，教学效果良好。

关键词： 课程思政；教学改革探索；兽医产科学

课程思政作为中国高等教育改革的创新实践，其重要性在于它能够全面塑造大学生正确的价值观和世界观，为社会培养出既掌握深厚的专业知识又拥有坚定的理想信念的人才。它通过将思想政治教育与专业教学相结合，不仅强化了大学生对社会主义核心价值观的认同，还促进了他们对法治、道德、文化自信的深刻理解。

兽医产科学是一门综合性学科，它与生物学、兽医学、遗传学、动物营养学、动物行为学以及公共卫生等多个学科紧密相关。它在生物学的基础上，专注于家畜和伴侣动物生殖系统的生理机制和繁殖行为，同时与兽医学相结合，研究和解决动物繁殖过程中的健康问题。通过跨学科的整合，兽医产科学不仅促进了畜牧业的可持续发展，也为动物福利和人类社会的福祉作出了贡献。本文旨在探索“兽医产科学”课程思政的创新教学策略，通过整合专业教学与思想政治教育，旨在提升课程的育人效果。通过发现并融合“兽医产科学”中的思政资源，以实现知识教育与价值塑造的有机结合。其核心目标是塑造具有专业能力和社会责任感的兽医人才，满足新时代对高素质专业人才的需求。通过这种教学改革，旨在培养学生的综合素质，引导他们成为既掌握深厚的专业知识又拥有坚定的理想信念的社会主义建设者和接班人。

一、“兽医产科学”教学课程思政的必要性

“兽医产科学”课程是北京农学院动物医学专业开设的必修课。本课程以兽医产科学的基础知识为主线，以该学科研究发展的简史和前沿动态为出发点，专注于动物繁殖和生产管理，它涵盖了动物生殖生理学、繁殖技术、生产管理、遗传学基础以及繁殖疾病等方

① 作者简介：肖龙菲，男，博士，讲师，主要研究方向为兽医产科学。

② 作者简介：王相国，男，博士，副教授，主要研究方向为兽医产科学。

面。学习内容包括了解动物生殖系统的结构与功能，掌握人工授精、胚胎移植等现代繁殖技术，制定和执行有效的动物饲养管理计划，评估繁殖效率，以及预防和治疗影响动物繁殖的各种疾病。此外，该学科还涉及动物遗传学的基本原理，帮助学生理解遗传规律、遗传性状的遗传方式，以及如何保护和利用遗传资源。通过实践操作和案例分析，兽医产科学旨在培养学生的专业技能和解决实际问题的能力，为未来的兽医临床工作、动物生产管理和科研工作打下坚实的基础。

“兽医产科学”教学中的课程思政对于培养高素质兽医人才具有重要意义。它不仅推动了高校思想政治教育与专业教学的深度融合，还有助于实现立德树人的根本任务。通过将思政元素融入“兽医产科学”教学，可以培养学生的社会主义核心价值观，增强其职业道德、法治意识和社会责任感。通过课程思政，“兽医产科学”教学不仅传授专业知识，更注重学生综合素质的培养，为社会培养出既拥有专业能力又有着坚定理想信念的社会主义建设者和接班人，为国家的长远发展和社会的进步做出积极贡献。

由此可见，课程思政既不是课堂教学的思政化，也不是课程和思政的“贴标签”“两张皮”和“水过地皮湿”等，而是需要在专业的课程教学过程中，有效地融入思政理念和内容。因此，在保障课程内容质量不变的基础上，充分地挖掘课程内容相关的思政元素，融入专业知识，巧妙地传达到学生知识储备中，从而达到思政教育目的，最终提高学生的自身修养。

二、“兽医产科学”课程思政元素的挖掘

1. 爱国主义和民族自豪感

在胚胎附植和发育教学内容中，前有德国生物学家斯佩曼提出胚胎细胞核移植的方法研究胚胎分化发育的思想，于1935年获得诺贝尔生理学或医学奖，后有1996年英国克隆绵羊多莉的诞生。在这全世界投入极大研究的科学领域中，我国科学家的研究事迹一直默默无闻，鲜为人知。其实不然，如我国实验胚胎学的主要奠基者童第周老先生，在他《细胞质对细胞核的活动和遗传性状表现的作用》报告中，非常严谨但又明确地描述了他们的研究工作。可以毫不夸张地认为，童老先生是世界历史上表观遗传学的开创先驱，其事迹应当得到动物医学专业学生乃至全体国人的认知和尊重。通过介绍童老先生的科研事迹可以有效激发学生的民族自豪感和爱国主义情怀。

2. 人生观、价值观教育

在讲授精卵结合章节时，引出我国著名奶牛遗传改良专家詹祥江的案例。他的故事不仅展示了一位兽医专业人士的职业精神和对动物福利的重视，还体现了通过科学研究和技术创新为提高畜产品质量和保障食品安全所承担的社会责任。詹祥江的持续学习和追求卓越，强调了终身学习的重要性；同时，他在改良奶牛遗传品质时对奶牛健康和福利的关注，展现了其对生命的尊重。这个案例在“兽医产科学”课程中，有效地融入了人生观和价值观教育，激励学生追求专业技能提升的同时，也注重个人品德修养和社会责任感的培养。

3. 职业素养

在讲授分娩教学内容时，可以通过张薇教授的案例来启发学生。张薇教授是我国兽医

产科学界备受尊敬的专家，她在奶牛繁殖效率提升方面的杰出工作和对动物福利的深切关怀，成为学生学习的榜样。通过将先进的繁殖技术与精细化管理相结合，显著提升了奶牛的生产性能。数十年如一日的科研实践，不仅在学术界产生了深远影响，更为奶牛养殖业的发展贡献了宝贵经验。

张薇教授的敬业精神、创新能力和对科学研究的不懈追求，不仅增强了学生的科研责任感，也帮助他们树立了正确的价值观。她的故事鼓舞着学生，让他们认识到，坚持和热爱是实现专业成长和技术创新的关键。通过张薇教授的事迹，学生可以深刻理解到，作为一名兽医专业人士，不仅要具备扎实的专业知识和技能，更要有对动物福利的深切关怀和对科学研究的执着追求。这样的教学案例，不仅丰富了学生的知识体系，更有助于塑造他们的职业精神和人生观。

4. 诚实守信

在胚胎早期发育教学中，除了专业知识的传授，诚实守信的教育同样重要。此时，可引入黄禹锡的案例作为一个反思和警示。黄禹锡曾被誉为韩国克隆技术研究的领军人物，他的工作在科学界引起了巨大关注，一度被视为干细胞研究和治疗的新希望。然而，随着时间的推移，黄禹锡的研究成果被揭露为学术不端行为，包括数据造假和严重违反研究伦理。这一案例向学生展示了即使在科学探索和职业发展中取得显著成就，一旦失去了诚实守信的原则，所有的荣誉和成就都可能瞬间崩塌。黄禹锡的事例提醒学生，在任何时候都必须坚守学术诚信和职业道德，不应为了追求个人名利而牺牲真实性和诚信。

通过黄禹锡的案例，教师可以引导学生认识到诚信的重要性，鼓励他们在未来的职业生涯中，无论是在研究还是在日常工作中，都要树立牢固的诚信原则。这不仅有助于学生个人职业生涯的长远发展，也是构建一个诚信和谐的工作环境的基础。学生应从这一案例中吸取教训，将诚实守信作为自己职业生涯的基石，确保在兽医产科学领域中以负责任和正直的态度行事。

5. 辩证思维

在兽医产科学的教学中，盛彤笙院士的生平和工作展现了辩证思维的重要性。作为中国畜牧兽医教育的先驱，盛彤笙在20世纪面对香芽蕉黄叶病的挑战时，运用辩证思维深入分析了无性生殖的局限性，并推动了有性生殖在抗病基因交流中优势的认识。同时，他通过澳大利亚兔子生物入侵的案例，展示了有性生殖在疾病防控中的力量。盛彤笙院士在教育实践中强调辩证思维的培养，鼓励学生从多角度分析问题，培养独立思考和解决问题的能力，体现了科学探索精神和社会责任。通过他的教学和科研实践，学生学习到在兽医产科学领域中，辩证思维是解决问题的关键，也是推动科学发展的重要力量。

6. 仁爱之心、关爱家人

在生殖激素教学中，讲述催产素使得母羚羊甘心以身填鳄鱼口来保护孩子安全的母性行为，引导学生尊重生命，关爱家人，渗透关爱他人意识和伦理教育。

三、“兽医产科学”课程思政的教学方法改革探索

“兽医产科学”课程需改变以往教师为主体，单一的课堂讲授的传统教学方式。通过深入挖掘课程思政元素、拓展教学内容、采用混合式教学、案例教学和翻转课堂等多元化

教学方法，建立以学生为中心的课程教学理念。

1. 开展线上、线下混合式教学

采用中国大学慕课平台上的国家精品课程"兽医产科学"和动物科学虚拟仿真实验教学中心作为线上课程，并充分利用雨课堂等智能化教学工具，增加课堂测试和与学生之间的互动，随时掌握学生学习情况，并提高其学习兴趣和课堂教学效果。

2. 呈现动态案例，激发学生的学习热情

兽医产科学理论内容不容易从表面进行理解，因此很容易导致学生在学习初期降低学习热情。有效提高学生的学习热情，是"兽医产科学"教学过程中的关键。经与学生代表讨论后，教师在课堂讲授过程中展示或播放与课程内容相关视频，能够更为直观地让学生感受到动物世界的奇妙，如在精卵结合教学中，可以播放《子宫日记》纪录片，让学生了解生命诞生的神奇之旅。

这些动态案例的巧妙加入不仅能够有效提高并唤醒学生的学习兴趣，还能让学生对所学内容有更为直观的体验，有利于理论知识的理解消化。

3. 采用翻转课堂教学方法

根据教学内容，让学生自主选择专题，如学生喜爱或感兴趣的动物求偶、发情和分娩行为等，让 4～5 人组成小组，通过自行在书籍、网络或精品课程中收集整理资料，完成 PPT 课件制作、现场演讲、回答同学提问等环节，实现翻转课堂，提升学生的学习热情。

4. 采用案例教学法

在"兽医产科学"教学过程中引入案例教学，以生动具体的案例为材料，将学生带入特定的自我思考和解决问题环节，该方法既激发了学生学习的主动性，也提高了学生对动物行为学已学知识的应用能力。例如，现在有种较为流行的说法是"跑得最快的精子就能和卵子结合"，让每个学生以自身为案例，思考这一说法是否准确。待学生思考完毕后，教师再对问题进行解答，告知实际情况却是，跑得快的精子拼了命拿第一，都是在为"别人"作嫁衣。进一步通过科学性阐述，告知跑得最快的精子，或许是几百个精子里实力最强的那一个，但它不可能和卵子完成结合。因为卵子的外面覆盖着一层透明带，精子需要破开才能进入内部，和卵子结合。可一个精子的力量，不足以打破透明带。由于卵子比精子大了约 200 倍，往往需要几百个精子一起努力，才能溶解掉透明带。数百个精子前赴后继，最先找到卵子的那一批精子，基本上会在这个过程中耗尽所有体力，力竭而亡。它们以生命为代价，削弱了透明带，却是给后面的精子做"嫁衣"。跑得慢的精子因此捡了大便宜，其中会有一个终极幸运儿，在透明带完全溶解的一瞬间，刚好赶到，进去和卵子完成结合。这个精子也许不是最快最强的，但它绝对是最幸运的。从正反两方面让学生系统对这一问题进行思考，继而激发并引导学生的思考和判断能力，加深学生的学习热情。

四、教学效果分析

以 2020 级动物医学专业学生共 119 人为研究对象，进行"兽医产科学"课程思政的教学活动。在课程结束后给学生发放调查问卷进行统计。统计结果显示，只有 3%的学生对"兽医产科学"课程表示不感兴趣，88%学生对课程教学内容和方法均表示满意。

五、“兽医产科学”课程思政体会

对于“兽医产科学”课程思政教学改革探索得到了广泛学生的认可。立足于专业知识进行教育思政，更易激发学生感情共鸣，育人效果更好。然而，在实践过程中也存在问题，主要是专业教师的思政知识储备和指导能力仍有待提高。专业教师首先要加强自身的政治学习，这样才能更好地承担学生健康成长的“引路人”。课程思政的最主要目标是指导学生形成良好的行为习惯和正确的三观。这需要长时间的影响才能产生效果，而不是一蹴而就、快速完成的事情。因此，在一门课程开设的有限时间内，如何有效地提高课程思政的教学效果，仍有待广大专业教师的不断探索。

六、结语

通过对“兽医产科学”课程思政教学改革进行初步摸索，利用好有限时间内课堂教学这一关键环节，将关键知识传授与正确价值引领并重，为实现高校教育全程育人、培养有责任感、有担当的高素质人才奠定基础。

参 考 文 献

陈宝剑，2018. 立心铸魂：加强和改进高校思想政治工作的理论探索［M］. 北京：人民出版社.

陈丝宇，赵兴波，李华，2020. 动物行为学课程的思政教育探讨［J］. 教育现代化（83）：184－187.

楚国清，王勇，2022. 课程思政到“专业思政”的四重逻辑［J］. 北京联合大学学报（人文社会科学版）（1）：18－23，40.

项红专，2020. 学校文化“两张皮”现象及其破解对策［J］. 教育科学研究（10）：35－40.

“会计学原理”课程思政与课程教学融合研究*

李瑞芬①

摘要：习近平总书记特别强调，“要用好课堂教学这个主渠道，使各类课程与思想政治理论课同向同行”。“会计学原理”课程是会计学教学体系的启蒙课程，发挥入门课程思政的引领效应，坚持为党育人，为国育才的思想，是本课程担负的重要使命。为此，本文以课程思政与课程教学有机融合为目的，以立德树人、“三全”育人为根本，基于“会计学原理”课程思政实践，重点研究“六环三段一情景”课程思政与教学融合新路径，并提出提升教师思政教学能力、创新课程思政体验感悟性案例教学、拓展课程思政教学方法与教学手段等建议。

关键词：会计学原理；课程思政；教学内容；有效融合

“会计学原理”是经济管理类所有专业的一门专业基础课，主要包括会计学的基本理论、基本方法和政策法规，是一门融理论性与实践性为一体的应用型课程，也是最具课程思政结合点的课程之一。

北京农学院“会计学原理”课程2021年入选北京市课程思政示范课程，2022年入选北京市优质课程，已基本具备课程思政建设的良好基础，近两年在课程思政元素的挖掘、教学方法的改革方面取得一定成效，但实践实施层面需要进一步研究和落地、课程思政元素挖掘有待深入、课程思政与教学内容融合方法和手段有待进一步完善。为此，“会计学原理”课程思政与课程教学融合的研究与实践是目前提升课程思政建设效果的关键。本文以课程思政与课程教学有机融合为原则；以立德树人、“三全”育人为根本，重点研究“会计学原理”课程思政与课程教学融合实践及计划建设思路。

一、挖掘课程思政教育资源，完善课程教学内容

“会计学原理”课程围绕课程思政建设目标和重点，从政治导向、核心价值、文化历史等方面深入挖掘课程中蕴含的思政元素。“会计学原理”课程的内容主要包括：会计基础知识、会计实务操作、会计相关法规与会计职业道德三部分。与各部分内容有机融合的课程思政点如下。

（1）诚信的信念。围绕导论部分会计信息质量要求和原则，重点培养学生诚信的信

* 本文系北京农学院教改重点项目“‘会计学原理’课程思政与课程教学融合路径研究与实践”。

① 作者简介：李瑞芬，女，研究生，教授，主要研究方向为会计学教学改革与研究。

念。例如，围绕会计信息质量的最基本要求、相关性要求和可靠性要求，引导学生深刻理解，只有诚信，才能保证可靠性。通过会计诚信缺失导致会计信息可靠性受损的案例教学，对学生进行诚信教育。

（2）责任与担当意识。围绕导论部分权责发生制（会计信息质量要求），重点培养学生责任感和担当意识。权责发生制要求特别强调，会计人应该承担的责任与必需的个人担当。通过权责发生制要求的讲解，帮助会计专业学生恪尽职守，树立正确的责任意识。

（3）谨慎务实的品格。围绕会计核算的稳健性原则（“充分预计可能的损失，保守预计可能的收益”），培养学生谨慎务实的品格。谨慎务实是会计人乃至管理者对于不确定性的一个审慎性反应，以此来培养会计专业学生必备的谨慎、务实的品格，引导学生做任何事情要未雨绸缪，以此逐步提高学生的抗风险能力。

（4）职业规范和职业责任感。围绕实务操作部分，重点培养学生践行社会主义核心价值观，深刻理解会计职业精神与会计职业规范，并在实践中自觉实践，增强职业责任感和团队协作精神。主要通过情景教学法和案例教学法，针对凭证、账簿、报表等实操训练，让学生在亲身体验中感悟团队协作的重要性，深刻理解遵守职业道德的作用；同时，结合实务中的反面案例，采取分析、讨论等方式，使学生在真实感受中去领悟。

（5）合规意识和职业道德。围绕法规与职业道德部分，引导学生围绕学生遵纪守法，结合践行社会主义核心价值观、坚定“四个自信”展开思考和讨论。教育并引导学生学习并深刻领悟习近平总书记的全面依法治国的核心理念和思想，培养学生自觉遵守职业道德的良好品格。

二、探索“六环三段一情景”课程思政与教学融合新路径

在教学过程中对课前、课中、课后教学环节进行有针对性的课程思政内容设计和教学组织。采用启发式教学、案例教学，通过团队协作、讨论交流、小组展示等方式融入研讨学习、体验学习，实现“传授为主”向“翻转课堂”转变，让学生成为课程思政的主体，在思考、讨论、演讲、实操中培育学生理想信念、价值取向、政治信仰、社会责任，达到课程思政“显性教育和隐性教育相统一”。

1. 课程思政贯穿于“六环”

将课程思政贯穿于课堂授课、课程研讨、实验实训、作业论文、科研训练、竞赛演讲6个教学环节中。例如，通过竞赛和科研训练使课程思政理论教学与实践教学融合。通过亲身参与学科竞赛和科研训练项目调研，引导学生在投身社会实践中亲身感悟会计职业规范，增强职业责任感，使课程思政理论教学与实践教学融合。

2. 课程思政实施于“三段”

课前阶段。课前导入（专业知识点＋思政案例）。布置案例和思考题、分组进行线上讨论。例如，在讲授“会计信息质量要求”课前，先给学生一个案例——“金正大财务造假”的文字材料和视频材料，再设定几个思考题：①金正大财务造假的目的是什么？②金正大财务造假手段主要有哪些？③金正大财务造假的危害有哪些？并事先将学生分组，要求组员有明确的分工。培养学生获取知识的自学能力、团队协作能力、良好的专业素质和职业道德素质。

课中阶段。课中通过案例解析、小组演讲、讨论互动、点评总结等环节，引导学生结合案例资料和思考题，学生分组汇报讨论，教师讲授和引导，深度思考。

课后阶段。课后通过撰写心得、课程反馈、答疑解惑、教学档案等环节。引导学生围绕思考题进行线上讨论、学生撰写感悟和感想等方式，进一步提升思政育人效果。

3. 课程思政融入“一情景”

采用“情景教学”方法将思政元素融入实践教学环节，让学生在亲身体验中去感受和领悟，实现立德树人，润物无声，达到思政“落地”的目的。例如，通过情景教学法和案例教学法，针对凭证、账簿、报表等实操训练，让学生亲身体验领悟到遵守职业道德等的作用；结合实务中的反面案例，采取分析、讨论等方式，使学生在真实感受中去领悟。同时，课堂教学之外的实验实训课设计、实训组织，会计技能大赛内容选择、竞赛形式设计，课程论文题目拟定、科研训练中融入课程思政点，形成思政内容全面覆盖、育人环节层次递进的课程思政体系，力争达到“1+1>2”的育人效果。

三、加强“会计学原理”课程思政与教学融合的建议

突出学生的学习主体性，以能力为本位，学生学习的重心逐步转到学会知识、掌握方法，尤其是培养能力上，更加重视培养学生的职业道德、职业能力、职后学习和可持续发展能力，全面提高学生的综合素质。

1. 提升教师课程思政能力

教师是全面推进课程思政建设的关键，要逐步推动课程组所有教师强化育人意识，逐步提升育人能力，以确保课程思政落地见效。

（1）加强党建引领，创建教师思政能力培养长效机制。完善课程思政建设方案和教师思政培训、集体研讨等制度，构建“党支部+课程组+教师”一体化理论学习模式，进一步加强课程思政理论知识学习，不断提高教师思政理论水平和实践能力。尤其针对青年教师加强传帮带，在教学能力、思政能力方面进行专项指导。

（2）提升课程组教师的认知和能力。首先应提升课程组教师对课程思政的认知水平，其次提升课程组教师的整体课程思政能力。实现课程思政与课程知识的有效融合。

2. 创新课程思政体验感悟型案例教学

将大学生科研项目调研或案例中发现的不规范或违规的事项作为课程思政中的案例。将教师历届指导大学生实培“大创项目”和科研训练项目的成果融入教学，使学生自己主持研究的项目成果更具有可理解性和说服力，从而引导学生遵循职业规范，形成职业品格。例如，学生在科研项目调研时发现个别合作社不按照《中华人民共和国农民专业合作社法》和财务制度要求违规操作，导致管理混乱和报表信息失真，使学生真实感受到作为会计的职业规范和职业道德的重要性，使理论上升到实践，收到课程思政事半功倍的效果。

3. 拓展课程思政教学方法与教学手段

（1）构建“问题导向式教学法”。以问题为导向，针对问题学习相关理论，再通过实践实习将理论知识与实践结合。充分利用现有各类资源，如参观、模拟实习、知名财务人员进校开展讲座等多样化形式进行思政教育。积极组织学生参加各种实践性活动或实践性

大赛，如参加全国高校商业精英挑战赛等，逐步实现思政育人目标。

（2）采用“启发式教学方法”。通过开展多方参与的讨论式教学活动，将教学内容更加形象化、生动化。逐步由灌输转为互动，通过案例教学与讨论，让学生从案例中领悟大道理，逐步提升学生的认知，如对诚信、法规、公平等的认知，进一步增强学生的民族自豪感，并增强自信心，实现社会主义核心价值观逐步入脑入心，以此达到课程思政润物无声的效果。同时，针对会计课程的特殊性，通过邀请知名财务人进课堂现身说法，实现学生在耳濡目染中形成高尚的会计职业道德品格，进一步提升职业道德素养。

（3）拓展线上线下思政融合教学手段。课程组教师必须充分利用先进的现代教育技术手段广泛开展线上教学，在各种移动网络教学平台上进行课程的直播或录播，并充分利用大学慕课、雨课堂、腾讯会议等新技术手段和线上平台，有助于学生随时进行学习，培养学习的兴趣并提高学习效率，增强师生互动，激发学生学习兴趣和提高教学效果。让课堂思政教学“动起来”“活起来”。

参 考 文 献

陈瑞丰，王全忠，2021. 对分课堂应用：思想政治教育的情感认同路径研究［J］. 上海教育科研（3）：82-87.

丁义浩，王泽燊，王刚，2021. 基于 BEACON 模式的课程思政生成路径［J］. 中国高等教育（11）：36-38.

刘英娟，2022. 深入理解“思想政治工作是学校各项工作的生命线”的三重维度［J］. 思想理论教育（5）：66-71.

吕静宜，2022. 税法课程思政教学的探索与实践［J］. 商业会计（24）：122-124.

许文静，冯晓晴，2023. MBA 财务会计课程双线融合教学模式研究［J］. 商业会计（9）：126-129.

张津津，2023. “大思政”背景下财务会计学课程思政建设实践路径［J］. 齐鲁珠坛（1）：51-55.

“税务会计”课程思政教学改革探索与实践*

白　华①

摘要： 课程思政是对习近平新时代中国特色社会主义思想教育理论体系的生动实践，在专业课程中融入课程思政是为党育人、为国育才的重要途径之一。本文在调查学生对课程思政认知、课程思政内容、课程思政教学方法、课程思政效果等方面看法的基础上，进行了“税务会计”课程思政教学改革探索与实践，结合课程特点挖掘“税务会计”中蕴含的思政元素，择优选择课程思政案例，不断完善课程思政“三段融合”思政育人方式，探索“课程思政＋实验实操＋技能大赛”实践教学思政育人路径，推动课程思政建设高质量发展。

关键词： 税务会计；课程思政；教学改革

一、课程思政背景

“课程思政”源于2016年的全国高校思想政治工作会，习近平总书记在会上指出“各类课程与思想政治理论课同向同行，形成协同效应”，它是时代发展和现代教育的需要，课程思政倡导高校教师充分挖掘各学科中所蕴含的思政元素并将其融入专业课教学，使之与思政课相辅相成，协同育人。随着课程思政的提出，各高校纷纷开展课程思政的教学研讨和教学改革工作，通过多年实践，课程思政完善了专业建设，取得了显著的育人成效。但也存在一些问题有待解决，有些对课程思政孤立建设，忽视课程思政与专业课程之间的关系，形成思政内容与专业内容“两张皮”现象；有些缺乏对学科专业的整体把握，课程思政教学架构不完善，课程思政内容零散，不成体系；有些甚至忽视课程思政与立德树人、人才培养、三全育人之间的关系。这些问题既涉及课程思政建设的顶层设计，也关乎“最后一公里”的落实，是制约课程思政建设高质量发展的重要原因。在此背景下，“税务会计”课程展开关于课程思政内容的改革与实践，可以梳理目前“税务会计”课程思政教学方面存在的典型问题及不足，深入挖掘其原因，进而根据课程及北京农学院会计专业本科生学习特点，加强课程思政整体设计，找到课程思政有效融入专业课教学的途径，为解决“最后一公里”问题提供方法借鉴。

---

* 本文系2023—2024年北京农学院教育教学研究与改革项目（项目编号：BUA2023JG33）。

① 作者简介：白华，女，副教授，主要研究方向为财务与会计。

二、学生对专业课中开展课程思政的认知情况调查

（一）问卷设计

本文以2020级与2021级会计专业本科生为调查对象，通过发放调查问卷全面了解学生对课程思政的认知现状，本次调查共收回问卷95份。2020级和2021级会计专业学生为大三和大四的学生，已经学习了大部分专业课程，具备一定的专业基础，能够为调查研究提供有价值的意见参考。调查问卷包括开放式和封闭式问题，以了解学生对课程思政认知、课程思政内容、课程思政教学方法、课程思政效果等方面的看法。

（二）调查结果

从整体上看，绝大多数学生对课程思政有清晰的认知，认为思政课充分发挥了立德树人的关键作用，对思想道德与法治、马克思主义基本原理、毛泽东思想和中国特色社会主义理论体系概论等思政课育人成效给予了充分的肯定和认可，有88%的学生认为在专业课程中引入课程思政非常有必要，能够在学习专业知识的同时获得如理想信念、家国情怀、社会责任、道德品质和科学精神等知识，实现立德树人润物无声。

同时，学生对课程思政融入专业课的程度、课程思政内容、教学方式表达了他们的看法。图1表明，虽然学生对课程思政融入专业课教学的必要性给予充分认可，但对于其融入程度的期望是有所不同的，是深入融合还是点到为止，是章节融合还是个别知识点融入这向授课教师提出了新的要求，授课教师要把握课程思政在课程内容中的比例，做到课程思政与专业知识的有效融合。

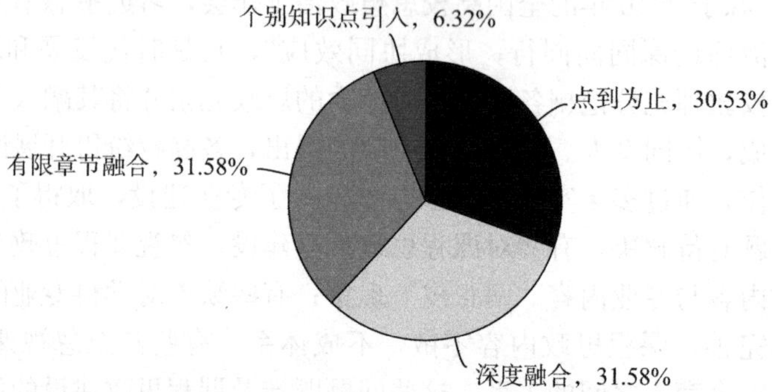

图1　思政理论融入专业课程的程度

在对会计专业课程教学中融入理想信念与爱国情怀、社会政治经济动态的解读、会计职业生涯规划、会计精神和会计职业道德、中华优秀传统文化和会计文化等思政元素的调查结果如图2所示，排在前三位的课程思政元素是会计职业生涯规划、社会政治经济动态解读、会计精神和会计职业道德，其他元素关注度略低是因为在相关思政课中已有不同程度的学习，在专业课的学习中，学生更期待在提升会计专业知识和技能的同时理解把握国家方针政策、会计精神职业道德，进而做好自身的职业生涯规划，充分表明课程思政与思政课同向同行的必要性。

如图3、图4所示，学生希望以专家讲座、案例教学、讨论汇报、集中学习、论坛互

动等多种方式开展课程思政，其中以案例教学方式比例最高，并且有一半以上的学生希望结合专业课程具体知识点或案例穿插性地讲述思政内容。

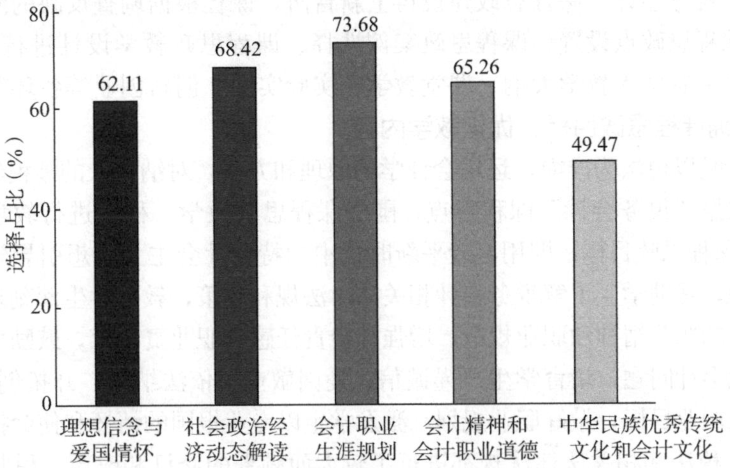

图 2　专业课程中课程思政元素

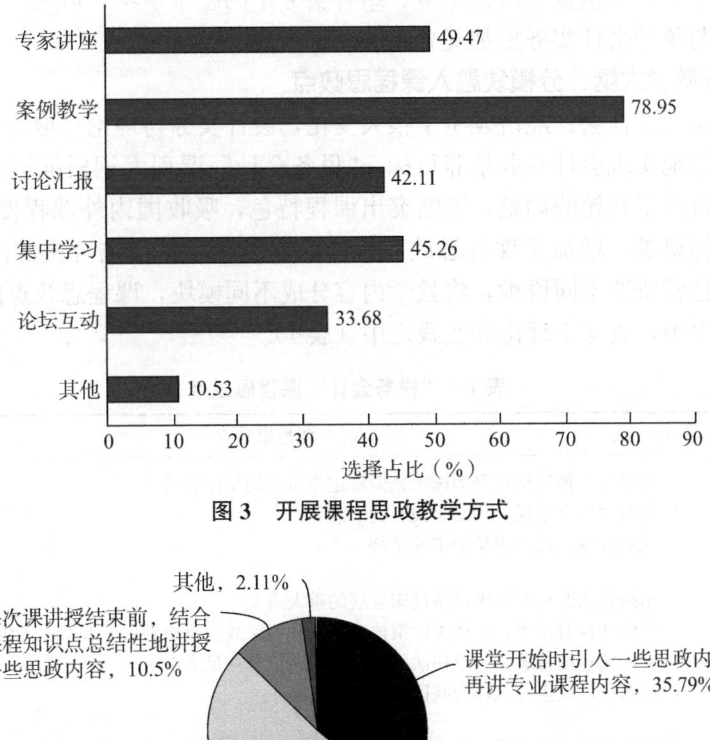

图 3　开展课程思政教学方式

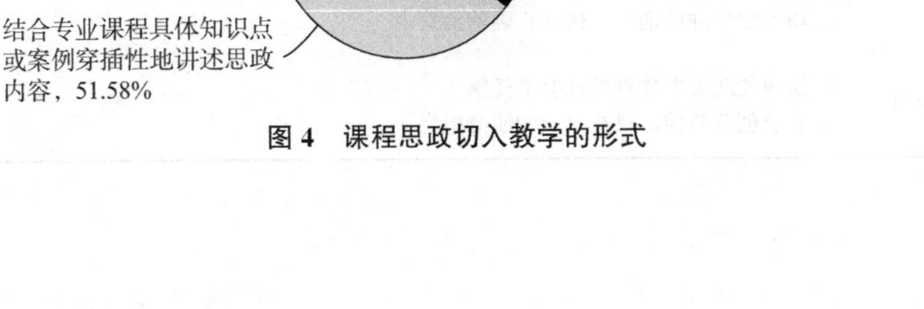

图 4　课程思政切入教学的形式

三、“税务会计”课程思政改革实践

为推动“税务会计”课程思政建设再上新台阶，课程根据调查反映的问题，针对课程思政目标、课程思政点设置、课程思政案例选择、课程思政教学设计进行教学改革实践，实现课程思政内容融入教学大纲、课堂教学、实验实训、创新创业等各环节。

（一）明确课程思政目标，优化教学内容

税务会计是以税法为准绳，运用会计学的原理和方法，对纳税人的涉税经济业务进行反映和监督。根据“税务会计”课程特点，围绕课程思政教学，积极进行教学研究，明确了“税务会计”课程思政目标，即用习近平新时代中国特色社会主义思想引导学生践行社会主义核心价值观，帮助学生了解税务会计相关法律法规和政策，教育学生深刻理解并自觉实践税务会计行业的职业精神和职业规范，增强社会责任感和职业责任感。鼓励学生深入社会实践、关注涉税会计问题，培育学生严谨诚信、爱岗敬业、依法纳税、开拓创新的职业素养，引导学生明确职业目标，做好职业规划，激发学生以专业报国的情怀和使命担当。

近年来，税法和相关法律法规都进行了较大而频繁的修订和改革，税收管理逐步规范与严格，涉税会计问题也越来越复杂。因此，“税务会计”课程思政教学内容根据其变化不断进行调整丰富，注重整合讲授章节、结合实务中的改革事项，以使“税务会计”课程思政教学内容与税务会计实务更加契合统一。

（二）完善教学大纲，分模块融入课程思政点

近年来，国内外社会、经济发生了很大变化，会计实务与理论都取得了长足的进步和发展，为了更好地实现会计专业培养目标，“税务会计”课程大纲根据培养方案调整的原则和指导思想进行了几轮的调整，不断突出课程特色，吸收国内外课程发展的最新成果，完善了课程目标要求，增加了课程思政目标，课程思政点紧密结合授课内容融入教学大纲。根据企业经营所涉不同税种，将教学内容分成不同模块，课程思政点的设计融入每一个税种的章节之中，贯穿于理论和实践之中（表1）。

表1　“税务会计”课程思政点

课程内容	课程思政点
总论	1. 培养学生依法纳税是为国家繁荣稳定作贡献的爱国表现 2. 税收“取之于民，用之于民”的思想 3. 认真仔细、精益求精的工匠精神
增值税会计	1. 增税税法改革对国民经济健康发展的重大意义 2. 疫情防控时期增值税优惠政策体现了党和国家战胜疫情的决心和对人民生命健康高度重视 3. 完善的税控系统，一旦违法无处遁形；诚信是立足之本 4. 涉农税收优惠政策体现我国强农兴农战略
消费税会计	1. 深刻理解“绿水青山就是金山银山”的科学论断 2. 平衡行业税负，朴素的公平正义 3. 培养学生理性消费，树立正确的消费观
企业所得税会计	1. 所得税政策中体现的社会责任感 2. 企业创新精神，科技兴国的使命担当

（续）

课程内容	课程思政点
土地增值税会计	引导房地产行业健康发展的重要意义
资源税会计	生态文明建设是国家可持续发展的根本
关税会计	正确理解中美经济摩擦，提升国产产品的国际竞争力
其他税会计	体现人民获得感、幸福感、安全感

（三）依托“三农”结合热点，择优案例激发学习兴趣

本课程立足税务会计实务发展现状和农业农村发展实际，从政治导向、专业伦理、会计文化、核心价值等方面深入挖掘税务会计中蕴含的思政元素，尤其结合教师服务“三农”过程中积累的知识、收获的经验，选择典型的“三农”案例融入课程，实现科研反哺教学，增强学生服务“三农”和农业农村现代化的使命感和责任感。同时，课程注重选择社会热点问题激发学生学习兴趣，如将习近平总书记“绿水青山就是金山银山”的科学论断融入消费税征税范围的讲解；结合近年来明星偷逃税款事件，引导学生正确认识税法，树立依法纳税的正确观念，会计人员要具备过硬的会计职业道德等；通过对关税、出口退税等政策的讲解，引导学生明确提升产业竞争力的国家目标，保证国产产品的国际竞争力，促进国民经济持续健康稳定发展的政策目的，以及如何正确看待中美贸易摩擦等。通过将这些课程思政案例巧妙地融入内容讲授、讨论交流、实验实操、课堂演讲、作业论文等各个环节，达到丰富课程思政内容，提升思政育人效果的目的。

（四）加强教学设计，拓展课程思政实现路径

1. 完善课程思政“三段融合”思政育人方式

将课程思政向课程前端和后端延伸，充分融入课前、课中、课后三个教学阶段，完善“三段融合”思政育人方式。课前充分利用线上资源将课程思政点的背景调查、案例资料提前布置，学生通过课堂作业、小组任务，进行资料的查阅、整理、归纳和总结，借助课程中心相应板块、微信群等平台进行辅助学习、线上讨论交流，为后续教学环节提前“热身”。课中依托课堂教学，进行课程思政案例讲解，上课讨论、小组汇报，利用雨课堂、轻新课堂增强师生实时互动，激发学生的学习主动性和求知欲。课后设计线上答疑讨论模块、线上作业测验模块等内容，将课程思政案例、课程思政相关讨论话题融入课后的线上讨论环节，打破课堂讲授时间的限制，并结合学生在线参与情况进行学习情况分析及总结，不断调整课程思政教学方式和内容。

2. 探索“课程思政＋实验实操＋技能大赛”实践教学思政育人路径

税务会计的实践性很强，对实践性和操作性要求高，将课程思政内容融入税务会计实践教学是“税务会计”课程建设的重要改革方向。不断改进现有课堂实验方式、实验内容、实验组织，挖掘教学软件税务模块，在仿真模拟税务会计纳税处理和纳税申报过程中，结合税务会计实务选择实验案例融入实践教学，开展体验式学习，使学生认识到无论是个人还是企业，纳税是为国家繁荣稳定作贡献，培养学生诚实守信、不偷税漏税的品德，培养学生爱岗敬业、严谨认真的工匠精神。同时，将课程思政育人融入创新创业环节，引导学生锐意进取，积极参加各级各类会计竞赛，学生在纳税实践中理解税法、掌握

税法、运用税法，帮助企业依法纳税、确保国家财政税收，增强学生依法纳税、公平税负、社会责任意识等。

四、结语

在专业课程中融入课程思政是高等教育适应时代发展，为党育人、为国育才的重要途径之一。进行课程思政建设，要明确课程思政目标，深入挖掘专业课中所蕴含的思政元素，精心设计课程思政实施路径才能取得预期的育人效果。“税务会计”通过教学改革实践，明确了课程思政育人目标，为每章教学内容设置课程思政点、挑选课程思政案例，不断完善“三段融合”育人方式，探索“课程思政＋实验实操＋技能大赛”实践教学思政育人路径，推动课程建设高质量发展。

参 考 文 献

韩宪洲，2021. 课程思政的发展历程、基本现状与实践反思［J］. 中国高等教育（23）：21－22.

习近平 . 2016. 把思想政治工作贯穿教育教学全过程开创我国高等教育事业发展新局面［N］. 人民日报，12－09.

基于认知心理规律的"税收筹划"课程思政教学改革探索与实践*

戴晓娟①

摘要："税收筹划"是会计学专业的选修课程。作为一门实用性和综合性都很强的课程，将思政教育融入课程中有助于激发学生的学习热情、明确学习价值和获得更好的学习效果。本文在了解课程思政教学实践现状的基础上，发现思政教学中存在三个主要问题——学生上课不听、平时缺乏练习、因难度大而放弃相关内容的学习，这些情况使得思政教育效果不佳。课程教学团队根据认知心理规律深入探索其背后的原因，进而通过将课程思政点和优选案例、课堂提问、测验、作业紧密结合，并采用及时反馈和刻意学习等方法不断完善课程思政的实践教学，推动课程思政建设高质量发展。

关键词：税收筹划；课程思政；认知心理学

2016年全国高校思想政治工作会上，习近平总书记指出，"各类课程与思想政治理论课同向同行，形成协同效应"。之后各高校纷纷开展了课程思政的教学改革工作。"税务会计"和"税收筹划"两门课程有着共同的教学团队，在课程思政的教学探索中，团队成员齐心协力，根据课程特点以及学生情况充分挖掘课程中的思政元素并尝试将其融入课程教学，在加强学生的理想信念、提高学生的学习热情、明确学习价值和获得更好的学习效果等方面取得了一定的成效。

经过数年的探索与改革，课程思政建设已经打下了一个不错的基础，但仍然存在一些问题。例如，有些思政案例与课程内容联系不够密切，学生认为作为故事听不错，但占了教学时间，影响了专业知识的学习；课程思政内容零散分布，缺乏系统性，落不到实处，学生认识不到学习这些的真正意义；有些学生学习动力不足，课堂学习效果不佳，连带课程思政的效果大打折扣。为解决这些问题，"税收筹划"课程展开关于课程思政教学的进一步改革。在梳理"税收筹划"课程思政教学现状的基础上，深入挖掘问题背后的深层原因，进而根据认知心理学规律，结合课程及北京农学院会计专业本科生的特点，对课程思政的整体设计、思政内容的针对性、思政教学方法的有效性等方面进行了优化，试图实现更好的课程思政效果。

---

* 本文系2023—2024年北京农学院教育教学研究与改革项目（BUA2023JG33）。

① 作者简介：戴晓娟，女，讲师，主要研究方向为财务会计、管理会计和纳税筹划。

一、课程思政教学的现状

（一）课程思政内容

自新中国成立以来，短短70余年间我国的国际地位和经济水平发生了翻天覆地的变化。随着近些年国际国内形势的变化，“税收筹划”的理论与实务也随之频繁变更。为了更好地实现课程培养目标，“税收筹划”课程大纲进行了几轮调整，在2020年专门增加课程思政目标，将课程思政点紧密结合授课内容融入教学大纲。表1显示了课程思政点和课程模块的融合。

表1 教学大纲中“税收筹划”课程思政点

课程模块	课程思政点	教学方法
纳税筹划概述	税收对于国家财政的意义	课前预习、课堂讲授
纳税筹划的风险与防范	严谨工作态度	课前预习、课堂讲授
各税种的纳税筹划	结合最新政策和真实法律案例帮助学生紧跟时事，树立正确的职业道德	课前预习、课堂讲授、案例分析、课后作业、答疑
企业各经营环节的纳税筹划	结合最新政策和真实法律案例帮助学生紧跟时事，树立正确的职业道德	课堂讲授、案例讲解、课后作业和答疑
现金净流量法在纳税筹划决策中的应用	认真、严谨的工作态度	课堂讲授、案例讲解、课后作业和答疑
纳税筹划的风险管理研究	职业道德与严谨认真的工作态度	课堂讲授、案例讲解、课后作业和答疑

从表1中可以看出，教学大纲中课程思政点的设计比较笼统，主要集中于时政经济的宣传、职业道德的树立和职业素质的培养。

（二）课程思政教学方法

在实际开展课程思政教学时，教师采用了课外阅读、案例教学、讨论汇报、专题研究等多种方式，其中以案例教学方式比例最高，贯穿于课程初始的引入、各章节具体内容的学习、课外阅读资料的选取和专题研究。从学生的反馈来看，大多数学生更喜爱与专业课程具体知识点结合度更高的思政教学。

（三）课程思政教学存在的问题

1. 为思政而思政，思政课程“两张皮”

由于时间关系和经验不足，早期的课程思政建设多数是形式上完善。通常来说包括课前、课中、课后三个阶段，课前布置预热功能的阅读资料，课程开始设计引导案例，讲课中会结合具体教学案例有穿插性的思政教育，课后布置思考性的阅读资料。虽然学生的学习方式囊括课堂作业、回答提问、课堂测验、课后作业、小组任务，PPT汇报等，但总的来说，思政内容的学习还是以课堂听讲为主。形式上的完备并不能掩饰思政内容与课程专业内容结合度不够紧密的实质，以至于学生对于思政教学的感受多流于表面。

2. 课程思政点分布零散，缺乏系统性

教学大纲上的课程思政点其实只是思政教育的方向，并未与具体专业内容密切结合。实际教学中，对于思政教育的内容都是课前设计，各章节以及具体教学目标的课程思政点

有很大的随意性，且分布不均，更加谈不上系统性。

3. 学生学习主动性不足，课程思政效果欠佳

近些年大学生对于网络的依赖程度加深，上课时依然忍不住玩手机或平板。即使在严格管控下不玩，由于沉迷手机入睡时间晚，上课时也难以集中注意力甚至瞌睡。这些严重影响了课堂学习效果。由于大量时间被电子产品占据，课后作业完成质量也较差，抄袭情况严重。这些都会影响最后的学习效果。

4. 学生基础差，思政教学和专业内容难以深度融合

"税收筹划"的前置课程主要是会计学原理和税法，部分内容还涉及财务管理和中级财务会计，因此当筹划方案的设计变复杂时，学生经常会反应不过来。课程思政的案例或专题研讨涉及的学科更多，这种情况就更加普遍。部分思政教学的内容要么过于浅显学生不感兴趣，要么难度过高学生难以真正理解。

二、基于认知心理规律的课程思政问题原因分析

（一）学习的无助感让学生逃入网络世界

对于知识的学习，学生习惯于"填鸭式"教学法，表现在对教材或讲义反复阅读、反复记忆和题海战术。当需要学习的知识量是有限的且知识是固定的，这种学习方法可以取得不错的成绩。但是对于大学学习来说，这些高中管用的办法就出现了很大的局限性。

首先，新知识的繁杂多变使得记忆的工作量大增，几乎是一项无法完成的任务。例如，对于税收筹划来说，要设计一个合适的筹划方案，对于相关法规政策的准确把握是必不可少的。然而，我国主要税种就有 20 多个，相关税法、各个时期各个地方政府的法规条例、实施细则更是多如牛毛，这让全部记忆几乎是不可能的。

其次，作为一门综合性和实践性都很强的课程，单单反复阅读和题海战术，对于学好这门课程帮助有限。

最后，由于学习多集中于滞后的课本知识，导致学生面临更复杂的问题时困难重重。

总之，上述学习的无助感使得一些学生逃入网络世界，对于网络的沉迷又进一步减少了对学习的投入，最终形成一个恶性循环。

（二）学习的无价值感使得主动学习变成了空谈

由于大学的扩招和经济形势的紧张，大学生往往一入学就可能有就业焦虑。大学教育相对于实务界发展的滞后性，努力学习的价值何在愈发模糊不清。"税收筹划"这门课程又有很强的时效性，更让很多学生产生一种茫然感，不知道学了这门课到底有什么用。价值感的缺乏自然也使得学习主动性大大降低。课程思政教学中对学习价值的评价往往过于抽象，且和学生可能面临的具体情境关联较少。单纯说"税收筹划"课程有助于学生培养良好的职业素质和正确的职业道德观，能帮助学生进行复杂的税收筹划等一是和现实情况不太符合，二是离学生所处真实环境过于遥远。

（三）对于失败的恐惧和羞耻感让学生不敢尝试

"税收筹划"这门课程非常适合解决问题式学习，即每次具体的学习是要解决什么问题。所以在思政教学的过程中，教师也尝试课堂提问、专题研讨等方式，但效果不佳。大多数时候学生要么说不会，要么回答得很犹豫。课后和学生沟通，发现有两个原因，一是

怕答错了扣平时分，二是答错了感觉很丢人，有很强的耻辱感。因此，很多学生面对教师提出的复杂问题时不敢尝试。

三、课程思政教学改革

基于上述对课程思政建设过程中出现问题的深层次心理原因的挖掘，教学团队对“税收筹划”课程的思政教学进行了又一轮探索和改革。

（一）课程思政内容的重新设计

我们将课程思政内容分成了三类。第一类是职业素质、职业道德的培养。具体如认真的工作态度、严谨的工作作风、遵纪守法的精神、风险意识的培养等。第二类是与职业能力的培养结合。这一类又分成两个方面：一是基础知识的掌握。包括对已学过的知识的梳理和应用中的变化，以及涉及的新知识的学习；二是如何应用所掌握的知识和现有的资源、工具解决具体的问题。第三类是与综合能力的提高结合。概括来说是认识世界，发现和掌握规律，通过应用规律来影响世界甚至改变世界。具体设计重点在于和现实生活情境以及可能出现的未来场景相结合。

根据新的分类对课程思政内容的重新设计试图解决原有的课程思政内容零散随意且缺乏系统性的问题。此外，新的设计也尝试提高学生的学习价值感，减少学生的无助感，从而从根本上减少学生沉迷于网络的可能性。事实上，很多时候“网瘾”是个结果而并非原因。

（二）课程思政教学方法的系统改革

我们采用各种方法加大学生对课程的有效投入。课程思政有效的前提是学生真正地认真听课、按时按质（正确率不是最重要的，而是真实地用心思考、努力尝试）完成作业和布置的阅读、研讨任务。除了以前行之有效的课前课中课后的各种控制策略外，最主要的改变是对课后作业完成质量的评价方式。以前只批改并讲解案例题，单选多选判断题不作硬性要求，现在要求全部做，案例题上交后逐一批阅，客观题课堂上逐个点名说出自己的答案，教师点评并对其背后的法律依据、政策背景、历史沿革进行简要的评价。突出表扬学生完成作业的态度、完整度和独立的各种尝试，淡化正确性的评价。因为课堂提问的是相对简单的客观题，学生比较容易完成，多表扬几次后学生害怕回答问题的情况也得到了很大的缓解。

在课堂讲授、完成作业、回答问题和讲评作业的过程中，结合具体的教学内容也顺利完成了课程思政的系列教育目标：严谨认真的工作态度的培养；如何解决真实世界的复杂问题——实事求是、充分调研，抓住问题的主要矛盾，充分利用各种资源，规避各种潜在风险，并接受最后的不完美；税法规定变迁、税收优惠政策的历史沿革、税收体制改革方向等反映出来国家越来越富强和政府对经济和民生越来越重视，增加学生对国家、对人民的热爱，提升国家和民族自豪感，也能认识到这一过程的艰巨和复杂性，并尝试理解和评价各种政策对相关利益团体的影响和其中必需的各种妥协。由于参与度的增加和成就感的激励，大概四五次课后学生就自然而然地培养出了认真听讲、按时完成作业的习惯，出勤率和课堂学习效果也明显好转。

此外，对于比较复杂的内容，如专题研讨，也对内容重新作了设计，对学习方式进行了修改。难度是逐渐提高的，每次提升难度前都完成必要的练习；难度的大小维持在稍微超过舒适区的位置。例如，第一项实验任务是测算上市龙头企业的税负，要求每个学生搜索并阅读上市企业2022年度报告（通常在100页左右），完成主要税种的税负测算（测算方法难度过高，由教师讲解，相比以前相当于降低了难度）。这一任务从思政教育来说主要是培养学生的耐心和细心，从最后测算出来的税负结果和往期的比较，学生还发现上市企业在疫情管控期间面临的经济困境和国家为缓解其困难处境做出的巨大努力（制定各种税收优惠政策）。在完成第一项实验的基础上，第二项实验的复杂性和难度相应提高，要根据政府部门处罚公告、招股说明书、历年年报（过往5年）、企业公告等公开资料测算实验目标企业因财务舞弊而多交的税。这一实验采用小组研讨汇报的方式，从最后汇报结果看，比往届解决问题的准确性、适当性、思维的活跃性都有所提高。在思政教育方面，这个实验除了职业素质、职业能力的培养，也帮助学生认识更加复杂的真实世界，并尝试解读真实世界中不理想的一面，了解舞弊现象背后各利益集团的博弈，以及政府治理的各种思路和制度安排。

四、结语

总之，课程思政建设需要和专业课的具体知识点和能力培养目标紧密结合。对于所存在的问题要用实事求是的态度去深入挖掘其背后的心理原因，并根据认知心理规律对思政课程内容进行系统性、有针对性地重新设计，采用合适的教学方法，及时反馈和调整，从而达成更好的课程思政教育效果。

参考文献

PETER C，BROWN，HENRY L，et al.，2018. 认知天性：让学习轻而易举的心理学规律［M］. 邓峰，译. 北京：中信出版集团.

习近平. 2016. 把思想政治工作贯穿教育教学全过程开创我国高等教育事业发展新局面［N］. 人民日报，12-09.

新农科建设背景下“园林树木学”课程思政建设的探索与创新*

张　炎[①]　郑　健　王　聪　张睿鹂　杨晓红　王红利　徐申健　张红梅

摘要：“园林树木学”是园林、风景园林专业的专业核心或专业基础课，是开展农林类课程思政教育的重要平台。通过以“三全育人”为导向，推进“园林树木学”思政课程内容建设和对实施路径的探索，把思想政治教育贯穿于教学工作的各个环节，是新时代农林课程建设的必然需求，也是落实立德树人根本任务的重要体现。通过将国家发展理念、社会主义核心价值观、创新精神和文化自信等思政元素融到课程建设中，着力打造出一门符合新农科建设背景下的优质思政课程。

关键词：园林树木学；课程思政；思政元素；教学改革

当前生态文明建设已经纳入国家发展总体布局，建设美丽中国已经成为全国人民心向往之的奋斗目标。2024年政府工作报告中提出，要加强生态文明建设，推进绿色低碳发展。深入践行“绿水青山就是金山银山”的理念，协同推进降碳、减污、扩绿、增长，建设人与自然和谐共生的美丽中国。“园林树木学”课程与环境保护和环境美化紧密相关，是学习“园林树木栽培养护学”和“园林苗圃学”等课程的基础，也是学习“园林规划设计”“园林工程”等专业课的基础。因此，“园林树木学”在园林专业的课程体系中具有重要的地位和作用。在当前加强生态文明建设的背景下，在“园林树木学”教学组织过程中，如何将课程思政与专业知识进行有机融合，实现“全员育人、全程育人、全方位育人”的总目标？正是本文将要探索与实践的内容。为此，针对北京农学院园林和风景园林专业学生的特点，将生态文明建设发展理念、社会主义核心价值观，热爱自然、热爱生活、热爱中国传统文化、勇于创新和工匠精神等课程思政元素有机地融入教育教学中。激发学生创新意识，树立远大理想，激励学生自觉把个人理想追求融入民族复兴的伟大事业中去。最终为我国农林现代化建设培养所需的专业人才，为国家新质生产力的发展和科技发展的自立自强贡献智慧和力量。

一、融入国家发展新理念

向学生普及“两山理论”即“绿水青山就是金山银山”生态环保理念、生态美丽中国建设、生物多样性保护、大食物观、花园城市建设等国家战略或城市发展布局关乎民族的

---

* 本文系2023年北京农学院本科教育教学研究与改革项目（项目编号：BUA2023JG35）。

① 作者简介：张炎，男，研究生，讲师，主要从事园林树木遗传育种研究工作。

未来，是国家发展的重中之重。“园林树木学”是一门既与生态保护紧密相关又展现美学特征的交叉类学科课程，同时也与种业创新和粮食安全等息息相关，因此“园林树木学”承担着普及生态文明建设和农林种业安全等国家发展理念的重担，这要求在讲授的过程中要与时俱进，针对国家发展需求，结合所学知识对课程内容进行更新，要将诸多国家发展新理念等课程思政点与课程内容进行结合。例如，在讲到总论部分“城市树种选择原则”时，结合2021年10月12日习近平主席在《生物多样性公约》第十五次缔约方大会领导人峰会上提出的《共同构建地球生命共同体》，通过具体案例体会树木种类繁多的优点，强调“园林树木学”中的生物多样性之美，引导学生在今后的工作中合理解决如“多街一树”等问题。使学生深刻体会到生物多样性的保护对城市园林绿化的重要性。例如，在讲授种质资源的重要性时，给学生传达国家近年来有关“种质资源”的时政要闻，如2021年3月在三亚召开的“2021中国种子大会”等，让学生深刻领会“不只需要中国芯，也要有中国木”的含义。在讲到各论的具体树种时，对“大食物观”“加强荒漠化综合防治和推进‘三北’等重点生态工程建设”等进行普及，如在各论部分强调栎类、核桃等木本粮油，梭梭、柠条等治沙先锋在对提高人民福祉的重要作用。

二、践行社会主义核心价值观，树立家国情怀

“国无德不立，人无德不兴”。社会主义核心价值观为培养全面建设社会主义现代化国家时代新人凝聚了崇德向善的力量，构建了正确价值导向。家国情怀体现了对祖国和人民所表现出来的深情大爱，是对祖国一种高度责任感和使命感、认同感和归属感。那么，如何将社会主义核心价值观中的思政元素融入“园林树木学”课堂教学呢？介绍我国园林树木的优点，深入体会我国为什么被誉为“世界园林之母”的原因，提升学生的民族自豪感和对国家的认同感。讲授“裸子植物系统分类”时，引入我国植物分类先驱郑万钧先生的科研案例。郑万钧在走遍千山万水，观察分析了无数标本，命名了100余个木本植物新种和3个新属，创立郑万钧分类系统，为国人所振奋，并且在1948年与胡先骕先生联合发表的“活化石”水杉的研究结果，轰动了世界，并且郑万钧先生几十年呕心沥血，研究树木的生活习性和利用价值，为我国林业发展作出了杰出贡献，称得上国士无双！陈俊愉先生数十年如一日，坚持从事梅花抗寒研究工作，极大地扩展了梅花的适生栽培范围。包满珠教授历经28年培育了法桐新品种“华农丽风”，同时通过介绍北京农学院几十年来在植物新种的发现以及林木新品种培育中取得的丰厚成果等发生在自己身边的实例，更进一步提升了学生对学校的热爱。通过这些鲜活的案例的融入，带领学生切身体会老一辈科学家优秀品质，弘扬劳模精神、劳动精神和科学精神，鼓励学生树立“天下兴亡，匹夫有责”的爱国情怀；引导学生要不断提高个人文化修养，树立正确的“三观”，培养学生营造和维护“和谐友善，合作互信”的团队氛围，并力争使之内化于心、外化于行。

三、增强学生的专业文化素质，培养学生的创新思维和工匠精神

“园林树木学”是园林专业的一门专业核心课，是研究园林树木的种类、习性、栽培及应用的学科。本课程的主要任务是使学生掌握园林树木的主要种类，熟练地识别树种，并能对园林树木的分类方法、主要习性、观赏特性和地理分布等熟练掌握。该课程涉及面

极广，学科交叉性强，教学内容兼顾丰富的理论知识和极强的实践环节。为提高学生的专业素质，适应时代发展需求，更新了以下内容。为进一步增强学生对树木品种的识别能力，在课堂或以课后作业的形式介绍重要的园林林木品种，提高学生的专业技术能力；介绍国外著名树种，如刺槐、法桐、加拿大杨等，让学生培养广阔的国际视野。介绍著名且有较大推广价值的林木品种，培养学生从事林学专业的热情。通过介绍“中华红叶”杨、“四季春1号”巨紫荆等我国自主培育的树木优良品种的选育过程，提高学生从事本专业的专业素质、树立爱岗敬业和精益求精的工匠精神。在保证基础知识学习的同时，增加树木拉丁名、树木生物学特性和繁殖方法学习板块，相对以往的教学（传统的树木识别为主），适当向实用性倾斜，增强学生的实践技能，更加契合北京农学院“建设高水平应用型大学”的办学目标。强化“亚科”等知识点学习，完善知识架构体系。针对“园林树木学”树种多、知识零散、上课间隔期长等问题，利用开课后5分钟进行知识回顾，以问题为导向，引导学生对课程体系进行知识梳理和总结，对树木的生物学特性、应用价值、进化历程等进行系统性总结。以问题为导向、以实践教学为依托，通过对课程进行合理安排，使学生在实习和实验课中实地观察，为合理解决杨柳飞絮、银杏落“果”、融雪剂施用、树木病虫害等提出有效解决方案，增强了学生解决实际问题的能力。通过实习切身体会适地适树（不光强调种还得强调种源、基因型）、南树北引、北树南引过程中的问题，增强学生对基础知识的理解与掌握。

四、培养民族文化自信和爱自然、爱生活的高尚情操

中国传统文化是世界文明的重要组成部分，是中华文明的智慧结晶，在兼收并蓄中历久弥新。学习中国传统文化是中国式现代化得以稳步发展的基石，“园林树木学”中蕴藏着丰富的中国传统文化，将这些思政元素进行升华，是弘扬民族文化自信的重要体现。例如，古诗中有大量赞颂或涉及园林树木的，通过回顾名句“停车坐爱枫林晚，霜叶红于二月花”，引出了枫香的观赏价值（秋色叶鲜红色）、也引出古文中关于“槭”和“枫”的区别；复习“遥知兄弟登高处，遍插茱萸少一人”引出了千百年来对“茱萸”的考证，也间接激发学生推理思考能力。再如，以木本植物版“金玉满堂”为例，介绍这些园林树木背后的寓意，了解古人对美好生活的向往。通过学习“松、竹、梅”，介绍树木背后的文化等，更加了解我国文人墨客对其推崇的原因。通过介绍“双国花”的人文历史，让学生切身体会我国的地域广阔。通过介绍木本果蔬，培养学生爱自然、爱生活的高尚情操，如将北方老百姓春天吃的“木兰芽（栾树的幼叶）”“榆钱（榆树的果实）”“槐花（刺槐的花序）”“椴树蜜（紫椴等的花蜜）”等木本经济树种引入课程内容，讲述这些“俗名”所指的观赏树种的学名、生物学特征等，激发学生的学习热情和对生活的热爱。

五、结语

开展课程思政教育是高校落实立德树人的根本任务。“园林树木学”中的总论和各论部分内容是开展园林专业其他课程的根基，要求学生在本科阶段要打好基础。通过将思政元素融入课堂，培养学生树立高尚的道德情操，使学生感受到所学知识与中华民族伟大复兴息息相关，让其努力成为一名德才兼备，具有家国情怀的优秀农林工作者。

参 考 文 献

常钦，李晓晴，2024. 森林也是大粮库［N］. 人民日报，01－09.
陈俊愉，2007. 世界园林的母亲：全球花卉的王国［J］. 森林与人类（5）：6－7.
丁锦平，侯颖，王素平，等，2022. 思政背景下园林树木学课程教学体系研究［J］. 高教学刊（19）：111－114.
方炎明，2024. 郑万钧先生与树木学［J］. 南京林业大学学报（自然科学版）（3）：2－13.
万建民，2022. 用生物技术攥紧中国种子［N］. 瞭望，04－21.
习近平，2021. 共同构建地球生命共同体：在《生物多样性公约》第十五次缔约方大会领导人峰会上的主旨讲话［J］. 中国生态文明（5）：6－7.
习近平，2023. 习近平在内蒙古巴彦淖尔考察并主持召开加强荒漠化综合防治和推进“三北”等重点生态工程建设座谈会时强调勇担使命不畏艰辛久久为功努力创造新时代中国防沙治沙新奇迹蔡奇陪同考察并出席座谈会［J］. 旗帜（6）：2.
向林，赵凯歌，傅强，2023.“园林树木学”教学中课程思政的探索与实践［J］. 教育教学论坛（46）：113－116.
杨晓慧，2018. 高等教育“三全育人”：理论意蕴、现实难题与实践路径［J］. 中国高等教育（18）：4－8.
张启翔，李庆卫，2022. 花凝人生，清满乾坤：陈俊愉院士学术思想研究［J］. 风景园林（S2）：35－40.

融入OBE理念的课程思政教学探索

——以“数据结构与算法”课程为例

杨　焱①

摘要：本文针对“数据结构与算法”这门课目前存在的问题，实施以OBE理念为指导的课程思政改革。结合OBE理念，制定了“学习产出”式教学目标，依据教学目标制定教学内容，使用多种灵活的教学手段开展课程内容的学习；构建课程中心在线课程资源和习题库，设置分层次的实验案例培养学生解决复杂工程问题的能力，并探讨了过程性考核的实施。最后，对教学效果进行了评估与反思，以期进一步调整教学目标及循环优化。

关键词：OBE；课程思政；数据结构与算法

一、概述

OBE（outcome-based education，简称OBE）理念是一种以学生为中心、以产出为导向的教育理念，它将学习产出视为保障和提升教学质量的一项重要准则。近年来，OBE理念在高等教育领域得到了广泛关注，并在高校的课程教学中发挥着越来越重要的作用。

OBE理念已经成为高等学校本科专业建设的一个重要改革方向。OBE是以促使学生具备特定能力为教学活动目标的教育组织模式，强调学生的学习成果是什么？为什么要让学生取得这些成果？如何帮助学生取得这些成果？如何知道学生已经取得了这些成果？课程思政中的“思何政、立何德”，即课程思政的目标，与贯穿OBE教育理念的学习成果不谋而合，是课程思政教学改革中的重要内容。由此可见，OBE教育理念对于课程思政教学改革和实施具有非常重要的指导意义。

二、教学现状分析

“数据结构与算法”课程是物联网工程专业的重要基础课程，旨在培养学生掌握数据组织、存储、处理和分析的基本方法，以及算法设计与分析的能力。该课程具有理论性强、实践性强、应用广泛等特点。因此，如何在“数据结构与算法”课程中融入思政元素，实现专业课程与思政教育的有机结合，成为当前教学改革的重要课题。在“数据结构

① 作者简介：杨焱，女，硕士研究生，副教授，主要研究方向为物联网应用技术。

与算法”教学课程中，存在以下主要问题。

（1）教学目标存在偏差。传统教学的目标主要侧重于理论知识的学习，而忽略了学生运用数据结构知识解决领域相关工程问题的能力目标的明确表述。教师通常围绕知识点组织教学，导致学生能力的培养路径不清晰，教学目标不够明确，定位存在偏差。

（2）思政元素融入专业知识的方式有待完善。课程思政要求做到育人“润物无声”，但在实际教学中，思政元素的融入方式往往不够自然，缺乏筛选和提炼，容易造成专业知识和思政元素内容相对独立。未能针对本课程的特点，分析、提炼适合本课程的思政元素，并有效融入专业知识中。未能让学生在不知不觉中潜移默化地树立正确的世界观、人生观和价值观。

（3）教学手段传统，缺乏创新和改革。传统教学方法中，教师主要以“PPT＋板书”为主的方式进行课程内容讲解，虽然可以较好地解决“教”的问题，但由于知识的传授以单向灌输为主，需要学生长时间集中注意力，在一定程度上忽略了学生的参与性，不能充分调动学生的学习兴趣。信息化技术在课程教学中的设计和应用相对有限，未能有效借助新媒体时代的技术手段提高思政教学效果。

针对上述问题，为改进“数据结构与算法”教学中的思政教育，需要专业课教师加强政治理论学习，提高思政元素融入专业知识的能力，对课程思政的融入方式进行总结提高，同时采用更加创新和多样的教学手段，激发学生的学习兴趣和动力。

三、融合 OBE 理念的“数据结构与算法”课程改革

首先，融合 OBE 理念，明确了课程教学目标。其次，为了确保 OBE 中“学习成果为导向”的理念得到贯彻，构建了“课程中心、雨课堂、理论、实践、思政”融合的教学模式。为了满足 OBE 理念对学习效果的检验要求，设计了综合考虑学习过程的考核方式。最后，在课程结束后，通过对各项成绩进行细粒度分析并进行课程总结，在后续阶段对课程教学进行持续改进。

教学改革流程如图 1 所示。

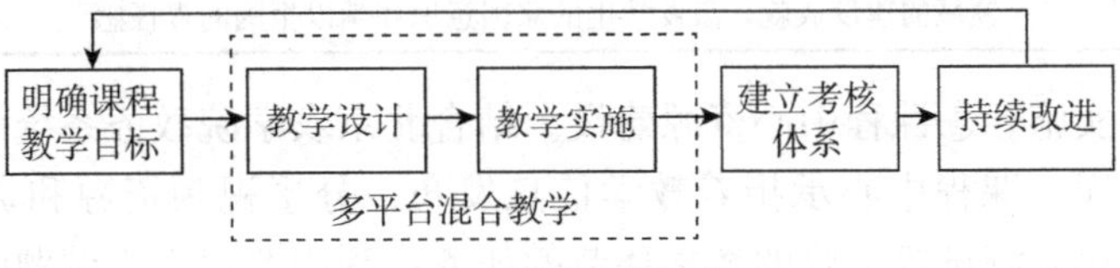

图 1　教学改革流程

1. 明确课程教学目标

因此，结合本校办学定位、人才培养要求，专业培养目标和培养方案，从知识、能力、素质三方面对数据结构课程的教学目标进行了明确。

（1）知识目标。了解数据对象的特性，掌握常用数据结构的基本概念及其不同的实现方法。理解典型数据结构及其应用算法的设计思路，能用所学知识解决实际应用领域问题。

（2）能力目标。依据具体复杂工程问题，选择合适的逻辑结构和存储结构。设计灵活高

效的数据存储结构，实现所需的运算，针对计算机领域复杂工程问题设计可行的研究方案。

（3）素质目标。培养学生的思想政治素质、专业素养和社会责任感，使其成为具有高尚品德和创新能力的高素质人才。引导学生认识到新一代信息技术变革带来的机遇与挑战，并勇于承担时代使命。

2. 多平台融合的教学实施

（1）课程思政内容设计。将知识传授和价值塑造有机地融合在一起，在教学设计过程中进行思政案例的设计。通过创设思政情境，将科学精神、职业素养、国家意识和文化素养等思政元素融入课程教学中，表1给出了课程中部分思政案例的设计。

表1　课程思政案例

序号	教学内容	思政案例	支撑目标
1	绪论	时间与空间的权衡。在算法设计中，时间和空间的权衡是一个重要的问题。在追求算法性能的同时，也要考虑实际应用的需求和限制条件，做出合理的权衡和选择。这有助于培养学生的综合分析和决策能力	能力、素质
2	顺序表和链表	顺序表在计算机内存中以数组的形式保存，合理利用内存资源是设计顺序表时需要考虑的重要因素。这可以引导学生认识到资源的有限性，培养他们在日常生活和工作中合理利用资源、节约资源的意识	知识、素质
3	栈和队列	1. 介绍队列时，引申出遵守课堂秩序、遵守社会公德等思政元素，教育学生要懂规矩，守纪律，实现对学生的社会主义核心价值观教育。 2. 使用队列求解杨辉三角形，引导学生了解中国古代数学，增强民族自豪感	素质
4	树结构	遍历树结构是学习和应用树结构的重要步骤。通过不同的遍历方式（如前序遍历、中序遍历、后序遍历等），我们可以全面地了解和掌握树结构的信息。这可以引导学生培养全面思考的能力，在面对问题和挑战时能够从多个角度和层面进行分析和思考	知识、能力、素质
5	图结构	依托最小生成树算法的应用，介绍国家在交通、电力、通信等领域的建设成就，激发学生的家国意识和学以报国的责任感	知识、能力、素质

（2）课程的实施。①课程中心资源建设。结合北京农学院教务系统课程中心平台，搭建课程中心资源库。课程中心承担着教学信息发布、分享视频资源和资料、发布作业任务、讨论交流、单元测试等重要的教学环节的任务。利用课程中心试题库功能，搭建课程试题库，目前已录入测试题251题，设置了单元测试，辅助学生在单元学习后进行复习和总结，有效地发挥了线上学习考核的辅助功能。②“互联网＋”实现生动课堂教学。实现生动有吸引力的课堂教学是改革的核心。采用雨课堂工具，提高学生的课堂参与度，从而提高课堂效果。教学过程中可以使用雨课堂随时推送测试，检查授课结果。一方面，教师在讲课过程中可随时发布随堂测试，检验学生对某个概念的理解程度。对于出错题目和出错学生教师一目了然，从而快速掌握每个学生的学习效果，知道哪些问题学生掌握较好，哪些题目学生掌握不好，从而调整上课进度和重点讲解的时间分配，达到课堂教学有效互动。另一方面，学生必须集中注意力听讲，否则测试成绩会影响到平时成绩，对学生起到

督促的作用。提升学生的自主学习能力，适应学生的个性化学习需求。有效互动并对上课情况进行跟踪记录，实现对教学内容的动态调整。同时，针对学生不容易理解较为抽象的数据结构，如链表等，使用数据结构可视化工具，通过直观而生动的动画演示的方式，展示逻辑结构和存储结构的关系以及C语言函数的调用过程，强化学生对知识的理解和吸收。③课后反馈，教师通过收集整理学习平台的统计数据，可以全面了解学生的学习情况。这些统计数据包括学生的出勤情况、测试成绩等。此外，教师还可以根据学生的学习情况，推送思政素材和学科前沿等拓展资料，在培养学生的思想道德素养和社会责任感的同时，拓宽他们的知识视野。

(3) 分层次的实验教学。为了增强学生的实践操作能力，将实验内容与理论教学内容有机结合。同时，考虑学生C语言的掌握程度不同，在实验课程中，采用多层次任务的教学方式。结合大纲实验内容，设置基础题和提高题，在完成基础题的前提下，有能力的学生可以考虑完成提高题的内容，保证不同层次的学生在实验过程中都有饱满的工作量。通过这样的教学设计，可以让学生更好地完成设定的知识目标和能力目标。

四、课程评价体系构建

在OBE理念下，为了检验学生是否达到学习要求，需要结合教学目标和教学内容来制定合适的考核体系。制定以“过程化”“多样化”为特点的考核评价方式。其中，“过程化”指综合课中、课后的学习情况；“多样化”则是指考核方式覆盖了随堂练习、单元测试、课后作业、进门考、上机实践、期末考试等多种形式。同时，将思政元素纳入课程考核中，通过作业、考试等方式检验学生对思政元素的理解和掌握程度。课程的期末最终总成绩由平时、实验和期末三项成绩组合而成，最终计算出学生的课程总成绩。

五、教学效果评估与反思

经过实践，融入OBE理念的“数据结构与算法”课程思政教学改革取得了显著成效。学生的思政素质得到了提高，对国家的重大战略和时事热点有了更深入的了解；学习兴趣和创新能力得到了提升；实践能力和动手能力得到了增强；社会责任感也得到了强化。然而，在实施过程中也发现了一些问题，如部分学生对思政元素的融入不够敏感等，学生课前预习的习惯还没有养成。因此，我们将继续完善和改进教学改革措施，为培养更多具有高素质、高能力、高责任感的专业人才作出贡献。

参 考 文 献

刘艳红，梁长梅，王建伟，等，2024.“农工结合＋思政”视域下计算机类课程信息化教学探究：以数据结构课程为例［J］. 教育观察（10）：72－75.

施晓秋，2018. 遵循专业认证OBE理念的课程教学设计与实施［J］. 高等工程教育研究（5）：154－160.

于珍，2023. 基于OBE理念的数据结构与算法课程教学改革研究［J］. 科技风（7）：123－125.

张璞，2024. 基于OBE理念的数据结构课程教学改革实践探析［J］. 电脑知识与技术（5）：169－171，174.

“农村发展概论”课程思政教学优化策略研究*

彭　慧[①]　胡新萍　毕宇珠

摘要：“农村发展概论”是服务北京农学院人才培养目标的通识性特色专业课程，但前期问卷调查表明，选课学生对“三农”问题的系统认知存在欠缺，对“三农”情感也并不深厚，因此本课程优化课程思政教学势在必行。课程当前教学实践还存在着课程思政以教师为主导、课程思政元素体系化不足、课程实践环节存在缺失、课程思政教学效果不明确等问题，未来有待通过推动学生主动接受课程思政教育、建设完善课程思政案例库、设计多元化的实践教学环节、科学评价课程思政教学效果等多种举措，推动课程思政教学体系优化，助力知农爱农新型人才培养。

关键词：农村发展概论；课程思政；优化策略；知农爱农

一、“农村发展概论”开展课程思政建设的背景

1. 课程思政建设是学校和课程育人目标实现的必然路径

2019年9月5日，习近平总书记给全国涉农高校的书记校长和专家代表回信时勉励广大师生要“以立德树人为根本，以强农兴农为己任，培养更多知农爱农新型人才”。北京农学院作为一所以都市农业为特色的高等农林院校，着力培养热爱“三农”、专业知识扎实、富有创新创业精神和实践能力的高素质应用型人才。“农村发展概论”作为具有通识性的专业课程，面向北京农学院文法与城乡发展学院的农村区域发展、法学、会展经济与管理三个专业开设，课程内容涉及农村发展理论以及我国农村发展实践的各个维度，旨在配合学校的人才培养定位和目标，全面构建和强化学生对“三农”的系统认知，锻造和提升学生基于自身专业发现并解决“三农”领域相关问题的能力，并塑造学生知农爱农、立志强农兴农的“三农”情怀，引导学生正确认识自身肩负的历史使命，为推动全面乡村振兴做出应有的贡献。课程思政作为将思想政治元素融入专业课程从而于潜移默化中影响学生思想意识和行为举止的教学模式，是助力本课程乃至学校育人目标实现的必然选择。

2. 选课学生对“三农”系统认知有所欠缺

在“农村发展概论”的教学实践中发现，学生在学习这门课程之前对“三农”的认知有明显欠缺。根据2023年9月对选课学生的问卷调查，农村区域发展（表1中简称“区

---

* 本文系2023—2024年北京农学院教育教学研究与改革一般项目“助力实现知农爱农的‘农村发展概论’课程思政体系建设研究”（项目编号：BUA2023JG37）。

① 作者简介：彭慧，女，博士研究生，副教授，主要研究方向为农村区域发展规划。

发")、法学和会展经济与管理(表1中简称"会展")三个专业的共186名学生中，46.8%的学生并不知道何为"三农"问题。按照1～5分别代表很不了解、不太了解、一般了解、比较了解、非常了解的量表进行测度，三个专业学生对我国农村发展各主要领域的了解绝大多数都停留在不太了解到一般了解的程度，特别是对农村金融制度、政府涉农政策、农村社会保障制度、农村土地制度的了解水平明显偏低，且非涉农的法学和会展经济与管理专业学生的认知水平相较涉农的农村区域发展专业也普遍更低。

表1 三个专业学生对我国农村发展相关领域的了解水平均值

	农村产业情况	农民收入情况	农村教育情况	农民就业情况	农村土地制度	农村金融制度	农村社会保障制度	乡村治理情况	乡村建设情况	政府涉农政策
区发	2.95	3.17	3.32	3.35	2.67	2.19	2.81	3.03	3.14	2.57
法学	2.71	2.87	3.21	2.97	2.81	2.29	2.65	2.83	2.98	2.67
会展	2.60	2.93	3.17	2.78	2.40	2.22	2.35	2.58	2.58	2.37

数据来源：问卷调查。

注：从1到5分别代表很不了解、不太了解、一般了解、比较了解、非常了解。

3. 选课学生对"三农"的情感不够深厚

问卷调查表明，"农村发展概论"的选课学生中，占比为75.8%的学生目前生活在城镇，他们的生活离农较远，这一方面造成学生对"三农"知之甚少；另一方面，导致学生对"三农"的感情相对淡薄。根据问卷调查的数据，非涉农的法学和会展经济与管理专业学生仅有28.5%计划未来从事涉农工作，农村区域发展专业学生的涉农就业意愿虽达到66.7%，但其中绝大多数都倾向于选择涉农的管理岗位。对学生的访谈结果也表明，学生对于未来的选择基本都是从自身偏好出发，较少出于对"三农"的热爱以及振兴乡村的使命感。因此，亟须通过强化课程思政建设加深学生对"三农"的感情、培育学生的"三农"情怀。

二、"农村发展概论"课程思政教学需重点解决的问题

1. 课程思政教学以教师为主导

虽然目前高校教学改革强调以学生为中心，推崇参与式、体验式的教学方法，但是在课程思政教学环节，由于涉及思政元素挖掘、价值观传递等内容，多数课程仍采用以教师为主导的教学方式，由教师结合教学内容挖掘思政元素并将其融入授课过程中，通过讲解、图像影音等方式让学生聆听和接受，"农村发展概论"课程之前的教学实践也不例外。但是在这种传统的教学模式下学生处于被动地位，难以充分发挥主观能动性，而且可能会感觉教师讲思政存在说教倾向，因此课程思政教学效果不够理想，有必要在课程思政环节也引入以学生为中心的教学理念和模式，通过教学设计提升学生的参与度。

2. 课程思政元素体系化不足

"农村发展概论"课程内容涉及农村发展的基本理论以及我国农村发展实践，特别是党的十九大以来，随着乡村振兴战略的持续推进，我国广袤的农村地区在脱贫增收、产业发展、土地改革、乡村治理、文化传承等领域都取得了卓越的成就，也涌现出了以李保

国、毛相林、张桂梅、黄文秀等为代表的一大批扎根乡村、致力乡村振兴的科学家、基层干部、乡村教师、青年学子等典型人物，为本课程提供了丰富的思政元素。但是在之前的课程教学实践中并未对思政元素进行体系化的梳理总结，导致思政元素仍属于散点式的随机融入，课程思政教学内容也缺乏系统性。

3. 课程实践环节存在缺失

作为一门具有通识性的专业课程，“农村发展概论”只有24学时且全部为理论学时，缺少实践学时，而且绝大多数选课学生缺乏农村生活经历，因此多数学生在课上课下都没有亲身走近“三农”、深入了解“三农”的机会，对课堂中所提到的我国农村发展实践缺乏直观感受和印象，对乡村振兴的迫切性、青年学子的责任担当没有深刻感知，也不利于学生将理论与实践结合、运用理论知识解决现实问题能力的锻造和提升。在课后对选课学生的调查访谈中，许多学生也提到希望能有实践的机会，亲自走入村镇进行实地参观、调研，以获得更直观的印象，这也是实践育人的必然要求。

4. 课程思政教学效果尚不明显

教学效果评价是课程思政建设必不可少的一个环节，是提升课程思政教学质量的有力保障。但对课程思政教学效果的评价存在着显著的特殊性。一方面课程思政是渗透于专业课程之中而非独立存在，因此课程思政效果评价与课程教学评价存在交叉融合；另一方面课程思政的评价客体主要是学生的思政素养，而思政素养难以被量化，缺乏具体的产出指标，且往往需要经过时间的积累缓慢发生变化。因此，现实中对课程思政教学效果的科学评价存在一定的困难，“农村发展概论”也如同大多数课程一样，采用课程教学评价的方式，且评价的主体、评价的客体、评价的方法等都不够全面，难以对课程思政教学效果进行全面覆盖和显性表述。

三、“农村发展概论”课程思政教学优化实施策略

1. 持续优化教学设计，推动学生主动接受课程思政教育

一方面，在课堂之上，可以借鉴常规教学改革路径，综合运用问题导向、体验学习等方法，设计以学生为主体、蕴含课程思政元素的课堂参与活动，如在讲授农民收入部分，可以让学生自行分组查找数据资料，分析我国农民收入变化、收入构成情况以及城乡居民收入差距等问题，并在课堂进行分享，讨论这些变化和问题背后的原因。通过这种参与式的活动，推动学生主动去关注农民收入问题，也让他们能够自行发现近年来在政策的支持和倾斜之下，农民收入持续快速增长，生活条件有了显著改善，但城乡居民收入绝对差距仍然较大，乡村振兴任重而道远。

另一方面，在课堂之外，可以为学生布置以课程思政为主题的课后作业，如在讲授反贫困理论部分布置讲述我国减贫历程和减贫故事的作业，学生为了完成作业，需要主动了解我国的减贫历程、减贫成就以及减贫中涌现出的典型人物及其典型事迹，完成作业的过程也就是学生主动接受课程思政教育的过程。

2. 系统梳理课程思政元素，建设完善课程思政案例库

“农村发展概论”课程展现了我国波澜壮阔的农业农村发展史，蕴含着丰富的思政元素，前期教学实践中已经挖掘和积累了众多的思政元素，下一步应对这些思政元素进行系

统梳理，从价值导向、改革创新、政策赋能、典型人物等不同维度，深挖国家自信、爱农情怀、国际视野、科学精神等思政要点，构建形成体系化、网络化的课程思政案例库，并注意持续更新，供课程教学过程中随时调用，丰富“农村发展概论”课程思政教学内容。

3. 注重实践育人，设计多元化的实践教学环节

实践出真知。通过实践，学生能够对“三农”问题有更加直观的感受和更加深刻的理解，课程思政效果更佳。短期内，在课程学时既定且缺乏实践学时的情况下，可以合理设计和利用课堂外的实践环节，如结合学生的劳动教育、社会实践、科研训练、学科竞赛等活动以及教师的科研项目，让学生利用课堂之外的时间走进农村，开展“三农”相关问题的实地调查和研究，并形成实践调查报告，作为课程的作业任务之一。长期来看，应继续谋求课程学时的丰富和完善，在现有理论学时的基础上增加实践学时，将课堂由教室延伸到田间地头，通过实地参观、问卷调查、访谈等方式让学生亲身走近“三农”、深入“三农”、了解“三农”，必定有助于推动知行合一和理论联系实际。

4. 完善评价体系，科学测度课程思政教学效果

从评价内容来看，课程思政教学效果评价需要覆盖学生对课程思政元素的认知与掌握情况、学生的价值观及理想信念发展情况、学生基于专业角度对思政知识的运用能力发展情况、学生对课程思政教学的认可度、接受度情况等。从评价形式上来看，可以将课程思政效果评价与课程考核评价相融合，但是要在其中涵盖相对独立的模块和元素，确保评价结果能充分反映课程思政的效果。从评价主体来看，需要更加多元化，除了任课教师之外，还可以综合考虑学生、其他专业课教师、思政课教师、辅导员甚至是教学管理人员、行业专家的评价，使评价更加全面客观。从评价时点上来看，应覆盖过程性评价和结果性评价，同时强化过程性评价的比重，综合运用单次课评价、单元评价、期中评价等评价方式，尽量考察和反映学生思政素养的发展变化，为课程思政建设的实时优化提供参考。

参 考 文 献

陆道坤，2021. 课程思政评价的设计与实施［J］. 思想理论教育（3）：25－31.

王学俭，石岩，2020. 新时代课程思政的内涵、特点、难点及应对策略［J］. 新疆师范大学学报（哲学社会科学版）（2）：50－58.

晏雨菲，罗杨，范曾丽，2023. 课程思政评价体系的问题与对策［J］. 教育教学论坛（45）：33－36.

张颖，米甜，张璇，等，2023. 农业经济学课程思政设计与实践［J］. 河南农业（30）：37－39.

朱满德，赵琴，2023. 讲好中国“三农”故事：农业经济学课程思政案例设计与实践［J］. 智慧农业导刊（12）：115－118，123.

基于CIPP的“会展策划与管理”课程思政评价体系构建*

徐莉莉[①] 申 强

摘要：“会展策划与管理”课程思政建设持续创新发展，取得了一定效果。为了更客观地考核实施效果，有必要构建评价体系，开展考核评价。本文遵循采用全面和系统化的评价体系、淡化结果性评价和重视过程性评价、转变单一成绩评价强调核心素养发展的课程思政评价体系构建原则，基于CIPP构建“会展策划与管理”课程思政的评价模型，选取评价指标，并建立“会展策划与管理”课程思政评价反馈和激励机制，以期实现客观地对“会展策划与管理”课程思政建设开展考核评价。

关键词：CIPP；会展策划与管理；课程思政；评价体系；构建

课程思政在人才培养过程中发挥着越来越重要的作用，成为高校育人体系的重要组成部分。习近平总书记提出，要坚持把立德树人作为中心环节，把思想政治工作贯穿教育教学全过程，实现全程育人、全方位育人，努力开创我国高等教育事业发展新局面。为各地高校专业课如火如荼开展的课程思政建设指明了方向。随后，教育部在《高等学校课程思政建设指导纲要》中提出，人才培养效果是课程思政建设评价的首要标准，要建立健全多维度的课程思政建设成效考核评价体系和监督检查机制，并提出研究制订科学多元的课程思政评价标准。“会展策划与管理”是北京农学院会展经济与管理专业的骨干课，在人才培养过程中遵循OBE教学理念，将课程思政融入课程建设，特别是课堂教学中，重视培育学生政治认同、道德品质和文化素养等内容，全面提升学生综合素质，培养社会主义建设者和接班人。

一、构建课程思政评价体系的必要性

专业课与课程思政协同育人的理念逐渐被认同，专业课与思想政治元素相融合是高校教学改革的重要方向，课程思政的资源梳理和课程思政的融入方式是课程思政实施过程中的重要环节，随着课程思政建设内容不断丰富，课程思政实施效果评价逐渐成为关注的重点，承担着考核评价、反馈效果、持续改进等重要任务。

---

* 本文系中国学位与研究生教育学会农林学科工作委员会思政类研究课题“中华优秀传统文化融入农林院校课程思政路径研究”（项目编号：2024－NLZX－YB032）；2023—2024年北京农学院教育教学研究与改革重点项目“课程思政实施效果评价体系研究”（项目编号：BUA2023JG26）。

① 作者简介：徐莉莉，女，博士，副教授，主要研究方向为会展经济与管理、农业会展、会展品牌。

1. 课程思政评价体系构建有助于提升课程思政价值塑造方面的统领性

“会展策划与管理”课程与课程思政深入融合，协同育人。在教学过程中，深入理解培养什么人、怎样培养人、为谁培养人这一教育的根本问题，通过立德树人实现教育的根本任务。“会展策划与管理”遵循课程思政建设内容紧紧围绕坚定学生的理想信念，以爱党、爱国、爱社会主义、爱人民、爱集体为主线。将政治认同、文化素养、乡村振兴、道德素养和职业素养等融入课程建设中，引导会展经济与管理专业学生树立正确的三观，提升学生的核心素养。“会展策划与管理”通过课程思政建设，引领学生价值塑造，对实施效果进行评价并针对反馈持续改进，提升教学效果。

2. 课程思政评价体系构建有利于提高课程思政元素和案例选取的合理性

“会展策划与管理”积极开展课程思政建设，形成课程思政元素和案例汇总的课程思政资源库。一方面，以《高等学校课程思政建设指导纲要》为依托，在新质生产力、文化自信、农业强国、乡村振兴、产业融合、数字赋能的背景下，结合时代特征和教学内容，选取不同主题和不同类型的课程思政元素，将适宜的思政元素融入教学中。另一方面，结合会展行业发展，梳理汇编适宜的课程思政教学案例，对教学案例进行深入剖析和总结，采用进阶式的教学方式，引导学生逐步思考，提升学生的高阶思维能力。在具体实施的过程中，通过构建课程思政评价体系，反馈课程思政元素和案例选取的质量和满意度，并不断更新完善。

3. 课程思政评价体系构建有益于强化课程思政融入手段和方式的有效性

“会展策划与管理”课程遵循以学生为中心的教学理念，以学生的需求为导向，加强教学内容方面的供给，通过合理有效的教学手段，提升育人效果。在具体的教学过程中，一是丰富教学融入手段。采用多元化的教学方式，将教学内容与课程思政深度融合，沉浸式的体验教学、翻转课堂、项目教学法等教学方法的采用提升了学生的课堂体验感，提高课堂教学效果。二是采用显隐结合的融入方式。在教学的过程中，将专题汇报、课程作业、学生汇报等教学环节中的教学内容，通过显性和隐性两种方式与课程思政内容融合，实现同向同行的育人效果。在实施的过程中，针对课程思政融入手段和方式的有效性构建课程评价体系并反馈效果，改进教学手段和方式，有利于提升课堂教学质量。

二、构建课程思政评价体系的原则

“会展策划与管理”课程思政评价体系依据《高等学校课程思政建设指导纲要》、人才培养方案和课程教学大纲等内容，考虑学生主体性地位，在构建课程思政评价体系的过程中，遵循全面和系统化的评价体系、淡化结果性评价和重视过程性评价、转变单一成绩评价强调核心素养发展三个基本原则，期望客观地构建“会展策划与管理”课程思政评价体系。

1. 采用全面和系统化的评价体系

一方面，在“会展策划与管理”课程思政实施过程中，实现全员育人、全程育人、全方位育人，通过“学科—专业—课程”的评价方式，对课程思政建设过程中进行全面、全方位的评价；另一方面，在具体教学过程中，将课程思政内容进阶式融入具体的教学活动过程中，深入挖掘课程思政元素，梳理与之相关的课程思政案例，将课程思政教学要点与专业课教学内容深度融合，实现润物无声的育人效果。这一过程遵循一定的逻辑顺序，因此，课程思政评价采用系统的评价方式，形成逻辑层次。

2. 淡化结果性评价和重视过程性评价

“会展策划与管理”课程思政评价体系构建注重过程性评价。“会展策划与管理”课程思政实施过程中，注重“目标设计—实施过程—实施效果”的实施路径，遵循 OBE 教育理念，强调学生的主体性和主动性地位，将政治认同、文化素养、道德素养、职业素养等内容，通过作业汇报、参加比赛、小组讨论、专题研究等形式显隐结合地融入教学中，学生在学习过程中进阶式提升思维方式，提高育人效果。因此，在设计课程思政评价指标体系中，重视过程性评价，淡化结果性评价。

3. 转变单一成绩评价强调核心素养发展

“会展策划与管理”课程评价逐渐将智育与德育相结合，打破原有的单一强调智育成绩的考核方式，将德育考核内容融入考核体系中，“会展策划与管理”课程思政评价体系与课程评价体系一脉相承，但其以德育为主要的考核评价内容。在课程思政考核体系构建的过程中，重视政治认同、文化基础、自主发展和社会参与等综合素质的培育，通过对各项内容的详细评价，有利于更好地培育德智体美劳全面发展的社会主义事业的建设者和接班人。

三、基于 CIPP 构建“会展策划与管理”课程思政评价体系

“会展策划与管理”课程采用 CIPP 模型构建课程思政评价体系。CIPP 评价模型主要包括四个部分，分别是背景评价、输入评价、过程评价和结果评价。该模型强调全面系统地反映评价对象，强调评价的目的侧重于改进，并非专注于结果，与“会展策划与管理”课程思政评价模型构建需求相契合。

1. 基于 CIPP 构建“会展策划与管理”课程思政评价模型

“会展策划与管理”在课程思政建设和实施过程中，重视价值引领、知识传授和能力培养，取得了良好效果。本文结合 CIPP 评价模型，通过课程基础、课程投入、课程实施和课程效果四个维度构建“会展策划与管理”课程思政评价模型，并进一步细化不同层级的评价指标，提高模型和指标体系的客观性和合理性。具体模型如图 1。

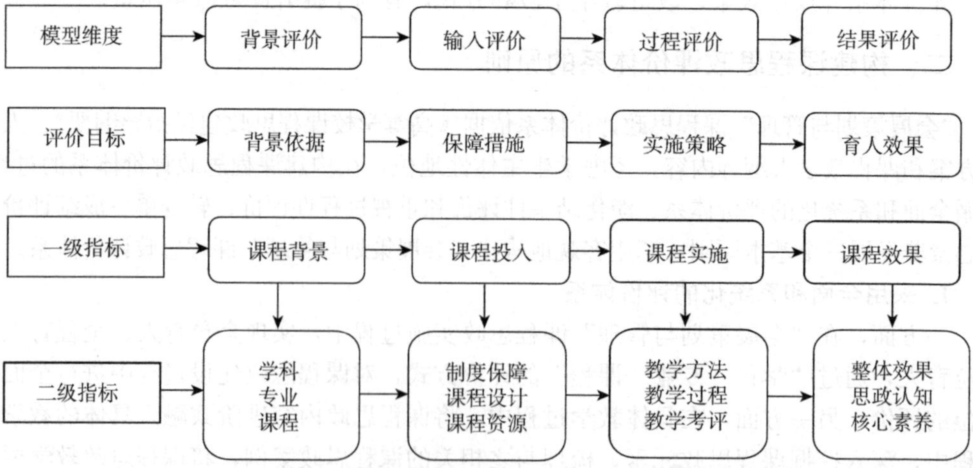

图 1　基于 CIPP 构建“会展策划与管理”课程思政评价模型

2. 选取“会展策划与管理”课程思政评价指标体系

本文基于CIPP的“会展策划与管理”课程思政评价模型，结合《高等学校课程思政建设指导纲要》等政策法规，突出会展经济与管理专业特色和“会展策划与管理”课程特点，与课程思政建设的思政目标、保障措施、实施效果、教学效果相匹配，构建课程思政评价指标体系。具体见表1。

表1　“会展策划与管理”课程思政评价指标体系

指标级别 模型维度	一级指标	二级指标	三级指标
背景评价	课程背景	学科	是否有明确的课程思政发展目标； 课程思政发展是否与《高等学校课程思政建设指导纲要》内容相契合
		专业	课程思政目标是否源于培养方案； 立德树人是否成为人才培养方案的核心内容
		课程	课程思政目标是否与专业课同向同行； 课程思政是否全面系统且贯穿整个课程体系
输入评价	课程投入	制度保障	课程思政建设是否有专项经费支持； 是否为师生提供课程思政建设服务； 是否为教师提供课程思政方面培训； 是否加强课程思政团队建设
		课程设计	教案中课程思政的占比； 课堂教学过程中课程思政的呈现度； 线上自学资料中课程思政的呈现度
		课程资源	是否建立课程思政案例库、思政元素点资源库； 课程思政资源库是否丰富翔实且与时俱进
过程评价	课程实施	教学方法	不同课程思政元素是否融入专业课的教学方法不同； 是否形成以学生为中心的课程思政教学方法
		教学过程	通过线上线下结合的方式融入课程思政； 是否采用进阶式提升课程思政融入效果； 课程思政教学是否贯穿课前、课中、课后
		教学考评	考核内容是否涉及课程思政内容； 过程性考核是否重视课程思政内容； 课程思政内容是不是全员、全程、全方位的考核方式
结果评价	课程效果	整体效果	课堂教学效果是否提升； 学生教学满意度是否提升
		思政认知	学生是否掌握更丰富的课程思政内容； 学生是否树立正确的世界观、人生观、价值观
		核心素养	是否具备自我认知和自我发展等能力； 是否具备一定的人文素养、道德素养和职业素养； 是否具备服务社会的奉献精神

3. 建立“会展策划与管理”课程思政评价反馈和激励机制

一方面提供多元化的评价反馈机制。首先，明确相关利益者，全员参与评价，包括行政人员、教秘、专家、课程成员、教师、学生等，鼓励多元主体参与评价，并利用网络平台提供便捷的反馈路径。其次，鼓励全程考核方式，重视过程考核和及时反馈，形成持续性的反馈机制。最后，全方位评价，采用问卷调研和访谈相结合的方式，将各类评价综合分析后，总结经验教训不断改进。另一方面，建立激励机制。设计多样的课程考核内容和方式，提升相关利益主体能自由反馈评价的意愿，特别是增强学生的主体意识，让学生成为课程建设的主体，主动参与课程思政的建设中。

四、结语

课程思政评价模型和指标体系构建是开展课程思政实施效果评价非常重要的环节，本文选取 CIPP 模型对“会展策划与管理”课程思政实施效果进行评价，在指标体系构建的过程中，受到知识背景、认知能力、融入方式、融入手段、保障措施等因素影响，指标体系可能存在一定偏差。在今后的课程教学和课程思政建设中，随着课程思政内容、教学设计、教学手段的不断变化逐步完善。

参 考 文 献

李彦垒，刘承良，2024. 课程思政“全时空”评价体系的构建与实施重点［J］. 学术探索（5）：143－149.

新华社，2016. 把思想政治工作贯穿教育教学全过程［EB/OL］. http://www.xinhuanet.com/politics/2016-12/08/c_1120082577.htm.

张晓晖，2024. 新文科背景下课程思政融入广告学概论教学设计与改革实践［J］. 传播与版权（9）：9.

中华人民共和国教育部，2020. 高等学校课程思政建设指导纲要［EB/OL］. http://www.moe.gov.cn/srcsite/A08/s7056/202006/t20200603_462437.html? eqid=bc4ffc2f00025ba40000000364292d2e.

以首都历史文化资源引领北京高校育人体系高质量发展

王凯丽[①]

摘要： 首都历史文化是新时代高校实现立德树人教育的重要精神财富和思想沃土。作为中华文明的重要组成部分，首都历史文化资源具有价值引领、培根铸魂等功能，蕴含着丰富的育人价值和教育能量。基于此，新时代推动首都历史文化资源融入北京高校育人工作，要着力从挖掘与整合首都历史文化资源、统筹多方优势资源、强化体制机制建设和加强主流场域建设等方面着手，以实现社会资源向教育资源的高效转化。

关键词： 首都历史文化资源；高校育人；路径选择

首都历史文化资源是中华民族文化精神的记忆留存，是民族文化认同的根本与维系民族精神的纽带。习近平总书记指出，"对历史文化特别是先人传承下来的价值理念和道德规范，要坚持古为今用、推陈出新，有鉴别地加以对待，有扬弃地予以继承，努力用中华民族创造的一切精神财富来以文化人、以文育人"，并要求我们将其"作为固本铸魂的基础工程，贯穿人才培养全过程"。北京高校作为人才培养的主阵地和全国高等教育的重镇，肩负着为党和国家培养堪当民族复兴重任时代新人的历史使命，应主动衔接北京建设全国文化中心的战略目标，充分发挥北京高校内在发展优势与内生动力，做好首都历史文化资源融入高校育人体系的安排和部署工作，形成以首都历史文化资源赋能高校教育高质量发展的系统集成效应，为提高高校育人体系整体活力积聚强劲动能。

一、首都历史文化资源融入北京高校育人体系的内在逻辑

首都历史文化资源内蕴的资政育人功能与高校高质量人才培养需求具有高度的契合性，两者之间的联动耦合与双向互动，为北京高校育人工作创新发展注入新活力。

以首都历史文化资源为立体架构的"以文化人"范式融入北京高校育人体系顺应了高校育人规律与要求。在构建高校高质量育人体系与模式视域下，实现以文育人、以文化人是推动高校实现立德树人根本任务的题中应有之义。从高校育人的本质上讲，高校教育的根本问题是培养人的问题，既培养堪当民族复兴重任的社会主义建设者和接班人，又培养中华优秀传统文化的传承者和弘扬者；既需要爱党爱国爱社会主义的"又红又专"的人

① 作者简介：王凯丽，女，博士，讲师，主要研究方向为马克思主义中国化与社会主义生态文明建设研究。

才，也需要德智体美劳全面发展的时代新人，至此，教育育人本质和规律内在要求育人工作需要民族文化、历史文化引导和熏陶学生主体，满足学生主体成长成才的目标要求，进而教育本质蕴含着以文化人、以文育人的整体建构思想。从文化的功能属性来讲，首都历史文化资源内蕴着立德树人的文化属性。首都历史文化是中华民族自古以来追求国富民强、繁荣昌盛美好生活的物质载体，见证了中国封建王朝的兴衰更替和现代国家的崛起，蕴含着中国人民自强不息、厚德载物的思想理念；作为国家的象征，首都历史文化代表着国家的文化形象和精神面貌，通常追求卓越和典范，体现了“首善之区”的风范；同时，首都历史文化凝聚着中国共产党带领人民进行革命、建设和改革的伟大实践过程中形成的特有革命与奋斗精神文化。总之，首都历史文化具有的“以文化人、以文育人”功能属性正是对“人”的教育功能的释放，其蕴含的道德规范、价值观念和民族精神，能够增强学生文化自信，教育引导学生“做到品德润身、公德善心、大德铸魂”，为助力构建要素完备、育人效力显著的育人体系提供了坚实的历史资源支撑。

推动首都历史文化资源融入北京高校育人工作体系为高校育人工作高质量发展创造了新条件新空间。一方面，首都历史文化资源的丰富性和独特性深化了教育内涵。首都作为国家的文化中心，拥有得天独厚的历史文化资源，如故宫、颐和园、天安门等，这些资源不仅仅是物质遗产，更是承载着丰富的历史信息、哲学思想、艺术美学的文化宝库。将其融入教学，可以极大地丰富教学内容，使理论学习与实际感知相结合，提升教学的吸引力和实效性。另一方面，首都历史文化资源的多样性拓宽了北京高校育人空间。首都历史文化以一种物质载体形式进行传承和传播，它通过有效地承载和传播首都历史文化遗产，充分发挥自身文化主体的作用。对于传统的教育来说，往往局限于校园内的教室与实验室，而将首都丰富的历史文化资源引入教学，则意味着学习不再局限于校园内部。学生可以通过参观博物馆、历史遗址、文化遗迹等，亲身体验和学习，这种实践性的学习方式大大扩展了学习的空间范畴，让教育更加立体和鲜活。

二、首都历史文化资源融入北京高校育人体系的优化路径

新时代推动首都历史文化资源融入北京高校育人工作，实现社会资源与教育资源的有效衔接和高效转化，是一项系统且复杂的工程，需要多方联动、持久发力。

（一）挖掘与整合首都历史文化资源，加强理想信念教育

将首都历史文化资源融入北京高校育人工作，有利于增强学生的民族自信心和自豪感，引导大学生自觉树立起历史责任感。新时代北京高校应充分利用首都文化资源优势，充分挖掘与整合首都历史文化资源，做好首都历史文化资源融合保障工作，切实发挥好首都历史文化资源资政育人功效。

第一，组建研发团队。首都历史文化资源是高校开展理想信念教育的“活”教材、好素材，是增强高校育人工作实效性的重要资源。北京高校应充分利用地理优势、资源优势，通过跨学科合作组建专门的首都历史文化资源挖掘与整合的多元化结构科研团队，运用现代科技手段在对现有的首都历史文化遗产进行深入调研的基础上进行分类、整合，形成可溯源、可量化和可储存的数字文化教育资源库。例如，北京师范大学依托历史学院和古籍与传统文化研究院学科优势，在多方协同推进下，对北京及周边地区的文化遗产进行

深入挖掘和研究，同时参与古籍数字化、历史资源数据库建设等项目。

第二，整合首都历史文化资源。首都作为千年古城，历史文化资源丰富多样。作为人类文明的起源地，拥有古人类考古遗迹、古村落与古城镇等历史文化遗产；作为古代封建都城，拥有帝都时代的宫殿园林与城市建筑等古都文化；作为革命红色阵地，拥有战争纪念地与军事设施、近现代革命史遗迹、纪念馆等红色文化资源。多元化和多样化的历史文化彰显了首都独有的文化优势。对此，科研团队在对首都历史文化资源进行挖掘的过程中，需要对其进行专门化的分类整合。

第三，加强课程体系建设。在课程设计中融入首都历史文化元素是拓宽历史文化资源话语空间的主渠道，是实现以文育人、以文化人的重要路径。新时代北京高校要主动将首都历史文化蕴含的“人”“物”“事”“史”“髓”以历史基因的方式融入课程设计，可以帮助学生深入理解本国历史脉络、文化特色和民族精神，增强对本土文化的认同感和传承责任感。例如，开设专题讲座、选修课程、通识教育课程，将历史故事、文化传承与专业知识相结合。同时，在教学过程中注重创新教学方法，采用案例分析、实地考察、情景模拟等方式，让学生亲身体验历史文化，增强学习的直观性和深刻性。

（二）统筹多方优势资源，为高质量融入提供合力

将首都历史文化资源融入北京高校育人体系作为一项具有跨界性、跨部门性的系统工程，具有协同共治的内在需求，需要以宏观统筹思维构建多方责任联动机制，为其提供主体引导力。

第一，政府支持和政策支持。政府是公共管理和社会服务的主体，首都历史文化融入高校育人工作必须明确政府“促保障”的主体责任。政府在推动首都历史文化资源融入北京高校育人工作体系过程中，要在文化与教育融合发展规划、文化与教育融合发展政策、文化与教育融合服务工作等方面，积极发挥政策导向和扶持作用，特别政府要把文化教育作用凸显出来，在公共政策支持、公共资源配置、资金支持等方面向高校倾斜，不断强化在宏观管理、政策引导、利益激励、基础设施建设等方面的服务功能。例如，政府直接设置专项基金支持，对开发历史文化课程、研究项目、实践活动的直接给予资金补助，以及对参与其中的教师和学生设立相应的奖励机制。

第二，高校主动作为。学校是文化传承和文化育人的主阵地，各高校应主动对接首都的历史文化资源，着力实施“文化育人”工程，将“首都历史文化资源融入高校育人体系”的目标纳入学校教育总体规划，渗透于以“学科、教材、教学、管理”为核心的教育体系，通过开设相关课程、举办学术讲座、工作坊和文化节等活动，提升学生的文化素养和历史认知。

第三，社会力量参与。社会要从物质保障和精神关怀的层面来完善社会支撑系统，特别是鼓励非政府组织、企业、社区等社会力量参与进来，通过资助项目、提供实习机会、共同举办活动等形式，为首都历史文化资源走进高校与融入高校育人体系提供资金、技术和物资的支持，以更好地为学生提供更多接触和学习首都历史文化的渠道。例如，邀请行业专家、艺术家、非遗传承人等社会人士进入高校，通过传统文化宣传的形式，增强学生对历史文化的兴趣与文化的认同感。

（三）强化体制机制建设，提升首都历史文化资源融入支撑力

首都历史文化资源融入北京高校育人工作体系，需要建立一套系统化、规范化的体制机制，以确保这一融合过程高效、可持续且具有深远影响。

第一，健全管理体系。学校是一个简化、净化、平衡后的小社会，拥有完善的管理部门的运行系统。高校应积极建立党委统一领导，各个部门协调配合的校内条块协调联动管理体制。分别站在高校党委、宣传部门、教务部门、学工部门及其他职能部门和二级学院等层面，明晰各部门和责任人应承担的文化融入育人体系的职责和任务。例如，确定高校党委对文化教育的主体责任，校宣传部门要落实好历史文化教育的宣传工作，并将历史文化教育的成效列为校内各部门和具体责任人工作业绩考核的重要内容和基础性工作。

第二，健全评价与反馈体系。建立健全评价与反馈体系，是推动首都历史文化资源深入融入育人体系的重要手段。新时代北京高校要着力建立科学的评估体系，定期对历史文化资源融入教学的成效进行量化与质性评估，包括学生满意度、学习成果、创新能力等。对表现突出的教师和项目给予表彰和奖励，形成正向激励机制，鼓励持续创新与改进。

（四）加强主流场域建设，促进首都历史文化资源全面融入

优质主流场域和共享意义的文化空间生态创建能够为促进首都历史文化资源全面融入北京高校育人体系提供强大的环境渲染力。

第一，依托现代教育技术，打造高校“数字文化”智慧教育系统。伴随着信息化、网络化、智能化等新一代信息技术的普及与应用，新时代大学生已是生活在互联网时代的“数媒土著”，网络空间已经成为他们日常活动的第二场域和信息传播的主渠道。在此背景下，高校可依托国家“推动公共文化数字化建设”和“实施文化产业数字化战略”等目标规划和相关政策，联合政府、网络研发企业，充分利用抖音、快手、B站等数媒技术平台在学生教育平台中的优势，结合自身大学办学理念和专业特色，开设以“文本脱物化”为特色的首都历史文化教育宣传平台，将首都历史文化资源与学生的专业需求、生活乐趣等方面相互结合起来，实现“产、学、研、用”统筹发展。例如，推动文化场馆、博物馆等与高校共建共享平台，通过数字化手段实现资源的远程访问和互动学习。

第二，搭建多样化的实践平台。实践平台搭建是推动时代新人主动介入和筹划参与认识历史文化的重要枢纽，能够为首都历史文化资源融入北京高校提供关键支撑力。正如习近平总书记所指出，“所有知识要转化为能力，都必须躬身实践”。新时代，推动首都历史文化融入高校育人体系建设，高校、政府、企事业单位要发挥“搭梯子”“给舞台”的主导作用，通过资金、政策、制度等支持，积极建立校内外合作基地，如与博物馆、文化遗址等建立合作关系，开展实习实训、志愿服务等活动。

参考文献

习近平，2016. 在知识分子、劳动模范、青年代表座谈会上的讲话［N］. 人民日报，04-30.

习近平，2020. 论党的宣传思想工作［M］. 北京：中央文献出版社.

习近平，2023. 习近平著作选读 第二卷［M］. 北京：人民出版社.

约翰·杜威，2001. 民主主义与教育.［M］. 王承绪，译. 北京：人民教育出版社.

红色资源促进美育课程思政刍议*

张子睿[①] 卢 彤 史爱义

摘要： 红色资源融入美育课程有助于提高课程的理论水平和教学效果，同时有利于实现思想政治教育与美育教育有机统一的目标。分析红色资源融入美育课程实现思想政治教育与美育教育有机统一的必要性和面临的问题，结合北京市红色文化资源具有的鲜明政治特色和深厚的历史底蕴特点，总结以往深入挖掘北京市红色资源融入美育课程探索的经验。在此基础上提出围绕教育数字化大趋势，选择新兴自媒体等手段，开展美育课程教学创新，进一步完善红色资源融入美育课堂教学环节和实践教学体系，以及红色资源融入美育课程的路径。

关键词： 红色资源；美育课程；数字化

党的二十大报告指出，“弘扬以伟大建党精神为源头的中国共产党人精神谱系，用好红色资源，深入开展社会主义核心价值观宣传教育，深化爱国主义、集体主义、社会主义教育，着力培养担当民族复兴大任的时代新人”。

实现二十大提出的教育目标，就需要坚持“五育并举”，在美育工作中开展课程思政是一个十分有意义的话题，本文将就此展开讨论。

一、红色资源融入美育课程的必要性

红色资源融入美育课程的必要性主要表现在如下几个方面。

（一）立德树人根本任务要求红色资源融入美育课程

习近平总书记指出，“上思政课不能拿着文件宣读，没有生命、干巴巴的”。要实现提高思想政治教育工作的吸引力的目标，就要根据学校、听课学生的具体情况开展美育教学，从而实现提高课程吸引力的目标。

习近平总书记提出“大思政课”的概念，为红色资源全面融入美育课程教学提供了依据。这就要求在应用红色资源时不仅不拘泥于某一门课程而且要有大局意识，用课程思政理念统领，用系统思维、创新思维、协同思维实现思政课程与课程思政、思想政治工作协同创新，实现立德树人的根本目标。

* 本文系2024分类发展定额项目—学生综合素质提升（学生处）—“依托红色文化资源开展美育课程思政研究——以北京农学院为例”研究成果。

① 作者简介：张子睿，男，北京农学院副教授，主要从事素质教育、新媒体、红色资源开发研究。

（二）依托红色资源开展美育课程有利于理解和践行社会主义核心价值观

习近平总书记提出“红色资源”概念之后，一些省份也出台了红色资源保护传承条例。例如，在《江苏省红色资源保护利用条例》中第三条明确指出，“本条例所称红色资源，是指中国共产党领导全国各族人民在新民主主义革命时期、社会主义革命和建设时期、改革开放和社会主义现代化建设新时期、中国特色社会主义新时代所形成的，具有重要历史价值、庆祝意义、教育功能的物质资源和非物质资源”。

该条例对红色资源概念的界定，让红色资源可以涵盖“五四运动”以来中国共产党的全部历史文化。更加全面系统理解不同历史时期的优秀文化，有利于从多个角度理解社会主义核心价值观。红色资源所承载的各种先进人物和人物群体身上的各种精神和价值理念，与社会主义核心价值观具有很高的契合，在美育课程中讲授社会主义核心价值观的目的就是更好地帮助学生提升综合素养。

社会主义核心价值观是经过专家学者抽象概括，国家最后审定的核心理念，美育教师要讲好社会主义核心价值观蕴含的道理，就需要选择合适的案例，去帮助学生理解社会主义核心价值观的真谛。例如，为了更好地理解“敬业”精神，就需要讲述中国历史上，尤其是当代先进人物的敬业故事，这些故事和故事涉及的人物本身就是红色资源。为了让故事讲得更加生动，就需要选用一些讲述红色资源的影视作品，如引用电影《铁人》中主人公王进喜的一段朴实却让人热血沸腾的演讲：“我们要不惜一切代价，宁肯少活二十年，拼死拼活也要拿下大油田！同志们，胳膊粗的都把胳膊举起来，拧成一股劲儿，把落后的穷帽子，甩到太平洋里去吧！”这样，就很容易通过影片讲清楚中国工人的优秀代表身上的敬业精神的源泉是对党和国家、人民无限忠诚的道理。

（三）依托红色资源开展美育教学有利于提高课程教学质量

加强实践教学是农林高校人才培养的迫切需求。农林高校的教学要求与其他类型高校有较大差异，学校定位要求强化学生的应用和实践能力。因此，因势利导，加强实践教学必然受到学生欢迎。

结合美育课程教学要求引导学生走进乡村围绕教学计划依托红色资源开展调研，搜集素材，完成作业，由学生完成故事采访、设计、脚本编写、展示的全过程，让学生在这一过程中体会课堂上教师教授的道理，这是实现课程思政“入脑”“入心”计划的必由之路。

二、红色资源融入美育课程面临的问题和解决问题的探索

（一）红色资源融入美育课程需要解决的问题

要更好地实现红色资源融入美育课程的目标，就需要解决如下几方面问题。

1. 本地红色资源利用“冷热不均”问题不利于红色资源融入美育课程

因地理位置、所涉历史事件和人物、场景大小等区别，红色资源在知名度和承载能力上有巨大的差别。以笔者所在学校地处的北京市为例，城区内全国重点文物保护单位、全国爱国主义教育示范基地的面积普遍较小，平时可满足市民参观学习的需求，但是在清明节、中国共产党建党纪念日、中国人民抗日战争胜利纪念日等节假日和重要历史时点，易出现“扎堆”参观现象，造成交通拥堵等城市治理问题。北京市郊区的一些全国重点文物保护单位、全国爱国主义教育示范基地由于名气小、距离远，往往受重视程度不够。

2. 红色资源隶属单位多样性容易造成信息误导，不利于红色资源融入美育课程

红色资源隶属单位差异很大，甚至有同一地点两家单位的情况。一些不正确的信息很容易误导师生，影响获取资源。例如，2024年首都大学生挑战杯“青绘京彩”文旅创意专项赛选题“扩大红色文化宣传力度，拉动红色旅游市场经济——以中共中央北京香山革命纪念地（旧址）为例”的出题单位为北京市香山公园管理处。事实上香山革命纪念馆虽然坐落于香山公园内，却是一个独立的单位，而且与香山公园管理处完全不属于一个系统。香山公园管理处无法提供香山革命纪念馆所用的红色资源，这样很容易造成信息误导。

3. 红色资源共享机制不佳，不利于红色资源融入美育课程

当前，红色资源宣传工作主要依靠政府投入，形式、内容、传播渠道与网络热点相比还有明显差距，对“流量”的牵引力不足，很多制作精良的宣传内容成为“内部资料”。这使得部分群众对革命历史一知半解或者毫不知晓，甚至形成错误认识。普通美育教师一般很难获得上述资源，这是红色资源融入美育课程教学必须解决的问题。

（二）红色资源融入美育课程的探索

针对上述问题，笔者团队围绕美育课程教学和课外活动，开展了一些探索。

1. 挖掘距离较远的本地红色资源融入美育课程教学，直面“冷热不均”的严重问题

以北京市为例，相对于影响力大、地处市区以全国重点文物保护单位为代表的红色资源，一些位置偏远、所涉历史事件不够重大的红色资源往往缺乏宣传。笔者在北京市密云区水库西线各镇调研发现，由于临近密云水库，地理环境无法修建高速公路。因此，当地交通十分不便。因此，笔者提出，发挥农科高校教师熟悉京郊优势，通过助力郊区红色文化资源宣传获取第一手资料，帮助策划宣传当地红色资源的故事和视频等多种宣传产品，实现相关资源融入美育课程教学。经过几年的探索，已经取得了初步成果。

2. 开展课程教学探索，帮助学生厘清本地红色资源脉络

随着博物馆部分免费开放，使得学校可以通过出资购买门票或联系集体免费参观获得实践教学资源。笔者充分利用这些资源，举办课程延展活动，通过带领学生进入中国国家博物馆、北京新文化运动纪念馆、中国人民抗日战争纪念馆、李大钊故居等，参观“复兴之路”等展览，开阔学生视野；在参观过程中向学生讲述红色资源隶属关系和参观攻略，帮助学生厘清本地红色资源脉络，避免因为不利情况在学习和竞赛中走弯路。最后，通过以写作心得体会作为课程平时考核依据的方式，提高学生写作能力，经过多年试验，学生反馈证明实践教学效果很好。

3. 发挥新媒体（如自媒体）优势，实现红色资源共享，促进红色资源融入教学，提高美育课程吸引力

笔者所在的自媒体团队开展自媒体直播重大科技事件，宣传红色科技文化资源。2020年5月1日午夜，科普团队接到国内某直播平台提出的直播长征五号B运载火箭文昌发射的任务。5月2日早，团队开始全面接收工作，迅速完成了邀请国内该领域顶级专家嘉宾、团队成员奔赴海南文昌搭建演播室，并于5月5日完成实时直播的工作，通过网络平台向网友报道了发射成功的盛况。自此，该节目逐步成为新冠疫情防控期间宣传我国航天成果，依托自媒体直播开展课程思政的品牌活动。2022年底，因为新冠疫情很多媒体记者无法出京，科普团队还为新华社等主流媒体提供信号，实现了同时在线观看人数超过1亿人的直播效果。在海外读书的团队成员，进行了寻访恩格斯故居的慢直播，在线观看人数200余万人。同时，京郊红色资源直播也取得了较好收看量。团队结合农林高校特色适时开展进村寻访活动，通过进入乡村直播，宣传介绍农村在脱贫攻坚和乡村振兴战略中取得的成果，展现涉农红色资源。同时，将一些直播收视率较高的节目素材，向有关主流媒体推荐；其中，“走进恒成号”和“映日葵花别样红”两期节目进入中央电视台《我的美丽乡村》栏目组选题遴选，最终以“恒成号里稻谷香”为题目被拍摄成专题片并在中央电视台17农业农村频道播出。此外，挖掘首都本地红色资源进行直播、短视频拍摄作为美育课程教学辅助手段，发挥自媒体传播红色文化的力量，让乐于接受自媒体的学生主动品味节目制作者从教师的立场出发希望讲清楚的道理。

三、红色资源融入美育课程，进一步推动课程思政的建设

针对笔者所在的北京农学院和北京市红色资源实际，提出北京市红色资源融入美育课程进一步推动课程思政的建议。

（一）抓好首都教育数字化转型，实现北京市红色资源融入美育课程，进一步推动课程思政

笔者撰写的《利用数字经济和技术优势加快推进我市红色资源数字化提升保护利用和宣传水平》智库专家建言2021年获得时任北京市委书记蔡奇等主要领导批示后，北京市革命文物数字化储存加快，已经取得了一些成果。当前，随着人工智能技术的迅速发展，在教育领域引入数字化技术已经成为不可逆转的大趋势。2023年10月13日《人民日报》整版阐述：推进教育数字化，中共北京市委教育工作委员会副书记、北京市教育委员会主任李奕发表了《充分发挥教育数字化的重要突破口作用》一文，对数字化在首都教育领域发挥的作用进行了系统阐述。作为北京市唯一一所市属市管的本科农林院校，北京农学院应当抓住首都教育数字化大发展的契机，推动将北京红色文化资源典型——“革命文物”的数字化成果作为数据包融入美育教学。这样就可以在教学时选用的案例更加鲜活、生动，让有吸引力的故事带动学生去理解、掌握道理。

（二）开发云资源平台，促进北京市红色资源资料更加系统

北京市逐渐将各处“革命文物”数字化，为建立全面系统的云红色资源库奠定了坚实的基础。因此，可以依托研究成果，根据地图坐标位置建立虚拟城市，建立网上红色博物馆，布设一键直达的云展厅。通过数字技术，以时间和空间为线索，将“革命文物”所涉及的历史事件、历史人物生动地联系起来，让师生获得更直观的感受。这样就可以在政府建设完成云展厅后结合教学引导学生参观，实现北京市红色资源融入美育课程的教学计划。这样教师在教学中就拥有了一个基于云技术的全面系统的故事资源库，授课时可以第一时间选用，更容易提高教学效果。

（三）借鉴“微电影”比赛，组织策划竞赛，使北京市红色资源融入美育课程

“我心中的思政课”全国高校大学生微电影展示活动不仅广受大学生欢迎，而且也被各高校重视。因此，建议策划宣传红色资源为主题的“微电影”比赛，引导学生在比赛中学习红色文化，让学生从课上的学习者，变成基于竞赛性实践活动的主导者，一方面，通

过完成比赛作品帮助学生提高思想政治水平；另一方面，可以选择优秀作品作为教学资源融入课程教学，为美育课程不断进步提供素材。

参 考 文 献

杜尚泽，2021. “大思政课”我们要善用之（微镜头·习近平总书记两会“下团组”·两会现场观察）[N]. 人民日报，03-07.

江苏省人民代表大会常务委员会，2024. 江苏省红色资源保护利用条例 [EB/OL]. http://www.jsrd.gov.cn/qwfb/sjfg/202401/t20240119_566040.shtml.

习近平，2022. 高举中国特色社会主义伟大旗帜为全面建设社会主义现代化国家而团结奋斗 [N]. 人民日报，10-26.

北京农学院大学英语课程思政元素挖掘与教学策略研究*

刘　恒[①]

摘要：本文采用问卷调查法，针对北京农学院 2023 届非英语专业本科生中的 176 名学生开展了关于大学英语二级课程的反馈调查。研究主要聚焦于学生对英语教师授课的满意度，英语综合课程学习中学生在知识、能力、素养的获取情况，以及课程思政的实施效果。调查结果显示，学生对英语教师的授课满意度普遍较高，且在知识、能力、素养及思政方面取得了显著的进步。这一发现初步表明，在英语教学中实施课程思政的效果已经初步显现。

关键词：大学英语；课程思政；教学策略

一、研究背景

近年，国家对课程思政建设的重视程度不断提升。2017 年 12 月，教育部党组印发《高校思想政治工作质量提升工程实施纲要》，明确要求"构建课程育人质量提升体系，大力推动以'课程思政'为目标的课堂教学改革，优化课程设置，修订专业教材，完善教学设计，加强教学管理，梳理各门专业课程所蕴含的思想政治教育元素和所承载的思想政治教育功能，融入课堂教学各环节，实现思想政治教育与知识体系教育的有机统一"。大学英语课程思政教学目标设计在确定立德树人根本目标后，重在挖掘思政元素，并能以润物无声的方式将其有效融入英语教学实践。

随着英语教学与思政教育的融合研究日益受到重视，如何在大学英语教学中发挥线上线下混合式教学的多重优势，有机融合理想信念和精神品格教育，促使英语教学与思政育人二者之间水乳交融、浑然一体，达到春风化雨、润物无声的教学效果，是新时代背景下大学英语教学需要解决的主要问题。只依赖单一教材无法实现立德树人，课程思政的教学目标，有必要灵活运用和有机整合《大学英语教学指南》提出的任务式、合作式、项目式、探究式、混合式等教学方式服务课程思政的优势。北京农学院在大学英语教学中，积极探索混合式多模块课程思政建设，旨在通过这一教学策略，不仅提升学生的语言技能，更在无形中培养学生的家国情怀、国际视野和跨文化交流能力。这一实践不仅有助于学生

---

* 本文系北京农学院非英语专业本科生英语学习中的思政元素挖掘与教学策略研究（项目编号：BUA2024YB37），立项单位：北京农学院。

① 作者简介：刘恒，女，硕士研究生，副教授，主要研究方向为大学英语教学研究。

的全面发展，也为大学英语教学与思政教育的融合提供了新的思路和方法。

二、研究方法

（一）研究问题

（1）思政元素在英语教学中的融入效果如何？

（2）学生对英语教师的授课满意度如何？

（3）学生对课程内容的接受程度如何？他们对课程有哪些建议和期望？

（二）大学英语课程思政教学元素挖掘与课程思政教学策略

大学英语二级课程以《新视界大学英语综合教程 2》为主要教材，辅以《新视界大学英语视听说教程 2》《大学跨文化英语阅读教程》和《英语基础写作》等教材，旨在通过线上线下相结合的混合教学模式，将思政元素融入教学的各个环节，全面提升学生的英语语言能力、跨文化交际能力以及思政素养（表 1、表 2）。

表 1　课程思政元素挖掘

本学期授课单元	单元课程思政元素
Unit 1：Live and learn	培养学生独立思考、分析和解决问题的能力，具有国际视野与全球意识等
Unit 2：A sporting chance	培养体育精神与道德，适应能力与生存智慧，可持续发展观念等
Unit 3：Breaking news	了解媒体责任与道德；具有批判性思维能力；区分媒体的真伪和价值，做出明智的选择
Unit 4：Animal magic	培养动物保护意识、环境保护意识、尊重生命意识等
Unit 5：Time off	培养学生积极的人生态度和价值观；理解工作和休息平衡的重要性
Unit 7：Crime wave	认识到法律的重要性与必要性、法律秩序的维护方式；尊重生命与尊重法律等

表 2　课程思政教学策略

教学资源与平台	教学策略	教学目标
《新视界大学英语综合教程 2》（课堂教学）	①主题讨论导入思政元素； ②利用视频、案例等引导学生理解思政理念； ③批判性思考问题，提高辨别是非的能力	①提高英语语言，了解文化与世界的相关知识； ②培养理解、跨文化交际和翻译能力； ③培养理想信念、法治意识、批判性思维等
《新视界大学英语视听说教程 2》（课堂教学）	①重复综合教程思政主题； ②利用视听材料，反思思政问题	①提高英语听力理解和口语表达能力； ②提高跨文化交际能力
《大学跨文化英语阅读教程》（课堂教学）	①选择具有思政意义的跨文化阅读材料； ②分析不同文化背景下的价值观和道德观念； ③思考文化自信问题	①提高英语阅读能力； ②培养跨文化意识和交际能力； ③增强文化自信和民族自豪感
《英语基础写作》（课堂教学）	①结合思政主题进行写作训练； ②运用因果、归纳、演绎等写作方法撰写英语作文，培养逻辑思维； ③提供写作范例和反馈	①提高英语写作能力； ②培养学生的逻辑思维和批判性思维； ③关注社会问题，提高社会责任感

（续）

教学资源与平台	教学策略	教学目标
英语写作智能批改网系统（课后作业）	①提供及时、准确的写作反馈； ②多写多练，提高写作能力和自信心	①快速提高英语写作水平； ②培养自主学习能力、写作自信心和表达能力
外语教学与研究出版社大学英语教学管理平台（课后作业）	①再现课程思政作业； ②监控学生的学习进度和成绩，提供个性化学习建议	①提高思政教学效果和英语学习效果； ②培养自主学习能力
北京农学院在线教育综合平台（课后作业）	①检查涉及思政主题的快速阅读作业和长篇阅读作业； ②增加课堂测试，丰富学习方式	①利用在线学习平台提高思政教学效果； ②增强学习兴趣和自主学习能力

通过这样的课程设计，北京农学院旨在确保学生在掌握英语语言技能的同时，也能在思政方面得到全面的提升和发展。

（三）研究设计

本文研究聚焦于北京农学院 176 名大学二年级参与英语课程的在校生，旨在全面解析英语课程的教学成效、学生的学习感受以及对课程中思政内容的认同程度。研究采用了问卷调查与数据分析相结合的方法。问卷通过问卷星平台发放，题型设计丰富多样，包含单选题、设计基于李克特五级量表的单选题（其中 1 代表“非常不满意”，2 代表“不满意”，3 代表“一般”，4 代表“满意”，5 代表“非常满意”）、多选题以及开放性问题。问卷中的部分题目直接借鉴了以往关于学生读写授课环节满意度的研究，以确保问卷的针对性和有效性。为了保障学生答题的隐私性，所有问卷均采取匿名方式填写。问卷回收率高达 100%，确保了数据的全面性和可靠性。

在数据收集完成后，本文利用 SPSS 统计软件对回收的数据进行了深入分析。分析过程主要包括描述性频次分析，旨在详细揭示学生对英语课程整体满意度、教学内容质量以及思政元素融入等方面的具体评价和看法。通过上述研究设计，本文期望能够为北京农学院英语课程的优化提供实证依据，进一步推动课程思政内容的有效融入，提升教学质量和学生的学习体验。

三、研究结果分析

（一）学生对英语课程整体满意度较高

根据研究数据，学生对英语课程的整体满意度较高。特别是在以下几个方面获得了学生的高度认可：教师的亲和力和感染力（78.98%），教师使用的案例、故事和新闻具有吸引力（70.45%），教师能有效利用图片、视频等多媒体授课（74.43%），教师对学生回答问题的反馈方式恰当（72.16%），以及教师和学生之间的互动充分且合理（72.73%）。这些方面的满意度均超过 70%，显示了学生对英语教师和课程的积极评价。

（二）英语课程中的思政内容与英语教学结合效果较好

88.64%的学生认为英语课程中的思政内容与英语教学结合效果较好或结合紧密，这表明在英语教学中融入思政内容得到了学生的普遍认可和支持。英语课程在增强学生的四个自信（90.34%）、丰富中华优秀传统文化知识（92.04%）、明辨中西文化不同

(92.62%)、提高道德修养(95.45%)等方面发挥了积极作用，学生对于这些方面的评价也普遍较高。

通过课程思政元素的融入实施，大学英语课程思政目标得到了有效实现。根据统计结果，表3展示了不同授课单元中课程思政元素的融入效果。

表3 课程思政元素融入效果

本学期授课单元	单元课程思政元素	认同率(%)
Unit 1：Live and learn	掌握了分析问题和解决问题的能力	94.32
	解开了对于党情、国情、世情的困惑	91.48
Unit 2：A sporting chance	提高了公平竞争、团队合作、保持健康生活方式的意识	93.75
Unit 3：Breaking news	提高了批判性思维能力，能够区分媒体的真伪和价值，能做出明智的选择	93.18
Unit 4：Animal magic	提高了环境保护意识，更加爱护动物，理解人与自然和谐共生的理念	96.02
Unit 5：Time off	养成了良好的社会行为习惯，理解了家庭和社会对个人成长的重要性，找到了工作与休息之间的平衡	93.19
Unit 7：Crime wave	树立了法治意识，维护法律，预防犯罪	94.32

(三) 学生对英语课程内容与活动提出具体建议

就英语课程中学生的语言技能掌握而言，学生更加注重阅读和口语的表达与学习，而相对忽视了听力、写作和翻译技能。这可能与教师的教学重点有关。学生对于英语课程内容和活动提出了以下具体建议和期望：增加实际应用场景模拟(68.75%)、文化交流和讨论(63.07%)、自主学习和探究机会(52.27%)，以及与专业课程相关的英语应用等内容或活动(51.7%)。这些建议对完善英语课程设计、提高教学效果具有重要价值。

(四) 学生对英语课程改进方向有明确意见

学生就英语课程的改进方向提出了明确的意见。他们希望在以下方面进行改进：教材内容和更新(52.27%)、英语课程的教学方法和策略(47.73%)、课程思政的融入方式(46.02%)，以及评估方式和标准(39.2%)。这些意见为笔者指明了改进大学英语课程的具体方向。

四、研究结论与建议

本文在面临学生英语水平参差不齐、未实施分级教学的挑战下，深入探讨了大学英语课程思政元素的挖掘与融入，通过多元化的教学平台，笔者运用了创新的课程思政教学策略，强化了各个单元课程思政内容，不仅成功实现教学目标，而且取得了非常好的课程思政的实施效果。研究的核心在于以课堂思政元素的挖掘为基础，以课前、课后的阅读、写作为辅助，采取线上线下相结合的教学模式，有效地将语言学习与思政教育相结合，实现了二者的相互促进。

学生对大学英语课程的整体满意度较高，对于教师的授课技巧、思政内容的自然融入给予了积极的评价。笔者的课程思政教学策略在提升学生学习体验、增强思政教学效果方面取得了显著成效。同时，学生也提出了宝贵的建议，如增加实际应用场景模拟、文化交流和讨论、自主学习和探究机会等，这些建议帮助我们进一步优化英语课程设计和活动组织提供了方向。此外，学生希望我们继续改进英语课程，更新教材内容，优化教学方法和策略，创新课程思政融入方式，改进评估方式和标准，这些期望为我们指明了大学英语课程改革的具体方向，也激励我们不断探索和进步。

尽管本文取得了一定成果，但我们也认识到存在一些限制因素，如调查范围和样本数量有限等。未来的研究将致力于扩大样本量和调查范围，以提高研究的普适性和准确性。同时，我们将继续深入探索思政元素在英语教学中融入的有效方法和策略，以推动大学英语教学改革的深入发展，加强英语教学与思政教育的深度融合，进一步提升北京农学院的大学英语教学质量和课程思政育人效果。

参考文献

刘正光，岳曼曼，2020. 转变理念、重构内容，落实外语课程思政 [J]. 外国语（5）：21-29.

王淑花，潘爱琳，2022. 大学英语课程思政教学实践与反思研究 [M]. 北京：首都经贸大学出版社.

魏冉，2023. "互联网+"背景下大学英语课程思政混合式教学模式研究 [J]. 浙江外国语学院学报（1）：11-19.

向明友，2022. 基于《大学外语课程思政教学指南》的大学英语课程思政教学设计 [J]. 外语界（3）：20-26.

中共教育部党组：《中共教育部党组关于印发〈高校思想政治工作质量提升工程实施纲要〉的通知》[EB/OL]. http://www.moe.gov.cn/srcsite/A12/s7060/201712/t20171206_320698.html.

大学英语课程思政教学创新探索*

黄庆芳①

摘要：本文通过对大学英语课程思政教学创新实践的研究，聚焦于问题意识的培养、课程内容的重构、教学方法的创新等方面，以教学实践研究的方式解决教学问题，有效地提高大学英语课程思政教学效果，推动学生语言能力和思想道德修养的全面发展。

关键词：大学英语课程思政；问题意识培养；课程内容重构

大学英语课程的核心任务是培养学生的语言能力和综合素质，同时也能够传递思想教育的内容和价值观。然而，在实践中，笔者发现，传统的英语教学与思政教育之间存在一定的脱节现象。因此，本文通过对大学英语课程思政教学实践的探索与研究，总结经验与反思，提出创新举措，以期实现教学的质的飞跃。

我国外语教育界已经有许多知名专家就如何在大学英语课程中实施思政改革创新进行了研究和探索。何莲珍（2023）指出，重构大学外语课程体系，要从培育家国情怀，服务国家战略与学生专业学习和注重技术创新三方面着手。文秋芳（2021）提出了外语课程思政的四条思政链，即教学内容、课堂管理、评价制度、教师言行；并指出这四条思政链包含了四个要素——思政执行者、思政覆盖范围、思政方法和思政功能。本文从问题意识的培养、课程内容的重构、教学方法的创新、教学反馈等方面阐述笔者对大学英语课程思政教学的创新实践。

一、问题意识培养创新

大学英语课程思政教学应该注重培养学生的问题意识，引导学生关注社会现实和人生价值，增强他们的社会责任感和使命感。在课程设计中，笔者通过结合单元主题引入一些涉及当下社会现象的话题培养学生的问题意识、批判性思维和辩证思维。

1. 道德伦理问题

在《新视界大学英语综合教程 1》Unit 3 Pity for a Stranger（对陌生人的同情）的教学中，笔者结合单元主题 Honesty（诚信）引入思政内容。首先，教师解构了汉字“信”字的英语含义，单人旁代表“person（人）”，“言”代表“promise（诺言）”，言而有

* 本文系北京农学院 2023—2024 分类发展定额项目“大学英语课程思政农林特色教材建设探索”教育教学改革项目资助（项目编号：BUA2023JG39），立项单位：北京农学院教务处。

① 作者简介：黄庆芳，女，硕士，副教授，主要研究方向为英语教学法。

信，则为“诚信”。然后，教师教会学生一些与“守诺言”或“食言”有关的英语表达，如 keep one's word 或 honor one's commitments（信守承诺）、be consistent in words and actions（言行一致）、break one's word 或 eat one's word（食言）、betray one's trust（背信），并引出和讨论《论语》中“言必信，行必果”的几种英语翻译的优劣。接着，教师启发学生讨论了“曾子杀猪”“商鞅立木”等中国古代关于诚信的经典故事，引导学生思考诚信做人的重要性。最后，教师提出了一些道德困境，如考试作弊、虚假宣传、窃取知识产权、财务欺诈等，让学生进行讨论，培养他们的道德判断力和决策能力，让学生从不同的角度思考和讨论，从而激发他们的问题解决能力和独立思考能力。

2. 环境保护问题

在《新视界大学英语综合教程 1》Unit 8 The Green Revolution（绿色革命）的教学中，教师用习近平总书记指出的“绿水青山就是金山银山”（Lucid waters and lush mountains are invaluable assets）引入环境保护的话题，然后组织学生进行小组讨论，让他们探讨环境保护的紧迫性、环境污染的影响和解决方法。在讨论中，教师不会简单呈现环境被污染的事实，也不只是号召学生参与保护环境的行动，而是将讨论视角扩大，引导学生讨论《联合国气候变化框架公约》。在公约中为什么会确立“共同但有区别的责任”（common-but-differentiated responsibility）？是因为在超过一个世纪的工业化历程中，发达国家释放了大量的温室气体，对目前全球气候变化承担着更大的历史责任。因此，按照“共同但有区别的责任”原则，发达国家理应承担更多的责任来补偿其对全球环境的影响。这样，就不能仅从当下碳排放量（carbon emissions）的多少来确定各国应承担的责任，这是对发展中国家的不公平。这个讨论让大学生了解到，许多世界性问题不是非黑即白，需要从历史的角度，运用唯物辩证法进行系统分析。为了促进公平和有效性，像环境问题这样复杂的议题，需要进行分类讨论。

二、课程内容重构创新

大学英语教材多采用主题单元形式，教材原有的单元主题缺乏意义升华和行动指南，因此，我们可以对教学内容进行主题重构和思政点融入，深挖文章内容精髓，重构文章“道”义，实现“文以载道”（高燕，2023）。因此，在教学内容方面，笔者对课文原单元进行了主题重构，重新挖掘与单元主题相关的思政点，由此设计课程内容，如表 1 所示。

表 1 《新视界大学英语综合教程》各单元主题及思政点设计

单元	单元主题	思政点	课程内容重构
1	大学新生	爱国主义、职业理想	①汉字“学”的英语含义和解构； ②介绍中国伟人的职业理想，如周恩来的“为中华崛起而读书”、钱学森海外归来报效祖国； ③小组讨论，结合学生专业，对未来职业理想进行讨论
2	饮食文化（火锅）	文化自信、尊重文明多样性	①汉字“食”的英语含义和解构； ②介绍中华火锅文化； ③表演情景剧《当中餐遇上西餐——中西饮食文化对比》，介绍餐桌礼仪、分餐与共餐

（续）

单元	单元主题	思政点	课程内容重构
3	被陌生人欺骗的故事	诚信	①汉字“信”字的英语含义和解构； ②介绍中国古代关于诚信的经典故事，如曾子杀猪、商鞅立木等； ③道德困境分析，如考试作弊、虚假宣传、窃取知识产权、财务欺诈
4	跨国婚姻	社会主义婚恋观	①汉字“婚”和“姻”的英语含义和解构； ②介绍中国传统婚姻文化； ③中西方婚礼元素对比，如红色礼服与白色婚纱，婚礼仪式等； ④小组讨论：“00”后的婚恋观
5	购物	消费观、理性消费	①汉字“购”的英语含义与解构； ②介绍老一辈革命家“静以修身，俭以养德”的优良传统； ③案例分析：英语新闻《“Z世代（Gen Z）”的购物观》
6	家庭	家国情怀	①汉字“家”的英语含义与解构； ②介绍中国代代传承的家风、家训事例，如诸葛亮的《诫子书》（英文版）、《曾国藩家书》《傅雷家书》（英文版）片段；介绍中国古代名人的家国情怀，如岳母刺字； ③小组讨论：对自己影响至深的家庭成员
7	旅行者的故事	跨文化意识、国际视野	①汉字“旅”和“行”的英语含义与解构； ②表演情景剧《当郑和遇上哥伦布——东方与西方的旅行家》； ③小组讨论：旅行中会遇到的文化冲突
8	绿色革命	环境保护	①汉字“环”和“境”的英语含义与解构； ②研究名言警句：对习近平总书记提出的“绿水青山就是金山银山”的英文理解； ③案例分析：《联合国气候变化框架公约》（UNFCCC）

在课程内容重构的过程中，笔者注重以下几个方面与课程内容的有机结合。

（1）引入中国文化元素。在英语课程中引入中国文化元素，可以通过讲授中国历史、文学、艺术、哲学等方面的知识，让学生了解中国的悠久历史和丰富多样的文化传统。

（2）文化对比分析。通过与其他国家的文化进行对比分析，让学生发现中国文化的独特之处和优势。通过对比，学生可以更好地认识到中国文化的价值和影响力，从而增强自信心和自豪感。

（3）培养语言表达能力。通过小组讨论和案例分析，鼓励学生以“中国文化”为话题展开讨论和表达观点，提高学生对中国文化的理解和思考，实现价值塑造、知识传授和能力培养三者相统一。

（4）学习中国文化的正面价值观。在课程中注重传授中国文化的正面价值观，如中华传统美德、礼仪文化、家庭观念等，将符合社会主义核心价值观的思想内涵与教学内容有机融合，培养学生正确的价值观念、坚定的政治信念、深厚的家国情怀、宽广的国际视野。

（5）介绍人物故事。通过介绍具有代表性的人物，如历史名人、文化名人、科技先驱等，讲述他们的故事和成就，鼓励学生以其为榜样，培养对中国文化的自信。

三、教学方法创新

传统的大学英语教学往往以教师为中心，注重对语法和词汇的讲解，而缺乏对学生主体性的培养。在大学英语思政创新教学中，笔者改变了这种传统的教学模式，依据文秋芳（2023）提出的产出导向法，单元教学被划分为三个核心阶段：课前预热、课中赋能以及成果呈现。每个阶段均融入了从课前到课中再到课后的循环设计，彰显了驱动—促成—评价的教学流程。针对每个教学单元，基于学生的需求以及对学习的系统规划设定明确的教学目标和预期成果。在这一模式下，学生从语言输入开始，通过自主学习来理解并掌握新知识。在课堂上，师生之间的互动促进了对教学内容的深入探讨。以语言输出为目标，学生在语言运用和思维方面进行创新。紧接着，通过评价和反馈环节，学生对学习内容进行反思和巩固，最终实现知识的内化，从而提高自身能力和思想修养。正如文秋芳（2023）所述，这一理论融合了二语习得理论、社会文化理论与中国传统的知行合一理念，同时将育人融入用外语‘做事’的实践，让学生在潜移默化中形成正确的世界观、人生观和价值观。

在《新视界大学英语综合教程 1》Unit 2 Hot pot（火锅）教学中，笔者进行了产出导向法的尝试。

（1）在课前预热阶段，笔者将学生分为 9 组，各组按照任务导航单分别搜集了中国的北派火锅、川系火锅、粤系火锅、云贵系火锅、江浙系火锅；外国的印度火锅、瑞士奶酪火锅、韩国火锅、日本火锅的照片和介绍。以任务为导向来推动学习进程，学生在完成特定任务的同时，能够学习和检验语言知识，并将这些知识应用于充满主题情境的任务之中。

（2）在课中赋能阶段，以展示和评价 9 组学生的任务完成情况为切入口，从谈论火锅切入，引导学生进行中西方饮食文化的对比。在中餐文化中，人们通常会共享一些大盘菜，用筷子夹取食物放入自己碗中；有时会说“请吃”或“慢慢用”表示礼貌。在西方餐桌上，每个人通常有自己的盘子和餐具，用刀叉将食物切割和夹取，不会共享食物。在中国，人们习惯于围坐在一起用餐；在西方文化中，站立式的社交聚会或酒会则更常见。中餐注重五味调和，兼顾荤素搭配，常会有一些配菜或小吃，如凉菜、点心等。西餐对味道的追求相对简洁，通常以主菜为主，搭配一些蔬菜沙拉或烤蔬菜，还有一些特色的甜点，如蛋糕、冰激凌等。中西方饮食文化的差异也体现了西方的个人主义思想和中国的集体主义思想。教师应当根据文化差异，结合课程内容为学生提供适当的引导和支持，通过师生之间的互动进行分析和扩展，从而使课堂能够为学生赋能。学生应运用新掌握的知识和技能去应对挑战，优化他们的任务执行效果，实现知识的应用和实践。

（3）在成果呈现阶段，对学生的创新成果进行评价与反馈。这个单元学生的创新成果是他们自行编排表演的情景剧。情景剧设计了一个中餐文化和西餐文化碰撞的饭局，通过中国学生李长安和美国学生 John 的一次聚餐，展现了中西方饮食文化差异并强调了文化交流的重要性。情景剧用准确的语言和生动的表演展示了学生对中西方饮食文化差异的思考。教师可以进一步深化讨论，鼓励学生适应不同文化环境，既保留对异国文化的尊敬，同时也积极展现和促进本国文化，从而增强学生的跨文化交流能力。课程结束后，通过持续地练习和反思，帮助学生吸收知识、提高技能，从而提高他们工作的成效，确保达成学习目标。

在大学英语思政教学过程中，笔者大量采用产出导向法，成果形式除了情景剧，还有辩论、课堂演讲、案例分析、书面报告，让学生能够以产出为导向进行学习，增强他们的实践能力和创新能力。

四、教学反馈

通过一个学期的课程思政教学创新，期末笔者对北京农学院大一、大二两个年级445名学生进行问卷调查。调查显示，84.2%的学生对大学英语课程思政的创新教学效果表示满意或很满意（图1）。85.6%的学生认为，大学英语课程思政的创新教学有助于他们关注社会问题，提升社会责任感；88.3%的学生认为，大学英语课程思政的创新教学帮助他们提升了跨文化交际意识和交际能力；84.9%的学生觉得大学英语课程思政的创新教学帮助他们自觉弘扬中华传统文化。

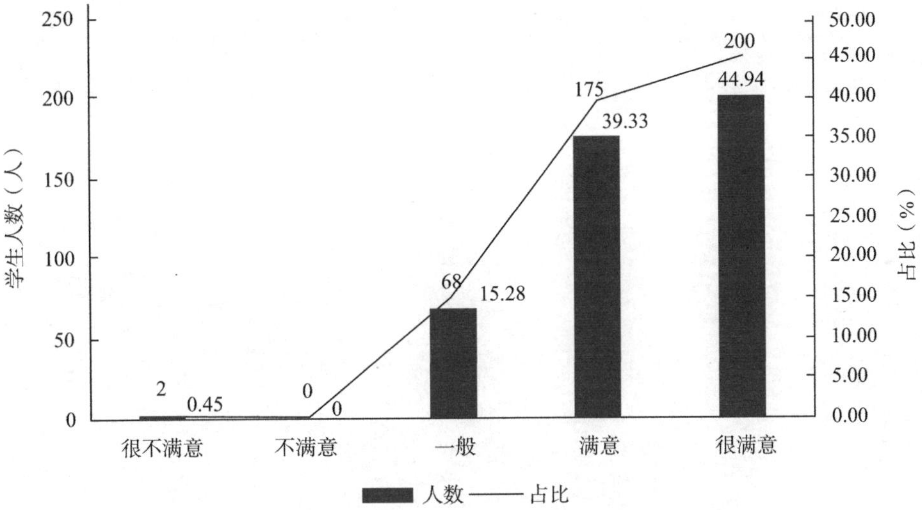

图1　对大学英语课程思政教学效果的满意程度统计

五、结论

通过对大学英语课程思政教学实践的研究与探索，可以发现，教学创新是推动思政教育的重要途径。在问题意识培养、教学内容、教学方法等方面进行创新，能够有效地提高学生的思政教育效果，推动学生的全面发展。因此，需要进一步加强对大学英语课程思政教学实践的研究，总结经验和教训，不断创新教学理念和方法，推动大学英语课程思政教育的发展。

参 考 文 献

高燕，2023. 课程思政视域下大学英语教学创新探索［J］. 高教学刊（S2）：40－43.
何莲珍，2023. 服务高教强国建设，重构大学外语课程体系［J］. 外语界（5）：2－7.
文秋芳，2021. 大学外语课程思政的内涵和实施框架［J］. 中国外语（2）：47－52.
文秋芳，2023. 构建大学外语教程编写理论体系［J］. 外国语（6）：2－10.

新文科背景下大学英语课程思政效果研究*

张德凤[①]

摘要：新文科背景下的大学英语课程思政要以提升文化软实力为重大使命和责任，大学英语课程思政要实现价值塑造和立德树人的育人目标。英语教师在教学过程中注重挖掘思政元素，在教学中有机融入传统中国文化。为了检验课程思政的效果，笔者通过问卷调查分析学生对北京农学院英语课程思政的总体认识和满意度以及学生的需要分析，为下一步的英语课程思政建设提供指导意义。

关键词：新文科；大学英语；课程思政；效果

习近平总书记2021年4月在清华大学视察时强调，要推进新工科、新医科、新农科、新文科建设，加快培养紧缺人才。新文科要提升文化软实力，建设文化中国、法治中国、和谐中国、繁荣中国，塑造国家美形象，让世界看到我们可敬、可畏、可亲、可爱，这是新文科建设的重大使命和责任（吴岩，2022）。要提升文化软实力，大学英语教学离不开课程思政，立德树人是外语教育的根本任务。教育部2020年印发的《高等学校课程思政建设指导纲要》指出，要全面推进高校课程思政建设，发挥好每门课程的育人作用。因此，大学英语课程理应实践课程思政，在教学中有机融入思政元素。

外语课程思政的主战场是课堂，其概念可以解读为：以外语教师为主导，通过外语教学内容将立德树人的理念有机融入外语课堂教学各个环节，致力于塑造学生正确的世界观、人生观、价值观（文秋芳，2021）。因此，外语教师有必要在教学中深挖思政元素，实现价值塑造、知识传授和能力培养的育人目标。

一、外语课程思政的实施

大学英语课程思政的本质是价值引领，以帮助大学生树立正确的世界观、人生观、价值观。在教学方式上，应该显性与隐性相结合，实现“融盐于水”，做到润物无声。在课程思政建设中，强调英语课程育人元素的挖掘和育人功能的发挥，但也要避免过度挖掘，避免“硬融入”和“两张皮”的现象。

在新形势下，大学外语课程建设的重心是重构服务高教强国建设的大学外语课程体

* 本文系北京农学院教育教学改革研究项目资助（项目编号：BUA5046516648/202），立项单位：北京农学院教务处。

① 作者简介：张德凤，女，硕士，副教授，主要研究方向为应用语言学、英语教学法。

系，主要体现在三个方面：培育家国情怀，服务国家战略与学生专业学习，以及注重技术创新（何莲珍，2023）。因此，大学外语的课程思政的目的为：学习传统的中华优秀传统文化，培养学生的家国情怀，坚定学生的政治立场和政治信仰，增强对世界的认知力、文化的辨别力和传播优秀文化的转化力，推动中国从文化大国向文化强国的飞跃。

为了实现课程思政目标，笔者和同事一起在研究教学内容，如何有效地进行课程思政。以结合《新视界大学英语综合教程 1》Unit 6 *It runs in the family* 为例。文章内容是一个女性讲述了自己母亲对自己产生的影响以及对自己的下一代的影响。母亲正直、平和、充满智慧。母亲鼓励作者要有独立精神，要不怕困难，要相信任何事情皆有可能（The world was my oyster）。在这种环境中成长起来的作者也教育自己的女儿，才上小学一年级的女儿的学校报告单上都是积极的词汇，如独立思考、乐于助人、积极主动等。很明显，一个家风良好的家庭对子女的成长起到了至关重要的作用。有了良好的家庭教育，子女才能为社会作出贡献。

习近平总书记不止一次提到家的重要性，家是最小的国，国是千万家。因此，我们都要重视家庭建设，注意家教和家风。为了在 *It runs in the family* 中融入课程思政，笔者尝试着从“家”这个汉字入手，对汉字进行解构，用英语来解释其含义。家是社会的最小单位，其作用十分重要。同时，找来中国家喻户晓的家训故事，如岳母刺字、诸葛亮的《诫子书》节选英文版，《曾国藩的家书》《傅雷家书》，让学生体会到家风家训的重要性，还让学生进行小组分享，讲述对自己影响最深的家庭成员的故事。通过分享，让学生认识到家庭教育的重要性，树立正确的家庭观，通过讲述中国历史上的优秀家风故事，传播中华优秀传统文化。

在大学英语教学过程中，笔者和同事结合教材的内容，注重思政元素的挖掘，主要围绕坚定理想信念，以爱党、爱国、爱社会主义、爱人民、爱集体为主线，围绕政治认同、家国情怀、文化素养、宪法法治意识、道德修养等重点，对学生进行中国特色社会主义教育、社会主义核心价值观教育、法治教育、心理健康教育、中华优秀传统文化教育等，争取做到显性与隐性相结合，实现立德树人的根本任务。

二、外语课程思政效果问卷设计与调查

（一）问卷设计与调查

为了了解学生对大学英语课程思政教学效果的意见，笔者和同事一起依据课程思政的目的设计了调查问卷，问卷一共包含 20 个问题，其中前 19 个问题为单项选择题，最后一题为开放式问题。问卷单项选择采用李克特五级量表形式，选项 1～5 分别代表“非常不同意”“不同意”“一般”“同意”“非常同意”。

（二）数据收集与分析

笔者在大一和大二的学生中通过问卷星发放调查问卷，共有 445 人有效填写，其中男生 152 人，女生 293 人；大一学生为 262 人，占比为 58.88%，大二学生为 183 人，占比为 41.12%。问卷收集的数据分析采用定量和定性分析相结合的方法，客观题采用描述性统计分析，最后一道开放题采用基于词频的主题分析。

三、研究结果

（一）学生对英语课程思政的总体认识和满意度

接受问卷调查的学生中，79.55%的学生认为北京农学院大学英语课程中有机融入了思政教学，认为英语教学中没有融入课程思政只有2.92%，17.53%的同学认为英语教学中思政教学融入的程度一般（表1）。

表1　学生对英语课程思政的总体认识和满意度调查统计

题目	非常不同意（%）	不同意（%）	一般（%）	同意（%）	非常同意（%）
北京农学院在大学英语课程中有机融入了思政教学	1.35	1.57	17.53	40.22	39.33
对大学英语课程思政教学效果的满意程度	0.45	0.00	15.28	39.33	44.94

可以看出，学生总体上认可英语课程中的思政教学融入程度，但也有少数学生认为做得还不够好，可能的原因有几个方面：课程中没有融入思政；融入思政过于显性；融入思政教学隐性度太高，以至于少部分学生没有感觉到课程思政教学。除了0.45%（2人）对英语课程思政教学不满意外，99.55%的学生对思政教学的效果总体满意。这说明英语教师在课程中加入课程思政元素，得到了学生的认可。

（二）英语课程思政是否有利于培养爱国主义情怀

被调查的学生中，80.90%的学生认为有利于培养他们的家国情怀，84.05%的学生认为有利于自己树立社会主义核心价值观，80.22%的学生认为有利于自己了解国家的大政方针政策（表2）。

表2　英语课程思政是否有利于培养爱国主义情怀调查统计

是否有利于	非常不同意（%）	基本不同意（%）	不确定（%）	基本同意（%）	非常同意（%）
培养家国情怀	1.57	0.90	16.63	38.20	42.70
树立社会主义核心价值观	0.90	1.35	13.71	40.90	43.15
了解国家大政方针政策	1.12	2.25	16.40	37.30	42.92

占比4/5以上的学生都认可英语课程思政有利于培养爱国主义情怀，说明英语教学中的课程思政起到了培养学生爱党、爱国、爱社会主义、爱人民、爱集体的社会主义核心价值观。

（三）英语课程思政教学是否有利于增强文化自信

被调查的学生中，85%以上的学生都认为英语教学中的课程思政有利于提高自己的文化自信，并能自觉弘扬中华优秀传统文化，从而提高自己传播中华优秀文化的能力，去讲好中国故事，进一步增强跨文化交际意识和能力以及文明互鉴意识和能力（表3）。

表 3　英语课程思政教学是否有利于增强文化自信调查统计

是否有利于	非常不同意（%）	基本不同意（%）	不确定（%）	基本同意（%）	非常同意（%）
增强文化自信	1.35	0.67	12.58	40.90	44.49
自觉弘扬中华优秀传统文化	1.12	0.67	13.26	39.55	45.39
提升中华文化国际传播能力	1.12	0.22	12.13	39.55	46.97
讲好中国故事的能力	0.67	1.57	12.58	39.78	45.39
跨文化交际意识和能力	0.45	0.67	10.56	41.80	46.52
文明互鉴意识和能力	0.67	1.12	11.69	40.22	46.29

（四）英语课程思政能否培养宪法法治意识、道德修养和社会责任感

在培养学生宪法法治意识和道德修养方面，81.80%的学生认为英语课程思政能起到相应的作用；在关注现实问题、提升社会责任感方面，高达 85.62%的学生认为英语课程思政发挥了相应的作用（表 4）。这说明在英语教学中，教师注意学生法治意识、道德修养和社会责任感的培养。

表 4　英语课程思政能否培养宪法法治意识、道德修养和社会责任感调查统计

是否有利于提高	非常不同意（%）	基本不同意（%）	不确定（%）	基本同意（%）	非常同意（%）
宪法法治意识	1.35	1.35	15.51	37.98	43.82
道德修养	0.90	1.35	13.03	38.88	45.84
关注现实问题、提升社会责任感	0.90	1.12	12.36	39.55	46.07

（五）英语课程中的思政教学与学生专业学习有关联性

当被问到能否提高学术交流能力的时候，85.84%的学生认为有帮助，但问及是否与专业学习有关联时，73.48%的学生认可，还有 26.52%的学生持否定或不确定的态度（表 5）。

表 5　英语课程中的思政教学与您的专业学习关联性调查统计

是否有利于	非常不同意（%）	基本不同意（%）	不确定（%）	基本同意（%）	非常同意（%）
国际学术交流能力	1.35	0.45	12.36	40.22	45.62
专业学习有关联性	1.80	3.15	21.57	32.36	41.12

（六）学生的需求分析

在开放式问题中，根据学生的回答生成的词云图（图 1），可以看出，学生很重视传统文化和爱国主义教育，另外还有国家情怀、文化自信、讲好中国故事、专业名词解释等。

四、结语

通过问卷调查与分析，学生对北京农学院大学英语课程思政的总体认可度与满意度较高，认为英语课程思政有利于提高他们的家国情怀、文化自信、法治意识、道德素养等，

图 1　学生的回答生成的词云图

但在与专业学习相关性方面显示出的满意度不够高。学生的需求分析体现出学生对传统文化的渴求以及英语课堂思政与专业相结合的渴望。

由此可见，今后北京农学院大学英语课程思政有必要加大优秀传统文化的融入，提升文化软实力，培养学生讲好中国故事的能力。同时，还有必要与学生的专业相结合，建设具有都市农林校本特色的英语课程思政体系。

参　考　文　献

何莲珍，2023. 服务高教强国建设，重构大学外语课程体系［J］. 外语界（5）：2-7.

教育部，2020. 教育部关于印发《高等学校课程思政建设指导纲要》的通知［EB/OL］. http://www.moe.gov.cn/srcsite/A08/s7056/202006/t20200603_462437.html.

文秋芳，2021. 大学外语课程思政的内涵和实施框架［J］. 中国外语（2）：47-52.

吴岩，2022. 深化“四新”建设走好人才自主培养之路［J］. 重庆高教研究（3）：3-13.

徐锦芬，2021. 高校英语课程教学素材的思政内容建设研究［J］. 外语界（2）：18-24.

课程思政视域下红色文化融入大学英语教学的实践研究*

杨 隽[①]

摘要： 在新时代的教育背景下，课程思政已经成为高等教育的重要组成部分。红色文化，作为中国特有的文化遗产和精神财富，在大学英语教学中的融入不仅有助于培养学生的爱国主义情怀，还能增强学生的文化自信，提高其跨文化交际能力。本文旨在深入探讨红色文化融入大学英语教学的必要性，以及如何将红色文化这一重要资源有效地融入大学英语教学中。

关键词： 课程思政；红色文化；大学英语；实践教学

党的十八大以来，习近平总书记高度重视立德树人在教育中的重要地位和作用，多次强调要坚持把立德树人作为根本任务。2020 年 5 月 28 日，教育部印发《高等学校课程思政建设指导纲要》，指出全面推进课程思政建设，结合不同课程特点、思维方法和价值理念，深入挖掘课程思政元素，有机融入课程教学，达到润物无声的育人效果。

大学英语，作为高等教育中的一门基础课程，承载着思政教育的重任。大学英语教师不仅需要传授语言知识，更要通过课堂教学，引入思政元素，帮助学生形成正确的世界观、人生观和价值观。《大学英语教学指南（2020 版）》提出，大学英语课堂应培养学生对中国文化的理解和阐释，能服务中国文化对外传播。因此，英语教学的任务除了语言知识和西方文化的传授，更重要的是中国文化和理念的掌握与传播。

一、红色文化和大学英语教学融合的必要性

中国共产党在领导中国人民进行革命实践中形成了红色文化。它是马克思主义中国化的体现，也是一种先进文化。从广义上来讲，红色文化指在历史发展进程中共产主义和社会主义运动形成的人类进步文明的总和。从狭义上来讲，红色文化作为一种文化形式，包括革命历史纪念场所、革命遗址、革命遗物等物质资源和革命精神等非物质资源。非物质资源包括长征精神、红船精神、井冈山精神等。根植于中华民族 5 000 多年历史的红色文化充满革命精神和爱国情怀，将红色文化融入大学英语教学不仅可以丰富教学内容，而且能够激发学生的爱国情感和民族自豪感，从而落实立德树人的根本任务。

* 本文系 2024 年北京农学院教育教学研究与改革项目（项目编号：BUA2024YB31）。

① 作者简介：杨隽，女，副教授，主要研究方向为英语教学法。

近年来，探索红色文化如何融入大学英语教学方面的研究尚显不足。其原因如下。

1. 教师思政意识不强

大部分教师因为英语的专业背景，受西方文化影响较多，对中国文化尤其是红色文化关注较少。此外，部分教师对课程思政了解不够深入，将思政教育当作思政课教师的任务，而在英语教学中只重视语言的工具性，较少关注英语知识所传达的价值观念，无法将思政教育与英语教学进行有机融合，更不能实现全方位育人的教育目标。

2. 教材内容形式缺乏

现有的大学英语教材主要以介绍西方文化和意识形态为主，中国元素数量不足，尤其对中国红色文化的涉及非常有限，难以起到引导教育作用。以北京农学院正在使用的大学英语教材“新视界大学英语综合教程”为例，四册书共 32 篇主课文中仅有 3 篇和中国文化相关，涉及的话题分别是中国饮食文化、体育运动在古希腊和中国发挥的作用以及外国人学习汉语的经历。由此可见，中国文化在该教材中所占比例不高，更不用说红色文化与教材的融合了。

二、红色文化和大学英语教学融合实践

1. 加强英语教师的思政意识

《高等学校课程思政建设指导纲要》提出，全面推进课程思政建设，教师是关键。大学英语教师应加强政治理论学习，不断提高理论素养，坚定政治立场，增强政治判断力，强化政治担当。

教师还应通过参加课程思政研讨和培训，深入理解课程思政的内涵，了解并熟悉课程思政融入教学的方法，同时以“科研反哺教学”，深入挖掘英语教学与思政教育的结合点，丰富教学内容，激发学生的学习兴趣，同时引导学生、帮助学生树立崇高理想。

2. 丰富英语教学内容和形式

教师应充分挖掘并合理利用教材中的思政内容。例如，在讲授《新视界大学英语综合教程 4》Unit 2 *Talking Books* 时，教师可向学生推荐中国经典文化书籍的英译版，也可以进行红色经典书籍如《红星照耀中国》的段落翻译等。与此同时，教师不应将教学内容局限于教材，还应利用《习近平谈治国理政》、“学习强国”平台和《中国日报》等多个平台拓展思政素材，开展大学英语教学中的红色爱国主义教育。

在教学过程中教师应改变传统的教学模式，采用任务式、合作式、项目式、探究式等教学方法，形成以教师引导和启发、学生积极主动参与为主要特征的教学常态，提高学习效率和教学质量。例如，在讲授《新视界大学英语综合教程 3》Unit 6 *Lives of Heroes* 时，教师可以在课堂导入环节引入中国近现代革命历史中涌现出的英雄人物事迹，让学生铭记历史的同时弘扬革命精神。同时，教师要求学生进行小组分工，以录制微视频或角色扮演等形式用英语介绍中国英雄人物。学生通过参与课堂教学，有助于提高英语综合应用能力。

作为红色文化资源的重要聚集地和传承地，北京市红色文化底蕴深厚，红色资源多样丰富，包括北京新文化运动纪念馆、中国人民抗日战争纪念馆在内的红色教育基地就有百余处。教师可以通过开展社会实践，组织学生参观红色基地，重温红色记忆，

瞻仰革命遗址，理解红色文化，传承红色基因，从而实现“以史育人、以情动人”的教育目标。

3. 鼓励学生参与各项英语赛事，助力英语教学

目前，全国有多项英语赛事正如火如荼地进行。例如，“外研社·国才杯”的“理解当代中国”全国大学生外语能力大赛，旨在鼓励高校学生利用多种语言，向国际社会准确而生动地解读中国的发展道路、治理方式和理论体系，积极传播中国的观点、智慧和解决方案，为增强中国在国际上的影响力贡献力量。“外教社·词达人杯”全国大学生英语词汇能力大赛，作为一项公益性质的全国性赛事，通过融入思政英语词汇，促进师生对英语词汇教学的热情和参与度。

教师应积极鼓励学生参与各类英语竞赛，以此推动学习、教学和研究的深入发展。为帮助学生备赛，教师在日常教学中应将政治、经济、文化、外交等多个领域的思政元素与教学内容相结合。例如，在讲解《新视界大学英语综合教程 2》Unit 2 *A Sporting Chance* 时，文中提及“Silk Road”，教师可以顺势引入“一带一路”的英文表达“The Belt and Road Initiative”及其内涵，这样不仅丰富了教学内容，也帮助学生更好地理解和记忆这一重要思政词汇。同样，在讲解《新视界大学英语综合教程 4》Unit 3 *Passing Fashion* 时，当谈及“consensus”这一词汇，教师可以自然地扩展到“九二共识”的英文表达“The 1992 Consensus”，并着重讲解其核心涵义——只有一个中国，从而在日常教学中潜移默化地加强学生的国家意识和民族认同感。通过这样的教学设计，教师不仅能够提升学生的学习兴趣和效果，还能有效实现课程思政的育人目标。

三、结束语

作为中华优秀传统文化的重要组成部分，红色文化蕴含着中国人民在革命历史中积累的智慧与力量，也象征着中华民族不屈不挠、自强不息的精神。如今，在全球化日益发展的今天，我们更应传承红色文化，并与新时代相结合，赋予其新的生命力。

将红色文化融入大学英语教学，需要教师从教学理念、教材内容、教学方法等多个方面进行改革和创新。教师应不断探索和完善教学方法和教育模式，努力培养出既具有国际视野，又深怀爱国情怀的高素质人才。

参 考 文 献

胡小明，马玉玲，闫虹，2023. 红色文化融入大学英语读写课程教学的研究与实践［J］. 海外英语（2）：133－135.

教育部高等学校大学外语教学指导委员会，2020. 大学英语教学指南［M］. 北京：高等教育出版社.

李若甜，2024. 陇东红色文化融入大学英语课程思政的策略研究［J］. 海外英语（3）：156－158.

彭立飞，2023. CLIL 理念下贵州外宣文本融入大学英语课程思政教学模式的研究［J］. 海外英语（16）：141－143.

邱艳芳，2024. 闽西红色文化融入大学英语课程思政路径探究：以龙岩学院为例［J］. 龙岩学院学报（11）：113－118.

新华社，2022. 习近平：高举中国特色社会主义伟大旗帜 为全面建设社会主义现代化国家而团结奋斗——在中国共产党第二十次全国代表大会上的报告［EB/OL］. https://www.gov.cn/xinwen/2022-10/25/content_5721685.htm.

杨志皇，2023. 江西红色文化融入大学英语课程思政教育的路径研究［J］. 湖北开放职业学院学报（12）：107-110.

中华人民共和国教育部，2020. 教育部关于印发《高等学校课程思政建设指导纲要》的通知［EB/OL］. http://www.moe.gov.cn/srcsite/A08/s7056/202006/t20200603_462437.html.

课程与教材建设

新农科背景下“农（兽）药残留分析与检测实验”教学的创新实践*

赵文婷[①]　刘春晓

摘要：本文以北京农学院教育教学改革为契机，对“农（兽）药残留分析与检测”课程进行了创新实践研究，从教学模式、教学内容、课程思政和教学评价四个方面进行了连贯性和系统性的整合和提升，在提高教师业务能力的同时，为学生提供更多的课程资源，学习前沿技术，紧跟行业发展动态，通过思政教育的渗透融合，促进学生情感价值观的培养，力求实现知农、爱农的应用型农林人才的培养目标。

关键词：教学创新；农药残留分析；创新思维；实验课程

2019年教育部奏响了新农科建设的“三部曲”，通过“安吉共识”“北大仓行动”和“北京指南”，启动振兴我国高等农林教育的“新农科”建设重大举措，提出“新农科”建设的目标是面向国家战略发展需求、培养具有国际竞争力的、具有“知农爱农情怀”和“强农兴农本领”的复合型人才，为国家农业绿色高质量发展和乡村振兴战略服务。“新农科”人才培养强调多学科、多领域、宽口径、基础性、综合性、复合型、创新型的培养模式。面向新时代需求，唯有在“新农科”背景下优化重构教学内容与课程体系，提高农林高等院校特色化学学科的吸引力，促进化学学科与国家乡村振兴战略的契合，与“新农科”建设体系中的农业特色专业有机融合，将基础学科与特色农业学科集成创新，才能更好地为国家“三农”战略的推进提供充足的优秀后备人才。

农业与农村事业的发展离不开农药学科的发展，农药残留分析是农药学科的重要研究内容之一，农药残留分析主要关注农药施用后，在农田环境及作物中的消解动态、残留等情况，具体包括农药田间试验、农药残留国家标准、农药残留分析方法与检测技术等内容。“农药残留分析”课程涉及很多分析化学和仪器分析的基础知识，再结合了农药学的专业特点，将分析化学和仪器分析的科学延伸并进行具体应用。

“农药残留分析”课程是农林院校应用型新农科特色课程，基于化学学科的农产品安全及农业生产环境，将“农药残留分析”课程结合现代技术，讲解农药施用后在农作物或

---

* 本文系2022年度市属高校优秀青年人才培育计划项目（项目编号：BPHR22203098）；北京市教育工会支持项目（北京高校青年教师创新教研工作室）；2023—2024年北京农学院教育教学研究与改革项目（项目编号：BUA2023JG15，BUA2023JG16）。

① 作者简介：赵文婷，女，博士，副教授，北京农学院应用化学系主任，主要研究方向为分析化学及农（兽）药残留分析与检测。

环境介质中的残留、代谢、降解和环境归趋的规律及研究方法，以及政府管理机构对农药注册、农药残留限量标准制定、农药安全使用标准和农药残留检测方法等具体内容。该课程不仅是高等农林院校化学学科及分析检测专业学生的必修课程，还是生物学、农药学及环境科学、植物营养、食品科学、植物学、动物医学等其他学科进行农（兽）药及其残留的毒理分析等科学研究必不可少的选修课程。本课程涵盖知识面广、适用性广、应用性强，以化学学科为基础建设“农（兽）药残留分析与检测”课程为新农科建设农林特色教学提供了新契机，有助于推动新农科建设从“试验田”走向“大田耕作”。基于对农林教育发展趋势，为应对国家未来发展需要，为国家农业绿色高质量发展和乡村振兴战略服务，重塑国家农业全球竞争力，培养知农、爱农人才，对“农（兽）药残留分析与检测”课程的改革实践提出了新要求。

一、专业实验课程的教学现状

传统的专业实验课程通常以理论教学内容为主，实验课本身缺乏系统性和层次性，更不要说与前后衔接课程的承上启下的作用。以往的实验创新主要集中在实验学时的增加以及实验内容的细化，这并不会给实验课程带来本质的提升。对于大多数高校而言，“农（兽）药残留分析与检测”的实验教学模式是学生在完成预习报告后，在实验教师讲解实验原理、步骤和注意事项的基础上按照实验教材进行操作，完成实验后，教师针对实验报告和实验操作进行成绩评定。以传统验证性为主的实验课程内容单一，实验考核评价方式也不能体现学生的创新性，更不要说实验课程如何在人才培养过程中起到关键的承接作用。这种陈旧的教学模式，学生之间交流较少，需要思考的问题不难，更不需要探索性研究，难以激发学生的学习兴趣，难以满足培养高质量拔尖创新农林人才的需求。基于上述分析，本课程通过混合式教学模式的建设和完善，结合实验内容的修改和重组，将思政教育有机结合贯穿课程始终，满足学生差异化需求，培养学生知农、爱农的情怀和强农、兴农的能力，同时改革考核评价方式，打破教材壁垒，增强学生对交叉学科知识的融会贯通、学以致用。

二、实验课程改革思路和具体措施

目前，线上课堂的建设和实验任务书的设计已初具模型，通过北京农学院教育教学研究与改革项目的开展，现将已有研究结果做以下介绍。

1. 推进混合教学模式，满足学生差异化需求

“农（兽）药残留分析与检测实验”是应用化学本科生的专业必修课，采用混合教学模式，可以为学生提供获取知识的多种渠道，满足学生的差异化需求，提高学生学习效率。混合式教学模式主要包括课堂教学和线上教学平台的有机结合，线上教学平台由校内课程中心和公共平台 bilibili 共同构成，校内平台中为学生提供教学大纲、教学课件、文献资源库和相关自测习题的浏览和下载；同时，校内平台方便组织学生进行线上测试，及时了解学习效果。公共平台主要提供课程直播、课后答疑以及知识拓展资源的分享，自制教学视频内容形象生动，有助于激发学生的学习兴趣。线上平台的建设和完善是对线下课堂中基础知识的适当补充，让学生多渠道、多方式获取知识。

2. 设计重组实验内容，培养学生创新思维

"农（兽）药残留分析与检测实验"课程注重动手能力的培养，传统的实验课程是将实验中涉及的相关原理，通过体验式学习巩固理论知识，从而反哺基础知识。但是整个实验学习的过程中，需要思考的问题较简单，更缺少探索性研究，尤其是实验中样品前处理方法的学习，之前都是以经典方法或者国家标准方法液液萃取和固相萃取为主，不仅操作过程模式化程度高，难以激发学生的学习兴趣；同时，实验过程有机溶剂消耗量大，对操作人员和环境都不够友好，无法满足绿色化学的发展需求；通过课程组的研讨得知，经典的萃取方法在"分析化学""有机化学""化工原理"等课程中都有所涉及，这样难以调动学生获取新知识的兴趣和动力，所以实验内容的创新改革势在必行。本课程采取的方案主要体现在以下几个方面。

（1）将经典前处理方法的知识讲解、操作演示都放在理论教学中，结合混合教学模式，让学生多角度了解这些经典的前处理方法，同时能唤醒已有知识，结合本课程的特色内容，更容易消化和吸收知识。

（2）在实验课程中，去掉经典前处理方法的实验，结合前沿文献，将新型前处理方法融入实验教学中。新型前处理方法都是在经典方法的原理基础上发展起来的，学生在实验过程中既能巩固基本原理，又能体验到全新的实验过程，这也更容易引发学生思考，提升学习兴趣。

（3）重新撰写实验任务书。其与实验参考书的最大差别体现在，实验任务书中不会出现具体的实验过程，而是将实验环节设置成一个又一个实验操作过程中可能遇到的问题，讲授过程中通过不断地提问和讨论，让学生来构思出完整的实验流程，这会让学生知道每一个实验环节存在的意义，有了思考和探索的过程，提高了学生实际操作技能和成就感，调动学习兴趣。"农（兽）药残留分析与检测实验"课程已实施了两年实验任务书，课堂讨论气氛浓厚，学生反馈收获更大，也更符合当前"新农科"人才培养需求。

3. 思政教育贯穿始终，培养学生"三农"情怀

首先，实验内容的灵感主要来源于"三农"问题和人民健康等关注点，引导学生思维从当下的生活小视野拓展到"三农"发展的大视野，培养学生知"三农"、懂"三农"的基本能力。其次，在实验设计过程中，以前沿文献的跟踪为出发点，让学生了解学科前沿，关注学科发展，结合"三农"问题，探索解决方案，从而培养学生爱"三农"、服务"三农"的情感和意识。让思政教育不浮于表面的说教，而是渗透在整个教学过程中，循序渐进、润物无声。

4. 丰富完善考核评价，培养学生创新能力

"农（兽）药残留分析与检测实验"课程以过程性评价和激励性评价为主，考核评价由三部分构成：文献翻译报告（占比为20%）、实验操作过程（占比为30%）和实验报告（占比为50%）。

（1）文献翻译报告。本实验课程的内容主要来源于前沿文献，将文献中重要的实验方法和实验结果进行翻译整理，形成文献翻译报告。这部分主要培养学生阅读文献的能力。文献翻译报告质量的好坏，不仅取决于英文能力，更重要的是对课程重要内容的理解和实验内容的整体把控。

（2）实验操作过程。本实验将实验教材改进为实验任务书，实验过程中需要与教师进行不断地问答与讨论，才能清晰勾画出实验全过程，师生不断探究关键的实验技术和实验手段，对学生动手能力的提升效果明显。另外，本实验涉及大型仪器的使用，根据前后衔接课程所知，色谱仪是学生实际操作的短板，本实验课中重点增加了气相色谱仪和液相色谱仪的实操过程，极大地满足了学生的好奇心，提高了学习兴趣。这也是学生反馈在本实验课程中收获最大的环节。

（3）实验报告。本实验课程对实验报告的要求较高，通过前期文献翻译报告和实验操作过程的锻炼，教师要求学生将实验报告的撰写形式与论文发表形式一致，这不仅是对前期文献和实验工作的总结，也是对三年级学生即将进入毕业设计环节的锻炼和提升。

三、实验课程教学改革的实践效果

笔者作为主讲教师，“农（兽）药残留分析与检测”的理论课程已被评为北京高校优质本科课程；同时笔者将此作为参赛课程，参加了第二届北京高校教师教学创新大赛，获得市级二等奖；笔者还获得了第十二届北京高校青年教师基本功比赛理科B组一等奖，这不但提高了自身的教学水平，而且将优秀的教学手段和教学经验应用于日常教学过程中，提高了“农（兽）药残留分析与检测实验”课程的整体教学水平。通过本实验课程的学习，学生对本专业的认可度逐渐上升，学生评教结果良好，近三年优秀实验报告比例从22%上升至28%，学生对待本课程的热情和专注度明显提高，“农（兽）药残留分析与检测实验”课教学创新成果较明显。

四、结语

本文对“农（兽）药残留分析与检测实验”课程的教学模式、教学内容、课程思政和教学评价四个方面的教学创新进行了阐述与分析，细化了教学创新的具体思路和措施，包括混合教学模式、实验内容重组、实验任务书的撰写、思政元素库的搭建和过程性评价机制的完善，在提高教师业务能力的同时，为学生提供了更多的课程资源，通过丰富的教学手段和新颖的教学元素为学生增加了学习兴趣、提升了学习效果。今后要坚持以学生为主体，为其提供更多获取知识的渠道，实验内容结合“三农”发展需求，学习前沿技术，紧跟行业发展动态，朝着订单式人才培养的目标不断完善；同时，结合思政教育的渗透融合，促进学生情感价值观的培养，培养知农、爱农的应用型农林人才。

参 考 文 献

包军，2020. 推进新农科建设培育卓越农林新人才：以东北农业大学为例［J］. 中国农业教育（2）：14-19.

韩丽君，潘灿平，刘丰茂，等，2022. 新农科建设背景下农药分析化学教学改革实践［J］. 大学化学（8）：91-98.

侯如燕，2014. 农药残留分析课程教学改革探讨［J］. 现代农业科技（6）：324-326.

刘金彤，杨红，2022. “新农科”背景下农药残留分析教学改革设计实践［J］. 大学化学（8）：99-104.

吕杰，2019. 新农科建设背景下地方农业高校教育改革探索［J］. 高等农业教育（2）：3-8.

施燕红，高倩，吴祥为，等，2016.《农药残留分析》课程建设经验与成效［J］. 合肥师范学院学报（6）：115-117.

田宏哲，李修伟，何璐，等，2019.《农药残留分析》课程教学改革研究与实践［J］. 教育现代化（56）：60-63.

原帅，黄宗英，贺飞，2019. 交叉与融合下学科建设的思考：以北京大学为例［J］. 中国高校科技（12）：4-7.

中国农业教育，2018. 新农科建设推出“北京指南”［J］. 中国农业教育（6）：104-106.

“普通植物病理学实验”课程改革探索*

李永强① 高坦坦 李为民

摘要： 作为植物保护专业的基础核心课，“普通植物病理学实验”旨在通过实践加深学生对普通植物病理学基础知识的掌握和理解，提高学生的动手能力和解决问题的能力，培养高素质农林技术人才。通过增加自主探索和动手操作实验，学生汇报与教师反馈的互动式教学模式，囊括实验操作规范与结果汇报的全面成绩评价体系等方面改革，同时融合植物病害症状图片库，录制实验操作演示视频等在校内课程平台建立线上线下相结合的课程体系，融入课程思政，全面提高课程的教学效果和人才培养质量。

关键词： 普通植物病理学实验；教学改革；实践能力

2022年，教育部办公厅出台《关于加快新农科建设推进高等农林教育创新发展的意见》，对新农科建设以及高等农林教育创新发展提出意见。其中指出，深入推动课程教学改革，优化教学内容和课程体系，完善课程考核评价体系，提升培养质量。“普通植物病理学实验”是植物保护专业的骨干核心课之一，是植物病理学理论与田间应用的中间桥梁，旨在培养学生识别与诊断植物病害、鉴定病害病原的技能，并具备植物病理学基本的研究技能，锻炼学生观察问题、分析问题和解决问题的实践、创新能力，全面提高学生素质。针对如何提高教学质量和育人效果，国内相关涉农高校已陆续开展“普通植物病理学实验”课程的改革和探索，内容涉及课程设置、教学方式、成绩考核等，均在一定程度提高了学生的学习能力和动手能力，取得了良好效果。为落实教育部提出的“高等学校要重视本科教学的实验环节”，北京农学院于2022年将“普通植物病理学实验”从理论课中独立出来，单独设置为一门专业基础课程。该课程于本科生学习的第四学期和“普通植物病理学”同步开设，设置1.5学分，设计12次实验，36个学时，实验内容涉及植物病害症状识别、植物病原物形态观察、培养基制备及病原菌分离、植物病原接种等，单独考核单独计算成绩。为进一步落实立德树人，提高人才培养质量的教学目标，本文通过梳理近年北京农学院“普通植物病理学实验”课程教学过程中存在的问题，制定相应的改革措施，并在教学环节不断实践完善，并积极融入思政案例，以期更好培养懂农业、爱农业、善思考、干得好的农林人才，服务乡村振兴战略和农业现代化建设需要。

---

* 本文系2023年北京农学院教学改革项目“基于实践能力提升的‘普通植物病理学实验’课程改革”。

① 作者简介：李永强，男，博士，副教授，主要研究方向为植物病理学。

一、“普通植物病理学实验”的教学现状

过去，普通植物病理学实验作为“普通植物病理学”理论课程的一部分，受限于实验学时的要求，在内容安排、教学资源、实验设计、教学方式和考核考评等各方面都存在不足。

（一）教学资源单一，材料陈旧

植物病害症状观察和病原物形态观察是普通植物病理学实验的重要内容之一。挂图、腊叶标本、盒装标本和浸渍标本是植物病害症状观察的主要载体。植物病害挂图含有病害症状图片、病原、症状描述等信息，包含的内容相对丰富，但是图片清晰度参差不齐，不便于学生同时进行学习识别。腊叶标本会随着标本的干燥而逐渐褪色，失去植物病害本身的症状，不适宜植物病害症状的识别，同时种类偏少。在植物病原物形态观察中，购买的商业化永久玻片中有些较陈旧，病原物形态已不清晰且不易在显微镜下找到，其中尤其以线虫玻片失真最为明显，如典型的口针已看不清。

（二）教学内容挑战性、高阶性不足

根据教学大纲内容，“普通植物病理学实验”课程内容包括植物病害症状观察、植物病原菌物的形态观察、植物病原细菌的形态观察、植物病原线虫及寄生性种子植物的形态观察、培养基的制备及灭菌、病原菌的分离、孢子萌发及孢子测量、病原物接种等。总体来看，实验内容的设计偏向于识别、认知类实验，虽然在病原物形态观察中安排有自己制备临时玻片观察病原形态的环节，但是整体上激发学生主动运用所学知识解决问题的探究类实验较少。这些内容相对固定，实验结果也确定，易引发部分学生的懒惰情绪，直接参考教科书的图片而不是自己动手观察，有悖于激发兴趣、启发思考、培养能力的课程目标。

（三）教学方式僵化，课堂气氛沉闷

传统“普通植物病理学实验”课程的开展往往是教师课前准备实验材料，课堂上讲解实验名称、目的、材料和方法，如果有实验操作则进行简要的演示，以及布置本节课的课程作业。然后学生按照教师的要求进行实验观察、实验操作并完成作业。这种“照方抓药”式的实验教学手段比较单一枯燥，在整个实验过程中学生完全按照教师的要求和实验步骤的约束去被动地参与，以一种“完成任务”的心态去参与，忽略了整个实验过程中对实验原理、操作、实验结果等的思考。学生一直处于被动接受的学习状态，而无法调动主观能动性和积极性，学习兴趣不高，更谈不上培养学生的分析问题、解决问题和创新思维能力，影响实验教学的效果。

（四）考核方式简单，学习成绩区分度不高

“普通植物病理学实验”课程的考核评价与理论课不同，没有期末考试，成绩的评定包括考勤、实验操作和实验报告。由于实验课人数较多，很难对每个学生的实验操作过程进行合理评价，因此，实验课的成绩主要以实验报告为主。但是教师在评阅实验报告的过程中发现，部分学生在实验过程中并没有认真参与，在实验报告的撰写中直接参考别的学生的实验结果，或者照抄教科书上的内容，缺乏探索、动手、认知的过程。这样根据实验报告撰写质量进行成绩评价的方式过于简化，不能反映出学生的投入和学习效果。

二、关于课程建设和改革的思考与实践

针对"普通植物病理学实验"课中存在的上述问题，尤其是在实验课被独立设置为一门专业课的新环境下，课程组对课程建设和改革思路进行了讨论交流，制定出课程改革办法，并结合目前实际条件开展了改革探索实践，取得了一定效果。

（一）建设数字标本资源库，更新实验材料

多媒体技术包括图片、视频等数字化资源，可以打破时空限制，便于学生随时随地进行学习，因此在各种课程中广泛应用。对于"普通植物病理学实验"等理论联系实际较强但是实验课和理论课又存在时间差的植物保护学科专业课程来讲，利用多媒体技术建立数字标本资源库更适合学生随时随地学习，提高学生的理解水平，激发学生的学习兴趣。教师利用下乡技术服务、田间调查等机会，拍摄了不同病害症状的高清照片，并收集院系其他教师和同行拍摄的症状照片和视频，建立了植物病害照片库。同时，教师还鼓励学生利用暑假时间寻找并拍摄植物病害的症状照片，不断丰富更新症状图片库。根据采集到的不同病害，制备病原物形态的永久玻片，更新替换陈旧的玻片标本。对于白粉病、锈病和线虫等，可以通过课堂制备临时玻片的方式让学生进行观察。对于临时玻片制备和病原物观察、培养基配制、病原菌分离和病害接种等实验，录制相关实验操作视频，在北京农学院在线教育综合平台上建设线上课程资源。

（二）优化教学内容，增加探究性实验

普通植物病理学实验包含病原学实验（植物病害症状识别和病原形态识别）和病害基本研究技术（病原物分离培养、病原接种和发病因素、植物病害诊断等）。将植物病害症状识别的实验贯穿于整个学期中，教师要求学生把周边环境中遇到的植物病害的症状高清拍摄，并注明症状类型，描述病害特点。在病原形态观察实验中，增加学生自己动手制备临时玻片观察病原形态的内容；通过接种保存新鲜毒源，学生观察细菌病害的菌涌现象；分离番茄根结线虫制备临时玻片观察线虫的形态特征。在探究影响病害发生的因素实验中，通过提供不同类型病害的病原和寄主植物，学生自主设计实验进行发病因素的探究。充分利用校内温室、试验田等条件，增设植物病害诊断内容。通过实验内容的调整，充分调动学生的能动性，提高学生的思考能力和动手能力。

（三）积极开展教学反馈，加强互动

传统的教学过程往往是学生上交实验报告，教师根据实验报告进行评分，教学过程到此基本结束，缺乏将实验结果及其不足反馈给学生，让学生进一步去消化吸收的过程。因此，在教与学的过程中增加了教学反馈的环节和教师与学生讨论的环节。例如，基于建立的数字化标本资源，学生提前进行预习，分组将不同病害的症状特点、症状类型等进行描述，实验课上进行小组汇报，教师对其汇报情况进行点评。通过与教师的互动，使学生更加深刻认识病害及其症状。每堂课开始时，教师会针对上节课作业完成中存在的问题进行反馈，让学生认识到自己操作、画图、实验设计等过程中的不足进而去改正，提高学生的学习收获和学习兴趣。在植物病害诊断实验中，通过学生将病害诊断的场景、诊断的结果和诊断依据等进行分组汇报，教师逐一进行点评，在教与学的过程中掌握病害诊断的方法、过程和要点。

（四）优化考核方式，激发学习动力

成绩是学生对该门课程学习情况的综合评价，为更准确客观反映学生的学习投入情况和学习效果，科学评价学生的学习情况，课程组对该课程的成绩构成和考核进行了优化。课程成绩构成包括线上学习时长、日常实验操作规范、实验报告、课堂汇报、期中测试等。通过综合考查实验操作规范、实验结果及分析、实验汇报等全过程，使学生在课程学习的过程中树立全方位的科学学习观，全面提高学生的动手能力和综合素质。

（五）融入思政元素，全面提高科学素养

实验的过程是探究真伪、知识验证的过程，同时也对田间实践具有指导意义，因此必须要有认真严肃的科学精神。例如，在植物病害的鉴定过程中，通过挑、刮等方式观察病原菌时会伴随着许多杂菌，特别是链格孢菌，很多学生会将其误认为病原菌，导致错误的病害诊断结果。在组织分离培养的过程中也会有非常多的弱致病菌或者污染带来的非病原菌，这就需要在操作过程中做到严格的无菌操作。错误的诊断可能会引起更大的病害损失，如 SARS 病毒的诊断最初被认为是支原体，就是由于在显微镜下看到的非主要病原导致。

三、结语

“普通植物病理学实验”是一门实践性很强的课程，如何通过课程改革提高学生的学习热情和动手能力，提升课程的教学效果是任课教师必须思考和面对的问题。通过优化课程内容、增加课程资源供给、强化课堂内容反馈、规范课程考核方式等一系列改革措施，提升学生的学习热情和参与度，培养了学生的学习能力。课程改革是持续不断优化的过程，不能一蹴而就，下一步课程组将持续跟踪改革效果，查找其中可能存在的问题并不断修订，同时将围绕如何提高学习效果、融入田间现场的实践课堂、兴趣课题与实验课融合等方面持续改革。

参 考 文 献

林巧玲，何红，李亚，等，2019. 普通植物病理学实验教学课程改革的探索与实践［J］. 中国现代教育装备（19）：52－54.

刘琦，李克梅，王丽丽，2021. “普通植物病理学”实验课混合式教学的探索［J］. 教育教学论坛（11）：93－96.

杨广玲，李向东，董会，等，2017. “普通植物病理学”实验教学模式改革的探索［J］. 实验室科学（5）：152－155.

余洋，方安菲，杨宇衡，等，2020. 新农科背景下普通植物病理学实验教学改革与探索［J］. 安徽农业科学（24）：275－277.

张雅梅，秦建春，潘洪玉，等，2020. 基于学生反馈的普通植物病理学实验教学现状及对策［J］. 现代农业科技（9）：253－254.

中华人民共和国中央人民政府，2022. 教育部办公厅等四部门关于加快新农科建设推进高等农林教育创新发展的意见［EB/OL］. https://www.gov.cn/zhengce/zhengceku/2022－12/08/content_5730657.htm.

“大思政课”视域下化学实验教材体系建设*

梁　丹[①]　赵汗青　贾临芳　曲江兰　吴昆明

摘要：教材建设是育人育才的重要依托，党的二十大报告首次提出“加强教材建设和管理”，围绕北京农学院的办学理念和人才培养目标，进行“大思政课”视域下化学实验教材体系建设具有重要的意义。通过重建纸数融合、体现课程思政的全新实验教材体系，既加强学生安全及环保意识的培养，培养学生绿色化学思维能力、认真严谨的实验态度、缜密的逻辑思维和操作能力、科技创新能力，突出培养学生合作精神，又提高教师的思政教育意识和能力。

关键词：思政课；化学实验；教材

“大思政课”建设是要求思政课立足当前国际国内的发展状况，在已有的思政教育课堂优势的基础上守正创新，推动用党的创新理论铸魂育人，实现思政课程入脑入心。教材建设是育人育才的重要依托，党的二十大报告首次提出“加强教材建设和管理”，表明了教材建设国家事权的重要属性，凸显了教材工作在党和国家事业发展全局中的重要地位，体现了党中央对教材工作的高度重视和对“尺寸课本、国之大者”的殷切期望。

北京农学院是一所都市型现代农林院校，办学理念为“以农为本、唯实求新”，人才培养定位是“培养综合素质高、知识结构合理、实践能力强、具有创新精神和创业能力的复合应用型农林人才”，科研定位为“应用基础研究和应用研究”。在化学实验教学改革的多年实践中，我们认识到化学实验教学的目的不仅是培养学生基本实验技能和动手能力，更重要的是通过实验教学培养学生独立思维的能力和科学研究能力，树立科技创新和可持续发展意识，培养科技自立自强、拔尖创新人才。化学实验教材是化学教学内容的体现形式，是教学的基础，是人才培养的重要支撑、引领创新发展的重要基础，必须不断更新升级。化学实验教材编写组由具有多年教学经验的教师组成，近两年不断进行课程思政教育教学改革与实践，并将教学实践中的体会以论文和教育教学活动的形式进行总结。为将“化学实验”课程思政中的心得体会融入教材，就需要对教材不断进行积累和更新。因此，“大思政课”视域下加强化学实验教材体系建设，对提高教材的质量和水平及提高学生的

* 本文系北京农学院教育教学研究与改革一般项目资助（项目编号：BUA2023JG29）。

① 作者简介：梁丹，女，硕士研究生，高级实验师，主要研究方向为化学实验绿色-微型化研究、化学实验课程创新及实验室管理。

综合素质具有重要意义。

一、传统教材体系存在的问题

1. 忽略学生绿色化学观的培养

围绕都市型现代农林高等教育的目标要求，培养高素质应用型农林人才是本科实验教学改革的重要研究内容，但从目前北京农学院本科学生培养现状来看，大一参加兴趣课题、大二参加科研训练、大三进行毕业实习，大四进行毕业设计，培养方案内容更注重大学生自身科研创新能力的提升，却忽略了环保意识、可持续发展战略意识的培养。

2. 实验教材关联性不强

北京农学院“化学实验”面向全校 6 个学院 26 个班级开设，实验学时达 1 500 多学时/年，实验学时多，受众面广。实验涉及“普通化学实验”“有机化学实验”“分析化学实验”等专业基础课实验，“物理化学实验”“环境化学与监测实验”等专业主干课共 13 门化学实验课程，由于各实验课程负责人分别制定了本实验课程教学大纲和人才培养方案，实验教材的编写内容与实验课程开设的内容都是由各实验课程教学团队讨论决定的，而各教学团队教师之间是不交叉的，故各种化学实验教材及开设实验教学内容只是为完成本实验课程教学任务服务，不能形成各实验课程的融会贯通，彼此之间是孤立的、不关联的、缺乏系统性的。

3. 涉足新技术、新方法的试验较少

现有实验方法虽然经典但过于陈旧，学生在学科竞赛、教师在教育教学研究中的成果未能融入实验教材中。教材落后于时代发展。教材作为教学的重要载体，具有鲜明的时代特征。随着科技的发展，新媒体时代数字技术迅速崛起，使信息的传播突破了传统媒介时空的限制，打破了单一的传播渠道。学生容易被形形色色的数字化信息吸引，传统的纸质教材不免出现内容过于陈旧、新颖性不足、吸引力不强等缺点，因此不利于学生学习兴趣的激发，教学效果有待提高。

二、化学实验教材体系建设

1. D-C-W 绿色-微型化学实验体系

传统实验教材编写以各个学科理论课内容为依据，设计相应的实验内容和实验方法，并未考虑实验的绿色性和环保性。为解决实验污染和安全问题，教学团队进行了一系列的化学实验绿色-微型化探索，经多年教学实践逐步完善，以绿色化学为主线，建立了 D-C-W 绿色-微型化学实验体系，主要包括实验设计（design）、实验内容（content）和实验废液（waste liquid）。实验设计上，找到学科和学科之间、不同实验课程之间具有相关性的实验，通过构思和设计将实验串联起来。普通化学实验中“硫酸铜的提纯”实验提纯后的硫酸铜经过处理后，可用于分析化学实验“胆矾中铜含量的测定”中。实验内容上，教学团队精选和修改了实验内容，增加了研究性，对于实验中重复验证的实验，减少实验重复组数等。实验教学实践表明，实验现象明显可信，实验结果准确，实验数据符合要求，实验操作与传统实验基本一致。实验废液处理上，根据“先转化、再利用”的原则，根据

废弃物的性质，利用实验室现有条件，采取可行的物理方法、化学方法或生物方法进行废液处理，不仅可以将有毒有害废液转化为无毒或少毒废液，还可得到可继续利用的实验原料。处理废液时，教师鼓励学生参与其中，既激发了学生的实验兴趣，又培养了学生的环保意识、可持续发展战略意识。

经实践，建立D-C-W绿色-微型化学实验体系，不仅降低了实验费用，显著减少了实验污染，还有利于增强学生的节约意识和环保意识，提高学生解决问题的能力和科学创新能力。

2. 与时俱进，建立全新化学实验教材体系

随着北京农学院招生人数的增多及应用化学专业的成立，北京农学院不断推进化学实验室的建设和升级改造，但传统真实实验室建设成本高，实验材料和教学环境及实验产生的废液等需要持续的经费和人力投入进行维护，这给北京农学院财政及师资带来了不小的压力。对于实验条件高、污染严重、危险性强的实验，可以在计算机上运用虚拟仿真模拟技术模拟整个反应过程，用文字、声音、图像、动画等模拟实验效果，使学生达到亲身实验的感受。

在教材体现形式上，将传统纸质教材加工成电子版文档PPT形式，常用化学实验仪器及实验操作内容制作成视频，通过网络介质传播，适用于不同终端的格式，纸数融合，提高了学生个性化学习和课堂利用率，塑造了学生终身学习型人格。

编写实验教材时，删除与化学教学联系不大的内容，加强了一些反映学科前沿的开放性、探究性实验。注重学生安全生产意识的培养：增加新生入学实验室安全教育、实验室实验须知、实验室事故预防和处理等内容。在编写实验教材时，由浅入深，由易到难，构建全新化学实验教材体系。

3. 求实创新，培养高素质应用型农林人才

将实验教材建设和人才培养有机结合，将课堂教学、学科竞赛与教材建设结合，建立探索求实、勇于创新的教学新模式。在实验教学过程中鼓励学生参加大学生化学实验竞赛，探索新的试验方法。学生自由组合创建创新竞赛小组，每个小组查找相关文献资料，形成新实验方法的可行性报告，发布在班级群中，教师引导全班学生积极讨论试验方法的可行性及优缺点，最终结合全班学生的建议与指导教师探讨，形成最终试验方案。进行试验过程中，及时将其中的心得体会分享到班级群中，学生随时可以给出意见或建议。在结题答辩环节，每个小组以汇报总结的方式向全班展示全部实验思路、过程及得失。教材编写组教师将每个班级中试验较成功，创新性强的新思路、新方法在教材体系建设小组内汇报，通过集体讨论，确定1～2个实验，由指导教师亲自试验验证可行性后，再在班级中进行扩大性实验，验证通过的实验以设计性实验的形式选入相应的实验教材。通过课堂教学、学科竞赛与教材建设的结合，提高了学生的三个能力：实验操作能力、解决问题能力以及科学创新能力；建立了学生的三个意识：求实创新意识、勇于探索意识以及团队协作意识。

三、结束语

“大思政课”视域下化学实验教材体系建设，紧密对接国家科教兴国、人才强国、创新驱动发展战略，强化现代化人才建设，通过实验教学，不仅培养学生基本的实验技能，更重要的是培养学生独立思维能力和科学研究能力，树立科技创新和可持续发展意识，培养科技自立自强、拔尖创新人才。以“绿色化学和培养学生实验能力”双主线并行共进，加强学生安全及环保意识的培养，培养学生绿色化学思维能力，培养学生认真、严谨的实验态度、缜密的逻辑思维和操作能力，突出培养学生的合作精神，重点培养学生的科技创新能力。教师将课程思政理念贯穿于化学实验教材体系建设全过程，提高了教师的思政教育意识和能力。

参 考 文 献

陈红艳，丁来欣，2020. 高等农林院校“有机化学实验”课程教材改革的探索［J］. 中国林业教育（3）：61-63.

陈卓，2021. 课程思政：普通高校自然科学类课程育人新模式研究［J］. 科教导刊（5）：50-52.

杜振霞，杨屹，苏萍，等，2022. 在仪器分析课程教学中融入课程思政案例的探讨［J］. 化学教育（中英文）（4）：39-42.

高德毅，宗爱东，2017. 课程思政：有效发挥课堂育人主渠道作用的必然选择［J］. 思想理论教育导刊（1）：31-34.

胡芳东，夏其英，李琳，等，2021. 践行立德树人聚焦课程思政：以无机化学为例［J］. 化学教育（中英文）（16）：43-48.

简慧敏，张桂玲，谭丽菊，等，2022. 将课程思政融入大学仪器分析实验教学的探索与实践［J］. 大学化学（10）：117-123.

梁丹，于宝义，曲江兰，等，2020. 农科院校化学实验现状及绿色化途径［J］. 现代农业科技（19）：253-254.

梁丹，赵建庄，于宝义，等，2017. 都市型农林院校普通化学实验绿色微型化探讨［J］. 现代农业科技（16）：280-281.

刘刚，张恒，马莹，等，2020. 大学有机化学实验课程中的思政案例设计［J］. 大学化学（7）：53-60.

刘海燕，杨秀敏，郝琳，等，2022. 新农科背景下化学专业课程思政建设的探索与实践：以河北农业大学仪器分析课程教学为例［J］. 大学化学（8）：217-222.

刘占祥，秦敏锐，邵东贝，等，2022. 课程思政背景下大学基础有机化学实验教学探索与实践［J］. 化学教育（中英文）（10）：67-73.

刘振，2021. 论科学史教育与课程思政建设的有机融合［J］. 南京中医药大学学报（社会科学版）（1）：57-60.

马兰青，2023. 高水平应用型都市农林人才培养体系的探索与实践［M］. 北京：中国农业出版社.

田慧生，2022. 坚决落实国家事权，全面加强教材建设和管理［N］. 中国教育报，11-16.

王旭珍，王新平，王新葵，等，2019. 大道至简，润物无声：物理化学课程思政的实践［J］. 大学化学（11）：77-81.

新华社，2016. 习近平：把思想政治工作贯穿教育教学全过程［EB/OL］. http://www.xinhuanet.com//politics/2016-12/08/c_1120082577.htm.

新华社，2019. 中共中央办公厅、国务院办公厅印发《关于深化新时代学校思想政治理论课改革创新的若干意见》［EB/OL］. http://www.gov.cn/zhengce/2019-08/14/content_5421252.htm.

新华社，2022. 高举中国特色社会主义伟大旗帜，为全面建设社会主义现代化国家而团结奋斗——在中国共产党第二十次全国代表大会上的报告［EB/OL］. http://www.gov.cn/xinwen/2022-10/25/content_5721685.htm.

杨哲，闫瑾，梁德东，等，2022. 吉林大学化学学院研究生课程思政的多维度构建与探索［J］. 化学教育（中英文）(14)：131-133.

中华人民共和国中央人民政府，2020. 教育部关于印发《高等学校课程思政建设指导纲要》的通知［EB/OL］. http://www.gov.cn/zhengce/zhengceku/2020-06/06/content_5517606.htm.

融合“新农科”理念的“普通化学”教学创新研究*

刘春晓[①]　赵文婷

摘要：“普通化学”是高等农业院校多个专业的重要公共基础课。然而，在“新农科”背景下，“普通化学”教学面临缺乏与农业生产相关的案例、与农业技术发展脱节、缺乏跨学科融合、忽略环境友好型农业需求以及教学手段滞后等诸多问题。本文融合“新农科”理念，探索“普通化学”的教学改革。

关键词：新农科；普通化学；教学创新

在“新农科”背景下，“普通化学”的教学改革是一个值得深入研究和探讨的话题。“新农科”强调农业科技的创新和可持续发展，其建设的核心目标之一是培养卓越农林新人才，这使得教育教学改革成为不可或缺的一环。只有通过深刻的教学改革，将新的理念、方法和标准贯穿于教育过程的方方面面，才能真正实现培养目标的有效落地。新时期高等农林教育的新使命是要紧密融入农业创新发展的新理念，其核心在于将创新发展贯穿于教育的各个层面，不仅包括知识体系的更新，更涉及培养学生的创新精神、自主创业能力以及科学研究素养的全方位提升。因此，高等农林教育应摒弃传统模式，勇于开辟新的人才培养模式，以培养更为全面、具备实际应用能力的卓越农林新人才为目标；并且，教育教学改革的成效不仅仅是一个衡量“新农科”建设是否成功的标志，更是确保高等农林教育能够真正适应新时代需求的关键因素。

“普通化学”是高等农业院校植物科学、动物科学、生物、食品等专业的重要公共基础课，也是许多专业课（如“生物化学”“环境化学”“食品化学”“植物化学”“兽医学”等）的前导课程。“普通化学”知识的主要内容是在分子和原子水平上认识和理解物质世界的基本规律，这些规律是人类发展全过程中不同时期科学研究的前沿成果。“普通化学”的发展和进步展现了科学研究的自主创新规律和逻辑思维特点。在“普通化学”基础课程教学中，“重现”科学规律的演化，探寻科学观念的含义和自主创新方式的特点，将“普通化学”基础知识延伸到专业课程知识，对学生科学素养的培养、创新能力的提升具有重要作用。

---

* 本文系2023—2024年北京农学院教育教学研究与改革项目（项目编号：BUA2023JG16，BUA2023JG15）；2021年北京农学院青年科学基金（项目编号：QNKJ202101）；2022年度北京农学院青年教师科研创新能力提升计划（项目编号：QJKC2022012）。

① 作者简介：刘春晓，女，博士，讲师，主讲“普通化学”和“环境化学与监测”课程，主要从事手性农药分析与环境毒理方向的研究。

在“新农科”背景下，“普通化学”教学主要面临以下问题：①缺乏与农业生产相关的案例。传统的“普通化学”课程可能更偏向于基础理论知识的传授，而缺乏与农业生产实际相结合的内容。这种理论性过强的课程设计不利于学生将所学知识应用到实际的农业生产中。课程中缺乏与农业生产相关的案例分析或实践操作，使学生难以将化学知识与农业实践相结合，缺乏对化学在农业生产中的应用认识。②与农业技术发展脱节。“普通化学”课程可能未能及时更新内容，与当下农业技术发展的需求脱节。“新农科”时代需要的是与农业生产技术密切相关的化学知识，而传统课程可能无法满足这一需求。③缺乏跨学科融合。新农科时代需要跨学科的综合能力，而传统的“普通化学”课程可能未能融入与生物学、农学等相关学科的交叉内容，导致学生缺乏综合应用知识的能力。④忽略环境友好型农业需求。“新农科”强调可持续发展和环境友好型农业，而传统的“普通化学”课程可能未涉及与环境友好型农业相关的化学知识，如环境污染治理、土壤修复等方面的内容。⑤教学手段滞后。未能充分利用现代教育技术，如虚拟实验、在线模拟等，以提高学生对农业科技的实际理解和应用水平。

针对以上问题，需要在“普通化学”课程中加入与农业生产实践相关的内容，提升学生的应用能力和创新能力，以适应“新农科”时代的需求。因此，推动和加快高等农林院校“普通化学”课程教学改革迫在眉睫。

一、课程内容更新

定期更新“普通化学”课程内容，将新兴的化学技术和农业科技（如纳米技术在农业中的应用、基因编辑技术与转基因作物、无土栽培和水培技术、精准农业与智能化设备、生物农药和生物防治，以及循环农业与农业废弃物资源化利用等）纳入教学内容。

纳米技术在农业中的应用。介绍纳米技术在种子处理、肥料和农药的传递与释放、作物病害的诊断和治疗等方面的应用，以及纳米材料在改良土壤性质和提高农产品质量方面的潜在作用。

基因编辑技术与转基因作物。探讨基因编辑技术（如 CRISPR-Cas9）在改良作物抗性、提高产量和品质等方面的应用，以及转基因作物的原理、风险与利弊，引发学生对于生物技术伦理和风险评估的思考。

无土栽培和水培技术。介绍无土栽培和水培技术在现代农业中的应用，涉及水培养液的配制与调节、养分吸收机制、作物根系生长特点等，以及与传统土壤栽培相比的优势和劣势。

精准农业与智能化设备。讨论传感器技术、无人机、人工智能等现代技术在农业领域的应用，以及这些技术对农作物种植、病虫害监测、灌溉管理等方面的影响。

生物农药和生物防治。介绍生物农药的制备原理和应用技术，以及微生物、天敌昆虫等生物防治方法在农业生产中的应用，强调其对环境友好和生态保护的重要性。

循环农业与农业废弃物资源化利用。探讨循环农业的概念和原理，介绍农业废弃物的资源化利用技术，如生物质能源生产、有机肥料制备、土壤改良等，以及这些技术对于农业生产的可持续发展的促进作用。

通过学习这些内容，学生能够了解到化学技术在农业领域的广泛应用，从而拓展他们的知识面，加深对化学原理的理解；同时，学生能够将化学知识应用于解决实际的农业问题，从而提升他们的应用能力和解决问题的能力。激发学生的创新意识，促使他们思考如何运用现有的化学技术解决未来的农业挑战，培养他们的创新精神。

二、引入案例分析

在讲述每个化学概念或原理时，引入一个与农业生产相关的实际案例，如化学肥料的配置和施用、农药的选择和使用、土壤酸碱度的调节等，并加以讨论（表1）。这些案例可以帮助学生将化学理论知识与农业生产实践相结合，理解化学知识在农业中的应用，培养他们的实践能力和创新意识。

表1　农业生产相关的实际案例

案例	内容	讨论
化学肥料的配制和施用	不同类型化学肥料的化学成分和作用机理	不同土壤条件下的最佳施肥方案，以及如何根据作物需求调整配方
农药的选择和使用	不同类型农药的成分和作用原理	在不同作物病虫害防治中的应用方法和注意事项
土壤酸碱度调节	介绍酸性土壤和碱性土壤的特点以及调节方法	土壤酸碱度对植物生长的影响
生物质能源生产	生物质能源的生产过程	生物质能源在农村地区的应用和可持续发展前景
土壤污染治理	土壤污染的化学处理方法	土壤污染的类型和来源
农产品质量安全监测	农产品质量安全检测的化学原理和方法	农药残留、重金属含量、食品添加剂的检测现状

三、强化跨学科融合

跨学科融合可以促进学生的创新思维和问题解决能力。学生需要跨越不同学科的界限，将不同领域的知识和方法进行整合和应用，从而解决实际问题。这有助于培养学生的综合思考能力和创新意识。如表2所示，通过将“普通化学”课程与其他学科如生物学、环境科学以及农学等进行跨学科融合，并配合适当的教学方法，可以帮助学生建立更加综合性的知识体系。

表2　“普通化学”跨学科融合及教学方法

融合学科	教学方法
生物学	生物化学实验 生物大分子的结构与功能讨论
环境科学	实地考察 环境样品分析实验
农学	农田考察 作物生长试验
信息技术	材料性能测试实验 工程案例分析
工程技术	计算化学实验设计 数据处理软件使用

结合生物学的细胞结构和功能，探讨生物大分子（如蛋白质、核酸）的组成和化学性质，以及生物体内的化学反应机制，可以帮助学生更好地理解化学在生物体系中的作用。通过与环境科学的融合，如结合环境科学的土壤学内容，讨论土壤中的化学成分、污染物的迁移和转化过程等；可以让学生了解化学对环境的影响以及环境因素对化学过程的影响。结合农学的植物生长和土壤管理内容，讨论化学肥料的成分与施用原理、农药的化学结构与作用机制等，能够使学生更深入地了解化学在农业生产中的应用。通过讨论材料的化学性质和应用，如聚合物材料的合成与性能、金属材料的腐蚀和防护等工程技术领域的知识，可以帮助学生了解化学在工程领域的应用。与信息技术的融合可以提高学生的科学计算和数据处理能力。例如，结合信息技术的数据分析方法，讨论化学实验数据的处理和解读，以及化学模拟软件在分子结构和反应动力学研究中的应用。

总而言之，强化“普通化学”的跨学科融合不仅有助于学生深入理解化学原理在不同领域的应用，提高对复杂系统和问题的综合分析能力，还可以帮助学生全面发展个性特长。通过参与不同学科领域的活动和项目，学生可以发现并培养自己的兴趣和特长，从而全面发展个性和才能。

四、强调环境友好型农业

在“普通化学”教学中增加有机农业、生态农业等环境友好型农业的内容，介绍有机肥料的制备方法、生物农药的原理与应用等，引导学生关注环境保护与农业发展的平衡（图1）。

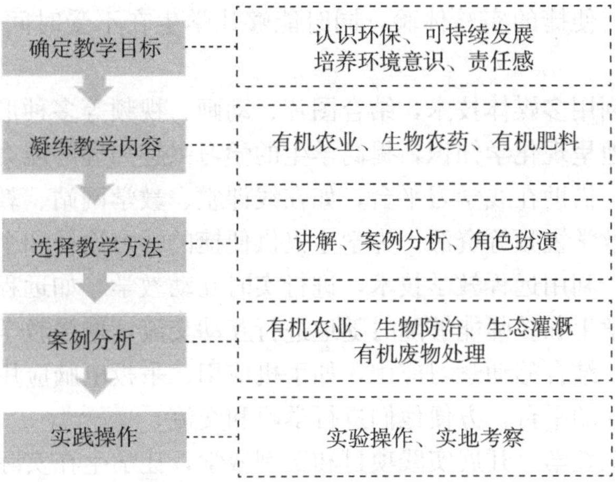

图1　环境友好型农业引入“普通化学”的教学设计

确定教学目标。确定引入环境友好型农业的目的。例如，增强学生对环境保护和可持续发展的认识，培养其环境意识和责任感。

凝练教学内容。选择与环境友好型农业相关的化学知识，如有机农业、生物农药、有机肥料等；讲解有机农业的基本原理和优势，如有机农产品的生产标准、有机农产品的特点和优点等；探讨生物农药的制备原理和应用技术，如微生物杀菌剂的制备、植物提取物的防治作用等；介绍有机肥料的制备方法和施用技术，如堆肥、腐殖土的应用、绿肥的种植等；选择与化学知识相关的环境友好型农业案例，如有机农产品的生产、生物农药的制备和应用、有机肥料的制备和施用等。

选择教学方法。采用多种教学方法，如讲解、案例分析、角色扮演等，以提高学生的学习兴趣和参与度。引导学生积极参与课堂讨论，思考环境友好型农业对农业发展和环境保护的意义，以及化学知识在其中的作用。

案例分析。提供真实的环境友好型农业案例，让学生分析并讨论其中的化学原理和技术应用。引导学生分析案例中的优点和挑战，思考如何更好地结合化学知识，促进环境友好型农业的发展。

实践操作。安排相关的实验操作，让学生亲自动手制备和应用环境友好型农业产品，如制备有机肥料、生物农药的生产与使用等。组织实地考察活动，让学生实地了解环境友好型农业的实践和应用情况，加深对化学知识在其中的理解和认识。

通过以上方法，可以有效将环境友好型农业引入“普通化学”的教学内容中，使学生更加全面地了解化学知识在农业生产中的应用，并提高他们对环境保护和可持续发展的意识。

五、教学手段多样化

结合讲座、研讨、实验、实地考察等多种教学手段，如组织学生参观农场、化肥生产企业等，加深他们对课程内容的理解和实践经验。

虚拟实验室。利用虚拟实验室软件，让学生通过计算机模拟进行实验操作和观察化学现象，提供更安全、便捷的实验体验，同时能够让学生在不受时间和空间限制进行实验操作。

多媒体教学。利用多媒体技术，结合图片、动画、视频等多种形式展示化学概念和实验过程，生动直观地呈现化学知识，提高学生的学习兴趣和理解能力。

在线学习平台。借助在线学习平台，如在线课堂、教学网站、教学平台等，提供课程资料、习题练习、教学视频等资源，为学生提供便捷的学习途径和个性化的学习体验。

远程实时互动。利用远程教学技术，进行实时互动教学，如远程授课、在线答疑、虚拟实验演示等，让学生和教师能够随时随地进行互动交流，增强教学效果。

移动学习应用。结合移动学习应用，如手机应用、平板电脑应用等，为学生提供随时随地的学习资源和互动平台，方便他们进行学习和交流。

实践项目和案例教学。开展实践项目和案例教学，让学生在实际问题解决中运用化学知识，培养解决问题和创新思维能力，加深对化学概念的理解和应用。

综合利用以上最新的教学手段和技术，可以提升“普通化学”教学的质量和效果，使学生能够更好地掌握化学知识，培养创新精神和实践能力。

通过对化学基础课程进行改革与实践，学生在化学课程中的优秀率显著提高了 12%，而不及格率则下降了 8%。教师对全校两个届次的大约 200 名学生进行了调研，结果显示：80%的学生认为多样化的教学手段以及环境友好型农业的案例等激发了他们对农业的热爱；82%的学生觉得自己的自主学习能力得到了增强；75%的学生表示他们的应用能力得到了提升；仅有 4%的学生表示没有感觉到明显变化。这一系列的调研结果表明，通过教学改革后，“普通化学”的教学效果得到了显著提升。

这种教育工作不仅是学科的传承，更能够引导学生全面发展。我们将继续探索“新农科”背景下“普通化学”教学中需要改进之处，进一步完善高等农林院校“普通化学”的教学质量，从而为农林领域培养出更多适应现代农业需求的高素质人才。

参 考 文 献

付媛，丁立军，赵智宏，2023. 新农科时代下农业院校“普通化学”课程思政的探索与实践 [J]. 广州化工 (10)：152－154.

李论，李海华，黄德宝，等，2023. 高等农林教育内涵式综合改革的研究与实践 [C]. 第四届全国高等农林院校教育教学改革与创新论坛论文集：64－68.

秦丽欢，2013. 环境友好型技术的环境、经济和社会接受性评价 [D]. 北京：中国农业科学院.

台玉萍，黄新辉，张长水，等，2021. 刺五加的化学成分分析及其药用价值 [J]. 化工时刊 (4)：37－40.

吴顺，关洁，2023. 新农科背景下分子生物学实验课创新性教学的探索与实践 [J]. 生物工程学报 (11)：4742－4749.

原弘，王运，马忠华，2017. 高等农业院校化学类公共基础课研究型教学的探索与实践 [J]. 大学化学 (5)：35－39.

张瑜，周伟红，朱广涛，等，2024. 普通化学教育功能的全方位释放 [C]. 中国化学会第二十五届学术年会.

钟国清，2001. 农业院校基础化学实验课程综合改革的实践与探索 [J]. 实验技术与管理 (1)：104－107.

数字化转型背景下的高校公共基础课程改革与教学创新*

——以“有机化学”为例

柳春梅[①]

摘要： 教育数字化转型是数字技术赋能教育的过程，高等教育数字化是高等教育高质量发展的重要支撑，是建设数字中国、教育强国和中国式现代化的有力保障。在数字技术资金投入有限的情况下，充分利用数字化工具和平台，基础有机化学充分利用国家高等教育智慧教育平台资源以及网络直播、在线会议和公众号等新媒体技术进行教学资源创新；通过数字化教学手段的介入对教学方法和评价方式进行改革，在传授知识的同时培养学生的数字素养，为实现北京农学院培养高水平应用型人才的培养目标做出强有力的支撑。

关键词： 数字化转型；课程改革；有机化学；教学创新

数字技术作为新一轮科技革命的重要支撑力量，推动着政治、经济和文化等领域的深刻变革，新质生产力就是以数字技术为代表的新一轮技术革命引致的生产力跃迁。教育数字化转型是数字技术赋能教育的过程，是“建设数字中国”的重要战略任务。自 2020 年以后教育部出台了一系列关于教育数字化的政策和措施，2021 年 1 月 1 日教育部设立教育信息化战略研究基地（北京、西北），目的是扎实推进教育信息化 2.0 行动计划。2021 年 8 月 26 日，教育部同意将上海作为教育数字化转型试点区。2022 年“推进教育数字化”被首次写入党的二十大报告。2023 年 2 月，世界数字教育大会以“数字变革与教育未来”为主题，围绕数字化转型、教育数字治理等内容开展了专题讨论。为了深入贯彻落实习近平总书记关于“教育数字化是我国开辟教育发展新赛道和塑造教育发展新优势的重要突破口”的指示要求，2024 年全国教育工作会议把不断开辟教育数字化新赛道作为 2024 年教育工作怎么干的重要任务之一。我国关于教育数字化转型的研究，最早的文献是 2011 年发表的图书出版数字化转型的研究，关于教育数字化转型的发文量自 2022 年起迅速上升，华东师范大学开放教育学院是发文最多的机构。国外教育数字化的研究热点主要是高等教育体系，国内则更关注高等教育和职业教育。高等教育数字化是高等教育高质

---

* 本文系 2024 年北京农学院教育教学研究与改革项目课题：“基础课程‘有机化学’实验教学能力提升与实践”研究成果（项目编号：BUA2024YB03）。

① 作者简介：柳春梅，女，博士，副教授，主要研究方向为天然产物化学。

量发展的重要支撑，高等教育的高质量发展是建设数字中国、教育强国和中国式现代化的有力保障。

数字化转型是教育发展的必然趋势和必然选择，作为高校一线教师亲历了我国高等教育数字化的发展历程，教育数字化最初主要是出版方面的数字化转型，学生的教材中悄然出现了包含视频、习题以及作者讲解的二维码，以及越来越多的电子书籍。2020 年新冠疫情暴发，超大规模的在线教学实践催化了国家层面教育数字化转型进程，也促使一线教师短时间内迅速适应并掌握线上教学方法，教师短时间内接触并熟悉了雨课堂、腾讯会议、钉钉等多款线上授课软件。后疫情时代高校教师仍然持续、主动地接受着数字技能培训，不断更新教育理念，应用数字技术的强有力支撑对所教授课程的培养目标、教学资源、教学内容和评价方式等方面不断创新，数字技术是教师进行课程创新和打造“金课”的途径、方法和技术支持。

一、数字化技术助力高校“有机化学”学情分析

“有机化学”是北京农学院植物保护、酿酒、生物工程、动物医学以及食品科学等 12 个专业领域 24 个自然班的公共必修课程，“有机化学”为后续学生开展专业课程的学习、实验、科创竞赛以及毕业论文的开展打下坚实的基础。2018 年，河北、辽宁、江苏、福建、湖北、湖南、广东和重庆 8 省（直辖市）开始实施新高考“3＋1＋2”模式，预计到 2025 年普通高考整体实行“3＋1＋2”模式，其中“2”是指从生物、化学、地理、政治中选择两门作为选考科目，2021 年各高校迎来新高考政策实施后的第一批学生。互联网帮助教师提前了解大一学生的化学基础，了解高中学生对于化学的选修情况，了解高考政策改革对于大学“有机化学”课程的影响，数字技术将高校“有机化学”的学情分析延伸到高中。开课前教师通过问卷调查、在线投票、接龙等小程序，甚至是校园平台课程中心的问卷调查功能都可以轻松掌握所教授班级的具体学情。2021 年北京农学院大一新生大约 20％甚至更高比例的学生在高中未选修化学，2022 年和 2023 年北京农学院新生中未在高中选修化学的比例仍然居高不下。以笔者教授的 2023 级新生为例，23 动物医学 2 班和 23 资源 2 班中均各有 8 人高中未选修“化学”，均各占所在班人数的 1/4；23 资源 1 班高中未选修化学的学生 12 人，占比高达 40％。数字化转型背景下化学基础参差不齐的学情需要教师分层次提供学习资源，创新教学方法和评价方式，满足学生的个性化学习，调动大班授课时学生的积极性。

二、数字化技术助力教学资源创新

数字化工具与平台的有效利用促进了教学资源的整合、共享和利用，教学资源的持续更新推动了教学内容的优化与创新，数字技术是建设高等教育“金课”的重要支撑。国家高等教育智慧教育平台（包括 2 万门优质课程，涉及 13 个学科、92 个专业类）、B 站以及国内外各类免费在线教育平台可以为学生提供“有机化学”课程相关的精品学习资源，学生依照自身实际情况自主选择学习内容，并且可以重复播放，以此满足化学基础相差较大的学生对于理论课程的学习。应用新媒体技术实现教学资源和教学内容的创新性，网络直播、在线会议、各类与化学相关的公众号可以快捷地推送化学领域的前沿进展，如“化

学加”，每周三定时推出化学领域的最新前沿进展报告。微视频是指较为简短的视频，能基于智能手机、笔记本电脑以及 iPad 等设备进行录制与播放。教师在本校实验条件和环境下将有机化学实验按照原理、装置搭建、操作步骤和注意事项录制成包含若干个知识点的微视频，可以将枯燥的理论知识和未知的装置、仪器转变为生动形象的视频资源，对于基础薄弱的学生的预习起到将难度降维的作用，高质量的预习又为“有机化学”教学方式方法的创新提供了坚实的基础。

三、数字化技术助力教学方式方法创新

伴随数字技术的不断发展，一些传统的教育教学方法将被替代，同时教师也将获得新的数字赋能，这是机遇也是挑战，新兴科技正在逐步渗入并积极推动教育数字化转型的发展。教育数字化转型使教学模式从标准化走向个性化，满足学生个性化、多元化、高质量的学习需求。基于数字化工具、软件和平台将“有机化学”的整体课堂分成三个部分，包括线下课堂、线上课堂和实验教学。线下课堂教师应用多媒体精讲重点和难点，帮助学生构建有机化学理论知识框架，云课堂在线答题能够及时反馈学生的学习状况。线上课堂则通过国家高等教育智慧教育平台、学校课程中心教学资源以及国内外各大免费网站资源按照教师所设定的学习要求和时间，监督学生完成自学知识点，数字技术有力支撑线上线下混合式教学方式。基础有机化学实验将常规操作、实验技巧、安全意识和科学思维紧密联系在一起，是提高学生实践操作能力和实验素养的重要方法，是培养学生实践能力的重要环节，是应用型本科高校实施人才培养方式改革的重要内容。虚拟仿真技术为学生提供沉浸式的实验环境，学生根据系统提示自行搭建实验装置，通过具体操作和实验结果增强对实验原理、操作和注意事项的理解，虚拟仿真技术为学生提供多次反复练习和熟悉实验的机会，是教师进行实验教学改革的有力支撑。在数字技术的有力支撑下有机化学理论和实验的教学改革充分且有效，“两条腿走路”，两方面都强，是实现北京农学院培养高水平应用型人才目标的有力支撑。

四、数字化技术助力教学评价手段创新

数字技术使得教学评价方式更加实时和多元化，同时也降低了过程性评价的难度，数字化教学手段的介入对教学评价的反馈与收集作用巨大，雨课堂在线答题可以实时评估学生对于知识点的掌握情况，极大地提高了课堂教学过程中教学评价的实时性和有效性，有助于教师及时掌握学生学习情况，并据此调整后续的教学方法与教学内容。在校内平台的课程中心完成课前预习测试和课后练习作业，增加过程性考核，如有机实验课前通过课程中心发送每个实验的应知应会十道题，监督和检测学生的预习情况；课程中心讨论区发表新的话题，如“有机化学”各章节每个学生认为的重点，或实验如何能做得更成功的秘籍等讨论话题。教师在教授知识和技能的同时把培育学生数字素养融入教书育人的各个环节，教导学生转向数字化时代的适应性学习，教会学生如何利用数字技术进行学习。

五、结语

信息技术与教育教学的深度融合加快了教育数字化转型，教育数字化转型可以实现教

学时空的延展，数字化转型是教育发展的必然趋势和必然选择。高校教师要主动迎接挑战、接受数字化教学理念，学习数字化技术，主动对所教授课程的培养目标、教学内容、教学方法和评价方式等方面进行改革和创新。数字技术是教师打造金课的方法、途径和有力保障，面对新高考模式下，大一学生化学基础参差不齐的学情，在数字技术资金投入有限的条件下，充分利用数字化工具和平台，“有机化学”教学创新包括教学资源创新、教学方法创新以及教学评价创新，在传授知识的同时培养学生的数字素养，为实现北京农学院培养高水平应用型人才的培养目标做出强有力的支撑。

参 考 文 献

牟丽蓉，2021. 教育信息化背景下微视频在化学教学中应用的实践研究［J］. 化学教育（中英文）(9)：34－38.

石岱峰，2011. 例谈教育图书出版的数字化转型［J］. 出版发行研究（4)：53－54.

王萍，薛一雪，2024. 国内外教育数字化转型研究的比较分析［J］. 黑龙江高教研究（5)：130－137.

王兴宇，2023. 数字化转型与高等教育高质量发展：耦合逻辑与实现路径［J］. 社会科学战线（1)：236－244.

习近平，2022. 高举中国特色社会主义伟大旗帜为全面建设社会主义现代化国家而团结奋斗——在中国共产党第二十次全国代表大会上的报告［M］. 北京：人民出版社.

杨宗凯，2022. 建设国家智慧教育平台推动高等教育高质量发展［J］. 中国教育信息化（4)：130.

张民选，薛淑敏，2023. 共同趋势与建设重点：教育数字化转型的全球观察［J］. 中国远程教育（7)：21－29.

中华人民共和国教育部，2024. 2024 年全国教育工作会议召开［EB/OL］. http://www.moe.gov.cn/jyb_xwfb/gzdt_gzdt/moe_1485/202401/t20240111_1099814.html.

祝智庭，胡姣，2022. 教育数字化转型的本质探析与研究展望［J］. 中国电化教育（4)：1－8.

MARÍA L，BENAVIDES C，ALEXANDER J，et al.，2020. Digital Transformation in Higher Education Institutions：A Systematic Literature Review［J］. Sensors（11)：1－22.

“猪生产学”课程体系建设教学改革*

龙 城[①] 齐晓龙

摘要：本文旨在探讨“猪生产学”课程的建设和优化，提高学生的专业素养和实践能力，以满足现代畜牧业发展的需求。通过分析国内外“猪生产学”课程的现状和发展趋势，结合具体的教学实践经验，提出一套理论与实践相结合、前沿性与实用性并重的课程体系设计方案。本文还探讨了多媒体教学、案例教学、互动教学和在线学习平台等多种教学手段的应用，提出了科学的考核与评价体系，并对课程资源建设和保障措施进行了详细阐述。

关键词：猪生产学课程；建设与优化；专业素养；实践能力；教学手段；评价体系；课程资源

猪生产学是畜牧学科中重要的一部分，涵盖了猪的育种、饲养、营养、疾病防控等多个方面。随着畜牧业的不断发展，养猪业的规模化、集约化和现代化水平不断提高，对专业人才的需求也越来越大。通过系统的课程建设，可以培养学生扎实的理论基础和过硬的实践技能，为现代养猪业的发展提供有力的人才支持。

国内外“猪生产学”课程的研究主要集中在课程内容的设置、教学方法的创新和实践教学的实施等方面。国外的“猪生产学”课程在内容设置上更加注重理论与实践的结合，教学方法多样化，重视学生自主学习能力的培养。国内的课程建设则在教材编写、实验实训基地建设等方面取得了一定的成绩，但在教学方法的创新和课程内容的更新上仍有较大的提升空间。

本文旨在通过系统分析和实践探讨，提出一套科学合理的“猪生产学”课程体系，培养学生的综合素质和专业能力，以适应现代养猪业的发展需求。具体目标包括优化课程内容设置，创新教学方法和手段，建立科学的考核评价体系，完善课程资源建设和保障措施。

一、课程设计原则

1. 以学生为中心

在课程设计中应充分考虑学生的学习需求和兴趣，注重学生自主学习和创新能力的培

* 本文系2024年北京农学院教育教学研究与改革项目（项目编号：BUA2024YB06）。

① 作者简介：龙城，男，博士，讲师，主要研究方向为家禽生殖营养调控、营养强化鸡蛋开发以及益生菌（元）开发与利用。

养。通过多样化的教学方法和手段，激发学生的学习积极性和主动性，使他们能够在实践中巩固和应用所学知识。

2. 理论与实践相结合

猪生产学是一门应用性很强的学科，理论知识的掌握固然重要，但更关键的是实践能力的培养。课程设计应充分考虑到这一点，通过实验、实习、案例分析等多种方式，使学生在实际操作中巩固和深化理论知识，提高解决实际问题的能力。

3. 前沿性和适用性

现代养猪业的发展日新月异，课程内容也应与时俱进，及时引入最新的研究成果和技术。课程设置应既有基础理论的讲授，又有前沿技术的介绍，使学生能够掌握最新的行业动态和发展趋势。

二、课程内容设置

1. 基础理论

猪的解剖与生理。讲授猪的基本解剖结构和生理功能，包括消化系统、循环系统、生殖系统、神经系统等。通过理论讲解和解剖实验，使学生全面了解猪的生理特点，为后续课程的学习打下坚实基础。

猪的育种与遗传。介绍猪的繁殖生理、配种技术、遗传改良等。通过繁殖实验和遗传选育实践，使学生掌握猪的繁殖规律和遗传改良的方法，提高生产效率和品种改良的能力。

猪的营养与饲料。讲授猪的营养需求、饲料种类及其配制、饲料添加剂的使用等。通过营养实验和饲料配制实训，使学生了解猪的营养需求和饲料配制的基本原理，掌握科学的饲养管理方法。

2. 生产技术

猪舍设计与环境控制。介绍猪舍的设计原则、环境控制技术及其在养猪生产中的应用。通过猪舍设计和环境控制实验，使学生掌握现代化猪舍的设计和环境控制技术，提高猪舍建设和管理的能力。

猪的饲养管理。讲授猪的饲养管理技术，包括仔猪、育肥猪、种猪的饲养管理及其不同生长阶段的营养需求。通过饲养管理实训，使学生掌握科学的饲养管理方法，提高猪的生长性能和生产效益。

猪的疾病防控。介绍猪的常见疾病及其防控措施，包括疫病监测、疫苗接种、药物使用等。通过疾病防控实验和实习，使学生了解猪的常见疾病及其防控技术，掌握科学的疾病防控方法。

3. 实训课程

实验室操作。通过解剖实验、营养实验、繁殖实验等，使学生掌握基本的实验技能和操作方法，提高实验设计和数据分析的能力。

生产实习。安排学生到养猪企业或实验基地进行实习，通过实际操作和生产实践，巩固和深化所学知识，提高解决实际问题的能力。

企业参观与交流。组织学生参观现代化养猪企业，与企业技术人员交流，了解现代养猪业的发展趋势和实际生产情况，拓宽学生的视野。

三、教学方法与手段

1. 多媒体教学

多媒体教学在“猪生产学”课程中的应用，可以有效提升教学质量，增强学生的学习体验和理解能力。多媒体教学指利用文字、图片、音频、视频、动画等多种媒体形式，综合呈现教学内容，打破传统单一的教学模式，提供更加直观、生动和互动的学习体验。

多媒体教学在“猪生产学”课程中的具体应用包括实验演示视频和养猪场实景视频。实验演示视频指拍摄猪的解剖、生理实验、繁殖技术操作、疾病诊断等实验过程，制作成教学视频。通过观看视频，学生可以直观地了解和学习实验操作步骤和技巧，弥补课堂实验时间不足的缺陷。养猪场实景视频指拍摄现代化养猪场的生产管理过程，包括猪舍设计、饲养管理、疾病防控等。学生通过观看实景视频，可以了解实际生产中的管理流程和技术应用，增强实践知识的感性认识。

多媒体教学可提高教学效果，因其直观性强，多媒体教学通过视频、动画、图片等形式，形象直观地展示教学内容，帮助学生更好地理解和掌握复杂的理论和技术；还因互动性高，多媒体教学可以设计互动环节，如在线测验、课堂讨论、虚拟实验等，增强师生互动，激发学生的学习兴趣和参与度。

2. 案例教学

案例教学是一种以实际案例为基础，通过案例分析、讨论和解决问题的方式，培养学生解决实际问题能力的教学方法。在“猪生产学”课程中，案例教学能够将理论知识与实践应用紧密结合，提高学生的分析能力和综合素质。通过典型案例的分析，培养学生解决实际问题的能力。选择具有代表性的生产案例，进行深入分析和讨论，使学生在案例分析中学习和掌握解决实际问题的方法和技巧。例如，选取实际养猪场中的典型生产管理案例——猪舍设计与建设、饲料配制与管理、繁殖与育种、疾病防控等。通过这些实际生产案例，学生能够了解现代养猪业的生产管理流程和技术应用；选择具有代表性的问题案例，如猪场暴发疫情、饲料质量问题、繁殖率低下等。学生通过分析这些问题案例，可以学习如何识别和解决生产中的实际问题。

3. 互动教学

互动教学是一种通过师生互动和生生互动，促进学习过程的教学方法。在“猪生产学”课程中，互动教学可以增强学生的参与感，提高学习兴趣和效果，培养学生的合作能力和自主学习能力。鼓励师生互动、讨论，激发学生的学习兴趣。通过课堂讨论、问题解答、小组合作等多种形式，增强师生互动，促进学生积极参与，提高学习效果。

4. 在线学习平台

在线学习平台在现代教育中的应用越来越广泛，为“猪生产学”课程的教学提供了新的途径和手段。通过在线学习平台，教师和学生可以实现跨时空的互动和学习，提升教学质量和学习效果。建设在线课程资源，方便学生自主学习。利用现代信息技术，建立在线学习平台，提供丰富的课程资源和学习资料，支持学生随时随地进行学习和复习，提高学习的灵活性和自主性。

四、考核与评价

1. 过程性评价

过程性评价是一种注重学生学习过程和发展变化的评价方式，与传统的终结性评价（如期末考试）不同，它更加关注学生在学习过程中的表现。对于"猪生产学"课程，过程性评价可以全面、动态地反映学生的学习情况，提高教学质量和学习效果。通过平时作业、课堂表现、实验报告等多方面评价学生的学习过程。注重学生在学习过程中的表现，鼓励学生积极参与课堂活动和实验操作，全面反映学生的学习情况。

2. 终结性评价

终结性评价是一种在课程或学期结束时对学生学习效果进行总结性考核的评价方式，通常以期末考试或最终项目的形式进行。终结性评价在"猪生产学"课程中发挥着重要作用，能够全面检验学生的知识掌握情况和综合能力，为课程教学效果提供反馈。通过期末考试和平时作业，综合评价学生的学习成果。期末考试主要考查学生对基础理论和关键知识点的掌握情况，平时作业则侧重于实际问题的分析和解决能力培养。

3. 多元化评价

多元化评价是一种综合利用多种评价方法和手段的评价方式，旨在全面、客观地反映学生的学习效果和综合素质。对于"猪生产学"课程，多元化评价能够更全面地考查学生的知识、技能和态度，促进学生的全面发展。多元化评价包括教师评价、自我评价和同伴评价，全面反映学生的学习情况。通过多元化的评价方式，使评价结果更加客观和全面，帮助学生发现自身的优点和不足，促进其全面发展。

五、课程资源建设

1. 教材编写

教材是教学过程中的重要工具，对学生知识获取、能力培养和思维发展具有重要作用。在"猪生产学"课程中，编写一本高质量的教材至关重要，能够有效支持教学活动，提升教学效果。编写与时俱进的教材和教学参考书。结合最新的研究成果和行业发展动态，编写高质量的教材和参考书，为教学提供坚实的基础和保障。

2. 教学案例库

教学案例是教学活动中的重要组成部分，通过具体的案例可以帮助学生将理论知识与实际问题相结合，提高问题解决能力和实践操作能力。建立一个教学案例库，可为教学提供丰富的案例资源，丰富教学内容，提升教学效果。收集和整理典型案例，供教学使用。通过不断丰富和更新案例库，使教学内容更加贴近实际，提高学生的学习兴趣。

3. 实验实训基地

建立"猪生产学"课程的实验实训基地是提升教学质量、培养学生实践能力的重要途径之 。实验实训基地为学生提供了 个模拟真实生产环境的平台，在这里，学生可以通过实际操作和实验探究，巩固理论知识，培养实践技能，提高解决问题的能力。建立校内外实训基地，为学生提供实践机会。通过与养猪企业和科研机构的合作，建立稳定的实训基地，为学生提供丰富的实践机会，提高其动手能力和实践水平。

六、课程建设的保障措施

1. 师资队伍建设

猪生产学课程的师资队伍建设是提高教学质量和培养学生能力的关键环节。一支优秀的师资队伍能够为学生提供高质量的教学资源和个性化的教学服务，推动课程的不断创新和发展。加强教师的培训和进修，提高教学水平。通过国内外进修、参加学术会议等方式，不断提高教师的专业素质和教学能力，确保教学质量。

2. 硬件设施建设

建设完善的硬件设施是支撑"猪生产学"课程教学和实践活动的基础，能够提供良好的学习环境和实践条件，促进学生的学习效果和能力培养。完善实验室、教室和在线学习平台的建设。通过不断更新和完善教学设施，为学生提供良好的学习环境和条件，支持课程的顺利实施。

3. 校企合作

校企合作在"猪生产学"课程的发展中具有重要意义，它能够为学生提供更丰富的学习资源、更广阔的实践平台，同时也能促进产学研深度融合，推动研究成果的应用和转化。与养猪企业建立合作关系，提供实习和就业机会。通过校企合作，拓宽学生的实习和就业渠道，为学生的职业发展提供有力支持。

七、结论

本文通过系统分析和实践探讨，提出了一套科学合理的"猪生产学"课程体系，旨在培养学生的综合素质和专业能力。通过优化课程内容设置，创新教学方法和手段，建立科学的考核评价体系，完善课程资源建设和保障措施，为现代养猪业的发展培养具备综合素质、实践能力和创新思维的高素质人才，促进现代化养殖技术的推广和应用，推动行业的可持续发展。

参 考 文 献

白晰，闻爱友，王淑娟，等，2020.《猪生产学》"金课"教学改革探讨［J］. 安徽农学通报（10）：146－147.

车东升，姜海龙，秦贵信，等，2019. LBL 与 PBL 教学法在"猪生产学"教学中优选的探讨［J］. 黑龙江畜牧兽医（22）：173－174，178.

黄晓宇，杨巧丽，王鹏飞，等，2021. 动物科学专业猪生产学混合式教学方法的构建和探讨［J］. 信阳农林学院学报（2）：137－142.

王园，刘娜，齐景伟，2023."猪生产学"课程四维创新数字化教学模式探索［J］. 教育教学论坛（2）：85－88.

吴国云，吴华东，舒邓群，等，2021.《猪生产》课程"多维一体化"教学模式的探索与实践［J］. 江西畜牧兽医杂志（1）：4－6.

邢凯，郭凯军，2019. 猪生产学实验教学改革探讨［J］. 现代农业科技（19）：252－253.

"以教促研，以研带学"在"动物微生物学"教学改革中的实践研究*

王　真[①]　徐胜奎

摘要： 科教融合是教育部在"十三五"期间提出的现代高等教育的核心理念，其内涵是通过教学促进科研、科研反哺教学的方式培养出具有创新思维和实践能力的高质量人才。然而，当前高校普遍存在不同水平的教学与科研分离现象。"动物微生物学"作为动物科学专业的一门基础必修课，课程本身能够表现出较强的理论性和实践性，且课程内容与生产实践联系较为紧密。因此，本文充分利用动物微生物教学优势，对目前高校中教学与科研分离现状进行浅要分析，提出通过采用PBL、案例教学法、翻转课堂、思维导图等教学方法，改革考评体系和充分融入课程思政元素，促进教学与科研在"动物微生物学"教学中的融合，充分发挥科学研究与人才培养教育相互促进、共同发展。

关键词： 动物微生物学；科教融合；教学改革实践

在如今经济和科技飞速发展的时代，各高校非常重视对高质量综合型创新人才的培养。我国高等教育先后经历了苏联时期的教研分离、改革开放时期的教研初步结合过程。终在2011年，我国研究学者回归洪堡原则，提出了实施"科教结合协同育人行动计划"，通过改变人才培养模式，大力支持科研融入教学、科研与教学协同育人，促进创新型人才培养。2016年，教育部在"十三五"期间明确将科教融合作为现代高等教育的核心理念，进一步强化了大学教育中科学研究的育人性。

"动物微生物学"是北京农学院动物科学专业的一门基础必修课程，具有很强的应用性，并随着现代生命科学的快速发展，微生物学相关课程的重要性不言而喻。但目前"动物微生物学"授课中存在理论内容烦琐、知识更新迭代较快、课时有限的问题，一定程度上影响了学生对基础理论知识的掌握，甚至限制了学生创新思维和动手能力的培养。如何解决上述问题，推进教研融合，培养应用型创新人才，本文提出了以下观点和相应措施。

---

* 本文系2022年北京市高等教育学会教改项目"'以教促研，以研带学'探寻教学与科研的结合之道——以动物微生物学课程为例"。

① 作者简介：王真，女，博士，副教授，北京农学院兽医学硕研究生第二党支部书记，主要研究方向为病原菌致病机制及细菌病防治技术研究。

一、我国教研融合目前存在的问题

当前教学与科研的分离现象主要表现在重教学轻科研、重科研轻教学两个方面。重教学轻科研的现象主要存在于某些地方高校，如部分教师受传统教学观念桎梏，对教研融合理念的认识不深刻，教学模式僵化，仍然认为教学育人只需单一地将书本上的基本知识传授于学生，做到“传道授业解惑”的师者职责便可；而有些教师则是困于学校教师资源少、教学任务繁重，没有过多的时间和精力钻研教学学术改革，无法施展科学实践，也难于将科学研究融于常规教学中，无形中降低了教学质量；还有一些学校科研硬件不足，无法开展科学研究实践，故在科研与教学融合及科研促进教学方面工作滞后。

重科研轻教学的现象更为严重，普遍存在于大多数国家或重点院校。首先，大多数高校为了响应科教兴国，非常重视教师的科研能力和科研成果，并将这些列为教师考核和职称评定的指标，过分强调科研的应用性而忽视了科学研究在教学育人中应体现的教育性。其次，教师为适应评选晋升制度、获得更多项目资源，将大部分精力投入易于量化的科学研究中，而摒弃了难以评估成果的教学学术研究；作为培养人才的学校和教师，却一味地倾向于科研的应用性，片面追求科研，也不同程度背离高等教育教研融合的核心理念。

二、教研融合的意义

1. 教研融合是提高教师教学水平与学术水平的根本途径

高校教师教学水平与学术水平的高低直接影响着教学质量的优劣。教师对课本知识的掌握程度、对教材的理解能力及对教学手段和方法的运用直接影响着教师的教学水平，而教师学术水平的提高更依赖于其在科研方面的研究能力和成果。教师结合教学内容开展科研活动，把本学科的发展动态和最前沿的科学知识融入教学，能够丰富和更新教师的知识结构。教师学术水平的提高和知识结构的更新，有助于教师开阔教学思路，促使其站在更高的高度对教学内容进行取舍更新，从而生动灵活地开展教学实践。教师把自己的科研成果、科研思路和方法以及自己在科研中获得的新知识，直接或间接地传授给学生，不仅可以开阔学生视野、拓宽学生的知识面，加深学生对本专业的理解，而且还可以培养学生独立思考的能力，发展其创造性思维，增强其学习兴趣，从而潜移默化地培养学生的创造精神和实践能力。

2. 教研融合是培养学生创新意识和创新能力的根本保证

高校的根本任务是培养适应社会经济发展的高层次人才，教学和科研相结合的培养模式有效地保证了这一根本任务的完成。教学使学生能够掌握扎实的基础知识和基本原理，为学生开展科研打下坚实的基础。科研能力来自科研实践，通过专门性的科研实践教学活动，有助于学生理解和掌握理论知识，提高学生运用知识的能力和实际动手能力，从而激发学生的科研创新能力。科研实践是科研工作的基础，培养和提高学生的科研能力，就必须加强实践教学环节。因此，高校应加大科研基地的建设和投入力度，开放现有实验室，并帮助和指导学生进行科研训练，以培养学生的创新意识和创新能力。

三、“动物微生物学”课程教学模式改革措施

1. 教学方法的改革

（1）基于问题的学习（problem-based learning，简称 PBL）。PBL 是目前国内外高等教育中较为成功的一种教育模式，最早源于麦克马斯特大学的教育改革，主要核心是以学习者为中心，以问题为导向、项目为组织的主动学习方法。这种教学方法中，学生要对自己的问题负责，教师成为学习的促进者，而非知识的传递者，在学生研究如何解决问题的同时，需要对先前所学的知识进行整合。有学者认为通过 PBL 培养的这些技能能够帮助学生成为自我导向的学习者，这不仅能应用于其他学科中，还有助于毕业后的工作实践。在“动物微生物学”授课时，鼓励教师使用课程中心、雨课堂线上软件将课程相关的课件、视频资源上传至网络平台，并设计教学内容相关的问题，让学生带着问题提前预习，之后将学习见解反馈于课程中心或雨课堂讨论区；在整书教学的最后设置研究性教学，联系生活与微生物学有关的事件设计多个选题（如细菌的生物学特性及对动物和人类生活的影响及防控措施），并让学生成立小组自选一个主题，通过查阅文献、实地考察，并结合课本内容对问题进行多维度丰富有效的讨论，经小组协作最终确定解决方案并进行分享汇报，增强发现问题、解决问题、主动学习知识的能力。在实践教学环节，减少教师演示、学生重复性验证实验，增添开放性和设计性试验，与生产实际相结合，如乳制品和肉中细菌的分离与鉴定，让学生将所掌握技术真正应用于实际，增强学生动手兴趣的同时更好地理解实验原理、运用技能和方法。

（2）案例教学法（case study）。案例教学法是通过以叙事的形式呈现内容主题，引导学生围绕案例从回忆知识转向分析、评估和应用的一种方法。案例教学法具有较强适应性，可与其他教学方法良好融合，如 PBL、翻转课堂等多种形式。案例教学法使用灵活，教师能够在教学期间任意时间使用精心设计的各种案例，通过文本、视频、图片等强化教学主题，无须占用大量课堂的时间。可借助案例法建立微生物与现实社会问题和应用之间的联系，提高学生参与课堂活动的动机，从而促进学生学习并提高教师教学水平。例如，教师在讲授病毒学章节，可与流行的人畜共患病毒病相结合，对病毒的命名、结构、遗传变异等知识点展开讲述，并依据所教授的内容对该病毒的特性进行讨论和定位。同时，还可联系其他病毒，如常见的肠炎病毒、疱疹病毒、狂犬病病毒等，并引导学生从传染源、传播途径、致病性、流行程度等各方面对各种病毒进行区分。此外，教师还可引入与之相关的科学前沿技术与发展趋势，充当学生课本知识与科学研究连接的桥梁，开阔学生思维与视野，充分发挥教学促进科研，科研反哺教学的作用。因此，教师在传授理论课程时，应当充分挖掘与生活息息相关的事件与科研进展，激发学生学习、了解微生物学的兴趣，提高教学质量。

（3）翻转课堂（flipping classroom）。翻转课堂是一种源自美国的创新性、开放式教学模式，与传统教学不同之处在于“翻转”二字，主要是指通过改变教学流程、知识内化顺序以及师生角色关系等方式，减少课堂上“教师—学生”灌输式知识背景的传授，增加学生课堂实践及教师与学生互动答疑时间的、以学生为主体的新型教学方式。但翻转课堂的真正实现还取决于技术要素（如网络视频）和环境要素（如智能学习监控系统），因此

翻转课堂还是信息技术促进教学改革的产物。有效实行翻转课堂的意义是能够提高学生学习的兴趣、增强主动分析思考、实践操作的能力、促进理论与实践的结合。自翻转课堂引入国内后，便引起众多高校的微生物学教师进行了教学改革的尝试。林雁冰等（2015）提出在微生物实验教学中开展翻转课堂时，通过让学生利用课余时间观看实验操作视频减少教师授课时间，压缩验证性实验学时，增加设计性和综合性试验的方式，增强学生创新意识和科研实践能力。翻转课堂模式中，需要花费学生大量课余时间和精力，教学效果很大程度上取决于学生的自主学习能力，以及有效的激励机制，王俊洁等（2020）提出在微生物学实验教学中设置分组式合作，让学生分工参与课程安排、实验设计、实验准备、微课制作、课堂问答等各部分教学环节，既能增强学生学习积极性、培养创新思维，又能提升每位学生的实验技能、培养动手能力。

（4）思维导图的运用。世界记忆之父 Tony Buzan 创建的思维导图记忆法，是基于左脑记忆与右脑想象的功能特点，通过绘制图文并茂的树状分支结构图，充分发挥人类大脑的潜能。由于“动物微生物学”理论内容知识点繁多、散乱、难以记忆，学生学习效果普遍较差，课堂兴趣偏低，思维导图法辅助性融入教学，恰好能帮助学生梳理各知识点的层级关系、构建课程整体知识网络，又能培养学生综合思考、发散性思维和创新能力，因此可鼓励学生通过手绘或 Xmind 等思维导图软件对阶段性学习内容进行梳理。潘建刚等（2020）就在“动物微生物学”授课中采用了思维导图辅助教学法，不仅将制作思维导图作为课后作业，还让学生之间相互评阅和借鉴。在绘制综合性较强的导图时还可采用小组绘图的方式，便于相互补充完善。

2. 考核方法改革

目前，“动物微生物学”课程对于学生成绩的考核标准主要分为出勤、课堂互动积极性、期末考核、实验报告，考核方式单一，缺乏对学习过程的考核，无法真实评估学生的学习水平。教师需要增加对学生学习过程进行多维度、多元化的考核，促进学生各项能力的全面提升。对于理论学习过程的考核，可利用网络平台对学生课前的学习进度和效果进行监控并纳入最终成绩的考核。对于实验操作过程，有教师提出采用小组互评方式分别对实验的准备、实验操作进行监督和打分，鼓励学生将理论向实践转化，对进行科技创新项目申报和在学科竞赛中获奖的学生小组采取加分制。

3. “动物微生物学”课程思政建设的必要性

在“互联网+”时代背景下，高校大学生的思想发展受到干扰较大，如何对大学生实施有效的思想引导，成为新时期教育改革需要重点研究的问题。国家也极其看重高等教育在学科中对学生思想政治素养和道德情操的培养。“动物微生物学”是一门自然科学课程，其中蕴含着丰富的科学和人文精神，非常有利于课程思政内容的融入，有助于培养学生的辩证思维、严谨的科学态度、社会责任意识、爱国主义情操以及生物安全意识、团队合作意识等。另外，“动物微生物学”课程思政建设，能丰富专业课程教学内容，有效促进德育思想在“动物微生物学”课程教学实践中的渗透，拓展教学范围和教学空间，使教学活动中能对学生作出积极的引导，将学术教育资源转变为育人资源，从而将课堂教学打造成为学生素质训练的主要阵地，实现高校育人目标。

综上所述，为满足国家和社会对高素质人才的需求，实现教学促进科研，科研带动教学的高等教育核心理念，需要打破学校和教师各自的固有观念，完善教学科研考核办法，勇于探索和不断尝试教学改革方法。在“动物微生物学”课程教学中，始终坚持以学生为中心，紧贴社会和市场需求，本着教研融合的理念，使用多样化教学方法和模式，鼓励学生参与科研训练，并融入课程思政全方位培养学生的批判性思维、创新思维、实践能力以及道德综合素养，为学生今后的科学研究和社会工作夯实基础。

参 考 文 献

谷九龙，尹艳玲，2023.《动物微生物》课程思政教学改革探索 [J]. 当代畜牧 (12)：88 - 89.

林雁冰，颜霞，秋立，等，2015. 翻转课堂教学模式在微生物实验教学中的设计与思考 [J]. 动物医学进展 (12)：168 - 171.

潘建刚，石春芳，姜志艳，等，2020. 新工科背景下《微生物学》课程教改中的探索与实践 [J]. 微生物学杂志 (4)：114 - 118.

王俊洁，杜俊宏，王重力，等，2020. 基于合作学习的翻转课堂在微生物生态实验教学中的探索 [J]. 微生物学志 (4)：124 - 128.

王真，2021. 农林院校动物微生物学课程教学改革新思路 [J]. 中文科技期刊数据库（全文版）教育科学 (5)：236 - 238.

BONNEY K M，2015. Case study teaching method improves student performance and perceptions of learning gains [J]. Journal of Microbiology & Biology Education (1)：21 - 28.

RADOVAN M，MAKOVEC D，2015. Relations between Students' Motivation，and Perceptions of the Learning Environment，[J]. CEPS Journal：Center for Educational Policy Studies Journal (2)：115 - 138.

动物医学专业中“兽医内科学”的实践教学与思考

林子翔[①] 张 华[②] 吴 琼[③] 肖龙菲[④] 姚 华[⑤]

摘要：“兽医内科学”是农业院校中动物医学专业的专业骨干课程之一。目前，农场动物和宠物在实施了较为系统的免疫程序之后，在兽医临床（包括宠物临床和农场动物临床）实际诊疗过程中，兽医内科病占有很大比例，威胁着动物尤其老年动物的生命质量。因此，“兽医内科学”的教学过程中，采用与临床疾病诊断相适应的教材、适时调整内科学的教学计划，并发挥校外动物医院或诊所作为实习基地进行实践活动的作用，逐步培养全面综合的执业兽医师和“卓越兽医师”。

关键词：兽医；内科学；诊疗；教学；实践

动物医学专业是一门实践性很强的学科，与其他专业相比，更强调能力培养、实验技能和临床技能的训练。“兽医内科学”是动物医学专业的必修课程，具有病种繁多、病因复杂、诊治手段进展快和专业性强的特点。新型医疗条件下，“兽医内科学”的教学需要突破传统模式，改进教学方法，重视提高兽医学生的临床实践能力和临床思维能力，有利于促进兽医学生向执业兽医师的角色过渡。

一、兽医内科学的专业地位

目前，兽医学的人才培养基本按照“科学基础＋兽医学基础＋兽医临床”的教育模式。在动物医学专业的必修课程中，“兽医内科学”是动物医学专业学生在进行临床实际诊疗过程中重要的临床课程，并与“兽医临床诊断学”“兽医外科和外科手术学”“兽医产科学”“中兽医学”等课程共同构成临床兽医学的骨干课程。

兽医内科学通常以系统为单位，详细介绍内科疾病的发生发展、诊断、治疗和预后。在兽医临床执业兽医师进行疾病诊疗的过程中，动物内科疾病较传染性疾病和其他类型疾病的发病率更高，对宠物尤其老年动物的生命和生活质量影响很大。因此，在“兽医内科学”的教学过程中，我们关注的更多是对内科病的细节和实践能力的培养。

---

① 作者简介：林子翔，男，博士，讲师，主要研究方向为小动物临床内科。
② 作者简介：张华，男，博士，副教授，主要研究方向为小动物临床外科。
③ 作者简介：吴琼，女，博士，副教授，主要研究方向为小动物临床诊断。
④ 作者简介：肖龙菲，男，博士，讲师，主要研究方向为小动物临床产科。
⑤ 作者简介：姚华，女，博士，教授，主要研究方向为小动物临床内科。

二、“兽医内科学”教学过程中的问题

动物医学专业培养计划中，临床兽医学课程的设置和实施在随着都市型农业发展的进程中，逐渐呈现出专业教育体系不完善的现状，以“兽医内科学”为例，主要表现在：①以通才教育体系为主，未能适时引导。兽医是一门实践学科，是一门专才教育，而不是通才教育。多数动物医学专业（本科）的学生，进入大学后，首先接触到的是基础兽医学的知识，如动物解剖学、组织胚胎学、动物生理学、动物生物化学、动物药理学和病理学等方面的基础知识，由于缺乏前期的实践培训，不能将基础知识融会贯通，指导后期临床兽医学科专业知识——尤其是内科学的学习。②实践技能的培养与训练。培养一名合格的执业兽医师，既需要系统的兽医学理论，又需要专业的临床实践技能。但目前，兽医内科学的教学过程，依然采取课堂授课为主，过分强调理论体系的重要性。③研究的成果不系统。多数院校的动物医学专业课程的教学研究趋向于某一课程的实验或实践教学的某一阶段，集中于某一章节或某一方面的科研结果。因此，研究和探索培养都市型执业兽医师的实验及实践教学新体系、新模式，认真开展兽医内科学的实践教学改革，完善和促进动物医学人才培养方案的改革，对于不断提高兽医人才综合素质和能力培养具有重要的现实意义。

三、兽医内科学实践教学改革模式初探

1. 更新“兽医内科学”课程的教材，修订完善课程，特别是课程的实验实习指导、教学大纲及教学基本要求等教学文件

现行的“兽医内科学”课程的教学计划、教学大纲和课程设置还不太合理，不能适应新形势下培养执业兽医师的基本要求；课程的教学内容更新不快，没有处理好传统内容与现代内容的关系，这在很大程度上制约了实践教学的正常开展。因此，我们建议选择课程的教材多是从事兽医临床教学、科研和实际诊疗的兽医师、教师参编的教材作为规定教材；同时，提倡学生多参考临床一线执业兽医师的相关内科学诊疗技术的报告和文献。以理论带动实践，从实践中加强学生的理论知识，从而培养理论和实践更加系统的合格兽医师。

2. 根据学校和专业的实际情况，适时调整教学计划

“兽医内科学”从最初的120学时，逐渐压缩到80学时、64学时，到现在的40学时（25学时课堂教学和15学时实验课）。系统的课程内容不再成为任课教师选择的主题，课时有限，课程内容仅选取有代表性的系统疾病中的一两个疾病来介绍，极大地制约了学生在临床鉴别诊断中判断的准确性。因此，从兽医内科学的特点来看，我们可以将其分为三门课程来进行介绍：“系统普通病”“营养代谢性疾病”和“中毒性疾病”。在解决课时少的前提下，进一步发挥了教师课堂引导的作用；同时在三门课程中，针对专业性的特点单独或系统开展实验和实践活动，目标性更强，更容易在临床中实施。

3. 充分发挥校外实习基地的实践作用，培养全面的执业兽医师

临床兽医专业课程的学习和实践，是培养职业兽医师的基本环节。“兽医内科学”可以兽医临床实际病例的分析为主要授课模式，充分发挥校外实习基地的作用，将更多的学

生直接安排在教学动物医院和实习动物医院开展相关的专业实践活动。目前，这个方面做得较好的是中国农业大学动物医院，其临床兽医学系的全体教师都安排在动物医院接诊，直接接触临床病例，在促进教师临床技能提高的同时，也利用其临床经验和体会在学生实践教学环节中给予系统的指导。北京农学院动医专业的实习基地分布在北京市区及郊县的多个动物医院、兽医站，这些医院和诊所的优势体现在：①具有完备的兽医临床诊断仪器、设备；②拥有全天坐诊的执业兽医师和助理兽医师；③每日有一定的病例量，能够满足动物医学专业学生临床内科的实践教学和实习活动。因此，我们可以充分发挥校外实习基地的作用，在动物医院进行“兽医内科学”的实践教学，能够兼顾到兽医外科学和外科手术学、兽医产科学和中兽医学，以及预防兽医学等方面的知识，提高学生学习专业课兴趣的同时，更能够使得教师的临床技能得到扩展、学生解决实际临床问题的能力得到提升。

综上所述，在开展“兽医内科学”课程教改的同时，结合北京农学院动物医学专业培养计划和“卓越兽医师”培养计划的大纲进行适当调整，发挥校外实习基地的实践教学功能，对“兽医内科学”的教学实践和学生的综合能力培养具有重要的现实意义。

参 考 文 献

贺鹏飞，刘博，陈灰，等，2020. 病案教学法在兽医内科学教学中的运用 [J]. 畜牧与饲料科学（1）：110-113，124.

马驿，丁月霞，陈进军，等，2022. 以培养卓越兽医人才为目标的实践教学改革与实践 [J]. 当代畜牧（1）：41-45.

孙智远，陈军，刘庆新，等，2020. 国外标杆对我国兽医教育改革的启示 [J]. 中国兽医杂志（1）：128-131.

鲜思美，肖超能，陈彦希，2023. 提高动物医学专业教学质量保障体系的构建与实践 [J]. 教育教学论坛（43）：141-144.

徐玉薇，黄兰香，李朝明，等，2019. 提高综合性大学动物医学专业学生实践能力的探索与实践 [J]. 中国兽医杂志（10）：126-128.

都市型宠物临床背景下“兽医临床诊断学”课程创新*

吴　琼[①]　张　涛　姚　华　常　迪

摘要：“兽医临床诊断学”为动物医学专业的一主干课程，是专业基础课逐渐向兽医临床学科过渡的专业科目。本文根据都市型动物产业的迅速发展以及社会对兽医学专业人才的新要求，系统介绍了“兽医临床诊断学”在都市型宠物医疗应用的教学改革，并通过系统分析都市型动物产业的特征、课程现状、实践教学创新及国际化发展模式，提出了系列创新的教学策略，旨在提高本课程的教学效果，为全国高等农业院校兽医人才培养提供借鉴。

关键词：兽医临床诊断学；创新；都市型宠物；实践教学

北京农学院是以都市型现代农业为特色的农林院校，是培养适应首都区域现代畜牧业发展以及城市伴侣动物产业需求的复合应用型兽医专业人才的重要人才基地。结合学校的办学特色和北京市的人才培养发展需求，都市宠物诊疗复合型人才的需求日益增加，培养具有较扎实专业知识背景、较强的创新思维和综合实践能力的复合型临床兽医专业人才是学校培养学生的目标和方向。“兽医临床诊断学”是动物医学专业重要的专业课，有了“兽医临床诊断学”的衔接，兽医知识体系才能完整构建，临床诊疗工作才能够顺利开展。都市宠物行业已经成为都市经济和文化的重要组成部分，其市场规模的扩大、消费特征的变化、宠物主群体的特征以及行业发展趋势，都为“兽医临床诊断学”课程的教学改革提供了重要的背景和依据。因此，本文立足于“兽医临床诊断学”课程，我们对课程教学方法做了一些改革尝试，旨在构建一个与都市宠物行业发展相适应、与国际兽医教育接轨的“兽医临床诊断学”课程体系，为培养具有创新精神和实践能力的高素质兽医人才奠定坚实的基础。

一、都市型宠物行业的特点

都市宠物行业是随着城市化进程和居民生活水平提高而快速发展的行业。都市宠物行业不仅反映了人们对宠物的情感需求，也是现代都市文化的一个重要组成部分。现代都市型宠物行业具有五大特点：①宠物数量和种类多元化；②宠物消费具有升级趋势，宠物食

* 本文系2023—2024年北京农学院教育教学研究与改革项目（项目编号：BUA2023JG03）；北京市高等教育学会2022年面上项目（项目编号：MS2022198）。

① 作者简介：吴琼，女，博士，副教授，主要研究方向为临床兽医学。

品趋向于天然、有机，宠物用品则向智能化、个性化发展；③宠物健康意识增强；④宠物服务个性化、多元化；⑤宠物行业数字化转型。通过对都市宠物行业特点的分析，可以看出该行业正处于快速发展和变革之中，对“兽医临床诊断学”课程的教学改革提出了新的挑战和要求。

二、结合课程现状改变授课内容

1. 增强课程内容的时代性

目前动物医学专业学生“兽医临床诊断学”课程学时为72学时，其中理论48学时，实验24学时。内容包括临床一般检查方法和顺序、整体检查、皮毛皮肤和相关组织检查、淋巴系统检查及五大系统检（循环、呼吸、消化、泌尿及神经系统）等十个章节内容进行教学设计。当前的教学内容主要集中在家畜和家禽的一般检查和系统诊断，还未完全跟上都市宠物临床发展的步伐。例如，一些新兴的宠物疾病、先进的诊断技术和治疗方法可能还未被纳入课程体系。在血液学诊断的环节中，我们引入了宠物的血常规和血液生化的检测结果，并对每一项进行分析，结合病例，更有利于学生理解和应用。在今后的教学设计中添加都市型宠物诊断的实际案例，为学生在毕业后能快速进入角色做好铺垫。

2. 增强课程的实践性和参与性

在课程的教学过程中，我们将在具体宠物疾病的诊断和治疗的章节让学生尝试角色扮演、课堂翻转以及悬疑讲堂，通过这些方式加深学生对宠物相关疾病诊断过程的印象，打破传统教师讲课一言堂的方式，增加课堂的生动性和互动性。目前，教学过程中缺少足够的互动和参与机会，如小组讨论、角色扮演和模拟诊疗等，这些活动对于提高学生的临床思维和沟通技巧至关重要。例如，第一章基本临床诊疗方法的章节中，在进行问诊技巧的注意事项授课时，传统授课是对知识点的平铺直叙，现在我们引导学生进行角色扮演、提问等方式进行启发式提问，同时可以结合病例思考问诊效果。在教学的过程中，我们也尝试在传统方式的授课环节中引入多种类型的宠物（包括异宠的影像学诊断）实验和实践环节，增强学生的动手能力，多留空间让学生思考，为今后走向工作和科研岗位奠定基础。

在课程模式改革中，我们改变了教学方式，在课堂上利用多媒体给学生截取《了不起的兽医》等国内外兽医诊疗的纪录片，目的是与学生今后工作的环境接轨，学生在课堂就能感受到兽医在临床如何诊断疾病，同时我们在这个过程中与学生互动讨论，这样的一些诊疗过程，或者大动物的这些疾病，作为动物医学专业的学生有谁对这些疾病预防的具体方法和思路呢？在讨论的过程中，学生进行了“头脑风暴”式的探讨，这个探讨的过程活跃了课堂气氛，学生多参与讨论，培养了学生的表达能力。课堂中问题的讨论过程也是对学生发散思维的一个培养过程。将课程设置中与学校的都市型高等农业教育特色的办学路线结合，符合我们培养人才的模式。

3. 利用现代化技术，“活化”课堂

在数字化时代背景下，“兽医临床诊断学”教学手段也充分利用现代教育技术提供更加丰富和灵活的学习体验。利用校内在线课程建设，建设“兽医临床诊断学”在线课程，为学生提供课程资料、视频讲座、在线讨论和作业提交的一站式服务。在线课程平台的建设能促进学生自主学习，提供灵活的学习时间和空间。我们也将引入虚拟仿真软件，特别

适用于练习复杂手术技巧或罕见病例的诊断过程。运用人工智能技术，如智能辅导系统或个性化学习推荐引擎，根据学生的学习进度和理解能力提供定制化的学习资源和辅导。运用学习分析和教育数据挖掘工具来跟踪和评估学生的学习行为和成效，以便及时调整教学策略。

授课中，我们还结合目前已在学校广泛应用的“雨课堂技术”＋“执兽考试”，通过将近五年执业兽医资格证原题的解析和课堂演练。我们目前在课程中主要运用雨课堂的课件推送功能、课堂中弹幕讨论以及课堂习题发送三项功能。首先，我们运用雨课堂的课前发送学习资料的功能，在上课前将学习内容推送给学生，让学生能够对知识点有初步的了解，做到课前预习，心中有数，带着问题听课，提高了学习的效率。其次，我们在授课过程中，开启雨课堂弹幕环节，在这个环节中我们能清晰地了解到学生有哪些困惑，学生对课程内容有哪些见解。传统的授课过程，由于内容较多，为了按时完成课程进度不能充分与学生互动。

三、实践教学创新

“兽医临床诊断学”是一门实践性较强的课程。结合学校的办学定位——建设都市型现代农林高等教育，“兽医临床诊断学”的实践课程应该更加多元化。我们已经建立了牛的听诊模型，在此基础上我们定制了犬听诊和触诊模型，让学生熟练掌握家畜和宠物的诊断方法以及各系统的检查项目，并结合教学进行家畜和宠物的诊疗比对。同时，我们带学生去北京观赏动物医院、芭比堂中心医院、美联众合转诊中心及多家京内动物医院参观，在实践中学习小动物的诊断和治疗方法。学习的过程中，学生结合理论课程讲解的原理和方法，对大型诊断仪器如小动物核磁及 CT 等精密仪器进行实操演练。学生在实践中掌握了在相关疾病诊疗中的应用和结果的判读。在马术俱乐部和马场的实践过程中，学生了解了马的种类及诊断的主要方法。这种“走出学校—走进岗位—回到学校”的学习和实践相结合模式，使学生对兽医特别是宠物和伴侣动物行业诊断疾病的方法有了更直观的了解。

课程中我们还邀请多领域行业大咖进课堂，邀请国内小动物眼科专家董铁博士讲解眼部疾病诊疗特点，邀请警犬基地警官入校讲解警犬的驯养及诊断，邀请养猪育种中心的行业专家举办讲座。大咖进课堂可以增加课程思政建设的力量，特别是校友的做客，更加坚定了学生临床兽医学的职业规划。实践课程应设计丰富，与理论课程进行互补融合，更能激发学生的学习热情，增强学生的职业责任感和职业规划。

四、提升课程国际化水平

我们已经在尝试“兽医临床诊断学”的双语课程建设。例如，在实验环节中引导学生独立进行血常规和血生化判读，我们会同时引入国外的病例，以小组讨论的形式对英文化验单进行解读。引入国际临床案例，不仅可以让学生了解不同国家和地区在兽医临床诊断上的实践经验，也能帮助学生熟悉专业术语的英文表述，提高学生使用英语进行专业交流的能力。我们也将鼓励学生参与国际合作研究项目，与海外学生和研究人员共同工作，学习国际先进的研究方法。未来，我们将与国际知名兽医学院和研究机构建立合作关系，引入国际先进的教学方法和资源，开发适合学生学习的资源库，与国外学生共享资源，提供灵活的学习方式，吸引全球学生参与。以上改革方法和措施可有效提升“兽医临床诊断学”课程的国际化水平，为学生提供更广阔的学习平台和更丰富的学习资源，培养他们成为具有国际视野的兽医专业人才。

以上是我们结合都市型宠物临床特点、结合学校办学定位在“兽医临床诊断学”课程中所做的一些教学设计创新与设想。在改革的过程中，我们得到了学院和学校的大力支持。我们也在这个过程中不断总结学生在课程学习时遇到的问题，整理意见，根据学生的情况随时调整教学方案和设计，通过改进授课内容、增加实践实习机会以及融合国内外优质资源，培养具有创新精神、合作精神，同时满足都市农业发展需求的动物医学专业人才。

参 考 文 献

陈丽，江慧杰，张秀莹，等，2023. 我国宠物经济发展现状及对策研究［J］. 当代畜牧（9）：117－120.

韩照清，王鑫，毕崇亮，等，2024. 课程思政在《兽医临床诊断学》中的探索与实践［J］. 现代畜牧科技（1）：168－170.

黄俊昆，2023. H宠物公司营销策略的优化研究［D］. 上海：华东师范大学.

林森，2024. 都市中的“宠物友好”：打造人宠和谐的新生活方式［J］. 走向世界（12）：58－61.

杨帆，江舟，郭小权，等，2024. 兽医临床诊断学课程思政教学改革探索与实践［J］. 畜禽业（1）：41－43.

张金娟，2023.《兽医临床诊断学》应用转型探索［J］. 畜牧兽医科技信息（8）：1－4.

张炫，2023. 我国宠物饲料市场行业概况及发展趋势分析［J］. 饲料研究（19）：179－182.

数字经济时代混合教学模式
在“微观经济学”课程中的探索和实践

吕晓英[①]

摘要：在数字经济时代，信息化和网络化与教育的深度融合是未来的发展趋势，混合教学模式实现了网络学习和线下面授教学的优势互补。本文分析了混合教学方式下，“微观经济学”课程的教学环节与设计。从过程评价和结果评价的角度，探讨了对学生学习效果进行多维度的综合评价，提出加强日常对网络教学材料的积累和维护、增加课程组成员的交流和合作，优化学生学习效果的评价体系等改进措施。

关键词：混合教学模式；微观经济学；线下网络学习

大数据、互联网的广泛应用引发了大学课堂教学模式、课程管理方式的变革和反思，高校教师面临线上和线下教学衔接和融合、教学内容设计和更新、角色转换与适应等多方面的挑战。互联网的普及和信息技术的快速发展为线上线下混合教学模式提供有效的技术支撑和便利的教学平台。如何有效利用腾讯会议、雨课堂、好视通等网络教学方式，整合教材、参考书、MOOC等网络优质课程资源，对学生的课程学习过程进行管理和评价，提升教育质量和教学效果，培养具有高阶思维能力的人才，实现数字经济时代教书育人的目标，仍需在教学实践中不断探索和思考。

一、混合教学模式的必要性

混合教学模式是一种充分实现在线网络学习和线下面对面学习优势互补的新型教学模式。信息化和网络化与教育深度融合，是未来教育发展的趋势之一。借助网络平台和信息技术，混合教学模式不仅能充分调动学生作为学习主体的主动性、积极性和创造性，而且能发挥教师指导、启发和管理教学过程的主导作用。在信息技术和数字经济快速发展的时代，结合微观经济学的课程特点，在教学中应用混合教学模式是实现网络学习和面授教学相辅相成的必然选择。

1. 实现教学内容分解，解决教学课时不足问题的教学方式

微观经济学课程内容丰富而学时有限，单一的课堂面授教学很难将知识点和理论深入分析，而借助线下网络学习可以拆分教学任务，解决学时不足的难题。微观经济学一些数学公式推导、图形分析以及理论方法对于大一初学的学生有一定难度。如果仅使用线下教

① 作者简介：吕晓英，女，博士，教授，主要研究方向为高校课程教学理论和实践。

学的学时介绍知识点和理论，缺乏深入分析、练习与应用，很多学生在学习后对课程内容印象不深，不能将理论联系实际。在混合教学模式下，教师可以将一些知识点和基本理论在课前以网络自学的形式推送给学生，线下课堂面授用于解答学生的疑问和组织案例讨论、开展经济实验，课后做练习和分组讨论巩固所学的知识和理论。通过分解教学任务，在广度和深度上扩展了课程内容。

2. 提高学生的学习积极性和自主学习能力的必然选择

学生学习微观经济学的兴趣不高、自主学习能力偏低是高校普遍存在的现象，主要原因除了微观经济学理论性强、公式抽象以外，传统教学方式以教师讲解为主，练习和应用相对不足，不能学以致用。尽管案例教学已广泛应用于课堂教学，但受课堂讨论时间的限制，学生课堂参与程度较低。在混合教学方式下，网络上传的教学短视频、线上答题和分数统计反馈可以提高学生的兴趣，让学生随时随地自主完成学习内容并及时了解学习效果。

二、混合教学模式的教学环节和设计

与传统线下教学模式相比较，混合教学模式具有教学资源丰富多样、个性化学习、自主学习、差异化学习、数据诊断和反馈等功能，更加注重课堂教学的延伸和扩充、更强调随时随地灵活安排学习时间，更客观地评价学生在学习过程中的收获，有利于实现分层次教学、培养学生的创新性和灵活性，有利于学生树立终身学习的理念，以适应变化的时代和未来的工作环境。“微观经济学”是针对大学一年级学生开设的专业基础课程，以价格理论为核心，主要研究市场经济中消费者行为、企业行为及其相互作用，分析市场机制的作用原理、市场结构特点，以实现社会资源的最优配置。这门课程与现实经济、社会生活紧密联系，掌握微观经济学的理论和方法有助于理解企业经营、消费行为、商品价格波动等经济活动和经济事件。

从开展教学的环节阶段看，混合教学模式下的教学设计包括课前准备、课堂教学、课后练习与信息反馈三个环节。以教学目标为指导，三阶段实现有机结合并互为补充。

1. 课前准备环节

考虑到学生认知程度的差异，课前准备主要围绕核心知识点和理论按照难易程度分类发布学习资料。在了解学生的学习能力和已修课程的基础上，根据学生的认知水平和特点查找难度适中的基本必读文章和稍有难度的选读文献。除了所有学生都需要学习的必读材料以外，鼓励学习能力较强、积极性高的学生阅读选读文献，实行因材施教。通过雨课堂、学习通或学校课程中心等教学平台发布课前材料，让学生写读后感或回答材料相关的问题。同时，网络教学平台保存了学生阅读课前资料后提交的文件，便于教师了解学生的预习情况和对学习过程进行客观评价和有效管理。

课前预习材料的形式灵活多样，除了文献资料以外，课前设计可以录制 10 分钟左右的微视频或使用大学慕课视频资料、编写闯关测试题。微视频以情景模拟或分析经济现象等方式介绍核心概念和知识点，体现知识性和趣味性，作为对课堂教学内容的准备和导入。设计的测试题用于测试学生对概念和知识点的掌握情况，以单项选择题为主，通过网络平台计算出闯关分数。以微观经济学的弹性原理为例，课前录制 10 分钟的教学小视频或借助慕课中的简短视频，让学生了解需求价格弹性的含义、类型和基本公式。

2. 课堂教学环节

由于通过课前线上教学分解了部分教学内容，学生自主学习了一些知识点和阅读了相关文献，课堂教学就可以突出重点、凝练内容，侧重培养学生的逻辑思维能力和综合分析能力。无论是在新冠疫情防控期间借助腾讯会议、好视通、钉钉等网络平台实现线上远程教学，还是恢复线下课堂教学，案例教学、市场模拟、分组讨论仍是常用的教学方法。教学风格因人而异，讲课的魅力除了营造轻松的课堂气氛、语言生动准确、清新流畅以外，还需要设计重点和难点讲解、分组讨论和点评，由浅入深展开对经济理论的分析和方法论述。

在混合教学模式下，充分利用雨课堂教学平台的功能，加强课堂互动，提高学生学习兴趣，调动学生主动学习的积极性。在教学过程中，学生不仅可以在弹幕上发信息提出不懂的问题，也能与教师探讨问题。结合教学目标和重点、难点，教师可以在课堂上通过发布案例讨论题目或习题，设置提交时间，让学生直接用手机进行解答。同时，雨课堂拍照上传图片功能也为习惯在草稿纸上回答问题的学生提供了便利。学生提交答案后，类似雨课堂的一些网络教学平台便于教师在课堂上及时看到所有学生的答案。在了解学生答题情况的基础上，有针对性地提问、讨论和对问答点评，突破了传统教学中一些学生懒于思考和回答、参与课堂讨论和学习积极性不高的难题。雨课堂提供的课堂报告是对课堂教学效果的评估，让教师了解全部学生的听课情况。以弹性原理教学为例，由于课前预习已经了解了弹性基本定义、公式和分类，课堂面授侧重于练习和案例讨论。一方面可以发布需求价格点弹性和弧弹性的课堂计算题，另一方面可以讨论“薄利多销”和“谷贱伤农”两个典型案例，让学生思考和分析需求价格弹性与企业变动商品价格对收益的影响。

3. 课后总结、扩展与反馈环节

为突破课堂时间限制，培养学生的高阶思维能力，课后可以指导学生对所学内容进行系统总结，将理论联系经济现象或经济事件对所学知识进行深入分析。根据布鲁姆的学习目标分类理论，认知学习目标可分类为 6 个层次，即识记、领会、运用、分析、综合、评价。课后教学环节主要实现综合与评价的学习目标。一方面在梳理知识点之间的逻辑关系的基础上，引导学生在课后绘制课程内容的思维导图，巩固已学的知识与理论，提高综合能力。另一方面，鼓励学生运用理论分析生活中相关经济事件和经济现象，评价网络文章的观点。以弹性理论教学为例，课后指导学生画出需求弹性和供给弹性的思维导图，思考各类弹性系数的区别和联系，练习需求价格弹性和收入弹性的计算。进一步探究弹性原理的应用，解释 2013 年 6 月黄金价格下跌形成的抢购潮并评价相关网络文章。

课后学生有关学习情况的反馈，有助于教师评估与预期目标之间的差距，分析偏差产生的原因，制订改进计划并采取措施进行释疑解惑。针对个别学生不理解的问题，进行个体辅导和解答。如果多数学生对知识点或理论有疑问，教师将在后续教学中补充讲解。

三、学生学习效果评价

传统的线下教学方式侧重于结果评价，主要以考试成绩作为评价的依据，教师凭借经验和主观印象估计学生平时的学习态度、努力程度，不能准确、客观地评估学生学习过程的收获，而在混合教学模式下，借助网络教学平台实时跟踪监测学生的学习过程，通过收集和统计分析教学视频观看时长、讨论或评论次数、随堂练习分数等网络平台自动生成的数据，能准确评估学生在学习过程中的收获，将单一结果导向的评价变为兼顾全面和准确性的多维度评价。

由于学生的知识构建、活动、自律、合作等学习行为会影响学习效果，因此在“微观经济学”课程教学中，教师采用全面、分层和多维度评价体系衡量学生的学习效果。具体而言，学生学习效果评价包括学习过程评价和结果评价两个层次，各占总分的50%。其中，学习过程的形成性评价包括知识和技能、分析综合能力、自律和主动性、合作能力四个维度，结果评价以期末考试成绩衡量。通过收集和统计雨课堂或学习通网络平台产生的数据进行学习过程的综合评价。学习过程中的知识和技能评价用网络平台中课堂测试、随堂练习、实验报告的分数表示，分析和综合能力由教师对课前材料思考题和课堂案例讨论问题的答案评分为主，自律和自主学习能力用教学视频观看时间长度、预习自测题的分数和讨论区发言的次数衡量，合作能力用模拟实验分组完成情况和分组讨论次数计算。过程评价中四个二级指标占总分的比例分别为15%、15%、10%和10%。

学生学习效果的评价以教师评分为主，同时还要结合学生的自我评价和组员互评以形成综合评价。尽管教师评价以网络平台的客观数据为依据，但仍欠缺对学生学习潜力和个性差异的估计，而学生自评和互评可以弥补教师评价的不足。期末学生可以对自己的学习收获和能力提升进行简短评价，组内成员互评可以体现出在团队中的表现和分工合作的完成情况。综合评价不仅能调动学生参与评价，还帮助对学习效果进行全面了解。

四、教学改进措施

1. 加强日常对网络教学材料和视频的积累和维护

混合教学模式下，对教师进行“微观经济学”课程管理和维护提出了更高的要求。无论是视频资料、课堂测试习题的制作和上传，还是案例、期刊论文和经济数据等文献材料的补充和更新，都需要教师平时花费时间和精力不断积累和维护。在技术层面，教师需要学习和掌握网络平台、软件的基本使用方法。从内容上看，新的经济现象和热点经济事件层出不穷，国内外经济形势和政策不断调整，案例分析和评论文章的筛选和更新成为教师课堂外的重要任务。

2. 强化教学课程组成员之间的交流和探讨

“微观经济学”作为必修的基础课程，在经济和管理学科体系中占重要地位。各个专业的任课教师开展关于课程设计、实验安排、案例点评等内容的讨论，分享成功经验和探讨教学中的不足之处，取长补短，既有利于提高教学质量和业务水平，也会促进课程建设和学科发展。

3. 优化学生学习效果的评价体系

混合教学模式的兴起和应用时间较短，如何利用网络学习平台数据和测试成绩客观评价学生的学习收获和能力的提升程度，仍需要不断探索。在教学过程中，需要根据学生的认知能力、接受新知识的水平、对混合教学模式内容的满意度等方面，调整评价指标和指标所占的比重，做到客观、准确和全面评价学生的学习效果。

参 考 文 献

李普聪，卢灵青，蒋娜，2021. 在线教学模式下的学生学习效果评价研究：以“信号与系统”在线课程为例 [J]. 高等继续教育学报（5）：54-60.

林丽，牛胜芹，2019. 基于SPOC混合教学模式的会计学课程创新设计 [J]. 商业会计（4）：111-113.

许敏兰，2021. “微观经济学”混合式教学设计与实践：以市场均衡理论为例 [J]. 科技创业月刊（1）：141-143.

杨叶红，李琦，2021. 混合教学模式在金融经济学课程教学中的应用 [J]. 高教学刊（24）：109-112.

朱娟，周书灵，任琳，2021. 线上线下混合教学模式优化探究：以经济学课程为例 [J]. 现代商贸工业（30）：140-141.

新农科背景下“国际金融”课程探索与实践*

李　媛①

摘要：以培养高素质新型农林人才为目标，结合农业院校的办学特色，厚植“大国‘三农’”情怀，打造创新课程教育体系，是“国际金融”课程建设的关键。通过对“国际金融”课程教学中存在问题的分析，探索新农科建设的背景下课程教学改革思路，对教学理念、教学内容、教学方法、教学手段以及教学评价五个维度的改进，推进课程的改革，引导学生树立专业自信，提高学生的专业素养，涵育“‘三农’情怀”。

关键词：新农科；国际金融；课程教学改革

国际金融学科于20世纪70年代末引入中国，在中国经济迅速腾飞的背景下，国际金融学科迅速发展。“国际金融”课程的知识体系不仅包括开放条件下的内外均衡，更包括国际金融活动涉及的实践操作，课程重要性不言而喻。“国际金融”课程作为农业院校国际经济与贸易专业本科生的专业基础课，是理论性和应用性较强的一门课程，处于国际经济与贸易专业课教学的重要地位。根据新农科和经济社会发展的需要，在课程思政的背景下，对“国际金融”课程进行建设，对于经管学院国际经济与贸易专业本科生的培养，具有十分重要的意义。在新农科建设背景下，面向乡村振兴、生态文明等国家战略需求，培养能够适应未来农林发展需要的专业人才，强化理论与实践协同发展尤为重要。

很多学者对国际金融课程的改革进行了研究，如杨春等（2015）强调了实践教学的重要性，对国际金融课程理论与实践结合在一起的方法进行了探索。栾彦（2018）则对国际金融“五为一体”的改革方式进行了探讨。刘莉君等（2020）、李媛（2021）则对“国际金融理论与实务”课程的教学改革进行了分析。在以往研究的基础上，对普通农业院校国际经济与贸易本科“国际金融”教学中存在的问题逐一分析，在新农科建设背景下，结合农业院校课程思政的要求，对课程的教学内容、教学手段未来可以改革的方面进行探究。

一、“国际金融”课程教学中存在的不足

1. 课程教学内容陈旧

农业院校开设的“国际金融”课程，应将经济学与农业知识相结合。目前，在教学大

* 本文系北京农学院教育教学改革研究一般项目（项目编号：BUA2023JG34）；北京市高等教育学会2023年度课题（项目编号：MS2023230）资助；北京农学院学位与研究生教育改革与发展项目（项目编号：2024YJS004）。

① 作者简介：李媛，女，博士，副教授，主要研究方向为国际金融与金融市场。

纲的安排上，未能将两者融合在一起，国际农业市场并没有作为教学内容融入课堂教学、实践教学环节中。此外，由于授课对象为农业院校的本科生，学生基础较弱，单纯的课程教学不能满足学生的需求，在教学案例的编制上，也很少有针对国际农业市场的相关案例，学生多采用死记硬背的方式对课程内容进行学习，不能将不同专业课程内容融会贯通。

2. 课程教学方法单一

利用网络资源进行多媒体教学，是目前课程教学的主要手段。“国际金融”以理论教学为主、实践教学为辅。多媒体教学有其自身的优势，如多媒体教学可以简洁地、清晰地呈现教学内容，避免课程内容不清、书写板书占用过多时间等，但多媒体教学使教学方法过于单一，如何打破固有思维，运用多种方法提高课堂效率是课程教学的关键。一方面，多媒体教学加快了教学速度，学生思考的时间减少，降低了学习兴趣。“国际金融”课程不仅包含理论知识，也包含案例分析，学生需要自行思考并将疑问带入课堂。另一方面，课程教学中涉及的公式计算枯燥乏味，会加重学生学习的思想负担，降低学生的课堂参与度，只有通过“研讨式”课堂，才能提高课堂效率。例如，套期保值这一章节的学习，涉及计算，如果只对涉及的数学公式进行讲解，不使用真实交易案例对空头套期保值和损益进行说明，学生不能很好地理解所学内容。综上所述，教学方法的陈旧，将使教学内容枯燥乏味，影响课程教学效率和教学效果。

3. 课程教学评价体系落后

目前，课程仅以期末考试成绩作为评价标准，评价手段单一，缺少全面性，没有对学生课前、课中和课后的表现进行评分，不能全程调动学生的学习积极性。对课前预习、课中听讲及课后作业的表现进行评价，可以使学生深入参与到课程教学的各个阶段，提高教学效果。

二、对“国际金融”课程改革探索与实践的思考

“国际金融”的课程建设主要涉及教学理念的创新、教学内容的重构、教学方法的改革、教学手段的挖掘、教学评价的重建五方面内容，通过五个维度的改进推进该课程的改革。

1. 教学理念的创新

在教学理念方面，将知识与能力的培养融为一体，将思想道德教育融入文化知识教育、社会实践教育的全过程，借助学校搭建的电子教学平台，及时将课程相关新闻、案例、数据及分析报告上传，实现资源的共享和交流，学生可借助线上平台进行拓展学习，了解更多课外知识；同时，及时向教师提出疑惑并获得解答。

2. 教学内容重构

基于“新农科”背景，将课程内容与“三农”结合起来，进一步丰富教学资源。首先，组织专家学者对专业优质线上课程进行遴选，打造新农科专业的优质精品课程，发挥数字教学资源的显著优势。其次，将不同的课程内容进行联动。一方面，将专业课程与拓展课程结合，将独立课程的教学发展为课程体系的教学，包括制定有针对性的授课计划、对经典文献进行回顾、对新农科前沿进行实时追踪等，完善网络课程及资源库（文字、音频、视频资料等）。另一方面，进一步推进数字专业课程建设，扩展农林优质数字课程资

源的共享。启动共享课堂项目，开展线上线下、跨校同步授课试点，推动线上线下融合互动教学模式改革。最后，在教学过程中，注重解决课程的痛点问题。难度较大的课程，对学生分析、归纳问题的能力要求较高，在教学中，要对教学体系和教学内容进行探索和改进，进一步培养学生的学习兴趣，提高课程效率。

3. 教学方法和手段的改革

在教学方法和手段方面，构建数字化农林教育新模式，打破固有思维，大力推进农林教育教学与现代信息技术的深度融合。在后疫情时代，仍然需要利用好线上、线下两个平台，深入开展线上线下混合式教学。线下教学注重效率，通过对基础知识的讲解，提高学生分析、处理问题的能力；线上教学注重形式多样，通过网络课程、微课视频、案例资源等线上资源的建设，使学生及时巩固和延伸线下学到的知识，增加课程的趣味性，提高学生的学习兴趣。借助线上和线下教学，采用“启发式＋研讨式＋练习式”的教学方式，促进学生自主学习，提升课堂教学效果。

4. 教学评价的重建

鉴于教学评价是完善课程建设的重要一环，课程体系的完善，需要建立多元化的考核评价体系。在课程改革之后，优化过程考核与结果考核，将“国际金融”课程的成绩评定划分为课前、课中和课后三部分。其中，课前预习部分（提交预习报告），成绩占比为10％，课中表现占比20％，课后作业占比20％，期末考试占比50％。在期末考试中，加入一定比例的非标准化答案试题，着力培养学生分析问题的能力。

三、效果展示与分析

“国际金融”课程的改革，实现了从单一理论教学向多维能力培养的转变，激发了学生的学习兴趣，提升了学生应用理论知识解决实际问题的能力。为了对比课程教学效果（表1），对2020级、2021级国际经济与贸易专业本科生“国际金融”课程成绩进行分析，同时对课程教学效果进行匿名问卷调查，通过汇总分析可以看出，在对课程评价体系进行改革后，学生成绩优秀率有了提升；学生对课程内容、课程教学方法和手段的满意率，也有了较大提升。可以看出，学生对课程内容的充实度给予了肯定，对教学方法的认可度进一步提高；同时，对新的考核评价方式更加满意。

表1　“国际金融”课程教学效果分析

单位：%

年级	成绩优秀率	教学理念满意率	课程内容满意率	教学方法、手段满意率	教学评价满意率
2020级	24	80	85	82	87
2021级	47	93	92	95	94

在对“国际金融”课程进行改革后，学生可以利用电子平台查看最新课程案例，并可利用线上平台向教师提问并获取解答。课程组教师的教学能力进一步提高，并在院级及校级青年教师基本功大赛中获得三等奖。

四、结束语

本文以农业院校“国际金融”课程教学为出发点，剖析课程教学中存在的问题，在新农科背景下，结合课程思政的内容，对课程教学改进开展阐述。“国际金融”课程教学应结合农业院校背景，通过教学理念的创新、教学内容的重构、教学方法的改革、教学手段的挖掘以及教学评价的重建，推进该课程的改革，引导和启发学生树立正确的价值观，培养学生分析实际经济问题的能力。

参 考 文 献

李媛，2021. 关于普通农业院校国际金融理论与实务课程教学改革的思考 [J]. 教育现代化 (9)：65-68.

刘莉君，刘雪婧，化秀灵，2020. 卓越人才培养目标下《国际金融理论与实务》课程教学改革探析 [J]. 高教学刊 (3)：148-150.

栾彦，2018. 培养新时代创新型金融人才的教学方法改革探析：以《国际金融》课程为例 [J]. 金融教育研究 (5)：71-75.

杨春，李箐，刘大千，2015. 高校实践教学改革创新研究：以《国际金融》课程为例 [J]. 沈阳师范大学学报（社会科学版）(5)：135-137.

应用型大学风景园林专业“设计初步”课程改革探析*

——以北京农学院为例

杨　玲①

摘要：本文深入剖析风景园林专业“设计初步”课程教学现状及存在的问题，从教、学、考、评等方面提出新时期基于应用型学科的专业定位，以复合型创新人才培养为导向的课程教改思路：梳理理论教学核心内容、建立实习实验一体化的实践教学体系、丰富实验教学形式、创新教学方法更新教学工具、完善考核评价机制等，以期全面提升学生综合素质和专业技能，进而满足社会及学科发展的人才需求。

关键词：应用型大学；风景园林设计初步；教学改革

“设计初步”课程是风景园林专业的专业必修课和设计启蒙课。就目标而言，该课程旨在通过学习从形态的创造、色彩的表述到空间的演绎的基本规律，使学生掌握各种构成的基本表现技能，提高艺术审美、形象思维和设计创新能力，为后续专业设计课学习提供预备知识和技能，对于学生的专业学习乃至整个从业生涯具有重要意义。目前，国内多数高校都将该课程开设在第一学年。如何激发学生的专业学习兴趣、树立专业学习自信心，提高学生的设计思维能力和表达能力，是课程教学一直以来的难点。落实北京农学院高水平应用型大学建设要求，以风景园林专业评估和新一轮专业培养方案修订为契机，开展该门课程的教学改革实践，以期更好适应风景园林行业发展需要，具有重要意义。

一、风景园林专业“设计初步”课程概况

北京农学院风景园林专业“设计初步”课程开设时间是在第 2 学期，分为理论部分（20 学时）和实验部分（36 学时），共计 56 学时，另有 3 天实习课程（24 学时）。课程选用教材为刘磊主编、重庆大学出版社出版的应用类高等院校风景园林类专业“十三五”规划系列教材《风景园林设计初步》。课程实习安排为：1 天到中国古典园林参观学习，认识形式美法则在古典园林中的应用；1 天到园林博览园参观学习，了解园林的空间感，掌

* 本文系 2023—2024 年北京农学院教育教学研究与改革项目（项目编号：BUA2023JG56）。

① 作者简介：杨玲，女，博士，讲师，主要研究方向为风景园林历史理论与应用、风景园林规划与设计。

握园林设计中空间构成的方法；1天在校内学习，教师指导学生完成图纸绘制及实习报告撰写。

二、现有课程教学中存在的问题

结合毕业生、其他高校专家及企业用人单位意见和自身教学实践经验，该课程当前教学存在以下四方面问题。

1. 教材内容方面

本课程使用的教材内容与其他课程存在较多重复。该书第一章风景园林基础知识与第1学期所授“风景园林专业概论”课程有部分内容重复，第二章中外园林基本知识和第三章风景园林表现技法，分别与第3学期开设的“中外园林史”和“设计表现技法”课程内容重复较多，第四章中色彩构成的色彩本质和色彩原理部分与同期课程“水彩风景画”有重复。本课程的理论课仅20学时，因学时有限无法讲述教材所有内容。

2. 教学方法方面

当前课程的理论教学环节是以PPT为主，采用看图说话的“填鸭式”教学，手段单一，师生之间缺乏互动。设计原理看似简单，但包括形式要素的视觉特性和形式美法则的特点、视觉和心理感受的描述语言却较为抽象，对于风景园林专业针对性不强，难以让学生产生共鸣和共情，专业先导的首因效应没有发挥好，遑论熟练掌握手法进行实操练习以提高审美素养。

3. 教学形式方面

形式单一，创造性设计思维培养不足。与课程配套的实验训练大多是以临摹各种构成范图为主的手绘表现。例如，色彩构成练习，多以绘制色彩明度和纯度渐变为主，学生机械地照色相环上的色阶调色绘图，没能达到掌握色彩组合规律和色彩搭配技巧的目的。再如平面构成和立面构成练习，仅要求特定的构成形式、只限定单元空间大小，学生作业或是构成方法过于简单、平面图案和立体造型单调呆板，或是照搬他人作品略作修改，忽视了对学生创造性设计思维的培养。

4. 考核方式方面

作业形式和考核评价指标单一。当前成绩构成是由平时成绩（占比为30%）和实验成绩（占比为70%）两部分组成。其中，实验成绩以平面构成、色彩构成、立体构成等独立构成表现作业为主完成课程考核，三大构成之间缺乏训练的延续性，课程考核作业形式仅以手绘为主的图纸绘制，而考核方式也仅以占比不同、内容不同的图纸表现效果评价为主。

三、改革方案建议

针对上述问题，结合现阶段行业的发展趋势及本校应用型人才培养模式的改进与创新方向，提出进一步深化教学改革方案建议。

1. 教学内容：梳理理论部分的核心内容，完善课程理论教学体系

进一步厘清课程培养目标，做好与先导课程、同步课程及后续课程等课程组的沟通衔接，剥离重复交叉内容，建立以三大构成为核心的理论知识体系。特别是强化与后续“风景园林设计”“风景园林建筑设计”等设计类专业课的衔接，增加园林空间组成要素及模型制作要点等内容作为专业设计入门的启蒙，详见表1。

表1 课程改革教学模块安排

教学模块	理论内容	理论学时（学时）	实验内容	实验学时（学时）	实习内容	实习学时（天）
形态构成基础知识	设计三要素、形式美法则、基本型与骨骼	2	点线面构成练习	2	形的转换——由具象到抽象	1
构成的基本类型及方式	平面构成	2	平面构成练习	2	形式美法则、空间认知与要素分析	1
			平面构成课题训练	6		
	色彩构成与肌理构成	2	色彩与肌理构成课题训练	6		
	立体构成与空间构成	2	立体构成课题训练	14		
风景园林设计入门及设计Studio	风景园林设计要素、方案设计的表达方法、模型制作的基本知识	2	创意展园景观设计及空间模型制作	16		
合计		10		46		2

资料来源：笔者统计。

2. 教学方法：创新教学方法，更新教学工具

在“课前”“课中”“课后”三个阶段逐步开展混合式教学。用好雨课堂软件，课前发布课前任务单和问卷，了解学情以便调整授课内容；课上以弹幕或投票形式，以问题为导向，激发学生思考热情；课后推送课后作业及时反馈学生学习情况并推荐本章相关文献和网站资源以便学生拓展学习。建立课程微信群作为师生交流的工具，线下实验环节多采用翻转课堂形式，以学生对不同训练课题的多轮设计汇报为主导，教师主要负责点评引导、答疑解惑、强调重点内容。借助网上影音视频、精品慕课资源等作为辅助教学工具，建立理论内容案例库并及时更新，介绍优秀园林项目的形态特点、构成手法、形式美特征等，以便学生清晰了解所学知识。

3. 实践环节：建立实习与实验一体化的实践教学体系

取消1天的古典园林参观实习课程。将1天内的绘图改为由具象到抽象的思维转化训练，并将此作为设计思维能力培养至关重要的环节，与后续的实验部分贯通起来，以培养学生的创造性思维。最后，校外1天展园实习可同时完成平面方案的抽象推导、形式美法则的设计应用和空间要素设计分析等内容，为实验部分最后的设计Studio模块提供在地项目从方案设计、要素组合、设计分析、空间尺度等方面的直观参考。由此，建立实习部分和实验部分一体化的实践环节教学体系（表2）。

表 2　课程改革实践教学内容安排

实践环节	内容	学时
实验	点线面构成练习	2 课时
实验	平面构成练习	2 课时
实习	形的转换——由具象到抽象（校内）：多角度观察实物完成 6 幅写生，再解构重组设计一个全新的抽象图形，并记录图形生成的构思过程	1 天
实验	平面构成课题训练：在形的转换抽象图形的基础上，运用形式美法则、点线面构成特征和平面构成手法，完成一幅黑白抽象画	6 课时
实验	色彩与肌理构成课题训练：选择合适材质进行色彩搭配，在黑白抽象画的基础上进一步调整方案，制作完成一件色彩肌理拼贴抽象作品	6 课时
实验	立体构成课题训练：要求设计一个创意展园中兼有功能性和雕塑性的创意景观建筑。在形的转换抽象图形的基础上提取某一形态要素，根据立体构成原理和材料特性，重组设计一件抽象立体构成作品	14 课时
实习	园林博览园展园实测。绘制平面图和立面图，进行平面方案构成抽象构成分析和形式美法则应用分析，并绘制包括游线景点、水系、种植、建筑小品分布等的展园设计分析图	1 天
实验	创意展园景观设计及空间模型制作：以中国园林艺术博览会中的创意展园为题，结合园林要素特点、空间尺度要求和设计原理等内容，调整形的转换抽象图形，将其发展为一个创意展园方案，绘制设计图和分析图并制作完成一件展园实物模型	16 课时
合计		46 课时＋2 天

资料来源：笔者统计。

4. 实验教学：增设多元化实验项目，丰富实验作业成果形式

增加课程实验学时，增设多元化实验项目。以形的转化实习成果抽象方案为底稿，鼓励学生自主探索基于不同任务的抽象方案发展的可能性和设计思维训练的延续性。图纸表达从手绘到电脑排版，从三维建模到软件分析图绘制，引导学生关注绘图软件操作，便于跟后续“计算机软件制图”课程相衔接。模型制作从研究色彩搭配、材料特性、改造拼贴的抽象构成装饰画，到将雪弗板等材料进行切割改造和胶接组合的创意建筑模型，再到增加植物、地形、水体等模型材料制作创意展园大模型，材料种类多样类型不一，形成了丰富的实验成果（表 3）。

表 3　课程改革实践环节作业成果形式

实践环节	内容	成果形式	材料工具
实验	点线面构成练习	A4 手绘图	针管笔、图纸、尺规等绘图工具
	平面构成练习	A4 手绘图	
	平面构成课题训练	A4 手绘图	
	色彩与肌理构成课题训练	一件 40 厘米×30 厘米的抽象拼贴实物模型	奥松板底板，人造珍珠（水晶、亮片）、毛线（毛球）、绸缎（蕾丝布）等材料，黏合剂

（续）

实践环节	内容	成果形式	材料工具
实验	立体构成课题训练	A2 电脑排版图 一件 40 厘米×30 厘米立体抽象实物模型	Sketchup 三维建模，Photoshop 排版 雪弗板、ABS 方（圆）棍、透明（磨砂）PVC 胶片等
	创意展园设计	A1 电脑排版图 一件 60 厘米×40 厘米创意展园实物模型	Sketchup 三维建模，Photoshop 分析图绘制及排版 模型细沙、模型植物、草粉、雪弗板、ABS 方（圆）棍、透明（磨砂）PVC 胶片等材料
实习	形的转换——由具象到抽象	A2 电脑排版图	针管笔、图纸、尺规等绘图工具 Photoshop 排版
	园林博览园展园实测及分析	A2 手绘图	皮尺、盒尺等测量工具 针管笔、图纸、尺规等绘图工具

资料来源：笔者统计。

5. 考核方式：完善课程考核评价机制

调整总评成绩的构成比例（表 4），以加强学习的过程性评价，将对学生的自学能力、学习表现、表达能力、创新设计能力、手绘表现能力、软件操作能力等纳入其中，完善初步造型设计综合能力的多元化考核评价体系。

表 4 课程改革考核方式及总评成绩构成

教学环节	分项	内容	比例（%）
理论	课前自学	学生通过网络平台自学课件、视频等相关学习资源完成课前任务单	5
	课堂表现	课堂学习互动性和活跃性	5
实习	抽象思维	形的转换	10
	展园实测	形式美、空间要素和设计分析	10
实验	汇报表达	本人方案汇报表现	5
	平面构成	点线面构成练习和平面构成练习	5
	色彩和肌理构成	平面构成黑白抽象画	5
		抽象拼贴模型	10
	立体构成	立体构成模型	10
		立体构成图纸	10
	园林设计入门	展园设计模型	15
		展园设计图纸	10
总计			100

资料来源：笔者统计。

四、预期效果

1. 多模块创设兴奋点，激发学生学习兴趣

一方面结合多渠道、多元化的混合式教学手段，围绕以学生学情问卷为主的课前预习、以

问题导向为主的课堂教学及课后作业答题反馈，调动学习兴趣，激发求知欲望。另一方面，通过展园实测使学生直观了解园林要素及其空间尺度，并以设计 Studio 的形式引入创意展园设计课题，激发创作热情。另外，以翻转课堂为主的互动实验教学、多元化的实验任务设置、多维化的构成设计和表现、多样化的材料工具可以持续激发学生积极探索设计思路的兴趣。

2. 提高学生的创新思维能力、协作意识和专业表现能力

通过实习实验一体化课程实践教学体系的建设，引导学生主动思考和探索方案构成设计的延续性，提高学生的创新思维能力；实习中的小组测绘有助于提高学生的协作意识和团队合作能力；对建筑、水体和植物等园林要素的观察记录和分析，有助于提升学生的绘图表现能力。以模型为主导的实验教学训练，有助于提升学生的理解能力、动手能力，以及包括手绘、电脑制图、模型制作等综合表现能力。

3. 制定与人才培养目标匹配的课程设计，完善课程体系

首先，通过调整课程内容使包括思维能力、分析能力、创新能力、实操能力等综合能力培养的课程目标更加明晰，既有利于学生掌握形式美法则、构成规律、构成手法等知识目标，又强化了对审美素养、人文素养、抽象设计思维、空间想象思维的培养。其次，强化了课程目标与专业毕业要求指标点的对应关系，更重视过程性评价和可量化考核。最后，有利于根据课程目标达成度的反馈情况，实行动态观察分析和周期性调整，来持续改进课程教学内容体系。

五、结语

笔者从教学内容、教学方法、实践环节、实验教学、考核方式几方面提出的风景园林专业“设计初步”课程教改方案建议，既立足于专业必修课的基础性、先导性的特点，也响应了应用型、复合型创新人才的综合能力培养要求。但是，该课程教学仍面临诸多新挑战，如更新型设计项目相较于新建型项目比例日益增加、AI 设计工具的快速发展、设计对文化的地域性和多元性日益重视等，不断完善课程的理论和实践教学体系以适应新发展需要，是下一步课程改革研究的重点。

参考文献

高俊虹，2013. 图形创意与创造性思维的培养［J］. 前沿（3）：183－190.

李亚亮，刘海涛，仝倩倩，2021. 应用型高校园林设计初步课程教学改革：以淮南师范学院为例［J］. 安徽农学通报（2）：163－166.

刘娟娟，孙靓，李保峰，2015. 走向体验：参与式教学模式：“风景园林设计初步”改革尝试［J］. 中国园林（5）：33－37.

毛华松，彭琳，孔明亮，2018. 面向创新人才培养的风景园林设计课程“半自主式”教学模式研究［J］. 风景园林（S1）：61－67.

杨承清，吕耀平，戴庆敏，等，2019. 基于直观认知的《园林设计初步》过程性教学改革探析［J］. 西南师范大学学报（自然科学版）（11）：161－166.

姚妍，顾建中，刘芳，等，2021. 应用型高校园林设计初步课程教学“五新”实践与探索［J］. 安徽农业科学（9）：278－282.

张丹丹，2021. 基于 OBE 理念的设计初步课程教学改革研究［J］. 安徽建筑（11）：112－113.

北京农学院打造“红绿融合”思政“金课”的探索与实践*

马 宁①

摘要： 思政“金课”除了具备一般“金课”所具有的高阶性、创新性和挑战度基本特征外，还具有思想性、理论性、亲和力和针对性等自身独有的特征。北京农学院以打造“首善标准、红色基因、北农特色”的思政“金课”为目标，将思政课“红”的底色与农业院校“绿”的特色深度融合，通过建章立制引领“红绿融合”，上下联动推动“红绿融合”，课堂教学彰显“红绿融合”，院系协同拓展“红绿融合”，全方位评教保障“红绿融合”，大力提升思政课教学的针对性、实效性和亲和力，在打造思政“金课”的征程上迈出了关键一步。

关键词：“红绿融合”；“思政金课”；探索；实践

2018年教育部印发《关于狠抓新时代全国高等学校本科教育工作会议精神落实的通知》(教高函〔2018〕8号)，首次提出“各高校要全面梳理各门课程的教学内容，淘汰‘水课’、打造‘金课’，合理提升学业挑战度、增加课程难度、拓展课程深度，切实提高课程教学质量”。对于什么是“金课”，时任教育部高教司司长吴岩在第11届中国大学教学论坛上的报告中，将“金课”的特征概括为“两性一度”，即高阶性、创新性和挑战度。所谓高阶性是指课程能够培养学生解决复杂问题的综合能力和高级思维。所谓创新性主要体现在课程内容有前沿性和时代性，教学形式体现先进性和互动性，学习结果具有探究性和个性化。所谓挑战度是指课程要有一定难度。

思政课作为立德树人的关键课程，更应把开展“金课”建设作为课程建设的重要任务。思政“金课”除了具备一般“金课”“两性一度”基本特征外，还应具有自身独有的特征，这就是“三性一力”，即思想性、理论性、针对性和亲和力。“思想性”是思政“金课”的灵魂。将“思想性”作为思政“金课”的首要特质是由课程性质决定的，是确保马克思主义在意识形态领域指导地位的内在要求。好的思政课应该有思想、有内涵，能够解决学生的理想信念问题，引导学生立志成才，教会学生科学的思维，让学生终身受益。

* 本文系北京农学院2024—2025年度教育教学改革研究重点项目“高等农业院校打造‘红绿融合’思政金课的路径研究”(项目编号：BUA2024ZD12)；北京高等教育本科教学改革创新重点项目“‘四史’教育融入高等农业院校思政课教学长效机制研究”的阶段性成果。

① 作者简介：马宁，男，博士，副教授，北京农学院马克思主义学院副院长，主要研究方向为马克思主义中国化、中共党史党建。

“理论性”是思政“金课”的内在特征。它回应了“理论只要说服人，就能掌握群众；理论只要彻底，就能说服人”的论断，体现了“以透彻的学理分析回应学生，以彻底的思想理论说服学生，用真理的强大力量引导学生”基本要求。“针对性”是打造思政“金课”的关键。全国 3 000 所高校均开设思政课，面对不同办学层次、办学类型的高校和不同专业背景的大学生，思政课教学不能千篇一律，只有针对不同学校的办学特色和专业背景开展差异化教学，才能真正做到因材施教、因事而化、因时而进、因势而新，进而打造出百花齐放、各具特色的思政“金课”。“亲和力”是思政“金课”的外在要求。思政课的教学内容只有贴近学生思想实际，并以学生喜闻乐见的形式呈现出来，才能吸引学生、感染学生，使大学生在潜移默化中接受思想的熏陶和理论的教化，最终使思想政治教育达到“随风潜入夜，润物细无声”的效果。

作为北京市唯一的市属本科层次的高等农业院校，北京农学院在长期的办学实践中，铸就了“厚德笃行、博学尚农”的校训和“以农为本、唯实求新”的办学理念，形成了“都市型现代农林高等教育”的办学特色。在这样一所特色鲜明、多学科融合的高等农业院校开展思政课教学改革，只有将思政课“红”的底色与农业院校“绿”的特色深度融合，大力提升思政课教学的针对性、实效性和亲和力，才能打造出具有“首善标准、红色基因、北农特色”的思政金课。

一、加强组织领导，建章立制引领“红绿融合”

任何教学改革的成功都离不开科学的规划、高效的组织领导和完善的制度保障。为进一步加强和改进对思想政治理论课建设工作的组织领导，统筹推进思政课“红绿融合”教学改革，北京农学院成立了由校党委书记、校长担任组长的思想政治理论课建设工作领导小组，全面指导思政课建设。马克思主义学院贯彻落实中央和北京市委关于思政课改革创新的部署和要求，紧密结合首都高等农林教育办学特色和强农兴农人才培养需求，对思政课改革创新的着眼点、发力点、落脚点进行统筹谋划和规划实施，通过建章立制推动思政课教学工作建设，将“红”的底色与农业院校“绿”的特色紧密结合。2018 年 7 月颁布的《北京农学院思想政治理论课教师队伍建设规划（2018—2022）》，强调要围绕乡村振兴战略等主题，鼓励和支持教师每年参加农村社会考察和社会实践，在“三农”发展的广阔大地上学习和积累思政课教学素材。2020 年 7 月颁布的《北京农学院深化新时代思想政治理论课改革创新实施方案》，明确提出要结合学校都市型现代农林高等教育特色深化思政课教学改革创新；要立足学校校史校情和行业背景，将习近平生态文明思想、习近平总书记关于“三农”工作的重要论述等内容融入课程内容。2022 年 1 月颁布的《中共北京农学院委员会推进思政课质量保障工程实施办法》，明确提出要注重将教学效果与办学特色和农林人才培养需求紧密结合，培育和打造具有北农特色、北农味道的思政课。上述一系列文件的制定和实施，为打造“红绿融合”思政“金课”提供了相对完善的制度保障，有力地推动了学校思政“金课”建设。

二、领导率先垂范，上下联动推动“红绿融合”

政治路线确定之后，干部就是决定的因素。打造“红绿融合”思政“金课”，高校领导干部必须率先垂范，才能带动全体思政课教师共同开展“红绿融合”教学改革。多年来，北京农学院领导班子成员结合学校办学特色为大学生讲授生态文明、乡村振兴、脱贫攻坚、“三农”发展、北大荒精神等“绿色课程”，及时将“三农”相关主题、元素融入形势与政策课中，带头将农业院校的“绿元素”融入思政课教学的“红课堂”，在首都高校率先做到了“两个100%”，即领导班子参与率100%、课时达标率100%。全体思政课教师积极响应，特别是一些原来具有农科背景、后期转岗思政课教学的教师，变“先天不足”为“后发优势”，全面、深入地将党的二十大关于“全面推进乡村振兴”的战略部署、习近平总书记关于“三农”工作的重要论述、“中央一号文件”精神等主题内容融入思政课程，自觉践行“红绿融合”的教学改革理念。思政课教师还主动深入“三农”一线调查研究、了解农情民意，将课堂教材中的理论知识与“三农”一线、田间地头的绿色元素有机结合，增强“红绿融合”教学效果。学院还面向全体在校本科生开设了“中国共产党‘三农’思想史”“农耕文化”“大国‘三农’”等思政选修课，厚植“三农”情怀，助力学校培养懂农业、爱农村、爱农民的都市型现代农业人才。

三、各科齐头并进，课堂教学彰显“红绿融合”

为推动“红绿融合”落实落细，马克思主义学院以教研室为单位定期组织集体备课，研究探索各门思政课的“红绿融合点”。例如，“习近平新时代中国特色社会主义思想概论”课在讲授中国式现代化专题时，重点介绍中国农业现代化的道路、成就与经验。“毛泽东思想和中国特色社会主义理论体系概论”课在讲授社会主义改造专题中重点介绍农业改造的基本经验及其成就。“中国近现代史纲要”课通过引导学生分析新民主主义革命时期党的土地政策演变背后的历史逻辑，加深大学生对“中国革命的核心问题是农民问题，而农民问题的实质是土地问题”这一重要论断的理解，进而弄清楚为什么说中国的新民主主义革命实质上就是无产阶级领导下的农民革命。“马克思主义基本原理”课在讲授辩证法专题时，引用毛泽东在《矛盾论》中举的“鸡蛋因得适当的温度而变化为小鸡，但温度不能使石头变为鸡子”这一案例，说明内因是事物变化的根据，外因通过内因起作用这一哲学原理；结合“种子—植株—种子”演变历程讲解“否定之否定”规律，这显然比传统的“原始社会的公有制—阶级社会的私有制—共产主义社会的公有制”这一案例更加贴近农业院校大学生的思想实际。“思想道德与法治”课在课堂教学中通过介绍以袁隆平为代表的农业科学家的光辉事迹教育引导学生树立正确的价值观、人生观和道德观。

四、助力课程思政，院系协同拓展“红绿融合”

对于大多数具有马克思主义理论专业背景的思政课教师来说，打造“红绿融合”思政“金课”的优势在于自身携带的“红色基因”，不足在于缺乏“绿色元素”。思政课教师通过参与课程思政建设，从中汲取“绿色元素”为我所用，“红绿融合”便可水到渠成。正如习近平总书记在全国高校思想政治工作会议上的讲话中所指出的那样，思想政治理论课要坚持在改进中加强，其他各门课都要守好一段渠、种好责任田，使各类课程与思想政治理论课同向同行，形成协同效应。为了推动思政课程与课程思政无缝对接，发挥思政课与专业课协同育人的效果，北京农学院建立了思政课教师密切联系二级学院制度。该制度主要通过支部共建、系室研讨、思政课教师与专业课教师个人对接三种形式开展工作。近年来，马克思主义学院直属党支部通过与各二级学院党组织开展支部共建，共同加强理论学习，研讨思政课与专业课协同育人的有效路径与合作机制。学院下辖各教研室通过与各二级学院系部之间通过举办集体备课会，帮助专业课教师凝练思政元素，助力课程思政建设。更有思政课教师通过与专业课教师共同申报课程思政课题，开展教学研究，以研促教，显著提升了课程思政教学改革的前瞻性和主动性，避免了盲目性和草率性。思政课教师通过参与课程思政建设，不仅有利于增强课程思政教学改革的科学性，而且可以加深思政课教师对学校各专业的了解，进而在思政课教学实践中增强针对性和亲和力。

五、注重以评促建，全方位评教保障“红绿融合”

打造“红绿融合”思政“金课”，既要发挥思政课教师自身的主观能动性，同时也要建立外在的督促机制。近年来，北京农学院不断建立健全领导评、督导评、同行评、学生评的思政课教学“四级评教”体系，在重点评价思政课教学质量和效果的基础上，同时注重学校“绿色元素”融入思政课教学情况及其效果。校党委书记和校长坚持每学期至少一次调研督导思政课建设、至少一次听取思政课建设专题汇报、至少一次深入课堂听课评课。在思政课督导队伍中聘请一定数量的专业课教师，通过听课评教，监督考察思政课“红绿融合”落实情况。鼓励思政课教师之间相互听课，共同研讨思政课“红绿融合”教学改革。构建学生评教体系，坚持每学年开展一次思政课教学质量满意度问卷调查、召开一次学生代表座谈会，将学生评教结果作为思政津贴等级评定的重要标准。通过全方位评教，及时为思政课教学把脉问诊，全面促进思政课教学质量提升，同时也推进思政课教学内容与农业院校特色、现代农林人才培养需求紧密结合，督促和保障“红绿融合”。

经过多年的努力，北京农学院在打造“红绿融合”思政“金课”的探索中取得了诸多成果。问卷调查显示，该校大学生对思政课教学满意度已经逐年提升至98.47%。2023年11月20日的《中国教育报》以《北京农学院推进思政课与农业院校特色办学深度融合：将“绿色元素”融入“红色课堂”》为题对北京农学院思政课改革成果进行了深入报道。学校广大思政课教师将以此为契机，在党的二十大精神指引下，继续深化思政课“红绿融合”教学改革，讲深、讲透、讲活“绿色故事”中的“红色道理”，全力打造具有“首善标准、红色基因、北农特色”的思政“金课”，教育引导大学生坚定不移听党话、跟党走，努力成为能担乡村振兴使命、可堪民族复兴大任的时代新人。

参 考 文 献

教育部，2018. 关于狠抓新时代全国高等学校本科教育工作会议精神落实的通知［EB/OL］. http://www.moe.gov.cn/srcsite/A08/s7056/201809/t20180903_347079.html.

吴岩，2018. 建设中国“金课”［J］. 中国大学教学（12）：4-9.

习近平，2016. 把思想政治工作贯穿教育教学全过程开创我国高等教育事业发展新局面［N］. 人民日报，12-09.

基于OBE理念都市型农业院校思政课考试研究*

王建利[①]

摘要： 思政课考核是检验学生思政课学习效果的主要方式，在分析都市型农业院校思政课考核创新实践探索基础上，总结了思政课网络考试的优点，分析了思政课网络考试缺点及成因，从落实OBE理念、推动全过程考核、开展考核研究等方面提出改进建议。

关键词： OBE理念；都市型农业院校；思政课考核创新

思政课是立德树人的根本课程，是高校思想政治教育的主渠道，教学针对性和时效性事关人才培养质量。OBE（outcome based education）理念，是以“学生中心、产出导向、持续改进”的基本价值取向，强调以学生收获为目标导向，促进教学守正创新，符合新时代人才培养。对于思政课程教育而言，应将其教学目标、教学方法和教学内容与OBE教育理念相融合，在此基础上通过考量学生的反馈来评估教学成果，并提高教学质量。思政课考试是检验学生对思政课知识的掌握程度与能力的达成度，都市型农业院校将OBE理念与思政课网络考试融合，不断地改革完善考试制度，通过学生反馈评估教学成果，帮助思政课教师完善教学设计和提高教学实效。

一、都市型农业院校思政课网络考试探索

思政课考核是检验学生思政课学习效果的主要方式，在党和国家的重视下，高校思政课的考试考核改革问题，既有总体的指导思想，也有具体的落实要求，凸显了此问题的重要性与全局性。2018年4月，教育部印发了《新时代高校思想政治理论课教学工作基本要求》（以下简称《要求》）指出，“坚持闭卷统一考试为主，与开放式个性化考核相结合，注重过程考核。闭卷统一考试须集体命题，不断更新题库，提高命题质量”。2022年2月，教育部等五部门联合颁布的《关于加强普通高等学校在线开放课程教学管理的若干意见》指出，“严格考核评价管理，根据课程教学实际，严格学习过程和考试监管，在考试中通过人脸识别、双机位等技术手段强化考试监督”。2023年8月，教育部《普通高等

* 本文系北京农学院思政课基金项目“北京农学院思想政治理论课教学情况调查”（项目编号：buaszkkt202203）；北京农学院青年教师科研创新能力提升计划“农业院校思政课‘红绿融合’守正创新研究”（项目编号：20230007）的研究成果。

① 作者简介：王建利，男，讲师，主要研究方向为马克思主义中国化、思想政治教育。

学校马克思主义学院建设标准（2023年版）》指出，“探索考试评价方式改革，注重学习过程和实践成果考核，注重考查学生运用马克思主义立场、观点、方法分析问题和解决问题的能力”。可以看出，完善思政课过程考核是深化高校思政课改革创新的重要内容。2018年以来，随着网络技术的发展，国内高校都在探索思政课无纸化考试。无纸化机考掀起了思政课考试革命。与传统的纸质化考试相比，网络考试是指借助计算机或者网络技术，通过考试系统来完成考试。在学校大力支持下，借助超星考试系统，开展网络考试探索和实践。超星考试系统集成题库建设、试卷管理、考试管理、在线监考、自动阅卷、成绩管理、统计分析等功能，超星考试系统支持多种题型；学院充分发挥考试系统在教学活动中的重要作用，按照网络考试的设置，完善了网络考试系统，在实践探索基础上，从一门课程网络考试拓展到多门思政课程网络考试，实现了思政课考试网络化的全覆盖。特别是在新冠疫情防控期间，超星考试系统发挥了重要作用。

二、都市型农业院校思政课网络考试的优点

高校思政课网络考试是创新思想政治理论课教育教学改革的重要价值取向，都市型农业院校思政课考试方式顺应时代发展，结合思政课改革创新发展，统筹传统纸质考试和现代网络考试优缺点基础上，着眼于提高教风、学风、考风和思政课改革创新因素，探索实践开展了网络考试，为持续提升思政课教学质量奠定了坚实基础，促进了都市型农业院校“红绿融合”思政金课建设。

1. 实现考教分离

网络考核是顺应数字化时代发展的大潮流，把现代化技术手段融入思想政治理论课的教学和考核中，拓展了师生在教和学过程中的时空纬度。网络考试的便捷性、时效性、准确性，成为高校加强学生思政课改革创新的新举措。都市型农林院校思政课网络考试要求思政课教师按照教学大纲的要求进行授课，兼顾教学重点、难点及教学的进度，避免了教学的随意性；要求思政课教师按照知识性、系统性、学理性要求，充分考虑学情的基础上，建设体现本校的学习情况与教学水平的试题库。在此基础上实现考教分离，更好地推动了思政课改革创新，考试结果得到学生的认可。通过近些年的实践探索，通过网络考试，学生掌握了基本知识。调查数据显示，对思政课教学效果的理解，学生认为最重要的是能够基本掌握教学课程的知识，占比为50.72%。其次是其他，能用所学知识解决现实问题，占比为15.11%。能够让学生积极地参与学习、学生能够在学习中得到乐趣和学生在相关考试中能够取得较好的成绩的比例相对较低，分别为14.21%、10.25%和9.71%（图1）。

2. 考试公平公正

网络考试突破了千百年来用纸笔考试的模式，避免了纸质考试过程中的同课不同卷、学生成绩差异大的情况。网络考试题库知识系统地反映了教材体系向教学体系转变过程，和教师教学过程密切关联。网络考试题库覆盖教学大纲，覆盖学生平时学习思政课的知识点，保证了试题库质量。网络考试保证试题结构相同、难度系数相同，学生的试卷采用的是随机组题的形式，实现学生一人一机闭卷考试，每个学生试卷各不相同，作弊的可能性大大降低，较好地促进了考试的高效、科学、公平。网络考试大大减少思政课教师批改试卷的重复工作量，在第一时间内公开考试成绩，杜绝人为干预，提高成绩的可信度。网络

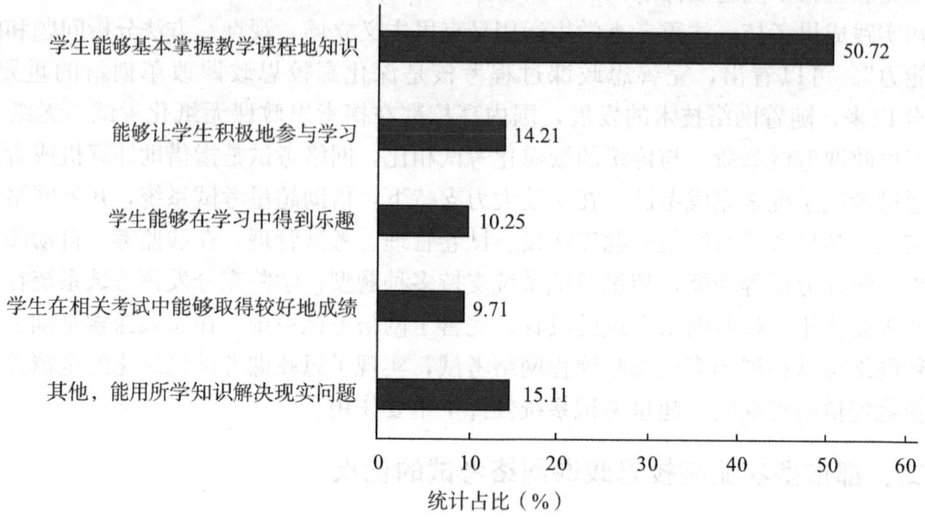

图 1　对思政课教学效果的理解统计

数据又便于学生对成绩进行查询，提高考试的公开性和透明度。调查数据显示，学生最喜欢的思想政治理论课考试方式中，计算机机考获得了最高的比例，占比为 46.76%。其次是传统笔试，占比为 22.48%。客观题机考和主观题笔试结合的方式占比为 11.33%，无所谓的比例为 19.42%。综合来看，计算机机考是被调查者最偏好的思想政治理论课考试方式（图 2）。

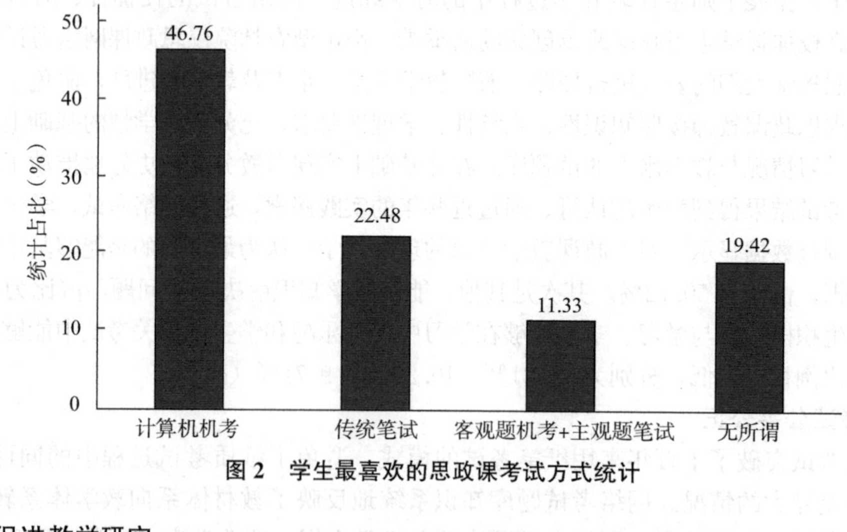

图 2　学生最喜欢的思政课考试方式统计

3. 促进教学研究

思政课教师按照按教材章、节、目顺序建设试题库，分别设置单选题、多选题、判断题、填空题、辨析题、简答题、论述题等题型，试题总量控制在 800 道题左右。客观题由系统评判给分，思政课教师通过电脑端批阅简答题、论述题、辨析题等主观题，全部实施无纸化考试进程。学生要想考出好成绩，必须全面系统复习，掌握全部教学内容。网络考试结果运用中，充分利用考试系统的大数据资源，系统分析专业与专业之间、年级与年级之间、课程与课程之间的多项数据，更全面地掌握教与学的多维评价，分析在教学中的得失和差异性，有针对性地开展教学改革，进一步规范网络考试考核管理、科学设置题型分布及分值，切实提高教育教学质量。

三、都市型农业院校思政课网络考试的不足

随着高等教育大众化、信息时代发展，高校学生呈现思想多元，而学生是思政课学习的主体，学生的学习态度直接影响学习效果。结合OBE理念，从期末成绩分布来看，大部分学生也按照教学目标开展学习，实现自身综合素质的提升，但是也存在不足。

1. 学生对思政课学习积极性主动性不足

思政课致力于价值观的塑造和理想信念的确立，是一种更高的要求和更艰巨的任务。理论学习是相对枯燥的，思政课教师运用雨课堂等辅助工具，助力思政课教学的针对性和实效性。从期末考试教学效果上看，少数学生认识不到思政课对于自身未来发展的价值，“网生一代”的“00后”学生在课堂教学过程中，无法实现与思政课教学目标同向而行。在功利化倾向的驱使下，部分学生认为把专业课知识学习好就行，对思政课重视程度不够，出现了对思政课程学习的抵触情绪。从学生学的角度看，学生存在厌学的现象。少数学生学习思政课的积极性和主动性较差，体现在上课时就是不认真听课、不参与课堂教学，无法达到思政课考试要求，没有掌握思政课知识体系，也无法达到新时代大学生应有素养。

2. 学生对思政课网络考试认识不足

网络考试以客观题型为主，固定的题型、固定的答案固然有利于实现考试的标准化和规范化，是网络考试系统的要求，更有利于加强学生对基础知识的认知。为了保证网络考试成绩，思政课教师在期末考试前，将编写好的题库发给学生，便于学生复习巩固知识点，牢固掌握思政课的教学内容；实践探索期间，也尝试只向学生提供相关知识点，不给学生提供试题库，进一步深化考试改革。都市型农业院校思政课考核设计中，平时成绩占30分、实践作业占20分、期末考试占50分，部分学生认为既然教师给了题库，复习阶段掌握好题库中的知识点和题目就能取得好成绩，结果影响教师的教学效果和实效，个别学生最希望不考试就能及格。结果是学生网络考试成绩相对偏低，影响学生的切身利益，导致教师在学生评价等方面受到影响。

3. 网络考试自身存在的不足

思政课考试具有检查教学质量、激励学生学习的积极性、检查学生的学习质量等功能，但是由于考核方式的单一性，使得许多学生将思政课当成纯粹的文科课程，多采用考前突击的方式。网络考试中，客观题解决了学生的知识性问题，无法检测到学生的思想道德素质水平；主观题从无到有、但是比重较小，与传统意义上的考试要求还存在一定距离；从考试结果来看，学生运用马克思主义立场观点来分析问题、解决问题的能力还需提升，创新能力等综合素养亟待提高。学生在这种课程考核办法的指导下，对于其能力与素质更是无法给予客观、科学、公正的评价，也易于呈现“上课记、下课抄、考前背、考后忘”不正常的现象，思政课很难真正“入耳、入脑、入心”，难以实现课程的开课宗旨。

四、都市型农业院校思政课网络考试的改革方向

习近平总书记对学校思政课建设作出重要指示强调，“守正创新推动思政课建设内涵式发展，不断提高思政课的针对性和吸引力”。思想政治教育的特点和属性，要求我们积极探索思想政治理论课有效的考核方式。建立起全方位、多渠道的考试体系，提高学生思政课学习的积极性和主动性，不断提升高校思政课的针对性。

1. 落实 OBE 理念，深化思政课改革

思政课考试鲜明的政治导向性特征还具有动态性，要求都市型农林院校思政课教师坚持 OBE 理念，以“学生中心、产出导向、持续改进”的基本价值取向，以学生收获的目标导向，深化思政课守正创新。教学过程中，紧跟党的理论创新步伐，按照教学大纲有组织开展教学，提升学生强国建设、民族复兴的使命，坚持“内容为王”，落实好立德树人和铸魂育人的价值引领，通过打造“红绿融合”思政“金课”，不断提升学生综合素质，重点是学生运用马克思主义理论立场观点分析实际问题的能力；通过教学改革和考试改革，有效解决课堂教学和机考“两张皮”的问题。

2. 推动全过程考核，加大主观题考核

思政课的考试突出政治性、思想性和教育性。健全思政课全过程考核制度，加大平时成绩占总成绩的比重，通过查看学生笔记、随堂测试和学生小组作业，引导学生积极参与到课堂教学中来，在教与学良性互动中增强知识积累；实践教学紧贴“大思政课”平台，把思政小课堂和社会大课堂结合起来，搭建起与思政课教学紧密结合的实践教学平台，让学生走出课堂、走出校园，认清党情、国情的时代变化；进一步规范网络考试考核管理、科学设置题型分布及分值，增加考试中的主观题比例，提升学生运用理论分析和解决实际问题的能力，更加注重学生的综合能力培养。

3. 深化考核研究，建设高质量题库

考试是教学中重要的一环，有引导教与学的导向功能，还有诊断、反馈、评定、激励、选拔等多项功能。思政课的特殊性，要求学生在接受一定的理论知识之后能够将之转化为自己的思想观念和信念，并将这种已经形成的思想观念和信念转化成自己外在的行为。思政课教师充分利用考试系统的大数据资源，系统分析专业与专业之间、年级与年级之间、课程与课程之间的多项数据，更全面地掌握教与学的多维评价，分析在教学中的得失和差异性，有针对性地开展思政课教学改革；组织思政课教学专家、考试系统设计师、教育技术专家等共同探究构建高质量的学科知识库，让题库和教学目标、学生特点和学生发展相适应，切实提高思政课教学质量。

参 考 文 献

李文武，2017. 高校思想政治理论课考试存在问题的实质性探析 [J]. 辽宁教育行政学院学报（6）：43－46.

刘建军，2019. 怎样才能上好高校思想政治理论课 [J]. 求是（8）：60－65.

孙武安，蒯正明，2017. 弹性考核：强化思想政治理论课过程育人 [J]. 中国高等教育（17）：13－15.

新华社，2024. 不断开创新时代思政教育新局面努力培养更多让党放心爱国奉献担当民族复兴重任的时代新人 [EB/OL]. https://www.gov.cn/yaowen/liebiao/202405/content_6950473.htm.
许屹山，向加吾，2019. 高校思想政治理论课考核方式改革新探索：以安徽工业大学思政课无纸化机考改革为例 [J]. 牡丹江教育学院学报（10）：65-68.
邹杰婷，2024. OBE 教育理念下高职思政课“三评三改”考核评价构建问题探析 [J]. 科教导刊（9）：66-68.

农耕文化融入农林高校思政课路径研究*

许　颖[①]　张　敏

摘要：农耕文化是农林高校加强思想政治教育的重要载体，将农耕文化融入思政课程建设，有利于农耕文化的传承和弘扬，有利于乡村振兴战略实施，有助于提升农林高校思政课铸魂育人实效。新时代，可以提高思政课教师的综合素养，推进思政课教学改革；优化教学内容设计，实现农耕文化精准融入各门课程；强化智慧农业思维，运用数字技术等手段，实现农耕文化浸染式融入高校思政课教学。

关键词：农耕文化；农林高校；思政课

农耕文化是中华优秀传统文化的重要组成部分，是乡村全面振兴的持续精神力量，更是加快建设农业强国的底气所在和自信之源。将农耕文化融入农林高校思政教育，使大学生深刻感悟乡土文化、厚植乡土情怀，不断深化对农耕文化的价值认同，从而引导广大青年投身乡村振兴，建设农业强国，为推进农业现代化贡献青春力量。

一、农耕文化的内涵特征

习近平总书记强调，"农耕文化是我国农业的宝贵财富，是中华文化的重要组成部分，不仅不能丢，而且要不断发扬光大"。中华传统农耕文化历史悠久、内涵丰富，蕴含着浓厚的人文精神，包含着丰富的农耕文化资源，探究农耕文化的主要内涵、精神内核、主要特征对正确把握和深刻理解农耕文化的内在归旨具有重要意义。

（一）农耕文化的主要内涵

农耕文化与农耕生产相伴相生，包括物质文化层面、精神文化层面和制度文化层面等。

1. 物质文化层面

物质文化是人们在农耕实践中创造并运用的物质形态的劳动产品，包括农耕生产的农耕器具、衣食住行等诸多方面。从最原始的刀耕火种再到铁犁牛耕，农耕生产器具的演进推动了生产力的发展，创造出了多彩的农副产品，成为重要的物质财富。从耕作的作物来看，五谷在中国古代的农业文明中占据着举足轻重的地位，是人们日常饮食的主要来源，

---

* 本文系北京市高等教育学会2024年度面上课题（项目编号：MS2024008）；2024年北京农学院繁荣社科行动计划项目（项目编号：FRSK-2024-018）；北京农学院本科教育教学与改革项目一般项目（项目编号：BUA2024YB25）；2024年度首都青少年工作和共青团工作研究课题（项目编号：BJGQT2024030）。

① 作者简介：许颖，女，博士研究生，讲师，主要研究方向为思想政治教育理论与实践、乡村振兴研究。

另外还有从国外引进的玉米、花生、番茄等，以及传统建筑、民族服饰等，都伴随着农业耕作的不断发展，积淀了深厚的农耕文化底蕴。

2. 精神文化层面

农耕文化包含着丰富的精神内涵，主要涉及哲学、道德、规范等。农业生产所涉及的核心要素主要是“天”“地”“人”三者。《荀子·富国》中写道：“上得天时，下得地利，中得人和，则财货浑浑如泉源。”农业生产要获得好的收成，三者缺一不可。基于此就形成了“天人合一”的哲学思想。家庭本位和团结协作是重要的价值观念，在农业生产中，每个人的任何行为都要对家庭负责，与此同时，不同团体之间互助合作的农业生产方式广泛存在。

3. 制度文化层面

农耕文化在制度层面，主要包括农业政策、制度、管理、准则等。在农业政策方面，采取的措施主要包括减轻农民的徭役、兵役和赋税负担，注重发展农业生产，奖励耕作，关心农桑，提倡节俭，以身作则，重视“以德化民”等。在土地制度方面，从夏商周土地国有的“井田制”，到春秋战国商鞅变法提出的封建土地所有制，到后面曹魏的“屯田制”、唐朝的“均田制”，无不体现了统治者统筹全局的心胸智慧。在农耕生活实践中，家族制度即宗族制度成为村庄管理的基础。宗族下的乡村治理成了中国农耕文明的特有部分。

（二）农耕文化的显著特征

任何文化由于其产生的土壤与生存环境的差异，都具有不同的特点。中华农耕文化独特的风格与特点是区别于其他类型文化的显著标志。

1. 乡土性

“乡土”的本色在于农村生活、生产实践。农耕文化产生于乡土乡村，它与农民和土地紧密相连，与平民百姓共生共存，它根植于乡村居民的生产生活，与传统农业、农村和乡村社会相适配。在《乡土中国》中，费孝通从乡土本色、乡村社区等方面剖析了农耕文化下乡土社会的基本形态。乡土精神的传承，使农耕文化在历史风云变幻中，既不完全受王朝演替的影响，也不全部因时尚文化而改变，凸显了强大的生命力。目前，乡土文化正迎来一个蓬勃的复兴阶段，农业农村现代化的进程中，既要现代化，更要乡土性，这是一场关于乡村特色的守护与创新的双重挑战。

2. 内敛性

中华农耕文化的内敛性主要表现为隐忍、克制，这一特征是与农耕环境相辅相成的，体现了古代人们在有限的生产条件下，面对自然灾害的顺从、隐忍，以此适应多变的环境。人与自然和谐相处正是农耕文化中的智慧与经验，人类需要依循大自然法则进行农业生产，只有善待土地、敬畏自然，才能获得好的收成。这种朴素的生活态度孕育了传统生态智慧，成了人们遵守践行的律条，并在潜移默化中成了刻在骨子里的性格。

3. 地域性

农耕文化是带有显著的生态特点的地域文化，“一方水土养一方人”“五里不同风，十里不同俗”等，都表现了农耕文化的地域性特征。地形地貌、气候条件、水文环境等自然因素，不仅为农耕生产提供了基础条件，也在很大程度上塑造了农耕文化的特点。所衍生出来的耕作方式、饮食习惯、农耕建筑、习俗礼仪、思维方式等都具有很大的差异，因此人们基于所在地域的特征，选择合适的农耕生产方式、生活方式。

二、农耕文化融入农林高校思政课的价值意蕴

思政课是落实立德树人根本任务的重要课程，将农耕文化所蕴含的智慧力量融入农林高校思政课，对当今农林高校高质量发展和培育新时代“三农”人才具有重要意义。

（一）传承农耕精神，激发思政课创新活力

农耕文化在传承融合中创新发展，传统文化与现代科技激烈碰撞，逐步融合，在碰撞与融合中各自焕发出新的生机。传统文化是科学技术的精神内核，以农耕文化引导学生传承弘扬传统文化。在民族交流文化融合过程中，农耕文化不断传播、融合、创新，这些成果有助于丰富农林高校思政课教学资源。例如，农林高校的果树文化，将果树种植、培育、采摘、制作到产品加工中蕴含的文化内容融入其中，让学生理解天时、地利、人和的联系，把握“以和为贵”的内涵。通过思政课与耕读教育有机融合，组织学生到基地开展实践教学，丰富思政课教学形式，增强教学效果，吸引学生主动学习、主动探索。有助于深入拓展思政教学“大课堂”，探索适合农林院校人才培养需求和服务乡村振兴的思政课改革创新路径，激发思政课创新活力。

（二）弘扬奋斗精神，培育新时代“三农”人才

农耕文化包含了坚韧不拔、自强不息的奋斗精神。农业生产常常要和多种不利条件做斗争，如洪涝、干旱、低温等自然灾害，农作物病害、虫害、草害等生物灾害。在与自然灾害斗争的过程中，劳动人民形成了不屈不挠、团结互助的奋斗精神，铸就了中华民族坚韧不拔的品格，这种精神成为中华民族一次次涅槃重生的重要力量。

农耕是技术产业，也是劳动密集型产业。众所周知，农业生产投资大、周期长，收益保障系数不大是其固有的特征，其生产过程极易受到自然灾害影响，面对的风险复杂多变。农业生产环节众多，从选地整地、选种播种到施肥、田间管理、病虫害防治等方面都要注意细节和方法得当才能获得优质的农产品，每一环节都不能松懈。没有坚韧不拔的坚强意志和持之以恒的努力无法有所收获。在这一过程中，需要精诚团结、凝心聚力、振奋精神，以保证农业工作的顺利开展。在思政课中引入农耕文化，引导大学生传承中华民族勤劳朴素、吃苦耐劳、开拓进取的奋斗精神，对培育未来的新型农业人才具有重要的指导意义。

（三）坚定文化自信，打造农林高校特色名片

农耕文化积淀了数千年传统农业社会的智慧和经验，是中华优秀传统文化的根与魂，是建设中华民族现代文明的重要底色。在历史的长河中，唯有中华文明生生不息、延绵不断，显示了极为强大的生命力正是因为有其坚固的文化内核支撑。文化自信的提出，更加坚定了农耕文化的传承与发展，让传统农耕文化在现代化进程中“活”起来。中国农耕文化所蕴含的强大力量，令人叹为观止的农业科技，无一不在展示东方文化的魅力，成为中华民族独特的文化名片。因此，农耕文化融入思政课，能够使中国农业农村现代化、建设农业强国等理论内容更加具有说服力，进一步坚定大学生文化自信，形成对中华民族文化生命力的坚定信念。

农耕文化融入思政课，抓住新农科建设的新机遇，有助于农林高校培育现代农业生产技能的应用型新农人。立足思政课教学改革，打造一批“金课”“金师”等具有农林特色

的名片。深挖农耕文化的经济价值，辐射地方经济发展，为红色革命老区建设不断输入新鲜血液，为深入推进乡村振兴、建设美丽乡村凝聚力量。

三、农耕文化融入农林高校思政课的实践路径

（一）精耕细作思政课教学改革

高校思政课作为思想政治教育的主渠道、主阵地，肩负着时代使命。要不断提升思想政治教育的亲和力和针对性，增强感染力、互动性。教学方式上，不断优化思政课教学方式方法，灵活运用讲授式、互动式、案例式、研讨式等教学方法，提升课程质量。教学内容上，构建具有时代性、先进性的思政课程。既要紧跟时代发展潮流，把党的创新理论及时纳入教学之中，又要将思政课教学内容与农耕文化深度融合。将思政课与农耕文化故事相结合，不仅能把学生带回理论诞生的年代，降低理解难度，还容易产生共情作用。农耕文化中所追求自然、和谐的生存环境，强调协同、团结的合作关系，提倡仁爱、道德的精神追求都是社会主义核心价值观的生动体现。在队伍建设上，发挥好思政教师队伍主力军作用，教师既要传递知识又要启迪智慧，同时不断更新自身知识体系、提升教学能力。

（二）在“田间地头”讲好思政课

积极探索“农耕＋思政”的教育组织模式。重视思政课实践课堂，将农耕文化引入思政实践中。充分调动校内的实验场地、校外的实习基地等场所开展实践学习，不断挖掘拓展深农耕文化的践行载体。思政实践课程充分挖掘校内资源，与兄弟院校携手合作，利用校内校外实习实验场所，带领学生开阔视野，亲身体验。农耕文化需要学生的亲身实践，体验式学习更能增强学生对农耕文化精神内核的理解力。从课堂到村口、从学校课堂到“田间地头”，延伸实现思政课堂的“半径”，将定点帮扶、挂职干部、驻村第一书记和工作队等脱贫攻坚及乡村振兴的亮点举措、先进人物、典型事例有机融入课堂教学，用鲜活的事例影响人，用典型的案例感染人，用蓬勃的实例引领人，进而讲出一堂更具亲和力、感染力、号召力的思政课。

（三）数字技术重现农耕文化场景

智慧农业数字乡村的建设是农村现代化的基础，数字农业和数字乡村的发展潜力无限。依靠数字平台保护和传承乡村各类非物质文化遗产和民间工艺，打造数字农耕文化展馆，运用先进的数字技术搭建展示平台。通过这种方式还原和重塑悠久的农耕文化历史，带领学生领略学校发展史，是学生开展实践学习、了解农耕文明史、了解学校发展历程及未来发展前景的重要途径。数字农耕文化展馆中展品的展出方式可以是图片、音频、视频，也可以是 AI 虚拟技术。通过运用数字功能打造沉浸式体验，最大限度还原先民的劳作过程；通过虚拟现实互动功能，让学生亲身体验古代劳动人民在传统耕作中的辛劳。

（四）推进农林高校大思政课建设

坚持“课程即思政”理念，开展思政课教学研究，组建跨学科团队，实现所有课程一盘棋、门门课程均育人的效果。积极推进与教学形成良性互动，并将成果融入课程教学当中，挖掘地方特色的思政教育融合点，与课程建设同行，有力推进跨学科建设的持续和深入发展。深入挖掘专业课程、实践环节和科研训练中的育人元素。各专业教师自觉将育人元素融入专业教学，在向学子传授学科专业知识的同时，厚植学生“三农”情怀、培养其

农业科研思维。此外，课程思政建设持续升级，由专业课程向专业课程链、示范专业、学院及大类延伸，强调每位学科教师都要各守一段渠、种好责任田，推进专业教育与思政教育同向同行。一个个课堂，有“知”，更有“情”、有“思政味”。

参 考 文 献

刘丽红，蔡斌，2024. 习近平关于“三农”工作重要论述融入农业高校思政课教学的探索［J］. 青岛农业大学学报（社会科学版）（2）：105－111.

王冬梅，2023. 涉农高校“大思政课”建构的理念、价值塑造及实施路径［J］. 北京教育（德育）（10）：36－40.

习近平，2022. 高举中国特色社会主义伟大旗帜 为全面建设社会主义现代化国家而团结奋斗——在中国共产党第二十次全国代表大会上的报告［N］. 人民日报，10－26.

郑文堂，2015. 休闲农业发展中的农耕文化挖掘［M］. 北京：中国农业出版社.

坚持问题导向教学模式提升高校思政课的针对性和实效性

刘海燕[①]

摘要：思政课是落实立德树人根本任务的关键课程。如何推进马克思主义中国化的最新理论成果“入耳入脑入心”，是思政课教师不断探索解决的重点难点问题。问题导向教学模式是充分调动学生主观能动性、提升教学效果的重要方式。本文对问题导向教学模式的内涵及意义进行阐释，重点结合思政课课堂现状针对问题导向教学方法的实施提出对策建议。

关键词：问题导向；思政课；针对性和实效性

新时代以来，习近平总书记多次强调要办好思政课。思政课的思想性、理论性很强，办好思政课不仅需要加强内容建设，还需要不断推动教学方法改革创新。正如2022年4月习近平总书记在考察中国人民大学时所强调的，“思政课的本质是讲道理，要注重方式方法，把道理讲深、讲透、讲活”。问题导向教学是启发学生联系实际、积极思考的重要教学方式，可以充分调动学生的主观能动性，提升思政课的教学效果。

一、高校思政课问题导向教学模式的内涵

习近平总书记在哲学社会科学工作座谈会上的讲话中指出，“坚持问题导向是马克思主义的鲜明特点。问题是创新的起点，也是创新的动力源”。问题导向教学模式蕴含着“发现问题—分析问题—解决问题”的完整逻辑思路。在思政课建设过程中包括两个层面的内涵：一是指教学实施主体要善于发现教学过程中存在的不足，具体分析问题，并通过教学手段和方式等的创新增强教学的针对性和实效性；二是指教师在教学过程中以问题为导向，通过问题的设置促使学生集中注意力。合适的提问环节，可以使学生真正参与到教学中。同时，引导学生在分析问题、解决问题的过程中，水到渠成，形成正确的认知，从而提升思政课教学效果。本文重点对问题导向模式在教学过程中的实施进行研究。

二、高校思政课问题导向教学模式的重要意义

近年，随着思政课教学改革举措持续推进，教学质量得到很大提升。正如习近平总书记所指出的，“思政课教师乐教善教、潜心育人的信心底气更足，思政课发展环境和整体生

---

① 作者简介：刘海燕，女，硕士，副教授，主要研究方向为马克思主义中国化。

态发生全局性、根本性转变”。但是，高校思政课教学实践中面临的时代多元、学情变化等挑战与困惑亟待得以解决。问题导向教学模式对于这些问题的解决具有显著的意义。

1. 坚持问题导向教学有助于丰富教学模式

高校思政课教材内容宏观、理论性强，而部分教师在授课过程中仍采用讲授教材知识为主的“灌输式”教学模式，未能实现教材体系向教学体系的转化，学生的学习主动性不能被充分调动。问题导向教学模式将灌输性和启发性相结合，通过多种形式提出问题，激发学生的学习热情和兴趣，并通过引导学生分析问题、思考问题、答疑解惑的过程，更好地实现用新时代党的创新理论来武装大学生头脑的教学目的。一是能够激发学生的问题意识，通过理论联系实际解决问题，感悟真理的伟力。二是教师将教材中的重点、难点进行挖掘，并以问题形式引导学生理解掌握，体现了高校思政课的深度。三是问题导向教学实现枯燥的教材体系向生动的教学体系的转化，把宏大的政治叙事渗透到微观的个人体验，把抽象的学术理论融入具体的生活实际，使课堂更加生动、“贴地气”。

2. 坚持问题导向教学有助于打破“课堂沉默”现象

“课堂沉默”广义上是指“学生在课堂上产生的各种无声现象”。思政课教学中，“课堂沉默”多指学生由于缺乏学习的兴趣和动力，听课时无回应、互动时沉默等缺乏活力的课堂表现，由此产生“低头族”“心不在焉族”等“隐形逃课”现象。一方面，学生通过小初高的政治课程学习，抱有大学思政课“考试前复习知识点就行”的背记思维；另一方面，部分教师未能结合学生思想困惑和实际需求进行讲授，学生对课程有“空”“大”的负面情绪，从而引发“课堂沉默”现象。问题导向教学模式直面学生在思想方面存在的困惑和问题，符合大学生的思想认知特点。同时，结合社会热点问题，使思政课教学更加贴近学生的实际生活，引导学生自主参与到教学活动中。通过问题的提出，激发学生的好奇心；通过问题的交流，让学生表达思想和观点；在解决问题中，解开学生的思想困惑，达成知识目标。这样，学生才会有获得感。

3. 坚持问题导向教学有助于对大学生进行价值引导

当今世界正经历百年未有之大变局，在大变局的影响下，社会和网络中的思想理论和价值理念纷繁复杂。大学生面对多元的思想观念时难免会产生困惑，而且极易受到各种错误思潮的影响，产生思想观念上的偏差。问题导向教学紧密联系社会热点进行分析，有助于增强学生对主流意识形态的认同，提高对错误思潮的甄别、抵制能力，把好人生的“方向盘”。针对学生的困惑，将教师主导与学生主体相结合，在加大外部教育引导力度的同时，提高学生的自我教育能力，让学生通过自我学习、自我反思、自我实践等方式，以透彻的学理分析、强大的真理力量，使学生逐渐深化认识，形成理性认知，实现对马克思主义理论真学、真懂、真信。

基于此，坚持问题导向并探索其合理化路径，对于提升高校思政课的针对性和实效性，实现高质量发展，具有重大理论和现实意义。

三、高校思政课问题导向教学模式的路径

1. 设置问题库是问题导向教学的主要抓手

问题是教学的起点，问题的提出和解决最终导向是实现教学目标。问题设置既要有高

度，又要有深度，更要有温度。一是根据教材中各章的重难点问题进行提炼。教材是思政课教学的重要教学内容。当前的高校思政课教材体系严谨、理论性强、内容丰富。问题设置首先要凸显教材内容，以问题讨论引发学生对理论的思考学习。二是针对学生关心关注的社会热点以及困惑进行梳理。学生是问题导向教学中的主体，要增强思政课的吸引力，尤其要根据学生的实际情况，因材施教。要深入学生，展开持续调研，收集、提炼学生关心关注的问题，从而增强思政课问题导向教学的针对性和实效性。三是问题设置要具有递进性，可以帮助学生深入思考和解决复杂问题。将这些问题串联形成每个专题的层次分明、逻辑递进的问题链，最终从分析问题、提出问题到解决问题形成每个专题教学的主线。

2. 丰富生动的榜样故事是推动问题导向教学的助力器

在问题库的基础上可以结合学校服务社会的案例作为补充。笔者所在学校为都市型现代农林高等院校，每年都有很多在校师生、优秀毕业生服务“三农”建设的鲜活案例，这些故事都是习近平新时代中国特色社会主义思想在京华大地生动实践的展现。通过问题导向教学，利用丰富生动的实践故事讲好思政课的道理。让思政课内容更丰富更贴近实际，引导学生投身乡村振兴一线。例如，在专题“推动高质量发展”的教学中关于乡村振兴部分内容，融入北京农学院师生研发建设智慧蜂场，助力蜂农省力又增收的故事。以问题“不用打开蜂巢就能知道蜜蜂‘工作’的情况，你们觉得能实现吗”引入；针对北京农学院师生助力平谷发展“文创桃”的故事，以问题“你尝试过给桃子创作一幅自己设计的图画吗”引入，学生均表现出浓厚兴趣。通过案例讲解，学生深刻感知各专业师生助力乡村振兴的生动故事。

3. 教师教研能力提升是问题导向教学的根本保障

习近平总书记强调，“办好思想政治理论课关键在教师，关键在发挥教师的积极性、主动性、创造性”。教师在问题导向教学过程中起着主导的作用，教师的教学和科研能力的提升对于教学的有效开展起关键作用。一是要加强理论和教材的研究。教师要紧盯理论前沿，自觉学习经典原著，吃透教材重难点，把原理和教材“学深悟透”才能更好地回应和引导学生。二是要与时俱进。教师要有宽广的视野，要不断学习，准确把握时代脉搏。三是要注重加强教师团队建设。优秀的教师团队建设，能够实现教师教研水平的整体提升。通过教学沙龙、专题备课会、教学观摩等形式，促进教师教学能力的提升。对教学成果进行凝练，以项目等形式不断深入研究，提升研究能力。四是要深入学生、走近学生，全面把握学生的认知规律和特点。只有充分地了解学生，才能准确把握学生的需求和困惑。

4. 多维平台的利用是问题导向教学的有益补充

一是在推进问题导向教学的过程中，要搜集整理好问题库、案例库，融通使用讨论式教学、翻转课堂、智慧课堂等多种教学方式，使灌输性和启发性更好地结合。二是利用新媒体进行启发性学习。可以打破传统媒体的时空限制，整合利用抖音、bilibili、微信等自媒体，打造全链条、多渠道的思政课融媒体平台，不断增强思政课的吸引力。三是搭建好实践教学平台。学生通过参观红色教育基地、社会调研、专业实践等多种方式深入了解社会，深化理论理解。多种教学渠道的融合，有效拓展了教学时空。

通过问题导向教学的多种举措，激活课堂，充分发挥学生的主体性作用，不断提升高校思政课的针对性和实效性。

参 考 文 献

冯秀军，2017. 用“问题链”打造含金量高、获得感强的思政课［J］. 中国高等教育（11）22－24.

时广军，2017. 国内学生沉默研究的元分析：基于2002—2016年的文献［J］. 山东师范大学学报（人文社会科学版）(3)：98－105.

吴晶，胡浩，2019. 习近平主持召开学校思想政治理论课教师座谈会强调：用新时代中国特色社会主义思想铸魂育人 贯彻党的教育方针落实立德树人根本任务［N］. 人民日报，03－19.

习近平，2016. 在哲学社会科学工作座谈会上的讲话［M］。北京：人民出版社.

新华社，2022. 习近平在中国人民大学考察时强调坚持党的领导传承红色基因扎根中国大地走出一条建设国特色世界一流大学新路［EB/OL］. https://www.gov.cn/xinwen/2022－04/25/content_5687105.htm.

新华社，2024. 习近平对学校思政课建设作出重要指示强调：不断开创新时代思政教育新局面努力培养更多让党放心爱国奉献担当民族复兴重任的时代新人［EB/OL］. https://www.gov.cn/yaowen/liebiao/202405/content_6950473.htm? tt_force_outside=1.

智慧教育技术赋能思政课建设探究

——以北京农学院为例

李秀英[①]

摘要：北京农学院打造“首善标准、红色基因、北农特色”的“红绿融合”的思政“金课”。思政课需要适应新技术新环境的发展，以更新颖更生动的形式呈现，这样才有利于将思政课讲深、讲透、讲活。新一轮科技革命为思政课建设提供了智慧教育技术手段。本文通过分析北京农学院思政课建设的重点与痛点、智慧教育技术赋能思政“金课”建设的实践探索，总结出现的问题，论述其解决策略，以期为思政“金课”和大思政课建设提供理论和实践指导。

关键词：智慧教育；技术；思政课建设

以人工智能、光电芯片、大数据等为标志的新一轮科技革命正在改变着世界的方方面面，教育同样深受其影响。思政课作为落实立德树人根本任务的关键课程，需要适应新技术新环境的发展，以更新颖更生动的形式呈现，这样才有利于将思政课讲深、讲透、讲活。习近平总书记强调，“要运用新媒体新技术使工作活起来，推动思想政治工作传统优势同信息技术高度融合，增强时代感和吸引力”。新时代高校思政课教师应主动识变应变求变，将传统教学与新技术深度融合。在大思政课建设的背景下，智慧教育技术的应用更能助推思政教育做大做强。

智慧教育技术主要包括5G、VR（虚拟仿真）、AI（人工智能）、AR（增强现实）等数字技术，应用数字技术助推智慧教育走进思政课堂，构建大思政课建设平台，利用其网络化、虚拟化、信息化等特点，能够突破传统思政课的时空和场域限制，有效汇聚校内外的多样资源，使思政课真正做大做强。

一、北京农学院思政课建设的重点与痛点

1. 重点

在国家建设大思政课背景下，北京农学院打造“首善标准、红色基因、北农特色”的“红绿融合”的思政“金课”，推动思政课“红色基因”与学校“绿色元素”深度融合，增强“北农味道”。

---

① 作者简介：李秀英，女，副教授，主要研究方向为中国近现代史基本问题研究，思政课教学等。

"红绿融合"的思政课程体系如何建设是其重点，以党的"三农"理论宣讲带动"红绿融合"。面向全体在校生开设"大国'三农'""中国共产党'三农'思想史""习近平总书记关于'三农'工作重要论述研究"等思政选修课；在6门思政必修课中找准"绿色元素"融入各门课的切入点和着力点，与思政课本身红的底色相结合，形成红绿结合的体系，制作相关案例集和资源库，推动"红绿融合"落地生根。

2. 痛点

（1）授课形式单一。"思政小课堂"和"社会大课堂"相结合，走大思政课的路径是建设思政"金课"的内在要求。大思政课的路径建设，虽然理念有所更新，课堂却仍局限在校园中与教室里，教和学仍是按照形式，理论教学仍是大思政课的主流教学方式，实践教学也因种种原因非常局限。受困于这样单一的授课形式，"思政小课堂"仍在方圆之地内打转，"社会大课堂"的资源和内容很多无法真正引入到大思政课当中。缺乏有效的手段途径为大思政课拓展教学空间、更新育人方式、革新课堂形式。

（2）绿色资源开发乏力。"红绿融合"的大思政课是对传统思政课理念的突破创新，虽然有着先进理念的引领，但实际的大思政课堂中红色基因元素丰富，思政课教师对开发"三农"、乡村振兴等绿色资源乏力，教学资源有限。生动鲜活的绿色思政教育资源多掌握在专业学院手中，各专业之间资源没有实现高效共享，存在着"信息孤岛"与"资源孤岛"的现象。

二、智慧教育技术赋能思政"金课"建设的实践探索

思政课教学在思政"金课"建设中起引领作用，与专业课程思政同向而行、相互促进；思政课教学不仅要强化理论深度，还要完善实践教学。利用数字技术搭建大思政课平台，能够突破传统思政课的时空和场域限制，有效汇聚校内外的多样资源，使思政课真正做大做强。例如，利用数字仿真VR开展互动教学，提供思政课程案例资源，使思政学习空间智慧化；利用数字技术搭建思政资源库，汇集优秀的课程案例资源库，实现资源共享；利用数字技术搭建线上场馆场域，提供虚拟实景沉浸体验，拓展教学范围。

1. 模拟红绿景观考察

使用VR实践教学基地资源，可以组织学生模拟考察线上红绿基地景观的全过程，并以结合智慧教学系统所学，开展分组讨论，在线提交线上仿真考察记录、心得。通过这种方式可以有效降低学生参与实践教学的门槛，提高参与率，节省路费成本开支，方便管理。使学生利用智慧教育数字技术能够在家门口沉浸式感受全国红绿基地等教学资源。

虚拟仿真VR实践教学资源，主要应用于"中国近现代史纲要""毛泽东思想与中国特色社会主义概论"等实践性强、红绿教学基地资源丰富的课程中，可以增强课程的生动性，使思政小课堂与专业大课堂、社会大课堂结合得更加紧密，使思政课真正做大做强。

2. 开展自主体验式教学

学生可通过体验式设备，自主体验和感受教学资源中体现的革命精神和农业强国精神。由于这种呈现方式新颖，充满丰富的交互空间，其更加适合在课堂之外，让学生自由体验，深刻感受。

例如，北京理工大学马克思主义学院开发的"重走长征路"等系列VR仿真体验课

程。开发“重走长征路——理想信念虚拟仿真实验教学”，学习者在创设的虚拟情境中体验红军爬雪山过草地的过程。这给后来者提供了可资借鉴的经验，北京农学院马克思主义学院也正在开发虚拟仿真全景式VR教学套装系统，以仿真头盔形式搭建线上实践系统，共包含境内外150多个场馆资源库，给学生提供沉浸体验式的实景体验。

3. 精品思政教学课程录制

可以自动完成讲课过程的录制，并且可以采用智能跟踪视角，忠实地还原授课现场的教师风采、师生互动过程。使师生可以课下复盘整个授课过程，找出不足，及时改善，有利于提高教师的教学基本功，建设守正创新的思政“金课”。还为教师参赛、指导大学生讲思政课、指导学生参加各种竞赛提供了便利。

三、问题及应对策略

1. 问题

（1）智慧教育硬件设备建设不足。虚拟仿真VR头盔数量不够，仅有24个，目前思政课堂一般规模为两个专业班，65人左右，所以硬件设备还需要补充。6块LED辅助分屏网络连接有问题，而且手机扫码登录很不方便，苹果手机等设备登录困难，需要在后续开发中加以改善。

（2）VR实践教学基地资源库软件资源不足，缺乏农业绿色资源，红色资源也不充分不均衡；AR虚拟仿真头盔系统为沉浸式，缺乏实景感知和交互，实际效果大打折扣。

（3）教师应用智慧教育技术与资源能力不足，还需要进一步培训。

（4）现有资源与大思政课程匹配度不强，在后续资源开发与建设中，最好有相关思政教师的参与。

（5）教学评价的科学性和有效性有待提升。传统的教学评价方式往往过于主观和片面，难以全面反映学生的学习情况。智慧教育可以通过数据分析和挖掘，实现对学生学习行为的跟踪和评估，但是还存在一些技术漏洞，难以做到更加精细、人性化的评价，教学评价的科学性和有效性有待提升。

2. 对策

智慧教育赋能大思政课建设是一个充满挑战与机遇的课题，今后还需要进一步探索，更好地通过智慧教育推动大思政课建设的创新与发展。

（1）建立科学有效的体制机制。“大思政课”建设关系到“国之大者”，学校应高度重视，建立上下联动机制，形成学校党委统一领导、校内各部门联动、院系落实推进、思政教师积极参与的工作机制。

（2）构建智慧教育平台，实现大思政课资源共享与互动。建立大思政课智慧教育平台，整合优质教学资源，包括课程视频、教学案例、学习资料等，实现资源共享。利用平台提供互动功能，鼓励学生参与讨论、提问和分享，增强学习的主动性和互动性。

（3）运用现代信息技术，创新教学方式方法。采用虚拟现实（VR）、5G、AI（人工智能）、增强现实（AR）等技术，打造沉浸式学习环境，使学生更加直观地学习领会“红绿融合”思政课程内容。利用人工智能、大数据等技术，分析学生的学习过程和需求，为个性化教学提供支持。

（4）加强师资队伍建设，提升教师信息化素养。智慧教育需要教师具备一定的信息技术应用能力，能够熟练掌握和运用相关的教学平台和工具。因此，需要加强教师的信息技术培训，提升他们的专业素养和技能水平，确保智慧教育的顺利实施；开展智慧教育培训，提升教师的信息技术应用能力和教学水平。鼓励教师积极参与智慧教育实践活动，探索适应新时代的教学方法和模式。

（5）加强政策引导与投入，推动智慧教育普及与发展。制定相关政策，鼓励和支持学校、教师参与智慧教育建设。加大投入力度，为智慧教育赋能大思政课建设提供必要的硬件和软件支持，推动其普及与发展。

参 考 文 献

包丽颖，2021. 信息技术与高校思政课教学深度融合的实践探索［J］. 中国高等教育（23）：32－34.
丁雅诵，2022. 这里有处网课“宝藏”［N］. 人民日报，09－14.
李重，申子怡，2023. 智慧教育背景下数字赋能大思政课的探索与实践［J］. 北京教育（高教）（7）：24－26.
冉金昊，2022. 智慧教育背景下数字赋能大思政课的探索与实践［N］. 山西科技报，12－05.
杨才林，李林英，王立群，2021. 运用现代信息技术推进高校思政课改革创新［J］. 北京教育（德育）（1）：9－11.

新农科背景下农林院校数学课程建设路径探究*

申盼盼[①]　颜亭玉　孔素然　蒋文国

摘要：为适应新农科建设的需求，本文以北京农学院为例，分析了农林院校数学课程建设的必要性，在此基础上阐述了新农科背景下农林院校数学课程建设存在的问题，并以学生发展为中心，通过系统完善课程体系、创新教学模式和强化思政育人三个关键点提出数学课程建设的路径，为后续专业课学习奠定基础，助力农林院校提升人才培养质量。

关键词：新农科；课程建设；课程体系；教学模式；课程思政

新农科是建立在新经济、新兴产业基础上多学科交叉融合的产物，是培育新型农业经营主体的主要载体，多学科交叉融合是新农科的本质特征。新农科建设要求高校学科建设面向国际科技前沿、国家重大战略和社会经济发展，促进多学科交叉融合，从培养单一型人才向复合型人才转变，真正服务乡村振兴战略。

当前，各级各类专业学科融合发展成为一种新的发展趋势，新农科背景下的知识体系必须顺应这种趋势，打破固有的学科边界，推进农工、农理、农医、农文深度交叉融合发展。大学数学课程作为重要的理科门类，肩负着培养学生思辨能力、数学素养和创新应用能力的重任，使之不仅能够利用所学数学知识构建模型处理涉农、涉林技术复杂问题的同时，更能立足于长远，在更广阔的学科专业领域探索各种未知可能出现的问题，适应新农科建设需要。

一、新农科背景下农林院校数学课程建设的必要性

在中国新农科建设宣言中指出，建设新农科是振兴高等农林教育的重大战略。新农科建设肩负着服务脱贫攻坚、乡村振兴、生态文明和美丽乡村建设的使命，探索多渠道人才培养新模式，加快培养创新型、复合型和应用型的卓越农林人才。大学数学作为高等农林教育的重要组成部分，有必要进行课程建设，以适应新农科建设的需求，从而更好地服务

* 本文系北京高等教育学会面上课题“新农科视域下的农林院校数学课程建设与实践（2023—2024）”（项目编号：MS2023231）；北京农学院教育教学重点课题“‘新农科’背景下大学数学课程思政建设与实践（2022—2023）”（项目编号：BUA2023JG27）；北京高等教育学会数学研究分会课题“探究新课标下中学数学与大学数学的有效衔接（2022—2023）”（项目编号：SXJC-2022-025）。

① 作者简介：申盼盼，女，硕士，副教授，主要研究方向为计算数学。

"三农"。

（一）社会对新农科农林人才的迫切需求

社会的发展对新农科农林类人才的需求越来越强烈，社会急需各类农林类人才服务"三农"，为农业发展注入新鲜血液。随着人工智能等技术崛起，农林院校的数学课程就需要进行改革建设，以满足社会对不同农林类人才的需求，从而更好地为社会发展贡献数学力量。

（二）学校各专业对数学课程提出挑战

学校立足国家战略需求，需要对各专业学科不断进行调整，以北京农学院为例，在2024年本科专业新增食品营养与健康专业和生物育种技术专业，不仅满足农业农村建设的迫切需求，而且符合国家粮食安全的战略，在此背景下对农林院校的数学课程提出挑战，数学课程需要进行改革，满足各专业需求。

（三）课程本身需要建设

由于课程本身的特点，数学知识点较抽象，而授课教师大多采用传统授课方式，用黑板粉笔至多加幻灯片的方式进行授课，导致学生课堂效率低，基础掌握不牢固，影响后续专业课的学习，需要对数学课程进行建设来提高学生课堂参与度和学生对数学的兴趣。

二、新农科背景下农林院校数学课程建设存在的问题

（一）数学课程体系不够完善

农林院校的数学课程设置往往与专业结合不紧密，每门课程对不同专业设置同一个教学大纲、同一个教学内容和同一种教学设计，使得数学课程体系单一化，只停留在课程本身知识点的讲解，学生无法感知到数学课程之间的关系，以及与后续专业课程、实际生活的强相关性，与专业知识之间存在严重断层。

（二）教学模式不够创新

大学的数学课堂一般采用大班授课，教师采用黑板、粉笔再加幻灯片的方式，以教师课堂讲授为主，缺乏新意，由于课程本身的内容较抽象，而教学模式落后，使得学生参与度低，课堂效率低，学生的数学学习兴趣低。

（三）思政育人体现不明显

教师在课堂更多地关注学生知识层面的理解程度，投入大量的时间精力对知识点进行巩固练习，而忽略了利用课堂达到思政育人的目的，使得学生通过数学课堂只能学到课程本身的知识，无法培养学生的专业自豪感，以线性代数的逆矩阵为例，教师在课堂只告诉学生逆矩阵的求法，学生只是单纯地会求解逆矩阵，并不知道其实逆矩阵在密码学方面发挥着重大的作用，并且我国有很多密码大家，如王小云院士。如果课堂上教师为学生讲解逆矩阵的知识性内容的同时为学生适当扩展关于它在密码学方面的重要作用，相信学生理解知识会更深刻，并培养学生强烈的民族自豪感。

三、新农科背景下农林院校数学课程建设路径

（一）系统完善数学课程体系

一方面，通过充分的调查研究，系统规划大学数学课程群。针对农林各专业相关人员

和学生设计调查问卷、组织座谈研讨，以培养复合应用型农林类人才为总目标，对数学课程中学与大学知识衔接、大学数学课程设置与专业课程学习之间的衔接进行分析，设计大学数学课程体系。结合各专业的具体人才培养方案，增设数学实验课程，优化各门数学课程的教学设计，分层次、分模块地设计数学课程网。

另一方面，重构教学内容，形成与专业交叉融合的知识结构。在新农科建设背景下，通过教研讨论、调研培训、农林实地走访、走进其他农林高校或涉农企业学习交流等多种形式，调整各数学课程的教学内容，并配备合适的教学案例资源。按照农林院校理工、农林、经管三类不同专业分类修订教学大纲，实施个性化培养，根据专业适时安排教学课时和教学内容，满足后续专业课程需要。例如，理工类学生对课程理论知识要求较高，在部分概念与定理中加入证明，应加强理论与应用的深化，以适应理工类学生后续课程需求；农林类则弱化理论知识的证明推演，侧重农林相关应用；经管类学生则侧重经济管理方面专业应用。

（二）创新教学模式

在系统规划数学课程网的基础上，坚持“先学后教、以学定教”的原则，构建与新农科人才培养相适应的“六元”混合式教学模式。课前利用微课、在线资源等方式学生自主发现问题，课中利用翻转课堂进行课堂讨论分析问题，教师引导、学生思考结合小组讨论解决问题，并进一步通过农林特色案例资源，采用数学建模思想借助数学软件进行问题进一步应用，解决专业或生活等实际问题。课后布置作业进行拓展学习，查漏补缺，组织拓展课题和数学建模竞赛等实践活动，协同专业教师根据在研课题中的问题，设计数学建模竞赛赛题，进行更深层次的知识运用，最终实现培养学生创新创造能力和实践应用能力，提高学生强农兴农意识（图 1）。

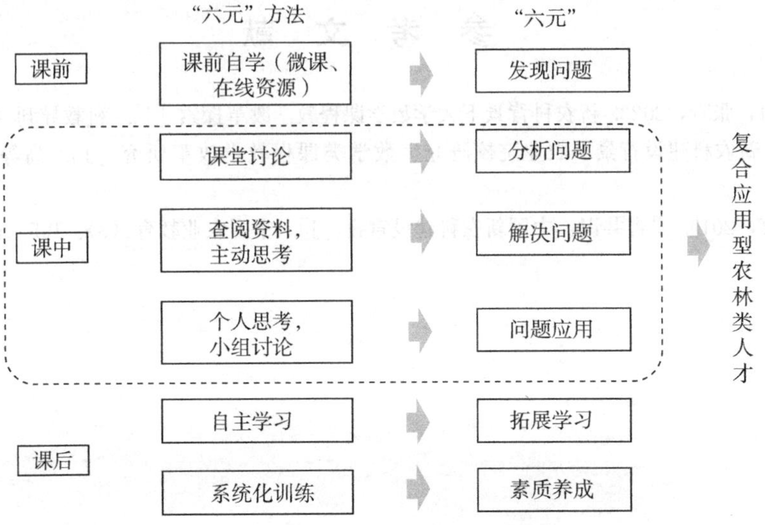

图 1　“六元”混合式教学模式框架

（三）强化思政育人

一方面，深度挖掘专业案例本身所蕴含的思政资源。通过专业案例的思政资源结合优秀传统文化、时代热点问题和当今学生的思想特点，探讨数学思政教育；另一方面，将思政元素融入教学过程，思政元素包括知识本身蕴含的内容和传达的哲学思想，也包括数学发展史、数学家的故事和数学文化等，实现良好育人效果。将课程蕴含的思政资源与教学设计有机结合，并对课程思政考核进行量化，使得课程思政真正从整个教学过程全程融入，为学生更好地学习数学知识的同时，实现逻辑思维能力培养、专业素养提升、情感价值塑造。部分案例大纲如表1所示。

表1 部分案例育人底蕴

知识点	教学案例	育人底蕴
定积分的概念	玉米叶面积	利用具有学校特色的玉米叶面积引入，培养专业自豪感
参数方程及其导数	蓝雪花花瓣曲线造型	虚拟植物造型对研究植物形态及其生长发育过程变化规律有重要的应用价值
逆矩阵	加密和解密	借助逆矩阵加密原理，引申到生活，培养创新创造能力
矩阵乘法	水果种植总成本	利用北京农学院实际专业背景问题引入，激发学生专业自信心
置信区间	葡萄酒的评价	感知置信区间的重要性，培养学生善于观察、善于思考
数学期望	农业生产案例	体会数学期望在农业生产、种植等获得的运用，促进农业产业化和现代化发展

人工智能、机器学习等信息技术日新月异地发展，随之带来了高等教育的变革。在新农科背景下，农林院校传统的数学课程体系需要进行改革，适应社会、学校和学生学情的发展。本文以北京农学院为例，从系统完善数学课程体系、创新教学模式和强化思政育人三个角度探讨了数学课程建设的路径，为农林院校数学课程改革提供一定参考。

参 考 文 献

李朗，房少梅，张昕，2023. 新农科背景下大学数学课程教学改革探索［J］. 科教导刊（34）：46－48.

王倩，2022. 新农科建设背景下农业院校研究生数学类课程教学改革研究［J］. 高等农业教育（6）：121－127.

中国农业教育，2019. 安吉共识：中国新农科建设宣言［J］. 中国农业教育（3）：105－106.

数学建模案例教学与都市农林新质人才培养*

蒋文国①

摘要：农业农村部提出的数字农业农村发展规划推动并促进了涉农高校教学改革和人才培养方案改革。都市农林学科建设更加强调实用性、交叉性和综合性，注重学生学习能力、实践能力、创新能力为导向的都市农林新质人才培养。数学建模课程建设以数学建模为抓手，以典型交叉学科、专业案例为阵地，充分调动学生参与的积极性，融入解决实际项目的全过程，将所学的建模理论知识应用于实践项目问题，强调“实干出真知”，因此，都市农林人才培养应注重学以致用和多学科融合，着重培养涉农学生的数学建模意识；精选都市农林特色的数学建模案例，激发学生的研究兴趣，培养其独立思考和创新能力，逐步形成科学探究的基础能力；强化思政育人，增强学生获得感，培养条件反射性数学建模意识。

关键词：数字农业；数学建模；交叉融合；农林新质人才培养

党的二十大报告明确强调全面推进乡村振兴，推动农业农村高质量发展。为贯彻落实农业农村部“数字农业农村发展规划”，在高等教育领域，越来越多的涉农高校聚焦新时代农业发展和全面推进乡村振兴，推动和促进各学院（部）教学改革，促进专业交叉融合，提升专业课程建设水平，适应新农科建设要求，着力培养知行合一、学以致用的高水平复合应用型农林人才。在都市农林学科中，各专业课程的交叉融合已成为当前研究的热点之一。都市农林数字农业的发展进程，对农林新质人才的标准提出了更高的要求，解决问题的综合应用水平达到了前所未有的重要程度。都市农林特色院校需要着力构建、完善与“数字农业”目标相匹配的人才培养体系，注重都市农林新质人才培养模式的创新性。

一、数学建模课程在都市农林新质人才培养中的意义

发展农业新质生产力是推动农业农村高质量发展的内在要求和重要着力点，加快发展农业新质生产力，迫切需要大批复合创新人才，培育和发展农业新质生产力是涉农高等教育院校面临的机遇和挑战。数字农业时代背景下，新农科领域随即出现了新的产业生态，新形势下涉农高校应顺应变化，积极优化学科建设，调整专业结构体系，积极融通交叉课程群，建设以学生学习能力、实践能力、创新能力为导向的培养模式。

* 本文系2024年北京农学院教育教学研究与改革项目“在数字农业背景下数学建模与都市农林学科交叉融合路径研究”（项目编号：BUA2024ZD13）。

① 作者简介：蒋文国，男，硕士研究生，副教授，主要研究方向为数学建模、多智能体协调决策。

对于学生加强基础知识理解，提升学生分析和解决实际问题的能力，提高跨学科创新能力，数学建模课程是一个重要的路径。Werner Blunm 概括了数学建模对学生培养的 4 个好处：帮助学生更好地理解世界、支持数学学习、有助于发展不同维度的多种数学素质及有助于形成数学概观。数学建模作为一种跨学科的研究方法，其应用性、创新性的特点极为突出，通过将数学理论应用于其他领域的问题中，可以促进不同学科之间的相互交流，通过将数学方法应用于解决实际问题中，可以培养学生跨学科创新能力。接下来，本文针对数学建模课程案例教学与都市农林新质人才培养的目标，展开论述具体的举措。

1. 重视跨学科通融和学以致用，培养涉农学生的数学建模意识

在数字农业、智慧农业和新农科背景下，涉农高校的人才培养面临着机遇和挑战。现代农业的发展不仅依赖传统的农学知识，更需要将数学、计算机科学、工程学等多学科知识融合，以解决复杂的农业问题。数学方法、农林行业专业知识、计算机工具三者有机结合起来，是都市农林应用型院校开设数学建模课程改革的必经道路，通过解决“三农”领域的实践交叉融合问题，培养学生运用数学知识的能力以及综合应用技能，激发创新意识，锻炼创新能力，培养具备高素质、复合型能力的农林新质生产力人才。

现代都市农业相较于传统农业有着许多显著的不同特征，大数据、物联网等新技术搭建多种农林数字化管理平台，智慧终端装备大量数据的采集、处理和分析要求具备较强的数学和计算机能力。数学建模课程能够帮助学生掌握数据分析和建模的基本方法，提升他们解决实际问题的能力。例如，通过数学建模，学生可以模拟农作物生长、预测病虫害暴发、优化资源配置等，从而提高农业生产的效率和效益。

此外，数字农业涉及农业、信息技术、数据分析等多个学科领域，复杂性和多样性决定了单一学科的知识难以全面解决实际问题。数学建模课程帮助学生在农学、数学和计算机领域实现交叉融通。通过跨学科学习，学生不仅提升了解决问题的能力，还在多学科交汇中获得全面的知识和技能。学生通过具体案例和项目实践，能够将不同学科的知识有机结合，形成系统的解决方案，进而激发创新思维，提高实践能力。

涉农高校在培养学生数学建模意识的过程中，首先应开设专门的数学建模课程，将其纳入必修课程体系中，确保学生能够系统学习建模知识和技能。其次，应通过实际案例教学和项目实践，让学生在解决真实农业问题的过程中掌握建模方法。最后，高校应积极打造校内各院系课程和项目的互联互通，积极与农业企业、科研机构合作，建立数学建模实验室或实践基地，为学生提供更多的实践机会。

2. 培养学生独立思考和改革创新的能力，形成初步的科学探究能力

在农业农村数字化转型的背景下，数字农业领域的实践问题常常需要数学建模，其问题一般没有现成的答案，甚至要求学生设计新的解决方案，并对方案的可行性和有效性进行认证。这一探究过程就要求涉农高校应积极引入前沿的数字农业课程，包括农业大数据、物联网、智能大模型等。数字农业通过核心技术和理论的整合与运用，利用信息化手段进行调研和数据采集，再通过建模和科学软件进行分析。结果评价帮助认证模型的有效性，从而解决实际问题，推动农业的现代化和智能化发展。

数学建模在培训创新型人才、加强素质教育等方面的作用已经得到了数学教育领域的认可。在大数据和人工智能时代，数学建模不仅是产教研用的典范，更是培养创新意识和创新能力以培养新农科人才的一条重要路径。大学生数学建模竞赛的一个评奖宗旨是作品必须具备一定的创新性，只有在建模过程中充分发挥团队的创新能力，才能提出优质的解决方案。通过数学建模课程，学生掌握了科学研究的方法。他们撰写建模论文，并在课堂上研讨和分享。通过分析和评价，学生能够在相关领域展示自己的科研能力，提升综合素质和创新思维。

二、理念创新与主要举措

1. 精选都市农林特色教学建模案例，激发学生的研究热情

数字农业问题是当前全球各国面临的重大挑战，已成为国际社会关注的焦点，特别是在“智慧农业”目标的推动下，各国纷纷大力发展数字农业以应对农业方面的各种挑战。为了应对这一趋势，数学建模课程结合数字农业特色案例，不断提升教学的深度和广度。这些课程不仅涵盖数学建模的基本理论，还融入了数字农业相关的各类学科知识，帮助学生在思想上全面理解并解决实际问题。通过多学科、多专业的交叉学习，学生能够获得更丰富的知识体系。课程结束后，学生还被鼓励继续探索，深入研究数字农业领域中的复杂问题，从而不断提升其综合素质和创新能力。例如，2023 年美国大学生数学建模竞赛 A 题“Drought-Stricken Plant Communities”（干旱植物群落）。该题目要求建立一个数学模型来预测植物群落在不同天气周期下的变化情况，特别是在干旱条件下的植物群落变化情况。这个模型需要考虑不同植物物种之间的相互作用，并探索植物数量与干旱适应性之间的关系。主要的研究问题包括：

（1）群落需要多少种植物物种才能从中获益？

（2）增加植物种类会如何影响群落的稳定性？

（3）不同种类植物对群落的长期存续有何影响？

另外，该模型还需要考虑未来天气周期中干旱发生频率和变化对植物种群的影响，植物类型对结果的影响，以及在不同干旱频率下物种数量对总体种群的影响。在解题过程中，还需要考虑到包括根系分布、生长速度以及对不同土壤条件的耐受能力等因素。

该模型的研究能够让学生关注到植物群落研究的最新动态和发展趋势，提升研究兴趣和学以致用的成就感。同时，通过多个子问题不断递进地探究，最后学生建模出植物群落在不同天气周期下的变化模型并仿真出在干旱特殊环境下的演变过程，这可以充分调动学生的动手实践和创新思维能力，有效地培养学生的创新意识。

其他选用的农林特色建模案例还包括：

（1）2013 年“深圳杯”全国数学建模夏令营的 D 题“自然灾害保险问题”。

（2）2016 年全国研究生数学建模竞赛 E 题“粮食最低收购价政策问题研究”。

（3）2024 年山东省大学生数学建模竞赛 B 题“农业生产优化”。

（4）2006 年美国大学生数学建模竞赛（MCM）问题 A“用于灌溉的自动洒水器的安置和移动调度”。

2. 厚植基础、实操为重、能力为先，确保教学效果优良

数学建模课程的建设理念旨在培养学生解决实际问题的能力，强调理论应用于实践的重要性。在课程设计中，北京农学院注重务实求真，鼓励学生动手实践，以真实案例为基础，培养其实践能力和创新意识。课程内容不仅涵盖了数学建模的基本理论，还通过丰富的实践环节，使学生能够将所学知识应用于解决实际问题。在当前数字农业的大背景下，北京农学院特别重视实践教学，让学生深入了解数字农业的发展方向和前沿技术。通过参与实际的建模项目，学生能够接触到最新的农业数据和农业发展问题，培养其综合素质和创新能力。指导教师会结合最新的数字农业政策，提供有针对性的指导，帮助学生在实践中发现问题、分析问题并提出解决方案。

这种以实践为导向的教学模式，不仅提升了学生的专业素养，还增强了他们在数字农业领域的竞争力。重视实践、注重动手操作，使学生在学习过程中不断提升其综合能力和创新意识，为未来的职业发展打下坚实的基础。通过数学建模课程的建设，北京农学院致力于培养出能够应对数字农业挑战的高素质人才。

数学建模案例课程建设以应用实践、交叉创新为培养人才目标，总结出用数学建模实例引导基础理论模型知识建立，塑造实践项目研究品质的新型教学模式，具体如图1所示。

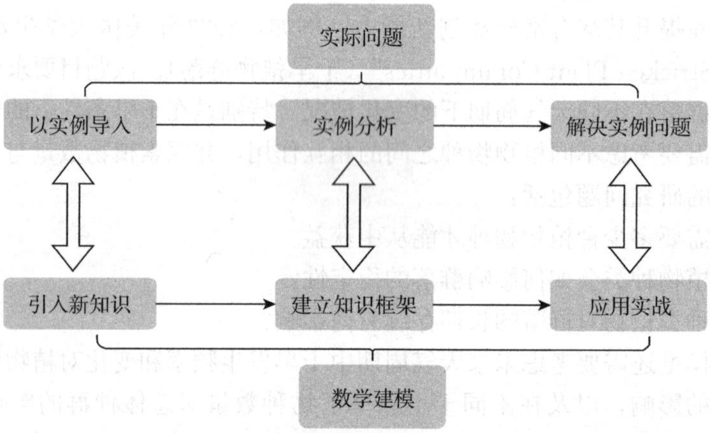

图1　用数学建模实例引导课堂基础理论模型建立的新型教学模式

3. 强化思政育人，增强学生获得感，培养条件反射性数学建模意识

为了为学生提供一个学习、应用和探索数字农业的平台，学校成立了以“好玩、好学、好用、好创”为主题的“数字农业建模四合院”公众号，确保学生在课余时间能够进行数字农业建模实践。公众号作为学生学习和交流的基地，极大地激发了学生的创新能力。在这个平台上，学生可以自由讨论、自主设计，积极参与到数字农业建模的各个环节中。在教师的指导下，他们能够发现和解决实际的建模问题，通过互动和实践，学生不仅提高了对数字农业的理解，也提升了他们的实际操作能力和创新思维。教师的指导和公众号平台的支持，为学生提供了一个良好的学习环境，促进了他们在数学建模领域的全面发展，如：

（1）时事建模：如何甄别雪糕刺客；

（2）时事建模：菜刀可以拍蒜吗；

（3）绿水青山如何成为金山银山：中国生态之路的奇迹；

（4）鬼灭之刃传染病与数学建模；

（5）数智生活：电动扶梯应该左行右立还是两边站人。

由于所设计的数学建模案例往往是学生切身感受的问题或奇思妙想，学生因代入感而对数学建模产生了浓厚兴趣，从而积极主动地探索和解决实际问题。不同于传统的建模理论教学，案例建模在教学中显得尤为有用。通过具体案例的分析和实践，学生不仅能理解建模的基本原理，还能感受到建模在解决现实问题中的实际应用及重要性。这种教学方式使学生能够在真实情境中运用数学模型，提高其实际操作能力和创新思维，从而更深刻地体会到建模科学的重要性。设计问题的复杂性可以培养坚持不懈、拼搏进取的品质和精益求精的探索精神，更能使学生体会到在真正的应用中还需要现学现用、继续学习，树立“实干兴邦、实干创梦”的决心，树立成为农林新质人才的信心。

4. 多维度过程化的课程评价方案，灵活量化的学分评定政策

数学建模考核不同于其他数学类基础课程，强调灵活性和创新性。传统数学课程往往注重标准答案和固定解法，而数学建模则更关注建模过程的合理性和建模思路的创新性，以及建模方案的可行性。考核应强调学生在解决实际问题中的思维过程和创造性解决方案，而不仅仅是结果的正确性。这种考核方式不仅能更好地反映学生的真实水平，还能培养他们的创新能力和实践能力。

在教学过程中，重视课堂表现和小组之间的合作成果至关重要。数学建模是一项团队协作的任务，需要学生在小组内进行充分的交流和合作，才能提出高质量的建模方案。因此，考核应注重小组成员的互动和贡献，评估他们在合作中的表现。此外，实验报告和课题论文的撰写也是考核的重要组成部分。通过撰写实验报告和课题论文，学生能够系统地总结建模过程，反思自己的不足，并提出改进建议，从而不断提升自己的建模水平。

为了进一步提升学生的建模能力，应鼓励其参加“农林杯”“高教杯”“华为杯”等具有影响力的重大竞赛。通过以赛代学、以赛代练，学生可以在竞赛中检验自己的学习成果，发现自身的不足，并在实际操作中不断提高。竞赛不仅是展示才能的平台，也是学习和交流的机会，可以极大地激发学生的学习热情和动力。

此外，数学建模课程应重视小组进行跨学科、跨学院、跨专业的调研交流，探讨交叉融通的应用阵地。通过与不同学科和专业的同学进行交流，学生可以开阔视野，吸收其他领域的知识和方法，从而丰富自己的建模思路和方案。这种跨学科的调研交流不仅能够培养学生的综合素质，还能为数学建模在农林等领域的应用提供新的思路和方法。

三、结论

全面推进乡村振兴是包括产业、人才、文化、生态、组织振兴在内的系统工程。为推动农业农村高质量发展，贯彻落实农业农村部“数字农业农村发展规划”，涉农高校应探索性地将数学建模课程作为培养都市农林新质人才的重要抓手，激发学生对数学建模的学习热情，培养他们的创新意识和运用数学方法及计算机技术解决实际问题的能力。数学建模课程不仅能够提高学生的综合素质，还能为他们提供实际应用的机会，探索数学在农林领域的创新实践。此外，通过数学建模课程的实践，学生能够更好地理解和应用数字农业的概念和技术，为乡村振兴提供数据支持和智能决策。通过产学研用的协同发展，高校、科研机构、企业和农村社区可以形成紧密合作，共同推动农业现代化发展进程。总之，以数学建模课程为切入点，涉农高校在推动乡村振兴和农业农村高质量发展中具有重要作用，能够为新时代农业农村发展培养出更多高素质、创新型人才。

参 考 文 献

陈雅颂，汪晓银，石洛宜，2022. 数学建模教学改革的创新与实践［J］. 廊坊师范学院（自然科学版）（1）：104 - 109.

邓化宇，孙玉芹，竺筱晶，等，2023. 数学建模案例教学与能源电力人才培养［J］. 数学建模及其应用（3）：68 - 75.

李童，2022. 数学建模的教育功能：ICME - 14 TSG22 研究述评［J］. 数学教学（10）：5 - 7.

刘广龙，张丹，蔡建波，2021. 基于学科交叉的实践教学改革研究：以农业院校环境工程专业为例［J］. 教育教学论坛（3）：73 - 76.

刘志平，2021. 财经特色数学建模实践教学体系的研究与应用［J］. 质量与市场（11）：61 - 63.

吕爱平，张敬，殷俊锋，等，2020. 增强跨学科交叉共建促进生物统计学课程的教与学［J］. 教育教学论坛（32）：149 - 150.

杨人子，王静，2021. 数学建模思想融入高等数学的教学研究［J］. 大学教育（3）：103 - 106.

张新宇，张军，吴国荣，等，2020. 基于数学建模思想构建概率论与数理统计课程的知识结构［J］. 高师理科学刊（40）：57 - 62.

朱浩楠，2022. 围绕学生体验的数学建模课堂教学设计［J］. 数学建模及其应用（3）：85 - 94.

CATHERINE G，GIOVANI L L，elc，2016. Moving interdisciplinary science forward：integrating participatory modelling with mathematical modelling of zoonotic disease in Africa［J］. Inferctious Diseases of Povetry（5）：17.

“概率论与数理统计”应用案例研究*

——以协方差与相关系数为例

吕　由[①]　孔素然　蒋文国

摘要：协方差与相关系数是概率论的重要概念，理解协方差与相关系数的实际意义对于学好概率论是非常重要的。本文引入案例论述协方差和相关系数的实际意义及协方差与相关系数的关系，给出协方差不同取值的实例与图示及案例解释，并分析相关系数不同取值的实际意义。

关键词：概率论与数理统计；随机向量；协方差；相关系数

“概率论与数理统计”是理工类本科学生的一门基础课，以“高等数学”和“线性代数”为前提基础课程。“概率论与数理统计”的特点是实际意义较强，教学过程中将各种概念和定义与实际问题相联系，给出概念与定义的直观解释，可以增加学生对概念与定义的感性认识而达到理解掌握概念与定义本质的效果。本文引入生活与生产实践中的实际问题，作为本科生学习协方差与相关系数的引入内容，可以提高学生的学习兴趣，激发学习的积极性。正确理解概率论的有关概念与定义是学好概率论的前提，而引入概率论中重要概念的背景意义是正确理解这些概念的有效途径。

在学习了一维随机变量的概念后，引入期望和方差的概念。一个随机变量的期望如果存在，其值是该随机变量输出值的平均数，一个离散随机变量其期望值并不一定包含于随机变量的输出值集合里。方差是实际值与期望值之差平方的平均值，而标准差是方差算术平方根。方差刻画了随机变量的取值对于其数学期望的离散程度，标准差或方差越大，随机变量的离散程度越大，反之亦然。因此，理解一维随机变量的期望与方差的实际意义相对容易。

二维随机变量仍然要考虑其分布的离散或集中问题，因此，在学习了二维随机变量后，引入协方差与相关系数的概念。对于协方差与相关系数所反映的实际意义，一般教材并未给出具体的解释。因此，学生对协方差与相关系数的理解仅限于其数学定义形式，至于概念的实际背景意义及为什么要给出协方差与相关系数的概念，学生难有深入的认识。因此，有必要结合实例对协方差与相关系数给出进一步的解释与分析。

---

* 本文系2024年北京农学院教育教学研究与改革项目（项目编号：BUA2024YB32）。

① 作者简介：吕由，男，硕士研究生，讲师，主要研究方向为系统优化与决策分析。

一、协方差的定义及性质

1. 协方差的定义

协方差定义为期望值分别为 $E(X)$ 与 $E(Y)$ 的两个实数随机变量 X 与 Y 之间的协方差：$\mathrm{Cov}(X, Y)=E[(X-E(X))(Y-E(Y))]$。

协方差与方差之间有如下关系：

$D(X+Y)=D(X)+D(Y)+2\mathrm{Cov}(X, Y)$，

$D(X-Y)=D(X)+D(Y)-2\mathrm{Cov}(X, Y)$

协方差与期望值有如下关系：

$\mathrm{Cov}(X, Y)=E(XY)-E(X)E(Y)$

2. 协方差的性质

协方差的性质如下：

(1) $\mathrm{Cov}(X, Y)=\mathrm{Cov}(Y, X)$

(2) $\mathrm{Cov}(aX, bY)=ab\mathrm{Cov}(X, Y)$，（$a$，$b$ 是常数）

(3) $\mathrm{Cov}(X_1+X_2, Y)=\mathrm{Cov}(X_1, Y)+\mathrm{Cov}(X_2, Y)$

由协方差定义，可以看出 $\mathrm{Cov}(X, X)=D(X)$，$\mathrm{Cov}(Y, Y)=D(Y)$.

二、协方差的实际意义

协方差是用来度量两个变量之间“协同变异”关系的总体参数，在统计学、数据分析、金融等领域有广泛的应用，帮助人们分析变量之间的关系和相互影响。

协方差的实际意义主要在于衡量两个变量的总体的分布特征。如果两个变量的变化趋势相同，即其中一个变量增大时，另一个变量也增大，或者一个变量减小时，另一个变量也减小，那么协方差为正值；如果两个变量的变化趋势相反，即一个变量增大时，另一个变量减小，那么协方差为负值。

对于二维随机变量（X，Y），如果其边缘分布的数学期望存在，即有 X 的期望为 $E(X)$，Y 的期望为 $E(Y)$，则 $[E(X), E(Y)]$ 可以看作是二维随机变量（X，Y）在某种意义上的分布中心。它反映了二维随机变量在两个维度上的平均取值位置，在描述二维随机变量的特征和性质方面具有重要作用。

协方差反映的是两个变量围绕它们各自期望的波动之间的相关程度和方向，描述了两个变量相对于它们分布中心的协同变化情况。

正协方差表示两个变量在以各自期望为中心时，倾向于同时增大或同时减小；负协方差则表示两个变量倾向于同时相反方向的变化。协方差结合分布中心（期望）全面地刻画二维随机变量中两个变量之间的关系和特征。

例 1，（X，Y）是二维离散随机变量，其联合概率分布为

(X, Y)	(1，2)	(2，3)	(4，4)	(5，7)	(7，5)	(8，7)	(7，7)	(9，9)	(11，10)
$P_{i,j}$	1/9	1/9	1/9	1/9	1/9	1/9	1/9	1/9	1/9

二维离散随机变量（X，Y）在坐标系中的分布如图 1 所示，

$E(X)=6$，$E(Y)=6$，$\mathrm{Cov}(X, Y)=E(XY)-E(X)E(Y)\approx 7.3$，

其协方差大于零，即 X 与 Y 是正线性相关的。

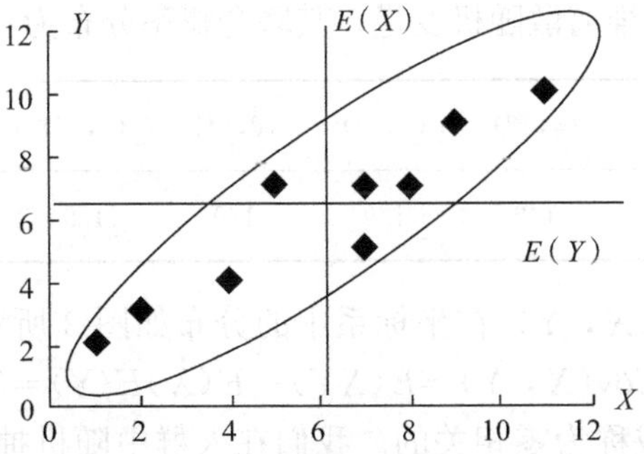

图 1　正相关分布

我们在人群中随机抽取 9 个人，分别测每一人的体重和身高，X_i 为第 i 个人体重，Y_i 为第 i 个人的身高，则（X_i，Y_i）（$i=1, \cdots, 9$）在坐标平面的分布近似于图 1 所示，即人的体重与身高有大致的正线性相关关系。

例 2，（X，Y）是二维离散随机变量，其联合概率分布为

（X，Y）	（11，1）	（9，3）	（7，4）	（5，5）	（7，7）	（5，8）	（5，6）	（3，9）	（2，11）
$P_{i,j}$	1/9	1/9	1/9	1/9	1/9	1/9	1/9	1/9	1/9

二维离散随机变量（X，Y）在坐标系中的分布如图 2 所示，由联合概率分布可得：$E(X)=6$，$E(Y)=6$，$\mathrm{Cov}(X, Y)=E(XY)-E(X)E(Y)\approx -7.2$，

其协方差小于零，即 X 与 Y 是负线性相关的。

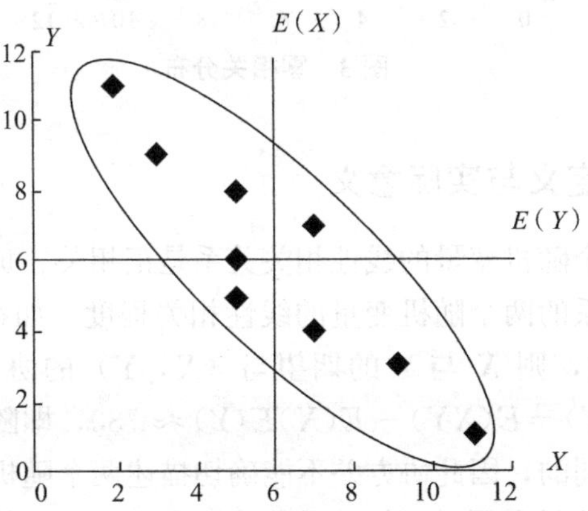

图 2　负相关分布

在人群中随机抽取 9 个佩戴近视眼镜的人，分别测每人的两只眼睛的裸眼平均视力

和其所戴眼镜的两个镜片的平均度数，X_i 为第 i 个人的两只眼睛的裸眼平均视力，Y_i 为第 i 个人的所戴眼镜的两个镜片的平均度数，则（X_i，Y_i）（$i=1$，…，9）在其坐标平面的分布近似于图 2 所示，即佩戴近视镜的人的视力与眼镜度数有大致的负线性相关关系。

例 3，（X，Y）是二维离散随机变量，其联合概率分布为

（X，Y）	（4，4）	（6，7）	（4，8）	（7，3）	（8，4）	（8，7）	（7，10）	（5，4）	（5，7）
$P_{i,j}$	1/9	1/9	1/9	1/9	1/9	1/9	1/9	1/9	1/9

二维离散随机变量（X，Y）在坐标系中的分布如图 3 所示，由联合概率分布可得：$E(X)=6$，$E(Y)=6$，$\mathrm{Cov}(X, Y)=E(XY)-E(X)E(Y)=0$，其协方差等于零，即 X 与 Y 没有线性相关关系或称为零相关的。我们在人群中随机抽取 9 个人，分别测每一人的两眼平均视力和身高，X_i 为第 i 个人的两眼平均视力，Y_i 为第 i 个人的身高，则（X_i，Y_i）（$i=1$，…，9）在其坐标平面的分布类似于图 3 所示，即人的两眼平均视力与身高没有线性相关关系。这里指出，图 3 所示是零相关的二维离散随机变量的一种分布，而零相关的两个随机变量可能有其他的非线性关系。

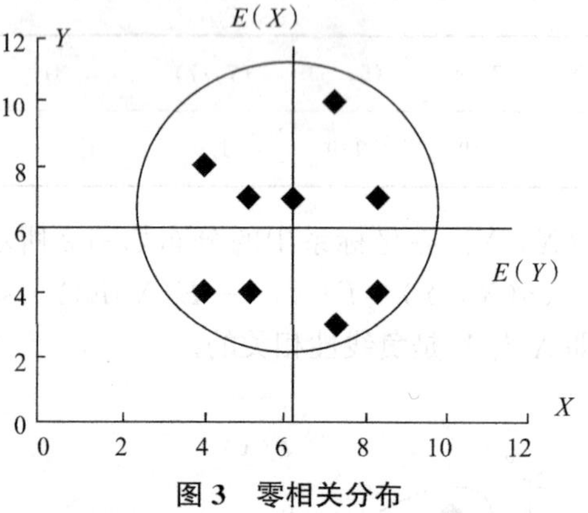

图 3　零相关分布

三、相关系数的定义与实际意义

协方差可以确定两个随机变量的线性相关关系是正相关、负相关或是零相关，不能严格反映具有线性相关关系的两个随机变量的线性相关程度。如在例 1 中，如果 X 与 Y 采用原单位的 1/10 为单位，则 X 与 Y 的期望与（X，Y）的协方差分别为 $E(X)=60$，$E(Y)=60$ 及 $\mathrm{Cov}(X, Y)=E(XY)-E(X)E(Y)\approx 730$，即随机变量采用不同的单位其期望值与协方差值是不同的，因此协方差不能确切描述两个随机变量的相关程度，要确定两个随机变量的线性相关程度须引入相关系数的概念，相关系数是度量两个随机变量的线性相关程度的指标。

相关系数定义：设随机变量 X 与 Y 的期望存在，则：

$$\rho_{XY}=\frac{\mathrm{Cov}(X,\ Y)}{\sqrt{D(X)D(Y)}}$$

称为 X 与 Y 的相关系数。由相关系数的定义可知，相关系数是一个无量纲的量，其绝对值大小不受随机变量单位的影响。

相关系数的性质：$|\rho_{XY}|\leqslant 1$，$|\rho_{XY}|=1$ 的充要条件是，存在常数 a、b，使得 $P\{Y=a+bX\}=1$；

当 $P\{Y=a+bX\}=1$ 时，

$$\rho_{XY}=\frac{\mathrm{Cov}(X,\ Y)}{\sqrt{D(X)D(Y)}}=\frac{\mathrm{Cov}(X,\ a+bX)}{\sqrt{D(X)D(a+bX)}}=\frac{bD(X)}{\sqrt{D(X)b^2D(X)}}=\frac{b}{|b|},$$

当 $b>0$ 时，$\rho_{XY}=1$；当 $b<0$ 时，$\rho_{XY}=-1$。

由相关系数定义知，协方差与相关系数的符号是一致的。在例 1 中，X 与 Y 不管采用何种单位，都有 $\rho_{XY}\approx 0.99$，即 X 与 Y 的相关系数是唯一确定的反映 X 与 Y 的线性相关程度的指标。

相关系数 ρ_{XY} 取值在 $-1\sim1$，当 $\rho_{XY}=0$ 时，称 X 与 Y 不相关或零相关；当 $|\rho_{XY}|=1$ 时，称 X 与 Y 完全相关，此时，X 与 Y 之间具有严格的线性函数关系；$(X,\ Y)$ 的可能取值点在一条直线上。当 $|\rho_{XY}|<1$ 时，X 的变动引起 Y 的不严格的线性变动，$|\rho_{XY}|$ 越大，X 的变动引起 Y 的相关变动越大。

案例 1，在某一会场中随机抽取一人的水杯，X 为杯中水的重量，Y 为杯中水的容积，则 X 与 Y 具有完全的线性关系 Y（ml）$=kX$（g），$k>0$，其相关系数为 1。

案例 2，在人群中随机抽取一人，X 为其体重，Y 为其身高，Z 为其双臂伸展长，则 X、Y 与 Z 相互之间均有正相关性，其中 Y 与 Z 的相关程度大于 Y 与 X 的相关程度，而 Y 与 X 的相关程度近似于 Z 与 X 的相关程度。这是因为人体的身高与臂展长度比例有其生理确定性，虽有个体差异，但这种差异是不大的，而人的胖瘦（影响体重）与身高的相关程度相对较低，因此 $0<\rho_{XY}<1$，$0<\rho_{XZ}<1$，$0<\rho_{YZ}<1$，$\rho_{XY}<\rho_{YZ}$ 且 ρ_{YZ} 的值接近于 1。

案例 3，若将一枚硬币抛 n 次，X 表示 n 次试验中出现正面的次数，Y 表示 n 次试验中出现反面的次数，则 X 与 Y 具有完全的线性关系 $Y=n-X$，相关系数为 -1。

四、结论

"概率论与数理统计"是本科教学的重要基础课，与生产实际联系紧密。由于篇幅的限制，一些教材只直接给出基本的概念与定义，而缺少了实际意义的解释，这使得学生在学习中感到困难。本文讨论协方差与相关系数的概念与实际意义，对协方差的不同取值情况进行了分析与图示，对于不同相关系数值给出了案例解释。本文案例使学生在学习"概率论与数理统计"时对抽象的概率论概念具有感性认识和实际意义的理解，从而可以增加学生的学习兴趣，提高学习效率。

参 考 文 献

韩旭里，谢永钦，2009. 概率论与数理统计［M］. 上海：复旦大学出版社.

魏宗舒，等，1983. 概率论与数理统计教程［M］. 北京：高等教育出版社 .
颜亭玉，刘建慧，2017. 概率论玉数理统计［M］. 北京：中国农业出版社 .
叶绪国，龙伟芳，2021. 新工科背景下案例教学法在数学课程教学中的应用：以概率论与数理统计课程为例［J］. 科教导刊（28）：119 - 121.
张慧，朱庆峰，杨广芬，等，2021.《概率论与数理统计》课程思政案例设计及应用［J］. 高等数学研究（4）：117 - 120.

数字化背景下大学英语混合式教学模式及策略探析

张玉莲[①]　王利娟

摘要： 随着教育信息化的不断推进和发展，混合式教学模式逐渐成为大学英语教学的新趋势。本文首先探讨了混合式教学理论及相关的建构主义、自主学习及探究式学习等理论，分析了开展混合式英语教学的必要性。在教学实践中依据混合式外语教学理论进行教学资源的整合和内容的设计，强调突出个性化学习的教学理念，采用线上线下相结合的、多元化的教学模式进行具体教学实践，以期为大学英语教学提供切实可行的教学策略和方法，提升外语教学质量，实现外语教学目标。

关键词： 大学英语教学；混合式教学；建构主义；自主学习；个性化学习

随着信息技术的迅猛发展和教育理念的不断更新，外语教学与现代技术的有机结合变得越来越重要，混合式教学模式逐渐成为大学英语教学的新趋势。为落实以教师为主导，以学生为主体，突出个性化学习的教学理念，高校英语教师不断采用多元化的教学模式，应用线上线下混合式教学方法，尝试传统线下教学和线上网络教学相结合，培养学生的自主学习能力及语言应用能力。本文旨在深入探讨大学英语混合式教学模式及策略，以期为大学英语教学不断发展提供一些思考。

一、混合式教学及相关理论

混合式教学是从 E-Learning 演化而来的学习和教学模式，国内外学者和专家对混合式教学进行了各种探讨和研究。Bonk（2009）认为，混合式学习是将在线学习与面对面学习相结合，以提供更有效的学习体验，强调了技术在混合式学习中的重要性，并提倡教师和学生都要具备数字素养。Brown（2013）提出，混合式学习应该根据学生的需求和学习风格来设计以满足个体差异，发挥教师在引导学生自主学习方面的关键作用。Bates（2015）认为，混合式学习应该是一种主动学习的模式，鼓励学生积极参与和互动。他还关注学习环境的设计，以支持混合式学习的实施。何克抗（2004）提出，混合式学习可以把传统学习方式的优势和 E-learning 的优势结合起来，强调既要发挥教师引导、启发、监控教学过程的主导作用，又要充分体现学生作为学习过程主体的主动性、积极性与创造性。王初明（2015）强调，语言学习要与运用相结合。文秋芳（2015）提出“产出导向

① 作者简介：张玉莲，女，教授，主要研究方向为大学英语教学、英美文学（自然主义方向）。

法”，注重学习者的语言产出能力。束定芳（2016）关注数字化环境下的外语教学，探讨如何利用新技术提高教学效果。

混合式教学结合了多种学习理论，包括建构主义学习理论、自主学习理论等。建构主义理论强调学习者在学习过程中的主动性和自主性，教学方法有问题解决法、探究式学习等。这些方法鼓励学习者积极参与，通过自主探索和与他人合作来构建知识。Piage（1972）认为，知识是在与环境的交互作用中逐步建构起来的。Bruner（1960）提出，学习者通过主动探索和发现来建构自己的知识，促使教育者更加关注学习者的个体差异和学习过程。自主学习理论强调，学习者在学习过程中的自主性和自我调控能力。Bandura（1997）强调，自我效能感在自主学习中的重要性，认为个体对自己能否成功完成任务的信念会影响他们的学习行为和努力程度。Dickinson 等（1996）提出，自主学习者需要具备自我管理、自我监控和自我评价的能力。

对混合式教学及学习，虽然不同的学者都有着不同维度的研究和理解，但都主张把传统教学的优势和数字化教学的优势结合起来，二者优势互补，包括多种学习手段和学习方式的混合，从而获得最佳的教学效果。目前，智慧教学的兴起又为混合式教学如何进一步将传统课堂教学与现代教育技术有机结合提供了更为广阔的研究平台，这些专家的理论为外语混合式教学的新应用提供了重要的理论依据。

二、开展混合式英语教学的必要性

语言的应用是听、说、读、写、译的有效结合，是输入和输出的有效结合，传统的英语教学方法对语言输出的重要过程没有有效的解决。国内英语学习的一个不利因素是缺乏英语自然环境，因此应促进多维英语环境的建设，为语言环境提供现代化设备、互联网、教学资源等。语言学习的关键是大量的输入，语言能力与学生接收的材料的数量密切相关，语言材料吸收得越多，语言能力的提高就会越快，语言的输出就越流畅，实现输入输出的语言学习自然过程。混合式英语教学的开展，反映了学习者的需求，与传统的以教师为中心的单纯的课堂教学相比，混合式教学提供了与各种教育软件平台等链接相关的巨大资源，并极大地弥补了传统教学内容和形式上的不足，在教学上是通过线上线下的互补，在学习内容上提供丰富的学习资源供学生选择和大量输入，为学生提供了一个更广泛的以学生为中心的建构式的自主学习空间，使学生可以不受时空限制随时随地开展个性化的自主探究学习，快速提高学生的英语听、说、读、写、译等基本技能及英语实际应用能力。

北京农学院多数学生英语基础相对薄弱，尤其是高考不考听力地区的学生的英语基础听力相对薄弱。大部分学生的语音、词汇、语法知识不够牢固，对接大学英语学习有一定困难，所以仅仅靠课堂学习是不够的。因此，采用线上线下个性化的学习就显得尤为重要和迫切。

三、大学英语混合式教学策略探索及实践

（一）整合资源，丰富教学内容

大学英语混合式教学实践中，首先是整合和利用网络资源，整合各类英语教学材料、在线学习平台、多媒体资源等为学生提供丰富多样的学习内容。通过制作或搜集高质量的

教学视频、音频等多媒体资源，为学生提供丰富多彩的在线学习环境。同时，利用外研社大学英语教学平台、课件及批改网、慕课、TED等教学平台展开线上线下教学。通过平台大数据的反馈，深入挖掘和分析，精准地识别出学生在学习过程中的问题，可以使教学反馈更加有的放矢，实现个性化的辅导和资源调整，优化教学资源的设计。

（二）线上教学强化个性化学习及自主学习

在线上教学环节，教师课前在网上发布学习任务，包括预习资料、导学问题等，引导学生自主学习并思考；在课后，教师通过网络平台发布拓展学习资源和作业，跟踪学生学习进度，并提供即时的学习反馈。同时，为学生提供大学英语教学平台以外的学习资源供学生选择性补充学习，如向学生推荐China Daily、TED、慕课等适合学生的学习资源。学生可以根据自己的学习进度和兴趣选择适合自己的学习内容和方式进行学习，这样课堂上“吃不饱”的学生可以继续积累语言知识，基础薄弱的学生如果没有能力学习额外的知识，可以继续巩固教学平台规定的内容，以此满足学生个性化需求，达到个性化的教学目的。此外，教师还利用网络平台进行在线测试并适时提出问题与学生互动交流，及时监控学生的网上学习情况，了解学生的学习进度、难点及问题，为每个学生制定个性化的学习计划，给予有针对性的指导和督导。

（三）课堂教学强化探究性学习及合作学习

线下课堂是混合式教学中的重要组成部分。在线下课堂，教师重点讲解难点重点，组织学生进行小组讨论和角色扮演等活动，加强语言实践。在课程设计时，将探究性学习和合作学习方法体现在课堂教学中。探究性学习强调以学生为主体、以问题为中心的学习和教学方式，激励学生的主观能动性和参与性。合作学习强调让学生在小组或团队中展开学习，互相帮助，互相提高。

探究活动以小组合作开展，通常将班级分组，每个小组5～6个人，小组中的每个学生都有自己的任务和角色，小组讨论后派代表陈述本组的观点，要求每次发言人轮换，使每个同学都有在全班表达的机会。导学环节的问题要力促学生思考，在讨论环节中激发学生的探究欲望，文章阅读环节，为使学生快速掌握文章内容及重点难点，教师也会通过小组讨论让学生共同查找文章的特点或难点，激发学生的求知欲望，起到主动应用英语语言的作用。通过教师的引导让学生体会英语语言的特点，循序渐进，使学生深入理解文章及英语语言。

对教学过程中发现的问题及时找出解决办法，调整教学策略。例如，在小组讨论中部分基础薄弱的学生或者羞于开口或者使用母语过多，发言时英语表达不够清晰流畅。针对上述问题进行以下改进，将随机分组变为选择性分组，基础较好和较弱的学生交叉分组，有助于帮助基础弱的学生提升勇气和自信，起到先进带后进共同提高的作用。该方法收到了很好的效果，学生学习热情高涨，课堂气氛非常活跃。

（四）批改网智能平台强化学生的写作能力

写作能力作为输出能力一直是学生学习的难题，无论是词汇、句子结构以及文风都不尽如人意，不但错误多，还有很多中国式英语的问题。由于教师都是教几个大班，无法实时批改和详细反馈每个学生的作文问题，而批改网恰好弥补了这一不足。在教学中，我们尤其强调一个“改”字，教师会随时查看学生的修改情况。有时要求学生使用规定的单项练习或具体内容进行写作，让学生体会如何写才是好作文。同时，教师会把批改网的批阅及教师批阅结合，全面掌握学生的成绩轨迹，错误概况等要素，总结出主要问题和优秀作文在课堂教学中讲解分析，有时会让学生互批后讨论。通过批改网线上写作和线下教学的结合，学生不再惧怕写作，写作水平有了明显提高。

（五）形成性评估与终结性评估的结合

在混合式教学模式下，传统的终结性评估教学评价方式需要改进，要设计混合式教学模式下全面的评价体系。采用形成性评估与总结性评估相结合的方法，加大形成性评估的占比，平时成绩包括学生在所有网络平台上的听说读写译的学习和作业情况、网络学习的时长、学生的课堂学习情况及课堂展示情况、出勤情况及小测情况等多项评估，以此来更有效准确地评估学生在线上线下相结合学习环境中的真实表现。

（六）线上线下教学的思政育人

在教学过程中注重对学生的思政教育和爱国教育的引领。在线上网络平台资源的选择上，注重选择歌颂祖国和中华优秀传统文化的题材；在课堂教学中，通过汉英语言及中西文化的对比，弘扬中华优秀传统文化和现代成就，激发学生热爱祖国奉献祖国的信心。

（七）混合式大学英语教学模式下的教师角色

混合式教学不再是以教师为中心的教学模式，教师的角色从知识传播者的角色转变为学生学习资源的整合者和设计者，学生学习的引导者、激励者、倾听者、观察者等多重身份。教师角色的转换有助于学生学习的参与度，学生的自主学习能力和学习效果的提高，所以教师不仅要传道授业解惑，还要做一名启发心智、激发唤醒、鼓励引导学生的教师，要充分利用语言教学的特点体现教师的角色。语言教学不仅仅是语音、语法、词汇等英语基础知识和听、说、读、写、译等基本技能的简单传授，而是在英语教学中，深入挖掘语言的内涵，向学生传授语言的灵魂、语言的生命、语言的温度，让学生身临其境，自然而然地建立英语语言思维，把枯燥的语音、语法、词汇和听、说、读、写、译的语言教学变成栩栩如生、跃然于纸的生命语言，这也是我们在教学实践中不断努力的方向。

四、结论与展望

大学英语混合式教学模式作为一种不断创新的教学方式，结合了传统课堂教学和网络教学的优势，为提高英语教学质量提供了新的可能。随着教育信息化的不断推进和 AI 智能的发展，智能化教学辅助系统的应用会不断普及，并将在混合式语言教学中发挥越来越重要的作用。为学生提供更加智能和完善的个性化的学习建议和反馈，从而更有效地提高学生的学习效果。大学英语教师应积极探索和实践，不断总结、不断完善、不断更新教学理念和方法，不断优化教学策略，以适应当代的教学需求，共同推动大学英语教学的改革与发展，培养出更多具有国际视野和跨文化交际能力的优秀外语人才。

参考文献

何克抗，2004. 从 Blending Learning 看教育技术理论的新发展 [J]. 电化教育研究（3）：1-6.

束定芳，2016. 外语教育技术：理论与实践 [J]. 外语教学（1）：1-7.

王初明，2015. 运用续作促学［J］. 外语教学与研究（5）：707－719.

文秋芳，2015. “产出导向法”的理论构建与教学实践［J］. 外语教学与研究（4）：547－558.

BANDURA，1997. Self-efficacy：The exercise of control［M］. New York：Freeman.

BATES，2015. Teaching in a digital age：Guidelines for designing teaching and learning［M］. Vancouver：Tony Bates Associates.

BONK，2009. The world is open：How web technology is revolutionizing education［M］. San Francisco：Jossey-Bass.

BROWN，2013. The handbook of blended learning：Global perspectives，local designs［M］. Hoboken：Wiley.

BRUNER，1960. The process of education［M］. Cambridge，MA：Harvard University Press.

DICKINSON，CAREY，1996. The self in self-Regulated learning［A］. In D. H. Schunk & B. J. Zimmerman（Eds.），Self-Regulated learning：From teaching to self-reflective practice（pp. 109－127）［C］. New York：Guilford Press.

PIAGET，1972. The principles of genetic epistemology［M］. New York：W. W. Norton & Company.

首都农林高校继续教育课程体系建设定位与实现路径研究*

周先林①

摘要： 随着社会经济的持续发展，国家对农林行业领域人才的需求日益多样化和专业化。尤其在当前国家乡村振兴战略和生态文明建设的大背景下，农林高校承担着培养高素质农林复合型人才的重要使命。首都农林高校学历继续教育在课程体系建设上存在不足，无法有效满足社会经济发展的需求。为此，本文首先明确了课程体系建设的目标定位，同时提出了以下实现路径：优化课程模块与结构，加强师资队伍建设，强化课程评估与反馈机制；并通过优化课程模块与结构、加强师资队伍建设、调整人才培养方案和课程设置以及强化课程评估与反馈机制等实现路径，以期达到有效提升教学质量和人才培养效果，为首都的经济社会发展提供有力的人才支持。

关键词： 农林高校；继续教育；课程体系定位；实现路径

一、高校学历继续教育课程体系建设现状及成因

在当今社会，随着知识经济的兴起和终身教育理念的普及，高校学历继续教育作为教育体系中的重要组成部分，其课程体系建设显得尤为关键。这一领域不仅承载着提升社会成员综合素质的重任，还直接关系到国家人力资源开发的整体水平。然而，当前高校学历继续教育课程体系在构建过程中仍面临诸多挑战，其现状及背后的原因值得深入探讨。

（一）现状分析

1. 课程体系设置单一，缺乏多元化

当前，许多高校的学历继续教育课程体系仍然沿用传统的学科分类和教学模式，课程设置相对单一，缺乏多元化和个性化。这种设置方式难以满足不同学生群体的多样化需求，也无法适应快速变化的社会经济环境。因此，如何构建更加灵活、多元的课程体系，成为当前亟待解决的问题。

---

* 本文系首都农林高校学历继续教育课程体系建设定位与实现路径研究（项目编号：5046516654/094），立项单位：北京市教委。

① 作者简介：周先林，男，硕士，副研究员，主要研究方向为高等教育教学研究。

2. 课程内容更新滞后，不能及时适应社会及行业需求

随着社会经济的快速发展和行业结构的不断调整，企业对人才的需求也在不断变化。然而，部分高校的学历继续教育课程体系在内容更新上显得滞后，无法及时反映行业发展的最新变化和发展趋势。这导致学生在完成学业后，可能面临所学知识与实际工作需求衔接不畅的问题，影响其职业发展。

3. 实践环节不足，难以培养实用型人才

学历继续教育不仅注重理论知识的传授，更强调实践能力的培养。然而，当前许多高校的学历继续教育课程体系中，实践环节相对薄弱，缺乏足够的实践机会和平台。这导致学生在学习过程中难以将理论知识转化为实践能力，影响其综合素质和职业能力的提升。

（二）成因分析

1. 思想认识不足，重视程度不够

部分高校对学历继续教育的认识存在偏差，将其视为学校的附属品或创收工具，而非提升学校整体教育水平和社会服务能力的重要途径。这种思想认识上的不足导致高校在学历继续教育课程体系建设上缺乏足够的投入和关注，难以形成高质量、有特色的课程体系。

2. 管理体制不顺，缺乏有效协调

当前，高校学历继续教育的管理体制尚未完全理顺，存在管办不分、职责混同等问题。这导致在课程体系建设过程中缺乏统一的规划和协调机制，难以形成合力推动课程体系的建设和发展。此外，管理体制不顺还可能导致教学质量及监管不严等问题。

3. 师资力量不足，教学水平有待提高

高校学历继续教育师资队伍的整体素质是影响课程体系建设质量的关键因素之一。然而，当前部分高校在学历继续教育师资队伍建设上存在不足，教师数量不足、教学水平参差不齐等问题较为突出。这导致在课程体系建设过程中难以保证教学质量和效果，影响学员的学习体验和职业发展。

4. 对社会需求缺乏及时准确的研判

在课程体系建设过程中，深入了解市场需求和学生需求是至关重要的。然而，当前部分高校在学历继续教育课程体系建设上缺乏足够的市场调研和需求分析工作。这导致课程设置与实际需求脱节，难以满足学生的个性化需求和市场对人才的需求。因此，加强调研和需求分析工作，是提高课程体系针对性和实用性的关键所在。

综上所述，高校学历继续教育课程体系建设在取得一定成绩的同时仍面临诸多挑战。为了推动其进一步发展和完善，需要提高思想认识、健全管理体制、加强师资队伍建设并深入开展调研和需求分析工作。只有这样，才能构建出符合时代要求、满足学生需要和社会需求的课程体系，为高校学历继续教育的发展注入新的活力。

二、现阶段高校学历继续教育课程体系建设存在的不足

（一）首都经济发展对农林一线人才的需求状况，在数量、质量、类型等方面落后于经济发展

首都经济发展对农林一线人才需求的不匹配主要表现如下。

1. 数量不足

随着首都经济特别是乡村振兴战略和农业现代化的推进，农林一线对专业人才的需求量显著增加。然而，高校学历继续教育在农林相关专业的招生和培养规模上未能及时满足这一需求，导致人才供给数量明显滞后于经济发展速度。进而人才短缺限制了首都农业产业的创新和发展能力，影响了乡村振兴战略的深入实施。

2. 质量不高

继续教育课程体系在内容更新、实践教学等方面存在滞后，导致培养的人才在专业技能、创新能力等方面与首都经济发展的高标准要求存在差距。造成人才供给难以满足现代农业产业对高素质人才的需求，限制了产业升级和技术创新。

3. 类型单一

高校学历继续教育在农林人才培养上往往过于集中在某些传统领域，缺乏对新兴领域和交叉学科的关注，导致人才类型单一，无法满足首都经济多元化发展的需求。人才类型单一限制了农业产业的多元化发展路径，降低了产业的抗风险能力和竞争力。

（二）教育理念和教育定位相对滞后，继续教育课程体系建设落后于现阶段社会发展需求

1. 教育理念滞后

当前高校学历继续教育的教育理念仍然停留在传统的知识传授阶段，忽视了对学生创新能力、实践能力和综合素质的培养。这种教育理念与现代社会对人才培养的要求不相符，促使培养出来的学生缺乏创新意识和实践能力，难以适应快速变化的社会环境和市场需求。

2. 教育定位模糊

继续教育在高校教育体系中的定位不够清晰明确，导致其在课程设置、教学方法等方面缺乏针对性和实效性。特别是在服务首都经济发展方面，继续教育的作用未能充分发挥。教育定位的模糊性使得继续教育在人才培养上缺乏明确的目标和方向，影响了人才培养的质量和效果。

（三）课程模块设置比例不合理、构成模式单一。应从教学形式、教学方法、教学内容、专业设置等方面入手

1. 比例不合理

课程模块设置上存在基础类课程、专业类课程与拓展类课程比例不合理的问题。教育类课程可能占比过低，导致学生在教育教学能力方面得不到充分培养；而学科课程可能过于注重理论知识的传授，忽视了实践能力的培养。这种比例不合理导致学生在知识结构和能力结构上存在缺陷，难以满足首都经济发展对复合型人才的需求。

2. 构成模式单一

教学形式单一，以传统的课堂教学为主，缺乏线上教学、实践教学等多种形式的结合。教学形式单一导致学生学习体验不佳，难以获得全面的学习资源和支持。

教学方法陈旧，缺乏互动性和创新性，难以激发学生的学习兴趣和积极性。教学方法陈旧降低了教学效果和学习效率。

教学内容更新缓慢，未能及时反映行业发展的最新动态和趋势。教学内容滞后使学生

难以掌握行业前沿知识和技能。

专业设置过于狭窄，缺乏对新兴领域和交叉学科的关注，限制了学生的发展空间。专业设置狭窄限制了学生的职业选择和发展路径。

三、农林高校学历继续教育课程体系建设建议

(一) 首都农林高校继续教育课程体系建设的目标定位要明确

首都农林高等院校在继续教育课程体系建设上，需紧密结合首都的经济社会发展需求及生态文明建设目标，明确其目标定位。具体而言，该体系旨在培养具备高度专业素养、实践能力和创新精神的农林复合型人才，以支持首都农业现代化、乡村振兴及生态文明建设。这一目标定位要求课程体系不仅注重理论知识的传授，更需强化实践技能和创新能力的培养，确保毕业生能够迅速适应并促进首都农林行业的发展。

1. 服务首都发展战略

课程体系应紧密对接首都的“四个中心”功能定位，特别是生态文明建设和乡村振兴战略，为首都农业、林业、环境等领域的可持续发展提供人才支撑。

2. 强化实践与创新

通过增加实践课程比重，引入工学结合的教学模式，提升学生的动手能力和解决实际问题的能力，同时鼓励学生参与科研创新活动，培养其创新思维和创业精神。

3. 适应成人学习特点

针对继续教育学生多为在职人员的特点，课程体系应灵活多样，注重知识的实用性和时效性，采用线上线下相结合的教学方式，满足学生多样化的学习需求。

(二) 调整农林高等院校继续教育现有课程模块，搭建工学结合的课程建设体系

为了实现上述目标，农林高等院校需对现有继续教育课程模块进行调整，构建以工学结合为核心的课程体系。

1. 优化课程结构

将课程划分为公共基础课程、专业基础课程、专业课程和实践教学环节四大模块。公共基础课程包括人文社会科学、自然科学、外语、计算机等，旨在拓宽学生的知识面和综合素质。专业基础课程和专业课程则根据专业方向进行设置，确保学生掌握扎实的专业知识。实践教学环节则通过实验、实训、实习等方式，提升学生的实践能力和创新能力。

2. 增加实践课程比重

将原来依附于理论课程的实验独立出来，形成独立的实验实践课程体系，并大幅增加综合性、设计性、创新性实验的比例。同时，建立校内外实践教学基地，加强与企业的合作，实现校企联合培养，使学生能够在真实的工作环境中锻炼技能。

3. 构建模块化课程

在理论课程中设置不同的课程模块，如通识教育课程模块、专业教育课程模块和专业拓展课程模块，学生可根据自身兴趣和特点进行选择。此外，还可以设置一定数量的选修课程，包括专业选修课和公共选修课，以满足学生的个性化需求。

4. 引入工学结合模式

通过校企合作、产学研结合等方式，将企业的真实项目引入课堂，使学生在学习过程中能够接触到实际的工作内容，实现理论知识与实践经验的有机结合。

（三）加强培养继续教育领域优秀专业教师

优秀的教师团队是保障教学质量的关键。农林高等院校应采取多种措施，加强继续教育领域优秀教师的培养。

1. 引进高水平教师

通过提升待遇和提供良好的发展平台，吸引高水平教师加入继续教育师资队伍。

2. 加强教师培训

定期组织教师参加专业和行业学术交流、教学研讨会等活动，提升教师的学术水平和教学能力。同时，鼓励教师参与企业实践，了解行业动态和技术前沿，以便更好地将实践经验融入教学中。

3. 建立激励机制

通过设立教学奖励、科研成果奖励等方式，激励教师积极投身教学科研工作。同时，关注教师的职业发展需求，为其提供晋升空间和职业发展规划。

（四）调整人才培养方案和课程设置，将更为科学合理的课程设计应用于教学实践

为了进一步提升教学质量和人才培养效果，农林高等院校需不断调整和优化人才培养方案和课程设置。

1. 更新人才培养方案

根据行业发展趋势和市场需求，定期对人才培养方案进行修订和完善。确保人才培养方案能够紧密对接行业标准和岗位需求，培养出符合市场需求的优秀人才。

2. 强化创新创业教育

将创新创业教育融入课程体系中，设置创新创业课程和实践环节。鼓励学生参与创新创业项目，培养其创新意识和创业能力。同时，加强与企业的合作，为学生提供创业指导和资源支持。

3. 加强课程评估与反馈

建立科学合理的课程评估体系，定期对课程的教学质量、教学效果进行评估。同时，收集学生的反馈意见，了解学生的学习需求和问题所在，以便及时调整和优化课程设计。

4. 推动信息技术与教育教学深度融合

充分利用现代信息技术手段，如慕课、翻转课堂等，改革传统教学模式。通过线上线下相结合的方式，提高教学效率和学生的学习效果。同时，加强数字化教学资源的建设和共享，为师生提供更加丰富多样的学习资源。

综上所述，农林高校学历继续教育课程体系建设是一个系统工程，需要明确目标定位、优化课程结构、加强教师培养、调整人才培养方案和课程设置等多方面的努力。只有这样，才能培养出符合市场需求、具备高度专业素养和实践能力的农林复合型人才，为首都的经济社会发展做出更大的贡献。

参　考　文　献

刘慧筠，2020. 成人高等教育经管类专业课程体系建设分析 [J]. 投资与合作（8）：172－174.
徐峰，孟凡莹，周珸，等，2023. 基于 OBE 理念的高等学历继续教育教学模式与课程体系建设实践研究 [J]. 现代职业教育（15）：5－8.
严苏凤，周德锋，2014. 区域高等继续教育课程体系建设刍议 [J]. 继续教育研究（10）：114－115.
张翔，2021. 简谈新形势背景下成人学历课程体系建设 [J]. 大众标准化（1）：192－193，196.

实践教学

农业资源与环境专业“地质与地貌学”课程在产教融合教学中的实践与探索*

石生伟[①] 刘云 朱新萍 华玲玲

摘要：“地质与地貌学”是研究地壳的物质组成、地表形态发生和演变的一门自然科学，是为农业资源与环境专业二年级本科生开设的一门专业基础课，具有理论抽象和实践性强的特点。该课程的主要理论是构成资源环境调查、土壤调查评价、土地改良与利用、农业规划方面的基础理论，相关技术方法在农业生产中被广泛应用。为破解授课学生基础薄弱、学时压缩和学习兴趣不强的难点，利用授课教师长期坚持服务于生产一线的优势，创建具有高阶性、创新性和挑战度的课程，“地质与地貌学”课程组将科研项目和生产实践中的案例融入教学过程，总结出“有鲜度、有深度、有高度、有法度和有温度”的产教融合教学方式，构建当地地质与地貌学案例，并聘请外校专家融入教学中，构建多方位、立体式知识融入方式，激发学生的学习兴趣，达到了专业知识引导与价值教育的多重功能培养目标，取得了良好的产教融合教学效果。

关键词：案例教学；高阶性；创新性；挑战度

一、课程定位和专业人才培养需求

农业资源与环境专业旨在面向资源高效利用与生态环境保护的国家需求及北京市“宜居城市”的区域发展需求，培养具备水、土、气、生等资环专业知识的科学素养和具备运用所学知识实践能力的专业人才，能胜任农业资源高效利用、生态环境保护等方面的相关工作。“地质与地貌学”作为农业资源与环境专业的专业基础课，是研究地壳的物质组成、地表形态发生和发展的一门自然科学，是资源环境类专业（包括农业资源与环境、环境科学、环境工程、生态学和水土保持等）本科学生开设的一门重要专业基础课，具有很强的理论性和实践性。2022年教育部办公厅印发的《新农科人才培养引导性专业指南》中将“地质与地貌学”纳入农业资源与环境新农科人才培养方案的重要实践课程。

---

* 本文系2023年北京高等教育学会教改项目“‘新农科’背景下农业资源与环境专业野外综合教学实习模式研究”（项目编号：5046516654/013）。

① 作者简历：石生伟，副教授，讲授“地质与地貌学”“土壤资源调查与评价”等本科生课程，主持20多项科研项目。

对于农业资源与环境专业的本科生而言，学习“地质与地貌学”课程需要达到两个培养要求：第一，在理论学习环节，通过生动的语言和经典案例对抽象地质理论进行讲述，培养学生地质学思维方法和学习地质地貌学的智力素质。第二，在实习实践环节，掌握地质地貌学野外工作主要技能和方法，锻炼学生在野外环境中吃苦耐劳的品质，培养学生不畏困难和团结协作的品质，在后续“土壤学”“农业环境保护”等专业课的学习和实际工作中利用有关专业知识解决实际问题打下基础。

二、学情分析

作为一门地学领域的传统课程，“地质与地貌学”具有理论抽象和实践性强的特点，需要同时兼顾室内观察实验和野外实习，才能形成完整的高质量教学体系，达到培养人才的教学目的。传统的教学方法主要采用讲授法教学。随着高校教学体制改革和通识教育理念的不断深入，课下学习资源的日益丰富，开设课程种类的越来越多，但“地质与地貌学”课堂学习时长普遍被压缩。对于农业院校的农业资源与环境专业的学生，地质基础知识背景相对薄弱，其他地学辅助课程（如“地球科学基础”和“自然地理学”）缺乏，学生在有限的课时内学好这门课程存在很大的困难。因此，在压缩课时的情况下，如何将内容抽象、知识点繁多、实践性强的“地质与地貌学”教好、教透，达到本专业学生专业知识结构需求，对授课教师是一个很大的挑战。

当前，农业适度规模化、智能化的发展趋势，对农业人才能力提出了更高的要求。然而，在实际的教育教学中，专业划分过细过窄、专业设置与社会需求脱节、实践环节缺失等，导致培养出的农林人才难以匹配当前农业发展的需求。因此，如何准确把握课程中知识点的广度和深度，点燃科学“火花”，为未来的相关专业课程奠定坚实的基础，引导学生思考地质与地貌学和农业生产、环境的关系，激发学生热爱所选专业和行业，是开展该课程教学的出发点。

三、产教融合教学模式创新——“五度”教学法

为了破解以上教学中的难题，通过8年的教学实践，“地质与地貌学”课程组努力打造具有高阶性、创新性和挑战度的课程。再充分借鉴国内知名大学同类课程（比如浙江大学的“普通地质学”、北京大学的“地球科学概论”和中国农业大学的“地质与地貌学”），结合该课程在北京市本土化教学案例构建以及多年野外科学研究的实践基础，积极开展该课程建设探索。课程组利用互动式教学、引入“智慧树”慕课网络资源、科研文献解读，构建当地地质与地貌学案例、增加思政元素等途径，构建多方位、立体式产教融合知识融入方式，将其归纳为“有鲜度、有深度、有高度、有法度和有温度（简称五度）”的教学方式（图1）。

1. 有鲜度

作为一门传统的地学课程，“地质与地貌学”研究对象时间长、空间覆盖极广。当今科技迅速发展，知识更新速度很快，地质与地貌学知识几乎随时都在更新。作为地学人才的启蒙教学课程，在课程教学过程中除了引入经典理论外，更重要的是引入时效性极强的案例，如在“状物与岩石”章节，收集常见的矿物标本，激发学生学习矿物岩石的兴趣。

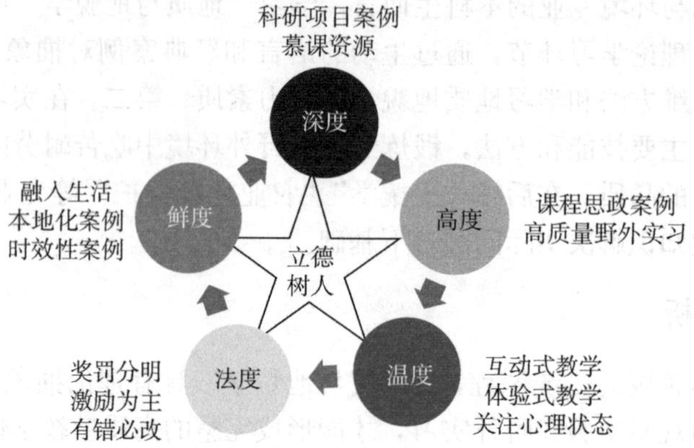

图 1 “五度”教学法的构建

此外，根据课堂讲授的岩石矿物鉴定原理，随机分组收集不同矿物岩石的标本，让学生观测岩石与矿物的特性。通过这种互动方式，学生加深了状物与岩石的主要特性，有效掌握了矿物的认识方法及常见矿物的典型特征。根据 2023 年永定河遭遇百年一遇的洪水，课程组带领学生进行实地考察，引导学生思考冲击作用和洪积作用如何塑造平原地貌。2021 年开始，课程组长期在北京市平谷区和密云区开展设施农业的土壤改良工作，将当地地质环境与特色农业发展的解读结合，挖掘了“平谷区优质大桃产地的地质背景”“密云番茄产业带规划”和“房山区富硒土地与特色农业发展”等教学案例。这些具有鲜度的案例极大激发了学生的学习兴趣，有助于提高学生的自主学习。

2. 有深度

课程组主讲教师具有多年野外土壤调查研究的经历，在完成 10 余项科研项目的过程中，为“地质与地貌学”积累了丰富的素材。在教学过程中引入来自研究一线的项目材料作为教学案例，极大提高了深度。例如，课题组主持服务社会项目“春泥行动——城市住宅小区绿地土壤质量调查和改良”在山东省烟台市芝罘岛的实施过程中，组织本专业的多名本科生参与项目。课程组把这个案例融入了“地质与地貌学”课程教材第十二章“海岸地貌”中，具体思路如下（图 2）

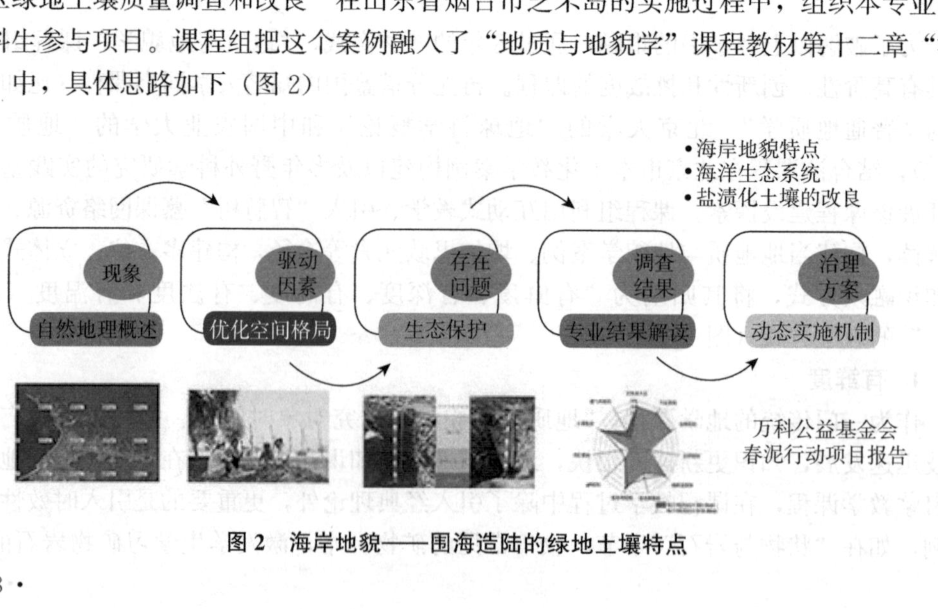

图 2 海岸地貌——围海造陆的绿地土壤特点

在该章节内容中，该案例融合了海岸地貌知识，涉及围海造陆的内容，主要知识点包括围海造陆的内驱力增加土地面积、带来经济效益，严重干扰着海岸带的自然环境和生态平衡，不合理的过度开发和盲目开发，导致巨大的资源浪费。课程组要求学生通过地理位置和遥感影像资料解读芝罘岛的自然条件；通过收集围海造陆数据，展示内在驱动机制和存在问题；通过科研项目案例演示，让学生理解了填海造陆导致绿地土壤极易发生次生盐渍化问题，而且准确认识到土壤“上粘下砂”的土壤结构。该教学过程融合了信息技术(遥感)、野外调查技术、数据分析和报告撰写，增加了学生对知识的理解程度，教学效果良好。

农业资源与环境专业对信息技术的应用能力具有较高的要求，主要培养让学生掌握利用全球定位系统（GPS）、地理信息系统（GIS）和遥感（RS）专业软件对土壤—土地资源的开发、利用与保护及退化防治等方面进行管理和决策。计算机土壤制图相关知识更新速度较快，而且实践操作性强，学习难度较大，需要结合野外实习情况进行室内绘图。课程组根据课程特点，以“地质与地貌学”课程实习为核心，通过构建北京市土壤资源分布的多个数据库资料，准备适合北京农学院学生计算机土壤制图实操的基础数据资料，提高信息技术在农业资源与环境专业野外实习中的应用，增加就业优势。

3. 有高度

主要是指围绕“立德树人”的根本任务，将学农爱农融入“地质与地貌学”课程全过程教学中，采用创新探究式、讨论式等教育教学方法实现课程思政与课程教学的有机结合。授课教师长期坚持服务于生产一线，参与了北京市延庆区、丰台区的第三次全国土壤普查工作，整理了相关素材并融入了教学。在这个过程中，挖掘北京市农业发展规划的案例，在“地质与地貌学”教材不同章节均插入中国地质和土壤学家的学术成就和爱国情结，向年轻学子宣讲老一辈地质科学家的巨大学术创新和献身国家建设的重要贡献，引导学生学农爱农的情结，促使学生理解学好地质学知识对于应用本专业知识的重要性。

4. 有法度

主要体现在考核环节奖罚分明。通过加强过程考核、设置具有挑战度的平时作业和课堂展示，适当拉开不同层次学生的差异，促进学生自发形成“竞争追赶”的良好学习氛围。例如，我们平时作业内容布置上设置了开放性和具有一定难度的实践作业，在野外实习过程中按照从查阅文献、分析数据到报告撰写的全流程实践教学模式，要求学生以 4 人小组为单位完成一篇不少于 8 000 字的野外实习报告。实习报告中对于格式、文字、表格整理均具有严格规范的要求。对于达不到要求的报告，要退回修改，令其限期改正，直至全部合格。通过编写规范的实习报告，提高了学生地质学逻辑思维能力和文字表达能力，培养了学生在科研工作中严谨求实的作风。

5. 有温度

主要体现在教学过程中尊重学生的个性，教师注意观察学生的学习心理状态，让学生在学习遇到困难时及时关心、关爱学生，了解他们的实际需求，帮他们解决实习困难。合作团队指导教师中有来自中向旭耀科技有限公司的潘利民总经理，通过科研项目合作，为有家庭困难的学生提供项目实习的工作机会，解决他们的实际困难，鼓励学生通过劳动和知识解决经济难题。

四、教学治理评价

经过近8年课程建设，“地质与地貌学”课堂抬头率逐步提高，学生评教满意度不断提升，其中教学评价得分在94.6分以上（满分为95分）“地质与地貌学”课程获北京农学院校级课程思政示范课和优秀案例，相关教研论文入选北京市青年教师教学基本功大赛论文三等奖和北京市高等教育学会研究生分会三等奖。学生经过学习后表示，该课程学习促进了知识、能力、素质的有机融合，培养学生解决复杂问题的综合能力和高级思维。

五、总结

“五度”教学法是课程组在近几年教学实践过程中为破解授课学生基础薄弱、学时压缩和学习兴趣不强而提炼以产教融合为特色的初步教学经验，目的是增加学生的学习兴趣并提高学习效率，具有多方位、立体式知识讲授的特点，在具体的实现措施上还需要进一步挖掘和完善。目前，已有教学评价表明，该方式可以极大激发学生的学习兴趣，受到学生的广泛好评。部分学生毕业后进入农业农村部和中化现代农业有限公司等央企单位就业，均表示在校期间学有所用。该教学产教融合的方法有利于提高教师的自然教学水平，具有相得益彰和教研相长的教学效果。因此，本课程的产教融合课程创新实践经验，对于引领农业资源与环境本科生教学改革具有很好的示范辐射作用。

参 考 文 献

黄巧云，吕叙杰，石磊，2022. 新农科建设背景下农科专业改革路径探索：以华中农业大学农业资源与环境专业为例 [J]. 中国大学教学（6）：19-26.

李燕丽，李继福，熊勤学，等，2020. “土壤资源调查与评价”课程考核和成绩评定方法改革研究 [J]. 科教导刊（上旬刊）（4）：115-116.

田达，徐刚，柴如山，等，2022. 农业资源与环境专业课程实践改革调查分析 [J]. 产业与科技论坛（19）：79-80.

杨兰，韩永亮，2023. 智慧农业视野下农业资源与环境专业实践教学模式构建 [J]. 教育教学论坛（34）：68-71.

邹洪涛，栗杰，汪景宽，等，2023. “新农科”背景下资源与环境类专业改造提升路径的研究与实践 [J]. 高等农业教育（1）：38-43.

DESLAURIERS L，SCHELEW E，WIEMAN C，2011. Improved Learning in a Large-Enrollment Physics Class [J]. Science（6031）：862-864.

本科生分子生物学实验教学改革初探

杨爱珍[①] 严 滕 葛秀秀 曹庆芹

摘要： 本科生分子生物学实验不仅可以帮助学生理解掌握深奥的分子生物学理论知识，而且有利于培养学生创新性思维和实践动手能力。通过分析目前本科生分子生物学实验存在的问题，提出积极参与问题驱动教学法（PBL）自主性项目、现代科研实验和学科竞赛项目等各类学术性活动，增强学生综合实验能力，延伸本科生课堂实验教学；利用“互联网+”“雨课堂”等现代教学手段，丰富分子生物学实验教学形式，激发学生学习兴趣，提升课堂教学效果。

关键词： 本科生；实验教学；改革初探

科学技术的进步使分子生物学的应用范围越来越广泛，应用方法越来越精准方便。近几年，在农业、医药、生态、环境、微生物等多个领域，分子生物学发挥着越来越重要的作用。特别是前几年新冠疫情暴发期间，疫苗的研发、新冠病毒方便的检测方法等方面的应用，人们越来越意识到分子生物学已经触手可及，与人们的生命健康息息相关。

目前，“分子生物学”已经成为很多专业本科生的基础必修课。然而，面对深奥复杂的理论基础，有些学生望而止步。分子生物学实验教学，特别是对于本科生而言，通过一些验证性实验的设计，不仅有利于学生更好地理解抽象深奥的分子生物学知识，而且通过看不到摸不到的实验过程，最终能观察到电泳条带，软件分析矩形图，蛋白表达等各种直观结果展现在大家面前，其中的奥秘极大地激发了学生的探求欲。由此，科学规范实验步骤，保证初学者实验的顺利开展，不仅能提升他们对课程的认同度，而且能激发其兴趣和求知欲，提升其主观能动性和动手能力，有利于培养其创新性思维。

另外，随着分子生物学研究的逐渐深入，分子实验检测技术也在不断更新提效中，引入了很多先进的分子编辑技术，如何将这些先进的技术手段与传统的基础的技术融合起来，针对不同学生的不同需求，分层次开展教学科研活动呢？例如，基础的 DNA 提取、质粒提取、酶切连接、感受态细胞转化，聚合酶链式反应（PCR）等实验技术，如何深入基因实时定量表达、免疫印迹（Western 杂交）、蛋白质互作等，如何融入科研的基因沉默、基因过表达、CRISPR 等现代检测手段，需要进一步探索思考。

一、目前本科生分子生物学实验存在的问题

分子生物学由于其知识内容过于抽象、难于理解和记忆等原因，都要通过实验结果来

① 作者简介：杨爱珍，女，研究生，高级实验师，主要研究方向为实验室管理。

直观理解和验证这些深奥的理论知识。近几年，随着分子生物学实验技术体系的逐渐完善和改进，为系统化教学奠定了良好的基础，为后续顺利开展科研活动提供了一定的基础，但仍然存在以下问题。

1. 实验教材问题

实验教材既是教师教学的知识信息载体，也是学生预习和做实验的重要依据，更是学生深入探究学习的重要途径，选用一种系统完整的涵盖现代分子检测手段的教材，对系统掌握和了解实验的原理和技能是至关重要的。截至目前，为了教学方便，大多高校使用的实验教材都是根据自身教学实验需求而自编的，做什么实验编什么内容，没有扩展性和探究性综合性实验，学生学习的内容很有限。即使有些综合性实验，但是内容陈旧，没有同步现代分子实验，没有逐层深入地融入新的技术和方法，不能很好地跟科研接轨，根本满足不了大部分学生的探知欲。例如，部分高校分子生物学实验都是根据课程需求，配套几个相对应的验证性实验，虽然这些实验系统性和完整性较强，但是相对于一套完整的实验教材来说，欠缺内容较多，仅仅满足上课实验的需求，不能满足学生学习的需求。

2. 试验内容单一问题

目前，很多高校分子生物学实验课质量都有所提升，从原先单一、零散的小实验转变为系统的、完整的实验。例如，从原先零散的 DNA、RNA、质粒提取、核酸浓度检测和电泳、PCR 检测等，转变为从绿色荧光蛋白（GFP 基因）的克隆到 GFP 的表达，最后 Western 杂交验证，包括质粒提取、酶切、连接、转化，PCR 菌落验证、表达、杂交等一系列完整性过程，使学生有一个能从目的基因提取到蛋白表达的系统性认识，有一个从微观的基因提取到宏观的蛋白表达的感性认识，为学生学习分子生物学实验奠定了深厚的基础，激起他们学习的兴趣。

尽管如此，为了扩大学生的视野，需要将 RFP（红色荧光蛋白）、YFP（黄色荧光蛋白）加入学生实验课堂，不仅丰富了实验内容，还可以从不同维度理解科技的奥秘，调动其学习的主观能动性，为培养学生树立正确的科学观奠定基础。同时，教师也需要把现代的实验技术手段引入到本科教学课程中，提升学生的探知欲。

3. 实验教学仪器问题

随着科技的发展，很多现代分子生物学检测仪器已投入使用，但大部分仪器由于台数较少、操作复杂等原因，仅仅局限在科研工作中，很少用于本科教学活动中，大多限于学生教学实践和专业教育课中。即使很多高校都开设了仪器分析课，这门课的开设也为学生了解荧光定量 PCR 仪、荧光数字 PCR 仪、分子互作等仪器打开了窗口，学生仅仅对这些仪器的性能有初步的了解，大多都集中在对仪器功能的粗浅认识上，没有机会实操这些仪器，没有通过实验深层次地认识这些仪器的性能，更没有参与结果分析，仅仅建立在感性认识上。然而，现代分子生物学科技的发展，特别是对于有志致力于分子领域的学生来说，他们要想进一步开展科研活动或者继续深造，目前的所学远远不能满足他们的需求。由此可见，分层教育或者学生尽早参与科研活动中对于高水平人才的培养有重要意义。

4. 实验学时的问题

在提升本科学生能力为主的课程教学改革背景下，本科实验教学学时逐年精简，分子生物学实验同样也存在学时压减的情况，一些高校至少减了 10 多个学时。例如，原先的

“分子生物学与基因工程”共计60学时，新一轮教学改革后，变成48学时，虽然任课教师进行了调整，改变了实验课内容，引入了新的科学方法，但对于学生来说，由于时间缩短，容易导致学生不能很好地领悟理论知识，灵活应用基础知识，若是涉及更高级的实验技能，显得力不从心。特别是随着生物技术发展日新月异，需要雄厚的知识理解其中的奥秘，谙熟每一步实验原理，才能灵活应用实验方法，深度融合实验内容，设计出合理的实验方案，为培养高质量人才奠定良好的基础。

5. 教学手段落后的问题

虽然在目前大数据背景下，慕课、微课等已深入课堂教学，但实验课程由于自身的特点，大多数还是采用传统的方式上课。在疫情停课不停学期间，也只是以录视频或者直播的形式让学生观看实验，没有有效地将视频和学生课堂结合起来，起不到真正的相互融通，提升上课效率的目标。特别是高校在普遍存在精简学时的情况下，应该让学生提前预习录制的整个实操实验课，初步了解实验流程和实验注意事项，明确哪一步应该怎么做，在实际上课中，更能应对自如，将每一个步骤都牢记于心，从而高效地完成实操实验，提升上课质量。

二、分子生物学实验改革尝试

（一）引入探索性的实验教学模式

为了深化分子生物学实验内容，提升学生综合科研能力，提高学生学习主动性，提升学生培养质量，为科技强国和教育强国提供动力，引入探索性学习模式至关重要。

1. 引入PBL教学模式

分子生物学实验课已经成为很多学科的专业基础课，为了满足不同层次学生的学习需求，应开展综合性实验，作为课堂实验教学的补充和延伸。例如，东北林业大学尝试用PBL教学模式，取得了良好的效果。PBL教学模式的应用，有利于学生独立学习能力、相互协作能力、解决实际问题能力的培养。PBL模式主要以学生为主，改变了传统的以教师为主的形式。最主要的成就便是学生主动独立学习的能力得到了很大的提升，学生愿意主动去学习，从而有效地提高了其逻辑思维能力以及实验操作能力。

对于基础好、感兴趣的学生，高校可以增设分子生物学综合性实验，采用PBL教学模式，锻炼学生自主学习能力，培养学生主动进取的学习动力，提升学生创新型思维空间，塑造学生良好的团队合作意识，为以后的科研工作奠定良好的科研基础，而导师的作用是答疑解惑，发掘学生的潜能，引导学生的开创性思维。例如，北京农学院党委学生工作部近几年开展的科技兴趣项目，生物与资源学院学生可以根据自身兴趣，找对应的专业教师，自己设题目，自己组团队，自己查资料，自己写项目，自己答项目，自己做实验，自己结项目，整个科研环节，都是学生主动作为，这些学生不论就业或是进一步深造，都能很快地融入科研团队，开展科研活动。

2. 引入科研实验教学

教学是科研的前提和基础条件，科研是提高教育质量的关键。为了充实本科生实验教学内容，可以将科研方法拓展到本科生课堂实验教学或者实践实验中，以研促教，教研相长，让学生了解最前沿的科研技术。特别是对于实验感兴趣或者想继续深造的学生，尽早地接触先进的科研方法，尽早地加入科研团队，对于提升学生科研能力，具有重要的意义。例如，在教学实验中，可以将无缝克隆、蛋白过镍柱纯化等先进技术引入现代教学课堂，提升教学方法。对于科研感兴趣的学生，在教学课堂之外，其可以尽早地参与到教师的科研项目中，与研究生或者博士生一起开展科研实验，提升实验技能。但教师需制定完善的考核制度，不能仅仅流于形式，让学生学有所成。这样既能保证学生学有所获，又能获得学分，从而极大地提升学生自主学习的动力。

通过教科研结合，引导学生从较高的立足点看问题，充分发掘学生的创新意识，培养学生的核心能力，促进学生学习的积极性、主动性和创造性，不断提升本专业的人才质量。

3. 引入实验技能竞赛项目

实验技能竞赛是实施人才培养的有效途径，它为广大学生提供了一个展艺与博弈的平台，也是高校育人质量的检验手段。教育部陆续推出很多本科生学科竞赛项目，这些项目在实施过程中，更能调动学生学习的积极性，增加学生的自主学习能力并培养学生的创新思维和创新能力，实现理论课程与科研项目紧密连接，调动学生学习的积极性，增加学生对理论知识的理解和记忆。在教师的指导下，学生自发组织，协商拟定参赛题目，共同设计研究方案，积极参与评审答辩，经过整个过程的培养和训练，学生科研素养得到整体提升，创新性思维得到拓展。很多高校以此为契机，教师利用课堂积极宣传这些创新项目。例如，北京农学院生物与资源环境学院教师积极鼓励学生参与“挑战杯”“生物学”等比赛。通过参与竞赛活动，激发学生学习的主动性。经过几年的辐射带动效应，2022 年有更多的学生参与到竞赛活动中，当年共获得 20 多个奖项，极大地提升了学生对实验课的兴趣和认知力度。

（二）丰富分子生物学实验教学形式

随着信息技术的飞速发展，移动互联网和大数据技术在国内外得以普及，网络成为人们交流沟通、协同工作、获取信息、进行决策的重要工具。利用线上平台进行学习不受时间和空间的限制，多元化的线上教学素材也增强了学生的学习兴趣和自主学习能力。

1. 引入“互联网+”视频素材

利用“互联网+”的开放性，学生通过课前预习，可以自行搜索实验相关的知识内容，培养学生学习自主性，拓宽学生思维视野。另外，根据具体情况，教师通过“互联网+”上传视频预习素材，让学生先行了解实验课可能会用到的实验仪器、试剂，基本操作、重点事项等。学生在预习之中，通过查阅相关资料，将课堂实验方法和别的实验方法进行比较学习，在课堂上通过提问的形式，延伸学生学习范围，提升学习成效。

2. 引入“雨课堂”的混合式实验教学设计

“雨课堂”是在移动互联网与大数据背景下由清华大学推出的智慧教学工具，可以实现课前预习，线上线下互动，课后讨论和报告批改等，有助于实现价值塑造、能力培养、知识传授“三位一体”的教育。另外，“雨课堂”以其自身的实时接收幻灯片、实时答题、多屏互动、“不懂”反馈、随机点名、随堂测验、弹幕等功能特点，十分有助于活跃课堂气氛，加强师生沟通，提高学生的课堂参与度，提高课堂教学效果。另外，将学生喜欢的电子产品、手机融入教学课堂中，变成有效的学习工具，提升了学生的学习兴趣，增强了学生学习的主动性。

本科生由于刚刚接触分子生物学实验，即使是移液枪的使用，也会有一定的困难，更不用说烦琐复杂的实验步骤，对于他们来说都是极大的挑战。通过“雨课堂”的加入，不仅方便了学生的学习，更是方便了教师的指导，保证整个课堂有序开展。例如，东北师范大学已成功将“雨课堂”应用到生物化学的实验教学上。北京农学院生资学院本科生分子生物学实验小组基本都是三人一组，每人都能动手参与提取质粒、跑电泳、酶切等过程，面对复杂的细节和看不到的实验过程，每组难免出现困惑，教师及时地答疑显得尤为重要。引入“雨课堂”教学软件，将传统教学与数字电子教学有效融合，是适应当代高等教育发展需要的必要之举。

（三）引入绿色无污染的试验方法

随着现代分子生物学实验的发展，已经有许多安全无害或者少污染的试剂正逐渐取代那些致癌或者含有害气体的试剂。例如，目前使用的荧光染料可以代替原先的 EB 染料，不仅降低了实验者的风险，更能减少污染环境。北京农学院生物与资源环境学院分子生物学实验课用 Genefinder 荧光染料代替 EB 染色检测核酸电泳条带，已应用多年，效果良好；在本科生开展 Western Blot 杂交时，用二硫苏糖醇（DTT）代替 B-巯基乙醇，极大地减少了环境污染并降低了身体风险，增强了学生对科技的信仰，坚定了学生积极奉献科研的信心。

三、展望

分子生物学实验课为从分子水平深入探索生命与自然的奥秘奠定了深厚的理论基础，为打开微观基因世界提供了实操平台，通过实验方法的不断提升和改进，通过基因编码大数据的不断完善，对生命科学的认知越来越清晰和透彻，分子技术已广泛运用到农业、工业、生活等各个方面，为进一步解决人类疾病、能源紧缺、环境污染等问题提供了新的思路和途径，为新质生产力的发展提供了不竭源泉。

参考文献

刘志明，2018. 食品类专业本科生实验技能竞赛的实践与体会 [J]. 实验室科学（3）：225－231.

王勃，于天英，2022. 高等学校“分子生物学”教学改革初探 [J]. 现代盐化工（1）：110－112.

王倩，2020. 论“互联网＋”和大数据背景下的中医经典课程教学改革 [J]. 卫生职业教育（4）：56－57.

王帅国，2017. 雨课堂：移动互联网与大数据背景下的智慧教学工具 [J]. 现代教育技术（5）：26－32.

肖艳红，秦伟超，张蕾蕾，等，2021. 基于雨课堂的生物化学实验线上线下混合式教学探究 [J]. 高教学刊（36）：119－123.

张辉，李梦雅，年浩瀚，等，2018. PBL 教学模式在分子生物学实验教学中的应用探析 [J] 牡丹江大学学报（4）：146－148.

张小菊，黄慧艳，杨娟，等，2015. 科研教研与教学相结合促进学生核心能力培养 [J]. 山东农业工程学院学报（4）：85－87.

郑双凌，徐珺，2017. 面向本科生的科研教学探索与实践 [J]. 实验室研究与探索（9）：160－162.

周波，徐启江，2020. Problem-based learning 模块式试验在分子生物学实验教学中的实践 [J]. 生物学杂志（1）：110－112.

朱琳，牟萍，薄威，等，2022. 依托“大创项目”的生物化学与分子生物学的教学改革初探 [J]. 中国继续医学教育（21）：20－23.

实践教学运行与探讨

于宝义

摘要：本文深入探讨了实践教学在高等教育中的重要性及其运行机制。通过分析实践教学的目标、实施策略、项目选择、团队组建、项目推进与维护、阶段性总结与汇报，以及项目的完善与收尾工作。本文旨在提出一套系统的实践教学运行框架，强调了教师在实践教学中的引导作用，以及如何通过实践教学提升学生的综合能力。最后，本文呼吁教师在实践教学中发挥更大的作用，以培养能够担当民族复兴大任的时代新人。

关键词：实践教学；高等教育；学生能力；教师引导；综合教学

教育是党和国家的重要基石。习近平总书记强调，"要从党和国家事业发展全局的高度，坚持为党育人、为国育才，把立德树人融入思想道德教育、文化知识教育、社会实践教育各环节"。在这一理念指导下，实践教学作为培养本科生的重要手段，旨在全方位提升学生能力，以适应社会对人才的多方位需求。

一、实践教学的重要性

高校教师不仅要承担教学任务，还需通过"言传身教"落实育人工作，以适应学生多方位的社会生存需求。例如，教师应鼓励学生参与各类竞赛，如大学生创新竞赛、创业竞赛、个人创业项目竞赛、就业竞赛和设计竞赛等，这些竞赛不仅能够提升学生的实践能力，还能为他们的研究生教育打下坚实的基础。

二、实践教学的实施策略

在实践教学过程中，本人总结出以下几点经验。

激发学生兴趣，确立竞赛目标。这是参与竞赛类教育的关键。缺乏目标会导致学生缺乏积极性，影响任务推进。因此，对学生进行理念建设和人员筛选至关重要。要帮助学生明确学习目标和未来发展方向，如深造、出国、专业技术工作或服务工作，并据此制定大学期间的学习规划。

提升综合性能力。参与或领导竞赛小组能锻炼学生的设计能力、沟通和团队合作能力，尤其是对那些不善言辞的学生。在项目完善阶段，如PPT介绍、图片和项目报告书的优化，能全面提升学生的写作、绘图和表述能力。

偏向性项目引导。对于技术倾向性学生，应引导他们参与学科和专业性竞赛，结合他们的兴趣和未来研究方向，以期在竞赛中取得优异成绩，同时为未来的研究和工作打下良好基础。

社会性活动引导。对于对技术和专业兴趣较弱，但沟通交流能力强的学生，可以引导他们参与更多社会性活动，如“互联网＋创新创业”、乡村振兴社会实践项目等，并与技术导向性学生共同参与，分工合作，相互学习。

意识模糊型学生的引导。对于刚进入导师团队小组，不清楚自己能做什么、未来发展方向的学生，可以先参与高年级学生引导的小组项目，激发兴趣后，再发挥其能动性，创建和引导自己的团队和项目。

用爱和关怀引导学生。对于对技术发展不感兴趣，但因喜欢教师引导或与同学沟通而参与项目的学生，需要在融洽的团队环境中获得技术和综合能力的提升。

三、项目目标选择与团队组建

1. 项目目标选择

针对不同目标学生群体选择合适的项目方向。指导教师必须熟悉并能给予充分指导。对于非本专业但非常积极的学生，可以安排一些即时性项目，如“互联网＋”等创业项目。对于本专业且实验技术探索欲望强的学生，则可以安排其参与设计技术性强、实验结果导向性研究课题。此类设计不光能锻炼学生的实际项目设计和操作能力，也能为其后续参与技术型工作、完成毕业论文、研究生实验技术培养打下坚实的基础。

2. 项目组成员的选择

项目组领队的选择尤为重要，需要能坚持、能规划、善于沟通、坚持不懈的学生。团队通常分为超强分配积极型、领导分工型和不积极型。对于不积极型团队，可能需要重构，汇集积极有为的学生来推导项目的进行。超强分配积极型和领导分工型团队，指导教师可以加大培养力度，努力让团队取得良好的结果。不积极型团队如果不完成重构或引入强有力的领导，最后的结果很有可能会前功尽弃，浪费精力与材料，因此做好项目团队构建则是项目成功的最关键要素之一。

四、项目推进与维护

实验项目的良好运行，需要定期进行指导和维护，不同的项目需有不同的维护方式。例如，生物实验竞赛和化学实验竞赛需要定期进行实验进度安排和上传。该类专业导向性项目可以结合本专业学生的兴趣爱好和毕业论文共同实施，以提升学生的积极性。指导教师更多的是确保项目的进度并做好引领工作。

若学生遇到技术问题，则需要尽快解决，因为学生竞赛通常时间短任务重，稍微耽误时间可能会影响整体进度。教师需要协助学生或队长及时参与，及早发现问题并解决问题，及时与团队成员沟通，以免影响整个团队。例如，一些学生长时间不入队，没有参与实验，会引起其他成员不满，团队负责教师需要与团队领队一起安排如何维护团队正确和高效的运行。

项目成员积极心态建设。项目运行过程中，团队成员不可避免地会产生懈怠、缺乏积极性的问题。此时，正向引领则显得尤为重要。讲述成功故事、适当地给予各种小奖励或对技术资金的投入可以确保项目正常进行。此外，引入有项目运行经验的领导者带领团队则可以避免团队懈怠的发生。

五、阶段性总结与周期性汇报

根据项目的不同以及团队负责人的情况各异，指导教师需要亲自或督促开展项目进展报告。报告中，负责人或指导教师需要指出项目推进的快慢、项目书和实验报告撰写的质量，要学生切实了解各自项目所处的层次和进度，以督促项目及时推进。根据项目的不同，对项目成员和技术的要求也不尽相同，如有些项目需要进行视频的剪辑，则根据项目组成员的各自特点提早进行安排。

六、项目的完善及收尾工作

项目收尾工作常常伴随着项目质量的提升和完成固定要求动作等目标任务，往往是项目公关的关键。此时，项目团队每个成员基本已达到饱和，需要教师的指导和鼓励，如PPT和项目书的修改等。教师高效而准确的指导成为项目成功的关键。

七、结论

团队指导教师在团队组建、项目引导、项目运行维护及完善阶段起到不可替代的作用。学生竞赛项目是以项目为载体，教师全方位、全周期指导学生知识和动手能力综合性教学的体现，对学生综合能力的提升有极大的帮助作用，是完成师生教学相长的关键步骤之一。

作为高等教育的教师，既做“授业”“解惑”的“经师”，又做“传道”的“人师”。每一位教师都要努力成为先进思想文化的传播者、党执政的坚定支持者，努力培养担当民族复兴大任的时代新人。指导教师是学生实践活动培养的第一责任人，肩负重大的使命，在本科生入队参与团队实践学习中，时刻不能忘记肩负着培养高层次创新人才的崇高使命。努力把实践育人与知识育人工作紧密结合起来，教会学生不仅会“做事”更要会“做人”。将以往的成绩作为基础，作为面向未来的工具，在接下来的全方位实践教学培养工作中，将继续秉持立德修身、严谨治学、潜心育人的教育理念，为实践教学事业发展和创新型国家建设积极作出贡献。

参 考 文 献

曹国震，杨少斌，曾立伟，等，2024. 应用型本科院校实践教学管理体制与运行机制的探索与实践：以西安航空学院为例 [J]. 西安航空学院学报 (3)：83-88.

傅家荣，2002. 发达国家高等职业教育学生实践能力培养及其启示 [J]. 湖北商业高等专科学校学报 (3)：49-52.

高育奇，2008. 论高等职业技术教育学生实践能力的培养 [J]. 教育与职业 (3)：176-177.

刘卫东，金海鹰，2024.“大思政课”理念下高校思政课实践教学内涵厘清与运行机制创新 [J]. 长春师范大学学报 (3)：152-158.

吴钰，2024. 新时代应用型高校思想政治理论课实践教学运行机制探赜 [J]. 延边教育学院学报 (3)：14-18.

基于学生问卷调查的“农业资源与环境法规”课程教学实践初探*

朱新萍[①] 梁 琼 华玲玲 石生伟 刘 云 王敬贤 张力匀

摘要：在以学生为中心的现代教育理念下，借助调查问卷的方法了解学生在“农业资源与环境法规”课程学习过程中存在的困难以及学生对目前教学方法的态度，通过对问卷调查结果的分析，并结合农业资源与环境专业学生的特点，探讨适合“农业资源与环境法规”课程教学方法并进行了实践探索。本文为新农科视域下“农业资源与环境法规”“金课”建设改革思路探索，农业资源与环境专业卓越农林人才培养和新农科教育提供强有力的支撑。

关键词：教学方法；资源与环境法规；案例教学法

“农业资源与环境法规”课程是农业资源与环境专业的一门专业核心课，该课程主要介绍农业资源与环境领域相关的法律法规，同时还涉及农业资源利用、环境科学、生态学以及环境管理学等其他自然科学和社会科学的相关知识。学生通过学习，将了解我国的生态环境法治建设，掌握农业资源和环境保护相关政策、法律、法规的基本思想、基本原则和主要内容，增强学生的农业生态环境保护意识和环境法治观念。该课程共32学时，共九章内容，课程内容可分为两个模块，第一模块包括第一至四章，为资源与环境法基础理论部分，主要介绍法律基础、资源环境问题产生的原因与背景、资源环境法的研究对象和研究内容以及资源与环境法基本制度与原则等内容；第二模块包括第五至八章，为资源与环境法分论，主要介绍环境污染防治法、自然资源保护法、生态保护法、国际环境法以及农村环境保护及绿色发展涉及的法规等内容。通过该课程的教学，在学生价值观塑造方面，培养学生环境保护意识和环境法治观念，提高专业素养和社会责任感。在专业知识传授方面，学生掌握农业资源与环境法律法规体系的基本框架和内容，具备专业知识的学习水平。在提升实践能力方面，锻炼学生语言表达能力、交流能力、分析和解决问题的能力，强化学生法治意识，培养和提高学生的团队精神、创新精神和职业能力。近年，伴随城镇化、工业化的迅速发展，农村农业面源污染，土地退化以及生物多样性减少等生态环境问题，严重影响了我国现代化农业建设进程，因而建设基于“新农科”背景，服务于现代农业发展、山水林田湖草沙一体化保护和系统治理的“农业资源与环境法规”“金课”，对于新时代乡村振兴、美丽乡村建设有重要的意义。

---

* 本文系北京农学院教育教学改革研究一般项目（项目编号：BUA2023JG18）。

① 作者简介：朱新萍，女，博士研究生，教授，主要从事农业资源与环境领域教学和研究工作。

“金课”是指高质量的课程，具有“高阶性、创新性、挑战度”的“两性一度”特征。“农业资源与环境法规”课程在教学方法上的改革将是提高其“创新性”的重要环节。“农业资源与环境法规”课程除了综合性法规，还涉及庞杂的单行法律，然而课时有限，并且法律条文枯燥，课程内容互动性差，学生参与学习程度低，严重影响了学生的学习效果和综合能力的培养。因此，以“农业资源与环境法规”课程教学遇到亟待解决的问题为导向，以“金课”建设为目标，提高教学效果，要从教学方法上入手，将适合的教学方法融入课程中，根据不同的课程内容配合不同的教学方法和考核方式，才能有的放矢地进行教学改革。

一、问卷调查

为更好地了解学生在“农业资源与环境法规”课程学习过程中存在的困难以及学生对教学方法的态度，为后期教学实践改革做准备，面向学生开展课程的教学方式和考核评价方式问卷调查。本文通过对生资学院2020级60名学生进行问卷调查，调查主要包括学生对该课程总体认可度，针对不同课程模块教学方法的态度，课程融入实践环节的认识以及考核评价方式组合的期望四个部分，共10道选择题。问卷调查的方式可以更好地了解学生对教学方法的意见及建议，更真实地反映学生现状，为后续的教学提供更适合的教学方法。

二、问卷结果分析

对授课班级进行随机问卷调研，共调查学生60人，调研结果得出：学生对该课程总体认可度方面，90%的学生认为该课程学习比较重要和很重要（图1）；76.67%的学生对该门课程开设有浓厚的兴趣（图2），98.33%的学生对本问卷提出的教学方法表示认可（图10）。

针对课程不同模块教学方法的态度方面，问卷共提供了12种可选择的教学方法，经统计，学生对该课程喜欢的教学方法排名前3位依次是案例教学法、讲授教学法和讨论教学法（图4）；针对第一模块理论部分，学生喜爱的教学方法排序依次为讲授教学法、案例教学法、讨论教学法和问答教学法（图6）；针对第二模块资源与环境法分论教学方法方面，学生喜爱的教学方法排序依次为案例教学法、讲授教学法、讨论教学法和情景模拟教学法（图7）。通过对两个模块的调查分析发现，在针对不同模块内容的教学方法方面，合适的教学方法选择很重要，同时多种教学方法的结合也对学生学习知识的热情有一定的帮助。

在课程融入实践环节的认识方面，调查得出65%的学生认为课程有必要增加课程实践环节，仅10%学生认为不需要，50%以上的学生认为可以以模拟法庭、案例分角色辩论和案例分析的方式开展课程实践环节（图8、图9）。

在学生对考核评价方式组合的期望方面（图3、图5），29.07%的学生认为参与教学活动的能力，如出勤、发言和汇报等形式可作为考核的主要评价依据；26.74%的学生认为理论考试成绩也很重要；78.48%的学生认为考核的评价依据为参与教学活动的能力、理论考试成绩以及作业情况的综合。学生喜欢的作业布置形式是根据教学内容查阅资料，进行小组或个人课堂汇报，接下来是做练习册作业，巩固强化基础知识。以上调查结果为进一步开展课程的教学方式和考核方式改革提供了指导依据。

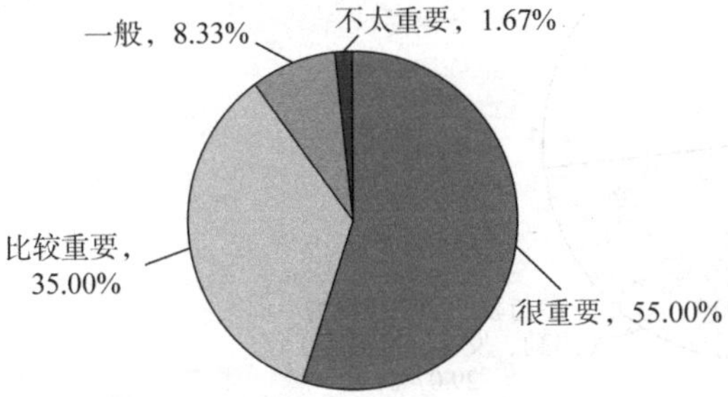

图 1　课程对专业的重要性

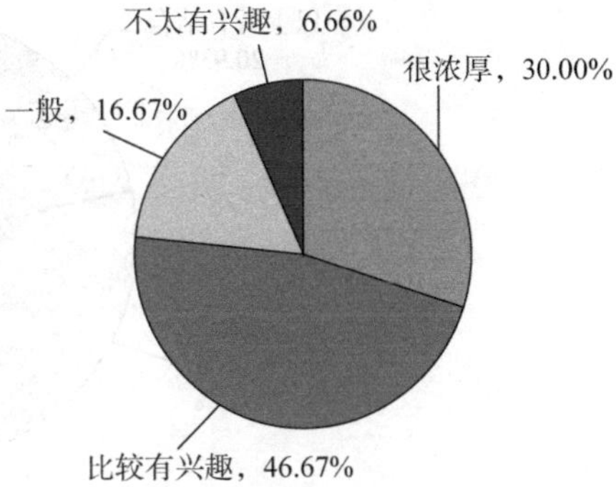

图 2　课程学习兴趣调查

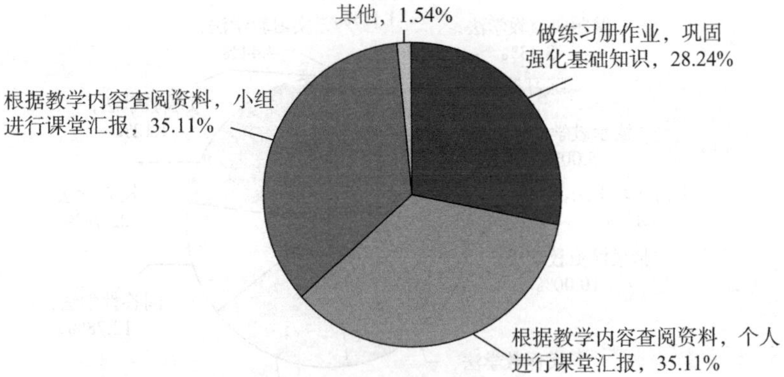

图 3　课程适合作业方式

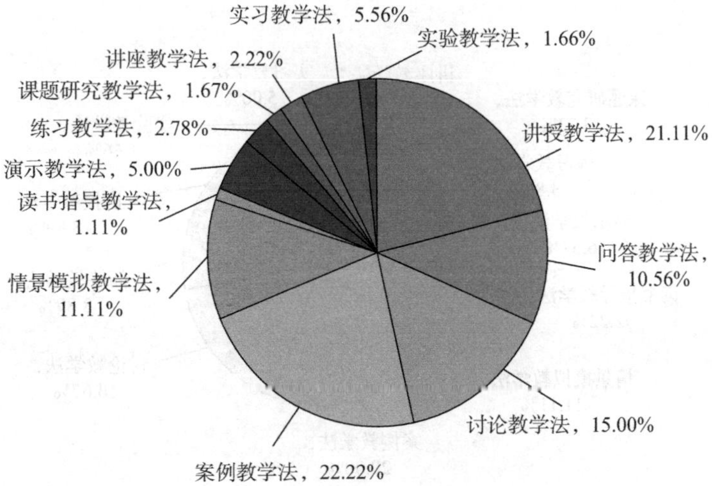

图 4　学生喜欢的教学方法

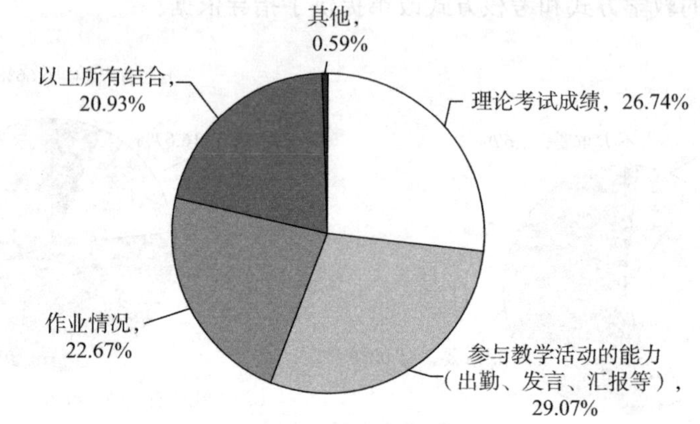

图 5　课程评价依据

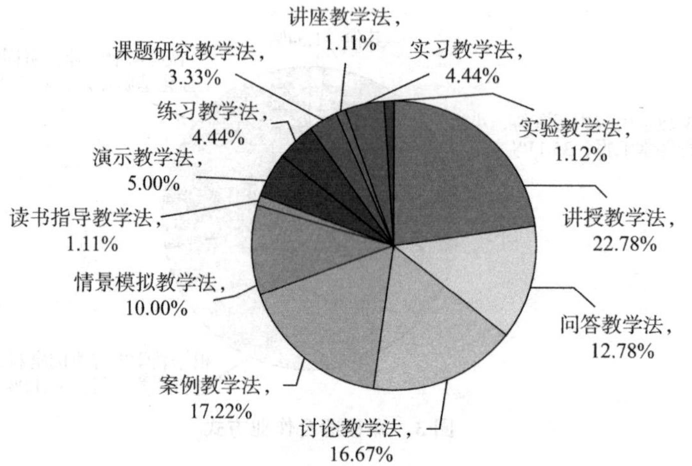

图 6　适用基础理论知识的教学法

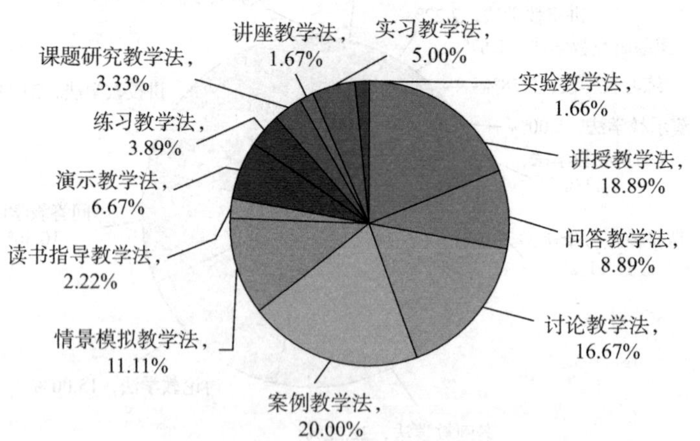

图 7　适用具体法规教学内容的教学法

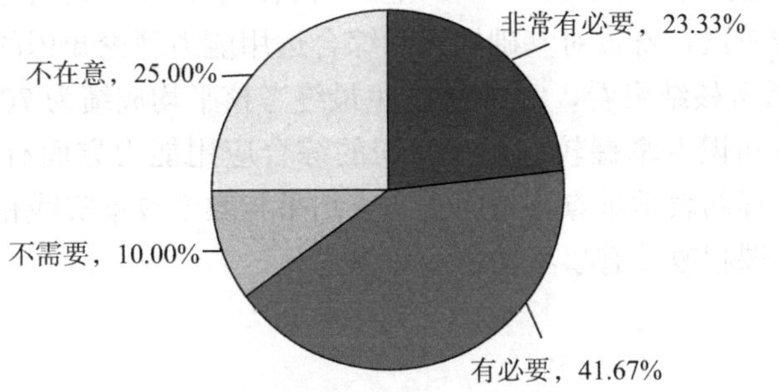

图 8　对增加课程实践环节的看法

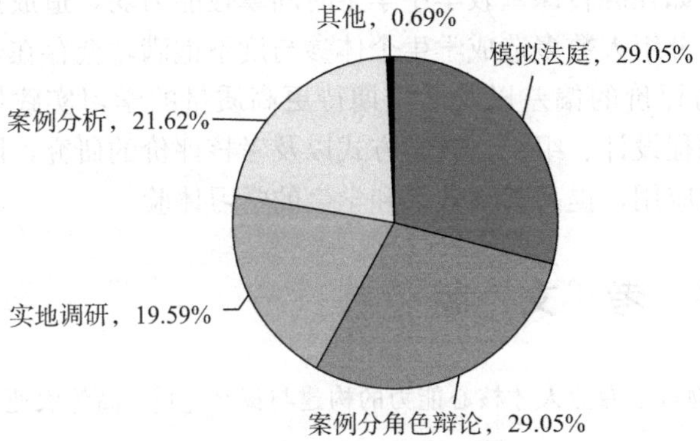

图 9　课程实践环节开展方式

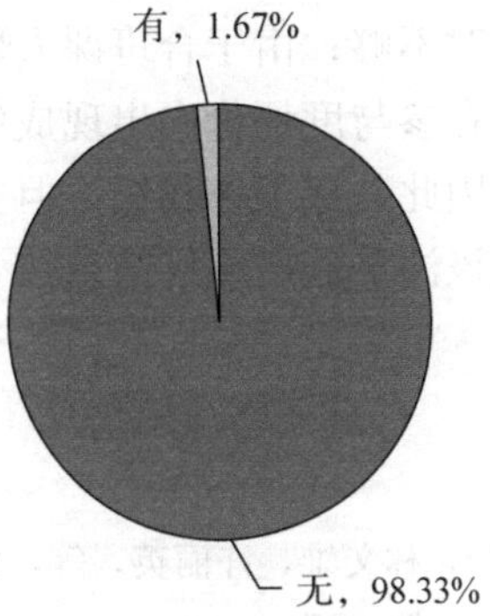

图 10　其他教学优化建议

三、基于问卷调查的“农业资源与环境法规”课程教学实践

接下来依据问卷的调查分析对“农业资源与环境法规”课程的教学方式与考核评价方式进行了初步探讨与实践。首先对课程总体章节安排进行学时分配，第一模块前四章共 16 学时，第二模块第五至九章共 16 学时。在教学方法方面，针对第一模块专业基础知识和理论部分，采取学生喜欢的案例教学法和讲授教学法，教师进行讲授并结合案例教学，提高学生对法规具体应用的分析能力。针对单行法律数量多，内容庞杂，法律条文枯燥，课程内容互动性差的问题，根据教学目标对教学内容作出取舍，采用案例教学实践方法。学生 2～3 人自由组队从教师设置的法规主题名录中进行抽签选题，进行自主查阅和学习，运用 PPT、短视频等多媒体技术开展翻转课堂教学。在教学实践中，要求学生就介绍的法规进行内容介绍，并结合 1～2 个案例对其关注的知识点进行分析。同时采取教师提问、学生之间提问等环节，调动学生的学习积极性，扩展法规学习知识面，提高学生运用专业知识分析和解决问题的实践能力，最后由教师对汇报组进行讲评。通过多种教学方式的结合，初步锻炼了学生文字编撰能力、语言表达能力、交流能力、分析和解决问题的能力，并培养了学生的团队精神。

在该课程的考核方面，将学生课堂实践参与能力作为考核成绩的重要组成部分，占总成绩的20%，与考勤（占比为10%）和作业（占比为20%）共占考核总评成绩的50%。期末考试采用闭卷考试，着重对基础知识和综合运用能力理论知识的考查，占考核总评成绩的50%。从最后考核结果看，2020级学生最终考核平均成绩为70分，试卷分析可以看出学生总体对基本知识点掌握较好，在知识的综合应用能力方面有一定的加强。综上所述，通过厘清该课程的教学难点，将问卷调查结果与教学改革实践相结合，对提升“农业资源与环境法规”课程改革有事半功倍的效果。

四、结语

“新农科”建设中实践教学环节是提升学生实践能力、动手能力、创新能力的重要教学方法与手段，在当前农业高校教育教学体系中却是较为薄弱与亟待优化的环节。在该课程的教学实践中也遇到了一些问题，如在翻转课堂教学中学生时间掌控能力弱，造成拖堂或学时不够；由于合班课人数较多，分组人数多造成学生个体参与度不饱满，会存在个别学生在参与度评价中出现成绩与能力评价的偏差以及学生期待更高质量的学习实践体验等。因此，接下来我们不但要加强课程设计、组织、教学方式以及考核评价的研究，同时还应该注重运用现代信息技术手段的应用，提高教学效果和学生的学习体验。

参 考 文 献

魏道智，林文雄，许丽英，等，2010. 生物科学专业人才核心能力的构建与提高［J］. 高等农业教育（11）：24-27.

吴岩，2018. 建设中国“金课”［J］. 中国大学教学（12）：4-9.

张晓英，刘丽军，黄丽，等，2023. 高校药理学混合式教学方法的应用探索：基于学生问卷调查的分析［J］. 科学咨询（教育科研）（7）：60-62.

张影，2020. “新农科”建设背景下地方农业高校实践教学改革初探［J］. 科技资讯（24）：181-183.

动物毒理学实验教学改革实践与探索

陆　彦[①]　孙英健　史晓敏　杨　宇

摘要： 动物毒理学实验是动物毒理学教学的重要组成部分，在实验教学改革中，思考实验教学过程中存在一些问题；通过更新实验内容、将设计型综合实验引入教学过程，培养学生的创新精神与综合实践能力；完善实验考核体系、加强实验动物福利教育；加强学生基本技能的训练、提高教师实验教学能力；提升学生对理论知识的理解，培养学生独立思维和科学实验的能力，提高实验教学质量。

关键词： 动物毒理学；实验教学；教学改革

动物毒理学是兽医学的一个重要领域，动物毒理学领域的研究涵盖多个学科，主要涉及兽药、药物添加剂和动物饲料中有毒有害化学物质的检测、其安全性的毒理学评估以及动物饲料中药物残留的检测技术。该课程非常注重实践，并涵盖广泛的基础知识，学生能通过实验教学的模式，加强对理论知识的学习；与此同时，能够提升学生的专业素养，培养学生自主创新能力。

一、实验课程中存在的问题

动物毒理学实验教学通过不同染毒途径以及染毒条件的把控对实验动物的一般机能、剂量—反应关系、染毒靶器官等进行掌握。在实验课程设置中，对于周期较长的实验，由于实验课程课时的集中安排导致无法安排连贯性的实验，学生在实验中无法从建立染毒模型开始实操，导致对于毒理学系统程序的掌握存在只知其一不知其二的现象。对于较分散的小型实验，往往集中在理论课程结束后开展，没有做到理论与实践的有机结合，实验教学中存在对理论知识遗忘导致无法从实践获取更多的经验。传统的教学模式向来以教师示范为主，忽略了学生在实验中的主观能动性，如在安全性评价实验过程中学生缺乏对动物的染毒操作，对剂量和时间的把控没有深刻的印象，对于实验数据缺乏敏感性，在实验过程中也缺乏主动性。课程结束后，直接采用教师的样本数据，缺乏思考，不重视结果分析和实验总结。

二、试验内容的更新及设计

动物毒理学正快速发展，理论体系与实验技术也在不断更新迭代，相应的法规也顺应

① 作者简介：陆彦，男，博士，高级实验师，主要研究方向为兽医药理学与毒理学。

时代发展更新制定。高校也应与时俱进，更新实验内容，传授给学生前沿理论知识和实践技能。要解决传统动物毒理学实验教学存在的问题，应在原有实验内容的基础上加设动物毒理学设计型综合实验训练，针对实验周期较长的染毒实验，如小鼠骨髓细胞微核实验，可根据相关理论课程的开展，提前3天安排学生熟悉小鼠的适应性饲喂、常规饲喂，并提前查阅相关文献或书籍，对小鼠灌胃染毒的时间、剂量等整理出一个系统的安排，实验教师针对各小组汇报的实验方案进行修改调整后进行实验。实验操作前，为了保证学生的安全，教师应提前将实验室中的注意事项及操作药品、仪器等实验的要求告知学生。实验开展后，由学生自主进行染毒实验，教师在旁协助，同时教师也自行设置实验教学组，以便于后期在实验结果判定，如对小鼠的脏器分离、精子样本采集、样本制片等步骤中让学生能直观感受。教师操作实验组，学生操作自己设置的染毒小鼠，能够避免出现为完成实验报告从而抄袭实验数据的现象，能调动学生在实验过程中的积极性和自主性。对于分散性小实验，如皮肤刺激可以穿插在理论课程中进行，不仅有助于学生对知识的熟练掌握，而且还能使后续知识学习有更深的思考。

三、完善试验考核评价体系

成绩考核是评价教学质量和教学效果的一项重要指标。实验考核是检验学生实验技能的有效方法，也是督促学生在实验过程中养成良好实验习惯的重要措施。实验课程的考核标准往往以实验报告评判标准，与实验过程中对于实际操作能力和理论知识的掌握度联系较少，加上实验结果的统一性导致无法全方位考查学生的实际能力。因此，在动物毒理学实验教学改革的探索中，应当逐步去完善实验的考核标准。不再以实验报告作为考核的重点，而是对实验过程中的操作和最后的实际操作能力作为重点依据，包括对待实验的态度、实验中突发事件的应变能力、实验操作过程中的适应能力等应占实验考核总成绩的40%，期末时应当开展实验操作技能考核，以该项考核为重点，占考核成绩的40%，实验报告成绩缩减到20%。建立科学、客观、可操作的考核评分方法，全面、客观、公平地考核学生分析问题和解决问题的能力，提高学生对动物毒理学实验课程的学习兴趣，提高动物毒理学实验课的教学效果。

四、加强学生基本技能的训练

实验教学中，加强学生基本技能的训练，使之掌握实验动物的选择、染毒途径、生物材料的采集和制备方法是十分必要的。在实验教学过程中，采用教师示范和学生自主训练的方法，通过学生在实际操作中发现问题和解决问题，鼓励学生大胆试错，促使每个学生通过自主动手培养胆大心细的实验态度。

五、加强教师自身能力培养

鉴于动物毒理学与多学科密切相关，实验设计不仅要求实验者了解多学科理论知识，还要求实验者能够胜任实验操作，熟悉实验安全规则。全局性实验主要以学生参与为主，教师辅助教学的一种训练形式，要求教师要注意发挥学生的主观能动性，教师要尽力解答学生的疑问，使实验能够顺利进行，这样可以提高学生的自主学习能力、团队合作能力和口头表达能力；可以极大地激发学生对科学研究的兴趣，让他们了解研究方法和思维方式，培养他们的实践能力和创新意识。

六、强化实验动物福利教育

实验动物在科技发展中作出了不小的贡献，因此，我们应该培养学生对实验动物的福利观念，善待实验动物。在进行毒理学动物实验时，应提倡并遵循“3R”原则，即减少、替代和优化，科学合理地使用实验动物。减少原则是指在实验过程中尽可能减少使用动物的数量，优化实验设计和方法，以尽可能少的动物数量达到实验目的。替代原则是指使用替代或模拟的动物模型代替传统的动物实验来治疗人类疾病，从而减轻动物的负担。优化原则是指优化实验过程，包括选择合适的动物物种，使用最佳的实验方法和技术，确保实验结果的准确性和可靠性。此外，毒理学动物试验还应遵守其他一些原则和标准，如伦理原则、安全原则和科学原则。这些原则和标准应确保实验的合法性、公正性和科学性，并保护动物的权利和福利。本科阶段是学生为将来从事科研工作打基础的重要时期，也是生命伦理观念和世界观形成的重要时期，在这一阶段加强实验动物保护教育尤为重要。我国在动物福利相关方面的规章制度还有待完善，作为教师更应做好学生实验动物福利观念的培养。

七、结语

动物毒理学学科的建设改革是一项长期的工作，在实验教学实践过程中，我们必须不断探索和研究，学习前沿的实验技巧，总结优秀经验，设计出更加合理的毒理学综合实验，培养出具有一定动手能力、创新能力、推动社会发展的科学型综合人才。

参 考 文 献

扈本荃，王树春，张宇洁，2011. 药学专业药物分析实验教学改革初探 [J]. 基础医学教育 (3)：260-262.

李春令，刘增祥，温成丽，等，2023. 基于3R原则探讨动物实验中人道终点的判定与应用 [J]. 药学研究 (10)：825-829.

李煌元，陈华，朱建林，等，2013. 毒理学设计性实验教学环节实施的影响因素及对策分析 [J]. 中国医药导报 (28)：162-164.

李睿，刘芳萍，张秀英，等，2015. 动物毒理学实验教学改革的研究与实践 [J]. 黑龙江畜牧兽医 (1)：182-183.

沈建忠，2011. 动物毒理学 [M]. 北京：中国农业出版社.

石玉杰，富戈，刘萍，2012. 研究型大学六年制药学专业药物分析实验教学改革的探讨 [J]. 实验技术与管理 (7)：164-166.

王安，安飞云，钟才高，等，2005. 提高卫生毒理学实验教学质量的方法探讨 [J]. 山西医科大学学报 (基础医学教育版) (3)：300-301.

赵帅，王雪，张琦，等，2024. 动物行为与福利学课程思政元素融入的实践与探索 [J]. 黑龙江动物繁殖 (2)：63-65.

大学生劳动教育价值意蕴及培育路径分析*

石　林①

摘要： 在实现“两个一百年”奋斗目标的时代背景下，劳动教育在我国教育事业的发展中占有重要地位。2018 年，全国教育大会上，习近平总书记正式提出把劳动教育纳入到培养社会主义建设者和接班人的总体要求中，明确将原有的“德智体美”拓展为“德智体美劳”，把“四育”提升为“五育”，形成德智体美劳全面发展的教育体系。这极大地丰富了新时代党的教育方针，凸显了劳动教育在我国教育事业中的重要地位。劳动精神培育是大学生成长成才的必备素质之一，是实现全面发展的内在要求。通过劳动教育，可以培养大学生的劳动观念、弘扬劳动精神，提高其实践能力、创新能力和责任感，从而更好地适应社会发展的需要。新时代大学生劳动精神培育，既是党和国家教育方针的要求，也是大学生全面发展的需要，同时还是社会发展和家庭教育的需要。因此，加强大学生劳动精神的培育及分析其价值意蕴具有重要的意义和价值。

关键词： 大学生；劳动教育；社会实践

一、大学生进行劳动教育的价值

（一）劳动教育是高校教育事业中不可或缺的重要一环

自 1957 年以来，劳动教育就成为德智体美劳全面发展的教育方针中的重要一环。2015 年，教育部等部门出台了《关于加强中小学劳动教育的意见》。2018 年 9 月，全国教育大会再次强调了劳动教育的重要性，提出“培养德智体美劳全面发展的社会主义建设者和接班人”。2020 年 3 月，《中共中央、国务院关于全面加强新时代大中小学生劳动教育的意见》标志着新时期劳动教育对学生的全覆盖，也为劳动教育纳入新时代大学本科课程体系提供了理论指导和依据。

（二）劳动教育需要体系和制度化保障

教育作为培养人的社会活动，其根本目的应该是培养人的身心素质，进而满足服务社会的外在需要。因此，劳动教育只有根据本科院校的自身特点，建立起自身的学习模式，劳动教育课程才能真正发挥其应有的价值。新时代，将劳动教育纳入大学本科课程体系，提高了大学生对劳动教育的系统性、科学性的认识，是大学生劳动教育改革的重要路径，

* 本文系北京农学院 2023—2024 年本科教育教学研究改革项目“大学生劳动教育质量及提升路径研究”（项目编号：BUA2023JG53）。

① 作者简介：石林，男，讲师，主要研究方向为劳动教育和财务管理。

有助于高等院校培养专业扎实、身心健康的新时代人才。

(三) 劳动教育是培养大学生尊重劳动的价值观以及对于劳动的内在热情与劳动创造的积极性的重要途径

大学生作为国家未来蓬勃发展的希望，他们的价值取向决定着未来社会的发展方向。通过劳动教育，可以引导大学生在校园内崇尚劳动、俭素为美、俭而不吝的价值观，树立正确的消费观和择业观，从而化解劳动价值观危机，促进青年道德发展。

二、新时代大学生劳动教育取得的成效

随着劳动教育课程理论及实践不断地推进，大学生对该课程的了解不断深入，树立了正确的劳动价值观。本部分内容以北京农学院大学生为调研对象，以劳动教育为主题，设计问卷，通过网络、实地分发的形式，从数据分析北京农学院大学生劳动教育的成效。

(一) 大学生对劳动教育课程的认识不断加深

针对“您对劳动教育的概念及相关课程的设置了解多少”的调研过程中，65%的学生选择“了解一部分，通过网络课程学习过理论知识”，12%的学生选择了“听过课，但具体课程设置不清楚”，15%的学生选择了“完全了解，并系统掌握了相关的劳动教育知识”。由此可见，针对北京农学院大学生的劳动教育课程设置，对学生了解劳动教育的重要性或多或少有些认识，只有8%的学生选择了“不清楚”（图1）。

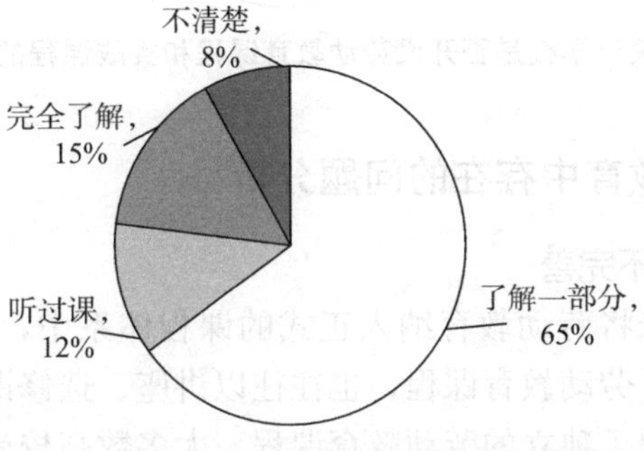

图1　大学生对劳动教育的了解的调研情况

(二) 学生树立正确的劳动价值观

自学校开设劳动教育课程以来，北京农学院大学生的劳动教育价值观得到了明显的提升，这与北京农学院对劳动教育的重视和大力宣传密不可分，大部分学生对一些基本的是非观点可以做出正确的价值判断。在调研问卷中，针对“您是否认为幸福生活是靠奋斗才能取得”的问题，75%的学生选择“非常认同”，20%的学生选择了“不认同”，5%的学生选择了“不一定”（图2）。

(三) 推动并落实大学生劳动教育课程体系

党和国家高度重视高校在校生的劳动教育，相继出台了《中共中央、国务院关于全面加强新时代大中小学劳动教育的意见》和《大中小学劳动教育指导纲要（试行）》，从顶层制度设计到具体落实，北京农学院对大学生劳动教育进行了深入探索与实践。在针对“学校是否开设了专门的劳动教育理论和实践课程”的问题中，90%的学生选择了“是”，

7%的学生选择了“否”，3%的学生选择了“不清楚”（图3）。

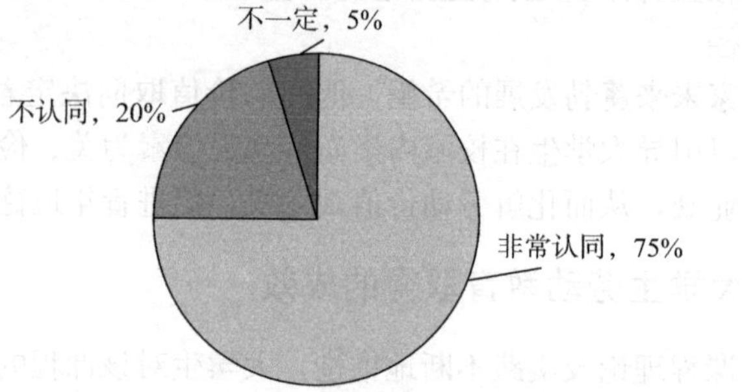

图2 关于是否认为幸福生活是靠奋斗才能取得的调研情况

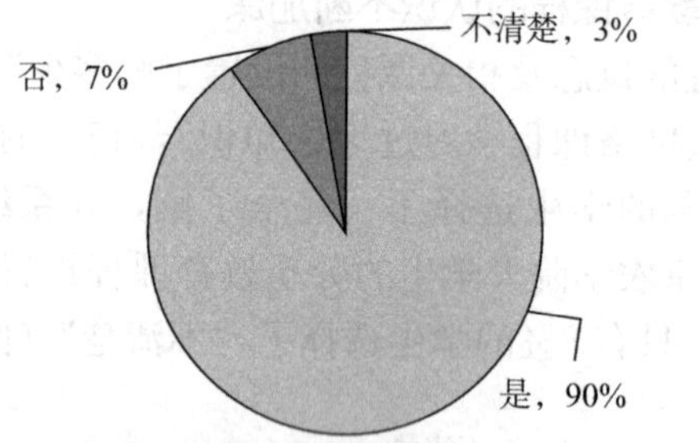

图3 关于学校是否开设劳动教育课程和实践课程的调研情况

三、大学生劳动教育中存在的问题分析

（一）课程体系设置不完善

目前，许多高校并未将劳动教育纳入正式的课程体系中，缺乏系统的教学大纲和教材。即使有些高校开设了劳动教育课程，也往往以讲座、选修课等形式存在，难以保证教学质量和效果。首先，缺乏独立的劳动教育课程。大多数高校尚未将劳动教育设置为独立的课程，导致劳动教育在课程体系中缺乏应有的地位。即使有相关课程，也往往以选修课或讲座的形式存在，课时少，内容浅，难以形成系统的教学体系。其次，教学内容单一。现有的劳动教育课程往往侧重于理论知识的传授，而缺乏实践操作和技能训练。这种教学方式难以有效培养学生的实践能力和创新精神。最后，与专业课程结合不紧密。劳动教育与专业课程之间存在脱节现象，未能将劳动教育的理念和方法融入专业课程教学中，导致学生难以将劳动教育所学应用于实际学习和生活中。

（二）实践机会不足

由于高校资源有限，许多学生难以获得足够的实践机会。此外，一些高校在实习、实训等方面的管理不够规范，导致学生实践效果不佳。首先，实践资源有限。高校在实践资源的投入上相对不足，导致学生难以获得足够的实践机会。例如，实习、实训等实践环节往往受到场地、设备等资源的限制，难以满足学生的实践需求。其次，实践机会不均等。由于资源分配不均等原因，不同学科、不同专业的学生在获得实践机会方面存在差异。一些热门专业或重点学科的学生可能更容易获得实践机会，而一些冷门专业或普通专业的学生则难以获得实践机会。最后，实践环节管理不规范。一些高校在实习、实训等实践环节的管理上存在不规范现象，如缺乏有效的监督和指导、实习内容与专业不符等，导致实践效果不佳。

（三）评价体系不健全

当前大学生劳动教育的评价体系尚不完善，往往以学生的出勤率、作业完成情况等为主要评价指标，难以全面反映学生的劳动素养和实践能力。首先，评价标准单一。当前大学生劳动教育的评价标准往往以学生的出勤率、作业完成情况等为主要指标，缺乏对学生劳动素养和实践能力的全面评价。这种评价方式难以准确反映学生的真实水平和发展潜力。其次，评价过程缺乏透明度。一些高校在劳动教育的评价过程中缺乏透明度，评价结果往往受到人为因素的影响，难以保证公正性和客观性。最后，评价结果应用不足。一些高校在评价结果的应用上存在不足，未能将评价结果作为学生评优、评奖等的重要依据，导致评价结果缺乏实际意义和影响力。

四、如何培养大学生劳动教育精神

（一）开设相关课程和讲座。学校可以开设相关的课程和讲座，向学生介绍劳动教育的意义、重要性以及如何参与其中。这些课程和讲座可以帮助大学生了解劳动教育的内涵和实践方法，激发他们的兴趣和动力。

（二）开展实践活动。学校可以组织各种形式的实践活动，如校园卫生清洁、义务劳动等，让学生亲身体验劳动的乐趣和价值。通过实践，学生可以掌握基本的劳动技能和方法，增强对劳动的认识和理解。

（三）加强家庭教育。家庭是学生成长过程中重要的教育环境之一。家长应该注重培养学生的劳动意识和习惯，鼓励他们积极参与家务劳动、社区服务等公益活动。家庭教育和学校教育相结合，有助于提高学生的劳动素养和责任感。

（四）营造良好的氛围。学校可以通过宣传栏、校园广播等形式，宣传劳动教育的意义和价值，营造积极向上的校园文化氛围。同时，学校还可以举办各类竞赛、评比等活动，鼓励学生积极参与劳动教育，提高自己的综合素质和能力水平。

（五）建立社会实践基地。本科院校应进一步加强与企业、科研试验田或农民专业合作社等平台合作，建立社会实践基地，为学生提供更多的实习机会和实践平台。通过亲自参与农业劳动、科研服务，使学生可以真正体会和了解社会的需求和发展趋势，提高自己的实践能力和解决实际问题的能力。

参 考 文 献

丁乔，2023. 劳动教育融入高校思想政治教育的实践路径研究 [J]. 大庆社会科学（6）：145-148.

范兵华，孟贤军，2023. 农耕文化融入高校劳动教育的路径 [J]. 农村·农业·农民（B版）（12）：46-48.

靳燕英，2023. 新时期大学生劳动教育的意义与提升路径研究 [J]. 湖北开放职业学院学报（21）：39-40，44.

仲淑秋，2023. 新时代要加强高职院校的劳动教育 [J]. 淮北职业技术学院学报（6）：52-55.

以圆明园复原模型为课设的风景园林“模型制作”课程教学改革探讨*

朱　强①

摘要：“模型制作”是设计类专业教学中训练空间思维的重要手段之一，现为北京市一流本科专业北京农学院风景园林专业的一门特色选修课程。本文在梳理与反思往期课程资料的基础上，以圆明园“杏花春馆”景区的复原模型设计制作为题目，提出了“道”“法”“术”“器”四个维度的培养目标和在理论教学、实验教学与作品评价全流程的优化与创新思路，剖析教学成效与不足，以期为当前背景下专业实践教学的强化提供参考和借鉴。

关键词：风景园林；模型设计；圆明园；复原设计；空间营造

一、“模型制作”课程的背景与培养目标

在当前风景园林行业的实践中，园林景观模型较多应用于建成项目的展示或是文化遗产的科普展陈两类场景，具体包括博物馆或历史古迹、各类展览馆、售楼处等，制作工艺日新月异。然而，相较于这些广泛应用的商业模型而言，依托工作模型（又称研究模型）制作的学习过程对于设计类学生更为关键。对于风景园林这个应用各类景观元素来设计多样场地的行业，学生更应具备的是依靠二维图纸中抽象的各种线条、符号来表达三维理想人居空间的能力。但从目前的教学经验来看，学生的这一项基本技能距离理想有较大差距，不仅在面对实际场地时对空间感知无力（包括比例、尺度、氛围、布局与组合关系等），而且设计结果更像是在一幅平面构成的作品，其形式、功能与艺术上都是比较欠缺的，其背后的根本原因在于二维与三维设计训练的脱节。

“模型制作”是北京农学院风景园林专业“基础拓展模块”的一门特色专业选修课，其核心目的就是弥补上述不足，训练学生从二维到三维空间的相互转换能力和动手实操能力。在国内院校中，包括北京林业大学、北方工业大学、浙江农林大学等高校的风景园林专业均开设有同类课程，并有一定数量的教改探讨。按照2020版教学大纲，该课程的24学时分配为4学时的理论课和20学时的实验课两部分，因此是一门十分注重实操性与创

---

* 本文系北京市高等教育学会2022年面上课题“基于复原模型制作的圆明园营建技艺与生态文明思想教学研究”（项目编号：MS2022350）；北京农学院北京市一流专业建设项目——风景园林专业建设经费。

① 作者简介：朱强，男，博士，讲师，北京农学院园林学院风景园林系副主任，主要研究方向为风景园林规划设计、风景园林历史理论研究与应用、历史文化科普教育。

意性的课程。课程开设在三年级上学期，是考虑到学生在前两年的学习中已掌握了空间构成、园林制图、园林史、园林植物、软件制图的基础，因此具备一定知识储备与实操经验。基于本课程的训练，学生能在多项基础技能的综合运用中提高专业能力。

二、往期课程的反思与评价

1. 课程安排：一气呵成的“工作营”模式

目前可考的“模型制作”课程授课记录仅有 5 期（从 2019—2020 学年、2023—2024 学年），前三期由退休教师和外请教师按旧版教学大纲讲授，但仅有两届保存有完整档案。旧版教学大纲包括了 12 学时的理论课与 28 学时的实验课，采用 10 次课集中安排的形式，每天 4 学时，从模型的理论知识讲授到模型的地盘、地形与植物的实操，再到最后对个人作品的评议，一气呵成。对于学生来说，能够集中精力完成作品并免去搬运之苦，前提是准备好一切可能用到的材料工具。与之相比，笔者面对首次要执行的新版大纲，无论是理论还是实验的课时量都被大幅压缩，无疑构成了不小的挑战。

2. 课程选题：有难度的名园考证复现

风景园林专业注重创作实践，而众多的历史名园是学生阶段必须牢记于心的“根基”。设计题目选择在“万园之园”圆明园百余处景区中一个颇为知名的景区——“杏花春馆”，要求学生根据相关文献资料，设计并制作该景区的复原模型，设计面积为 2.13 公顷（图 1）。

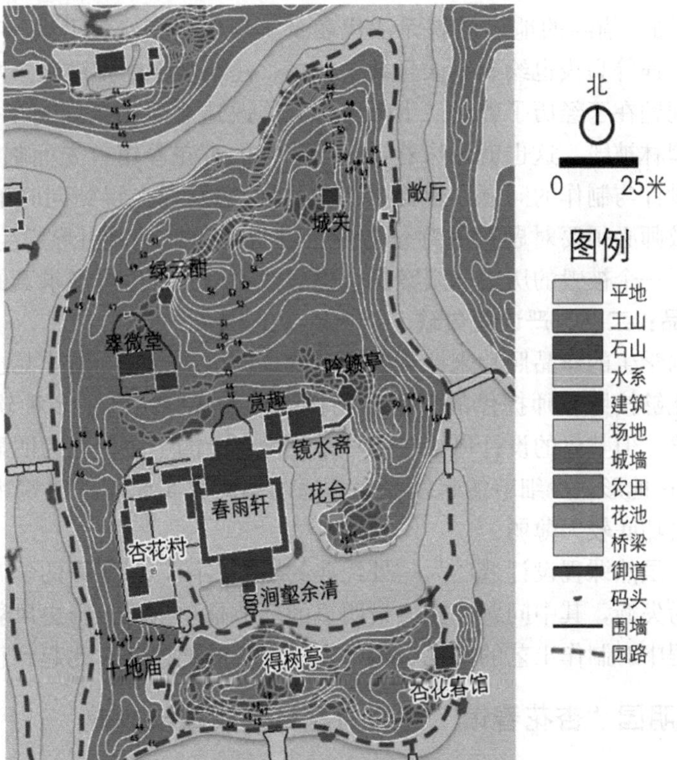

图 1　杏花春馆复原平面图（清代咸丰时期）（作者自绘）

其中一个较大的挑战在于景区目前处于废墟状态，而“模”其原型必须借助实地勘察与深入解读相关文献，这对于本科生来说难度较高。抛开这一点，“杏花春馆”的主题蕴含深刻的农耕思想，其风貌逼近于杜牧《清明》诗中描写的田圃村舍，特别是地形设计堪称精彩，囊括了高远、深远与平远的“三远”之美，并与蜿蜒的游线、多样的园林建筑相结合，非常适合作为本科学习的佳例（图 2）。

图 2 杏花春馆数字复原图（引自《重拾瑰宝圆明园》）

然而，往期课程中学生能获得的基础资料在严谨度和丰富度上都不够理想：其一，《圆明园四十景图》描绘的地形样貌无法代表真实形象；其二，手绘《杏花春馆平面图》不仅要素不全，连等高线也绘制错误且缺少标高，建筑名称标注错误。两图虽描绘的时期是一致的，但问题在于经历了乾隆二十年（1755）改造之后的景区与早期相比天翻地覆，此格局延续至园林被毁。这也就意味着：复原早期的杏花春馆首先面临的是园林史问题，其次才是模型设计与制作的问题，想要在 24 学时的选修课上得到同时解决，几乎是不可能的。因此，教师必须要对题目的背景与资料进行简化处理，引导学生重点关注空间营造；同时，对于一个被毁的历史名园案例，更应注重培养学生严谨求真的态度。

3. 学生作品：工艺与严谨度欠缺

虽然仅依据学生的作品照片来评判并不客观，但两届近 120 份作品也足以说明一些问题：多数学生能够按照教师提供的平面图制作地形，并应用到了多种软硬材料来表达山水、植物与道路，但整体的设计风格较为草率，配色上的不协调尤为明显（大片应用饱和度较高的纯色）；地形缺少细节的起伏变化，远远偏离真实原貌；建筑物比例失调，暴露出学生的古建筑功底较为薄弱。

总结来看，虽然课程设计选题为一处经典的历史名园，但课程的学时总量与最终的模型质量之间较为失衡，其中问题暴露得最明显的环节是学生对于历史风貌的把握。此外是在模型制作过程中对制作工艺的忽视，教师在过程中的把控会对此起到直接影响。

三、以圆明园“杏花春馆”复原为题目的改革与成效

结合上述反思与新版教学大纲，考虑到笔者把握有较为全面的圆明园史料文献，决定延续圆明园“杏花春馆”复原模型的课程设计，但在理论教学、实验教学与作品评价三个环节尝试

进行改革与创新，并借助2020级和2021级六个班的本科生课程开展教学实践。整体来看，课程的安排虽减少到24学时，安排改为连续6周小班上课（每周4学时），但学生的个人工作量没有缩减，反倒任务更为紧凑（表1），质量要求有所提高，参与课程的深度也得以增加，最终呈现的作品质量同时高于往期与预期。之所以打破以往“工作营”式的授课方式，其实是略显被动的，主要考虑到学生获取材料工具依赖网购，很难在短时间内一次性购齐。假若校内有实体模型材料商店，且学院配备有模型实验室（而不是与制图室混用），这一问题将迎刃而解。

表1　改革前后的“模型制作”课程安排对比

课程环节	周次	改革前的教学内容	周次	改革后的教学内容（划线为新增）
理论课	1	模型制作概述	1	模型发展简史、模型的应用场景； 园林景观模型的制作步骤与方法、常用的模型材料； 圆明园及“杏花春馆”景区艺术特色、作业要求
	2	常用制作材料、工具、制作过程及常用方法		
	3	各造园要素模型制作举要		
实验课	1	底板、地形等高面制作	1	平面复原图纸的设计
	2	地形等高面制作	2	底板、地形等高面设计制作
	3	地形等高面制作、泥塑地形	3	植物模型制作
	4	泥塑地形	4	其他园林要素模型的制作
	5	泥塑地形、植物模型制作	5	课程汇报、点评与总结
	6	植物模型制作		
	7	模型作品评议		

1. 模型制作教学目标的四个维度

按照中国传统的方法论观念，设计与制作模型的目标也可以归纳为“道”“法”“术”“器”四个维度，其最高境界是“道”的传授。自下而上分析，模型之“器”，是指它呈现一个实体作品所需的各种基础材料和工具，它的种类之丰富以至于身边的很多物品都能够加以利用（如泥土、废纸、树枝），因此教师不必对材料的品类加以限制，但需强调的是选材与要模拟的园林要素之间的匹配度，这是最基本的要求（表2）。

表2　“杏花春馆”各园林要素的模型材料

园林要素类型	可以选用的材料（器）	设计制作要点（术）
山体（土山）	雪弗板、软木板、造景泥、纸黏土	以粘贴等高面为骨架，高度既可真实呈现也可略微夸张，山脉走势务必准确
山体（石山）	碎石子、泡沫板烫形	抽象山脉走势，与其他要素有机融合
水系	色卡纸＋水纹纸、水景膏、滴胶	颜色切忌饱和，水岸山石颜色，岸线附近颜色加深，水面用高亮模拟波光
植物	干花（如满天星）、泡沫球＋铁丝、成品模型树、草粉	树形、比例准确，配色接近真实植物，草地颜色切忌纯色
道路	碎石子、碎木屑	与地形结合得当，陡缓适宜
建筑	雪弗板、木板、细木棍、瓦楞纸、水粉颜料	开间进深及屋顶形式准确，注重房屋之间的组合衔接、房屋与地形的结合

模型之“术”，是指该通过怎样的技术来呈现具体的园林要素，更细节的问题甚至可以具体到对某种材料的制作工艺。事实上，这也是对学生动手能力的一种考验，心灵手巧的学生无须教师过多地指导就能够把理想的效果表达出来；而心灵手不巧的学生总是眼高手低，驾驭不好各种材料但也能够差强人意地完成；心不灵手也不巧的学生在制作技巧和表现上都感到吃力，最后只能马马虎虎地交差应付。教师需要在教学中重点帮助学生理解不同的园林要素的特点，如山形水系的灵动、不同植物的体量与颜色、建筑的规则与“因山构室”，这本身就是设计教学的一部分。

模型之“法”，是指整个“杏花春馆”复原模型设计与制作的各个环节及思考方法，包括了史料解析、实地踏勘（推荐学生前往）、草图推敲、正图绘制、模型设计及完善各个环节（表3）。它们之间环环相扣，调用到了很多方面的专业基础知识，就像是一座园林从设计到施工的全过程，应该说“融会贯通”正是“万变不离其宗”之法。学会了方法，无论对今后的设计实践还是学术研究都能有所裨益。

表3 “杏花春馆”模型各环节所用方法

设计制作环节	具体步骤	应用方法（法）
绘制复原图纸	依据教师提供的古代设计图（样式雷图档）、古代绘画、当代遗址测绘图、相关研究等资料绘制1：300～1：500的复原平面图	文献考证法、图文互证法、绘图分析法、田野调查法
制作复原模型	研究园林古建类模型的案例	案例分析法
	严格依据复原图纸由下至上依次完成模型的各要素，重现故园的三维立体空间，以此感悟中国传统造园的技艺	模型分析法
汇报展示	面向全班学生汇报展示模型的创意、特色、难点、收获、不足等；制作短视频	归纳演绎法

模型之“道”，这是指设计的根本规律，那就是空间营造与人之间的密切关联。园林模型是一种微缩的艺术表现，它能够让观者准确有效地体味空间的奥妙之处：优秀的模型充满细节，吸引人“神游”其中，感悟多样空间引发的体验甚至是调动情感变化。清雍正帝、乾隆帝曾为“杏花春馆”题写过数十首诗文，可见深受其景致的触动。粗糙的模型平平无味，一眼望去全貌可尽收眼底，让人顿时丧失“把玩”的兴致。同样的道理适用于真正的园林设计项目。究其根本，模型制作课训练的是学生对空间营造的一种思维方式，当接到一个设计任务后，可以借助模型（无论是实体模型还是虚拟模型）更全面地感知其不足与设计潜力；当设计出一版可能方案后，依然可以通过模型来推敲空间的比例、尺度及达到的效果，并且不断完善。就如同文字撰写，好的设计都是一稿一稿地借助图纸或模型打磨出来的。

2. 教学改革的初步成效与问题

经过对教学设计的不断推敲、理论知识的扎实讲授以及在全过程中对品质、进度的把控，“模型制作”课程已取得了初步成效，学生在完成作业的同时还能体会到了获得感与成就感，具体反映在以下三个方面。

（1）研究性与严谨性的提升。课程资料由教师提供现成图纸改为提供研究资料，学生需自行分析并研究绘制，并以此作为模型制作的核心依据。这虽然一定程度上提升了难度，但借助这个逆向设计的过程（是指复原一个消逝的古代名园），学生能够深刻体会到古典名园的复杂空间构成与设计意匠，这可以作为本科生科研训练的组成部分。在严谨性上，复原时期明确选择清乾隆朝改建之后的景区格局，此时的“杏花春馆”更像是山水园林，相比田圃村舍的特异性而言具有典型性。

（2）作品完成度与品质的提高。绝大多数学生严格按照进度安排制作和安装各园林要素，投入度高（课下继续完成）；也有部分学生为了提高效率，在等高面切割环节自发结为小组并流水作业。最终成果在整体还原度、色彩协调度、细节完成度上较以往作品而言普遍有所提高，教师留存每个班的优秀作品达到 3～5 份，其根本原因在于学生对于圆明园及“杏花春馆”空间构成的认识有深刻体会。不过，部分学生的材料选取受制于自身网购选品能力，未能在规定时间内打磨出理想的效果。

（3）设计创意性的激活。在授课过程中，教师通过展示大量不同风格的模型案例，并鼓励学生创意、个性化表达，起到了一定收效。有部分学生不满足于传统材料和配色的应用（如软木板作地形、滴胶作水），甚至选用抽象风、卡通风等设计风格，或是增加照明效果，这是值得欣喜和鼓励的（图 3、图 4）。

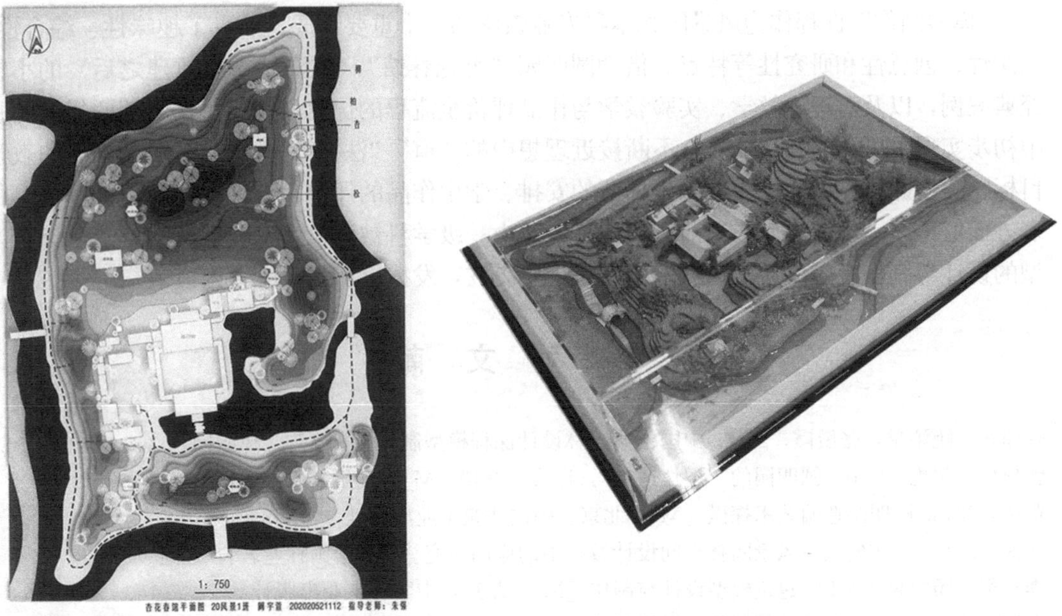

图 3　学生阚宇萱制作的复原图纸与软木板模型

存在的问题也值得深思，包括学生的文献理解能力薄弱、研究兴趣不足（甚至抄袭图纸）、山脉塑造走形失真、古建筑和园林植物功底薄弱等问题，有些可以通过本课程解决，有些则需要相关课程的配合。如同前文所述，教室硬件也是限制的主要因素之一。

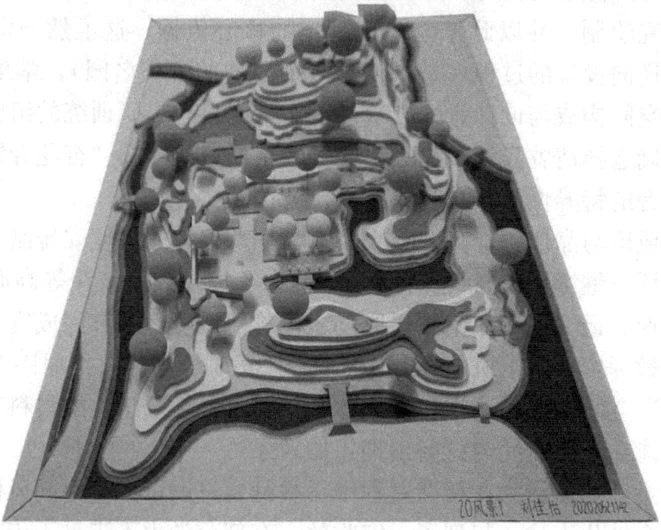

图 4 学生刘佳怡制作的抽象风格模型

四、总结与展望

“模型制作”课程作为风景园林本科专业教学的一个重要组成，兼具了趣味性、综合性、实用性、创意性和研究性等特点。借助圆明园“杏花春馆”（乾隆二十年改建之后）的小园经典案例，以及对理论教学、实验教学与作品评价全流程的优化与创新，在为期两年的课程中初步实现了可喜的教学成效，不断接近理想中的“道”“法”“术”“器”四个维度的教学目标，关于课程设计的选题、课程环节的安排、学生作品的评价、硬件设施的建设等仍有很多方面值得进一步探讨。在当前风景园林专业由一级学科被调整为专业学位的背景之下，模型的设计与制作有望成为实践教学的一项重要支柱，发挥更加强大的育人成效。

参 考 文 献

陈彧婷，鲍沁星，张敏霞，2018. 中国古典园林设计课程模型制作探析［J］. 风景园林（8）：116－120.

郭黛姮，贺艳，2010. 圆明园的“记忆遗产”：样式房图档［M］. 杭州：浙江古籍出版社.

贾珺，2013. 圆明园造园艺术探微［M］. 北京：中国建筑工业出版社.

李倞，2013. 工作模型在风景园林空间设计教学中的应用研究［J］. 中国林业教育（3）：55－58.

李映彤，汤留泉，2013. 建筑模型设计与制作［M］. 北京：中国轻工业出版社.

秦柯，钱毅，2015. 基于模型制作的风景园林设计教学探讨［J］. 华中建筑（7）：175－177，180.

王天龙，胡传坤，伊松林，等，2011. “模型制作”课“互动—实践”式教学模式的探索［J］. 中国林业教育（6）：61－63.

文斌，邓键剑，宋建军，2018. 风景园林专业手工模型制作教学探索：以创意小花园模型制作为例［J］. 河北农业大学学报（农林教育版）（1）：55－58.

郑志颖，华颖，顾韩，2014. 风景园林模型制作课程教学改革探讨［J］. 山西建筑（22）：259－260.

中国第一历史档案馆，1991. 清代档案史料：圆明园［M］. 上海：上海古籍出版社.

标本数字化在林学类专业实践教学中的探索与应用*

王　聪[①]　王文和[②]

摘要：植物标本是林学类专业实践课程的重要教学材料，包括植物腊叶标本、浸制标本、干制标本、切片标本、年轮标本等，样本量大，制作成本高，容易损耗，应用受到时间和空间的极大限制。教学资料的数字化建设是高校信息化实践教学的重要内容，标本资源信息数字化可以打破教育资源的时空限制，提升实验中心教学资源的管理效率，创新林学实践教学模式，提高学生的学习兴趣，促进教育资源开放共享，实现“管、教、学”协同创新，使资源利用效益最大化。

关键词：植物标本；数字化；林学类专业；实践教学

《“十四五”国家信息化规划》中明确指出要“提升教育信息化基础设施建设水平，构建高质量教育支撑体系”。随着信息技术的飞速发展，现代教学手段发生了重大变革，教育信息化对教育改革发展的支撑引领作用日益凸显，以“计算机技术＋网络技术＋现代教育技术”为基础的三位一体式的信息化教学已成为许多高等院校教学改革创新建设的重要内容。

实践教学在林学类专业教育中起到至关重要的作用，林学学科是在生命科学等自然学科发展的基础上形成的一门综合性的应用学科。北京农学院林学类专业包括林学专业和园林专业，在本科实践教学中运用了大量植物、微生物标本。标本的制作工序烦琐，市场购置成本高；涉及的课程和学生较多，大量反复地使用过程中非常容易造成损坏，从而降低其应用价值。标本数字化，是指利用图像采集设备（如数码相机、扫描设备等）对标本实物图像进行整体采集，然后通过信息录入设备（如电脑终端等）对采集的文字、图像信息进行编辑和关联处理，形成可以补充或替代实物标本进行教学科研应用的数字资源。在如今信息化、数字化占主导的大数据时代背景下，标本数字化可以促进教育资源的开放共享，提高使用效率，扩大应用范围。

---

* 本文系2023分类发展定额项目—人才培养质量提高经费—“标本数字化在林学实践教学中的探索与应用”（项目编号：BUA2023JG48）；2024分类发展定额项目—人才培养质量提高经费—北京农学院2024年国家级一流课程项目—“植物学”（项目编号：5046516654/205）。

① 作者简介：王聪，女，硕士，实验师，主要研究方向为植物学实践教学、实验室管理。

② 作者简介：王文和，男，博士，教授，主要研究方向为植物学教学。

一、标本的种类和应用范围

1. 腊叶标本

北京农学院园林学院实验教学中心现有植物腊叶标本上万份，包括草本植物、木本植物、植物病害等，涉及60余科，200余属。主要应用于“植物学”“植物学实习”“树木学实习”“城市森林病理学实习”“园林植物病理学实习”等专业基础课和专业核心课，学习植物分类识别、标本制作、病害鉴定等。主要为实践课上制作的标本，每次实习每班要制作500份标本（按每班5组，每组100份计算），每年会有几千份标本产生，但迫于管理信息化程度不高，入库程序烦琐，加之储存空间压力大，多数标本课后难以及时入库。将课上制作的标本择优数字化一方面可以及时地保存教学资源，另一方面还能够减轻标本室的存储压力。同时，为标本生成对应条码，提高管理效率。

2. 浸制标本

现有浸制标本包括植物生殖器官、营养器官、木材离析、幼苗等50余份，主要应用于“植物学”“园林植物学”“双语植物学”“树木学”等课程的实验教学环节，学习植物果实类型、花形态、营养器官变态、生长发育过程等。浸制标本占用空间大，涉及使用的实验室分散，浸制溶液有一定的毒性和挥发性，将标本资源数字化可整合教学资源，提高管理效率。

3. 干制标本

现有干制标本200余种，包括种子、果实等植物器官的标本，主要应用于“植物学”“园林植物学”“双语植物学”“树木学”“森林培育学”“苗圃学”等课程的实验教学环节，学习植物果实、种子的结构、形态特征及类型等。果实和种子类型多，学生课上观察时间紧张，将标本进行数字化，可供学生线上预习和复习，提高学习效率和兴趣。

4. 切片标本

林学实验教学中心现有植物结构、染色体形态、微生物等切片标本约200种，1 000余份，满足“植物学”“城市森林病理学”“园林植物病理学”“林木遗传育种学”“园林植物遗传育种”等专业课实验教学需要。切片类型多，学生课上观察时间紧张，且许多结构不容易理解，将标本进行数字化，同时配以相关的注释，可供学生线上预习和复习，提高学习效率。

5. 年轮标本

林学实验教学中心现有树木年轮20余份，主要应用于“植物学”“森林计测学实习”“森林资源经营管理实习”等实践教学。受取材限制，标本不容易获取数量较少，且存储位置分散，限制了教学资源，将现有标本进行数字化，通过整合资源补充数字化标本，扩充资源。

二、数字化标本的优势

1. 提升实验室管理效率

由上文可见，林学类实践教学中涉及丰富的标本类型，种类多、数量大、应用课程广，对于实验室管理人员来说，这些标本的日常管理是一项十分重要且艰巨的任务；频繁地使用造成的损耗后的补充完善，同样需耗费大量的人力、物力和财力。将标本数字化可以打破传统的管理模式，可实现单机或网络在线查询和管理，操作快捷，使用方便。

2. 增强学生学习兴趣

现在的大学生是伴随着计算机和互联网成长起来的一代，从小接触和熟悉网络环境，标本数字化可以将原有枯燥的实验室学习模式转化为“线上＋线下”相结合的新模式。数字化标本平台可以实现图文并茂，且可以根据教学需要随时补充和添加最新的资源链接，使内容更加生动有趣，充分调动学生的感官，激发学习兴趣。

3. 创新实验教学模式

传统的实践教学往往局限于上课时间在实验室或实践基地开展，虽然近年来本科教学实验室开放范围和频率增加，但仍然很难满足所有学生的个性化需求。植物标本是林学类实践教学的重要实验材料，虽允许借阅，但其沟通和损耗成本过高，且任课教师无法做到实时讲解。将标本进行数字化，并把数字化资源开放共享，可以打破教育的时空限制，实现学生可以随时随地学，教师可以随时随地教。将数字化平台融入实验教学，打破实验室开放的时空性，学生在实验课前可提前进入网站预习，带着问题去参加实验课教学，也可以通过网站进行课后复习。

4. 促进资源开放共享

标本数字化能够促进教学资源的开放共享。可与其他高校线上交流互换特色教学标本，同时也可通过网络在社会范围内进行推广示范。国际上早已意识到这一发展趋势，许多国家都在积极推进植物标本的数字化建设，如 Fossilworks、Harvard University Herbaria & Libraries、AVH、Geocase 等。2016 年，我国国家标本资源共享平台（NSII）正式上线，为植物标本的交流应用提供了重要的支撑。北京农学院园林学院园林植物标本室已被收录于中国数字植物标本馆（CVH）名录。

三、数字化标本的建设与应用

1. 标本规范化分类整理，建立管理平台，提高管理材料效率

在进行数字化管理的过程中，针对不同标本制定不同的规范，对标本进行分类编码，生成条码贴于实物上。单机版管理平台采用 Ginkgo-s 信息化管理软件进行统一管理，录入编码、图像、存储位置、特征、属性等信息。

2. 建立一体化实践教学体系，创新教学模式，提高学习兴趣

基于微信平台建设数字化实践教学体系，实现查询和互动功能，为教师备课和学生学习等活动提供平台。方便教师不同形式的线上教学活动，创新相关课程的实践教学模式，推动形成“线上＋线下”相结合的跨时空教学新常态。标本往往只保留了植物的单一生长时期，教师可以利用数字化平台，随时补充植物实地生长状况，从而形成系统的教学资源，便于学生理解植物生境及生长发育动态变化，同时可以补充相关植物的最新研究进展链接，满足不同专业学生的学习需求，更好地实现因材施教。

3. 形成数字化教学资源开放共享平台，扩大应用辐射范围

不同地域植物种类往往明显不同，尤其是南北方等气候差异大的地区。传统标本的交流、交换难度大，需要有足够的样本基础。将标本数字化后可以直接与不同区域的各大高校和科研院所共享数字化资源，拓展其应用范围，丰富教学内容，使北方的学生在当地即可学到南方丰富植被资源知识。

四、结语

植物标本是林学类专业实践课程的重要教学材料，标本资源信息数字化可以打破教育资源的时空限制，实现“管、教、学”协同创新。管，通过将实物标本数字化、条码化，借助软件平台，解决传统管理模式效率低下、实物容易损坏、补充成本高、存储空间受限等问题。教，通过建立数字化标本网络版平台，为教师提供更丰富便捷的备课和教学资料，并实现线上线下结合式教学，解决教具固定、教学模式单一等问题。学，通过网络平台实现实时互动，把具象的教学材料以更加形象生动的形式展现给学生，解决学习时间地点受限、学习内容枯燥等问题。

参 考 文 献

胡佳玉，王晖，金红，2023. 中国植物园标本馆现状调查研究［C］. 中国植物学会，中国野生植物保护协会，中国公园协会，中国生物多样性保护与绿色发展基金会 . 2022 年中国植物园学术年会论文集 . 中国林业出版社：8.

刘慧圆，覃海宁，包伯坚，等，2022. 中国高等植物数字化标本分析［J］. 广西植物（S1）：29－45.

史传奇，丛雪，孟博，等，2024. 湿地动植物标本信息系统建设与实验教学应用［J］. 哈尔滨学院学报（4）：133－136.

汪加魏，杨宇玲，赖猛，2023. 林学本科生实践创新能力培养的几点思考［J］. 教育教学论坛（37）：177－180.

中央网络安全和信息化委员会，2021. “十四五”国家信息化规划［EB/OL］. https://www.gov.cn/xinwen/2021－12/28/5664873/files/1760823a103e4d75ac681564fe481af4.pdf.

工程教育认证背景下“食品工程原理课程设计”教学改革初探*

伍　军[①]　智秀娟　丁　轲

摘要：本文阐述了“食品工程原理课程设计”在培养学生解决复杂工程问题能力过程中所起的重要作用，对教学改革过程中取得的经验和方法进行了总结，对存在的问题进行了分析，为今后进一步优化课程设计方案奠定了基础。

关键词：工程教育认证；食品工程原理；课程设计；复杂工程问题

《华盛顿协议》是工程教育本科专业学位互认协议，其宗旨是通过多边认可工程教育资格，实现工程学位国际实质等效和工程技术人员国际交流。2016年我国正式被接纳为《华盛顿协议》成员。目前，工程教育认证已成为我国教育评价的重要手段之一，受到了越来越多高校的重视。

食品科学与工程学科是以工学、理学、农学和医学作为主要科学基础的交叉学科。从学科分类看，食品科学与工程专业隶属于工学门类，目标是培养能解决食品工业生产实践中复杂工程问题的工程技术人才。为提高学校工程类专业人才培养质量，2024年北京农学院将食品科学与工程专业工程教育专业认证启动工作纳入了年度工作重点。

“食品工程原理”从培养方案的角度是食品科学与工程专业的核心课程，从课程体系的角度是工程类课程和工艺类课程的基础及桥梁，从工程教育认证的角度是重点关注课程。因此，在教育教学实践中需要不断总结经验、学习新的理论、探索新的方法。

一、教学过程中存在的痛点问题分析

问题一“课程目标不明确”。传统的课程教学存在“重知识轻能力”的弊端，课程目标不明确，没有和学生的毕业能力要求形成对应支撑，存在一定的割裂情况。

问题二“学生基础薄弱”。本课程对学生的“高等数学”“物理”“物理化学”以及“机械制图”等先修课程的学习基础有较高的要求，而北京农学院学生整体数学、物理基础薄弱，数理逻辑和计算能力存在较大不足，造成了课程学习的难度。

问题三“复杂工程问题”。理论教学解决的是一个一个工程知识点，所涉及的计算也是单一单元操作的简单计算，学生对复杂工程问题没有概念。

问题四“贯穿课程思政”。由于课程设计属于实践类课程，主要时间是学生在计算和

---

* 本文系北京农学院2024—2025年教育教学改革项目（项目编号：BUA2024YB16）。

① 作者简介：伍军，女，硕士研究生，教授，主要研究方向为农产品加工及贮藏工程。

绘图，如何实现课程思政，对课程教学设计提出了要求。

二、教学改革的思路及举措

1. 针对问题一，细化“食品工程原理课程设计”课程目标与毕业要求的对应支撑关系

分析食品科学与工程专业的11条毕业要求：工程知识、问题分析、设计（开发）解决方案、研究、使用现代工具、工程与可持续发展、伦理与职业规范、个人和团队、沟通、项目管理、终身学习，在课程体系（图1）中多数工程类课程支撑的是工程知识的传输，而对分析问题、设计解决方案、个人和团队、沟通等解决复杂工程问题能力的培养支撑不足。所以，需要有这么一个环节，在进行工厂设计和毕业设计之前，对学生解决复杂工程问题的能力进行有针对性的训练，“食品工程原理课程设计”承担了这项任务。

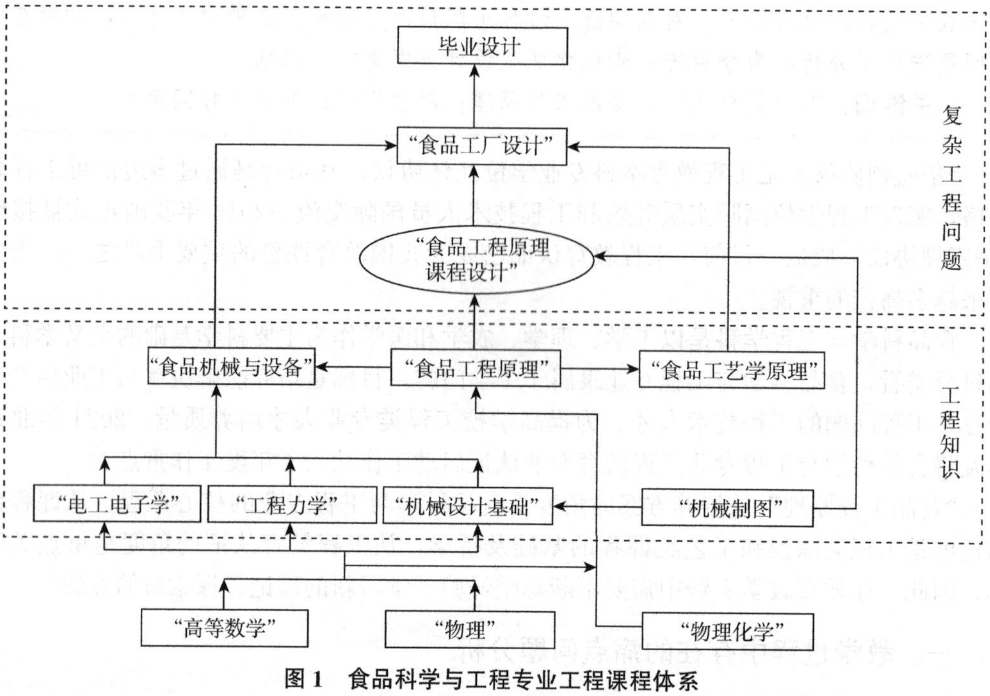

图1　食品科学与工程专业工程课程体系

因此，通过分析课程设计对毕业要求的支撑作用，确立了课程目标和教学方式方法。

（1）分析问题。面对复杂工程问题，学生能够运用所学的理论知识进行分析，学会将多个单元操作问题分解成单一单元操作问题，并找到主要矛盾进行解决。

（2）设计解决方案。能够运用所学理论知识进行工艺参数、设备结构尺寸的计算，以及运用简洁的文字和工程语言（绘图）正确表达设计思想和方案。

（3）使用现代工具。能够熟练使用现代工程绘图软件和计算软件完成设计任务。

（4）工程与社会。在设计解决方案的过程中能够考虑节能减排、能源综合利用等社会和环境需求，树立工程技术人员的社会责任感。

（5）个人和团队。通过学生的分工合作，培养学生团队协作的能力。

（6）沟通。能够通过撰写设计说明书、答辩陈述等方式，清晰表达设计思路、计算过

程、完成状况等。

2. 针对问题二和问题三，将 OBE 教育理念引入课程教学改革，培养学生解决复杂工程问题的能力

通过毕业要求和课程目标的对应，解决了问题一“我们想让学生取得什么样的学习成果”。通过将 OBE 教育理念引入课程教学，将解决问题二和问题三“如何有效地帮助学生取得这些学习成果”。

（1）综合分析学生理论学习中存在的问题，回炉强化。在课前，详细分析学生理论课程学习中知识点的达成度，分析存在的问题，进行有针对性的梳理和讲解，通过“回炉”强化学生对理论知识的理解和运用。例如，双组分连续精馏塔计算中的图解法，通过达成度分析学生的合格率只有 40%，而这又是课程设计的重要知识点，因此在布置设计任务时，需将这个知识点进行“庖丁解牛”，力求学生能够运用这些工程知识解决实际问题。

（2）设计多个单元操作构成的复杂场景，实战训练。理论课是按照每一个单元操作一个章节的教学模式，课堂练习和课后作业也都是围绕单一单元操作的知识点进行分析计算。课程设计根据实际情况，将多个单元操作构成复杂场景，学生需要综合运用不同单元操作的知识才能完成计算，同时给学生自主设计留出空间，使得相同的设计题目可以得到不同的设计结果。通过这项实战训练使学生了解复杂工程问题的解决方法和思路，为后续食品工厂设计和毕业设计奠定了基础。

（3）培养学生综合能力，撰写、答辩、绘图一条龙，分工合作。将学生 2～3 人分为一组，由于时间的限制，使得学生只能依靠分工合作才能完成设计任务。学生通过阅读设计任务书、查阅相关资料，完成初步解决方案。随后进行答辩，陈述设计思路、运算过程及结果，教师点评并提出修改意见，学生在教师的指导下完善后期设计并绘制设备结构简图。这种设计没有标准答案，充分发挥学生的自主性和创造性，分组协作培养了学生沟通协作能力，现场答辩锻炼了学生的表达能力，撰写报告和绘制图纸促进了学生写作和制图能力，较为全面地培养了学生的工程素养。

3. 针对问题四，将思政元素融入课程设计的各个环节之中，培养学生的社会责任感

由于课程设计是实践教学环节，以学生为主体自主学习，教师全过程辅导答疑，上课时长有限，因此如何将思政元素融入学生设计活动之中，是教学改革应该考虑的问题。

（1）通过学生自主设计热量回收利用方案，嵌入节能减排元素。在实际的工业生产过程中，传热是其中重要的单元操作之一，几乎所有的复杂过程都与传热有关。进行课程设计时，将传热设计作为学生自主设计的项目，根据不同单元操作所需要和所产生的热量，从节能减排的角度结合传热学基本原理，设计如何充分利用系统内部热量、减少外部热量的传热方案。这不是几分钟的内容传达，而是几个小时甚至十几个小时的设计过程，学生通过运算结果切实了解节能的效果及意义。

（2）通过高密度的设计任务，减少了学生搭车怠学现象，有利于正确学习观的养成。由于课程设计时长有限，要求学生在一周的时间内完成工艺设计说明书、结构设计说明书、结构设计简图和答辩 PPT，高密度的设计任务让学生没有搭车的余地，从结果反馈上看，基本做到了一组一个结果，鲜有重复。对于平时有怠学情况的学生起到了有效的督促作用，对于大多数学生正确学习观的养成是有益的。

（3）通过分工合作，培养学生的团队协作精神。由于设计任务量大繁杂，所以要求每个组员共同确定设计思路，分工完成计算单元，协作进行答辩陈述，是一次全员覆盖的团队协作的锻炼。

4. 存在的问题及持续改进

通过对 2021 级食品科学与工程专业学生课程设计教学改革的结果看，除了上述收获，依然还存在很多问题需要持续改进。

（1）在工科思维上存在极大的短板。从课程设计的过程管理上发现，绝大多数学生不会看流程图，特别是复杂的流程图；不能从复杂的流程图中找到需要重点解决的对象；没有在流程图上标记物流参数和热流参数的习惯；没有分单元总结计算结果的习惯。虽然在理论课授课时进行过流程图方面的训练，但是针对简单过程的流程图，如果出现问题，对运算结果影响不大；而到了复杂工程问题，这个短板的问题就凸显出来了。改进思路，考虑在学期中期和结束前增加复杂流程图绘制的训练，并录制一些流程图讲解的微课便于学生自学。

（2）AutoCAD 绘图能力欠缺。由于“机械制图”是大学一年级第一学期的课程，两年的时间没有使用绘图软件，很多基本指令学生都忘记了，使得提交上来的结构尺寸图存在各种各样的问题。改进思路，录制 AutoCAD 绘图基本指令和实操样本的微课，方便学生随时自学。

（3）课程时长太短，学生没有时间进行完善。虽然由于时长的限制，学生的自主能力得到了充分的锻炼，但是弊端也很明显，学生没有时间进一步完善，提交上来的设计报告和图纸比较粗糙。改进思路，在新一轮的培养方案建设中建议适当延长课程设计的学时。

经过对 2021 级食品科学与工程专业学生“食品工程原理课程设计”教学改革初探，取得了一定的收获和经验，两名学生代表学院参加北京市大学生化工原理竞赛获得个人一等奖，说明课程改革在培养学生解决复杂工程问题方面确有成效，也为今后的持续改进提供了动力。

参 考 文 献

李敏，张艳艳，徐改改，等，2024.“食品工程原理课程设计”教学改革与实践初探［J］. 食品工业（5）：179-182.

马天琛，何亮亮，程妮，等 . 2022. 工程教育专业认证背景下食品科学与工程专业实验教学改革［J］. 中国食品工业（21）：106-109.

王宝贝，陈洪彬，王芳，2020.“食品工程原理课程设计”教学改革的几点措施［J］. 广东化工（7）：250，256.

农林高校“区块链+物联网”专业实践教学调查分析与方案研究*

兰　彬[①]　魏占勇　徐淑艳　张小内　陈静怡

摘要： 随着当今科技的飞速创新，区块链技术的不断发展与物联网应用的日益广泛，两者的融合已成为新的研究热点，基于这样的技术背景，物联网工程专业教学实践也需要与时俱进。本文旨在了解当前物联网工程专业教学实践的现状与问题，探讨基于区块链融合的物联网专业教学实践模式，通过问卷调查收集数据，物联网工程专业教学融入区块链技术的应用现状和困难挑战，进而提出相应的解决策略和实施方案。

关键词： 区块链；物联网；教学实践；调查分析

在当今这个数字化快速发展的时代，物联网和区块链技术的融合正在引领一场技术革新。物联网通过互联网技术将万物相连，实现智能化识别、定位、追踪和管理工作，从智能家居到工业自动化，从智慧城市到远程医疗，其应用无处不在。物联网通过互联网将各种智能设备连接，实现了大量数据的实时采集、传输、交换和通信，因其广泛地涉及数据安全、身份认证、访问控制等问题，大幅增加了物联网受到安全威胁的概率，使得物联网传统桎梏更为突出，急需更好的解决方法。与此同时，区块链技术应运而生，为这些问题提供了全新的解决方案，区块链以其去中心化、数据不可篡改、高度透明和可追溯性等核心优势，为数据安全领域带来了新的可能。在“区块链+物联网=无限可能”的美好蓝图下，物联网专业教学实践也需要与时俱进，探索融合之路，进行变革创新，为培养新时代物联网工程专业技术人才发挥技术优势。

一、问卷调查分析

为了深入地了解在区块链融合下的物联网工程专业教学实践模式的现状与挑战，笔者前期进行了系统的问卷调查工作，调查对象为相关农林高校教师和学生群体，主要围绕他们的基本情况、对区块链技术的了解程度、对物联网专业教学实践模式的认知、对区块链在物联网中的潜在应用和发展趋势等方面展开调查工作，截至撰写本文止，共收到274份问卷。

---

* 本文系2023年北京市高等教育学会研究重点课题（项目编号：ZD202313）；教育部产学合作协同育人项目2024年第一批次立项项目（项目编号：231106093160038）；2023年北京高校大学生就业创业研究课题（项目编号：JYCY202332）；教育部第三期供需对接就业育人项目2024年立项项目（项目编号：2024010829173）。

① 作者简介：兰彬，男，副教授，北京农学院物联网工程系主任，主要研究方向为农业物联网应用。

在对区块链技术的了解程度进行调查后，我们得到了一组引人深思的数据。结果显示，仅有4.38%的参与者表示对这项技术“很熟悉”，这无疑表明了区块链技术的专业知识和应用在当前社会中的普及程度还远远不够。更为惊人的是，超过半数的参与者（占比为54.74%），仅仅“听说过，但所知甚少”。这意味着区块链这一颠覆性技术，在大众心目中的印象仍然模糊，其深层次的原理、应用前景以及可能带来的社会变革，尚未被广大群众所理解和接受。更为严峻的是，有17.52%的参与者坦言自己“从未听说过，也不知道”区块链技术。这一数字背后反映出我们在新技术推广和科普教育上的巨大空白。在信息化、数字化飞速发展的今天，区块链作为一项能够重塑信任机制、提高透明度和效率的关键技术，其认知度的不足，无疑是我们社会发展中的一个隐忧。如图1所示，这一数据反映出区块链技术在普及和教育方面的不足，尤其是在物联网这一跨学科领域，需要更多的宣传和教育来提高公众的认知度。

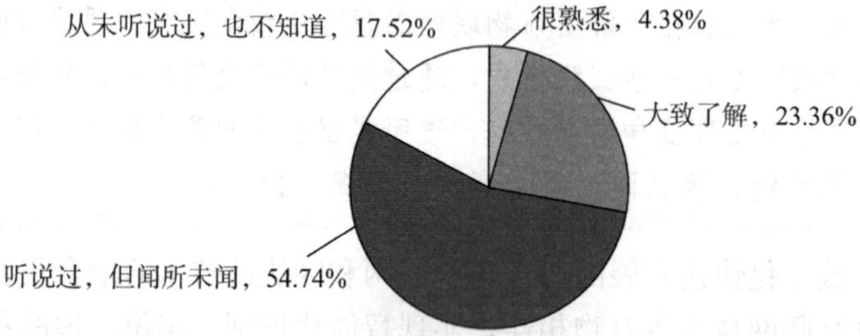

图1　区块链了解程度统计

对区块链技术在物联网中应用的看法进行调查时，我们发现参与者普遍认为区块链技术具有显著优势。首要的优势在于提高数据安全性，这一观点的比例高达77.01%，足以彰显区块链在物联网数据安全保护领域的重要地位，如图2所示。此外，64.60%的参与者认为区块链技术能够增加数据透明度，这是区块链技术的另一大显著优势。区块链的公开透明的特性使得物联网系统中的数据可以被所有参与者查看和验证，这一特点不仅提高了数据的可信度，还大大增强了数据的可追溯性。在物联网环境中，这种透明度为各个参与方提供了一个共同验证数据真实性的平台，有助于建立更强的信任机制，同时也为数据分析、决策制定等提供了准确可靠的数据支持。

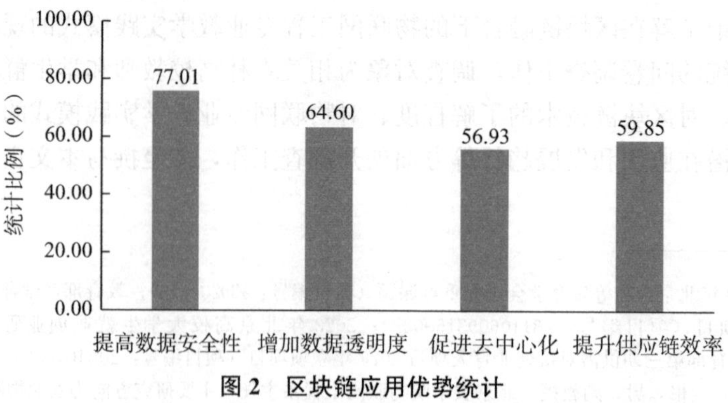

图2　区块链应用优势统计

从目前区块链与物联网融合所面临的主要挑战来看，多方面的难题需要克服。如图3所示，高达70.07%的参与者认为技术成熟度不足是首要挑战。这主要是因为区块链和物联网作为新兴技术，尽管在各自领域已有一定进展，但二者的融合尚处初级阶段。在分布式信任机制、平衡群智计算、数据隐私等关键技术方面，还存在诸多挑战需要攻克。同时，近60%的参与者指出缺乏实际应用场景和行业应用落地难。理论上，区块链与物联网的结合能带来诸多优势，但在实际操作中，寻找能充分发挥两者结合优势的应用场景并不容易。即便找到潜在的应用场景，也需面对技术实现复杂、与现有系统集成难、成本考量，以及行业标准和规范制定等一系列问题。另外，52.19%的参与者认为缺乏跨学科合作与交流平台也是一大难题。区块链和物联网的融合涉及计算机科学、网络通信、密码学、经济学等多个学科领域，这需要不同领域的专家进行高效协作，共同解决融合过程中的问题，以实现技术创新和发展。然而，目前这样的跨学科合作与交流平台尚显不足，这无疑增加了融合的难度。

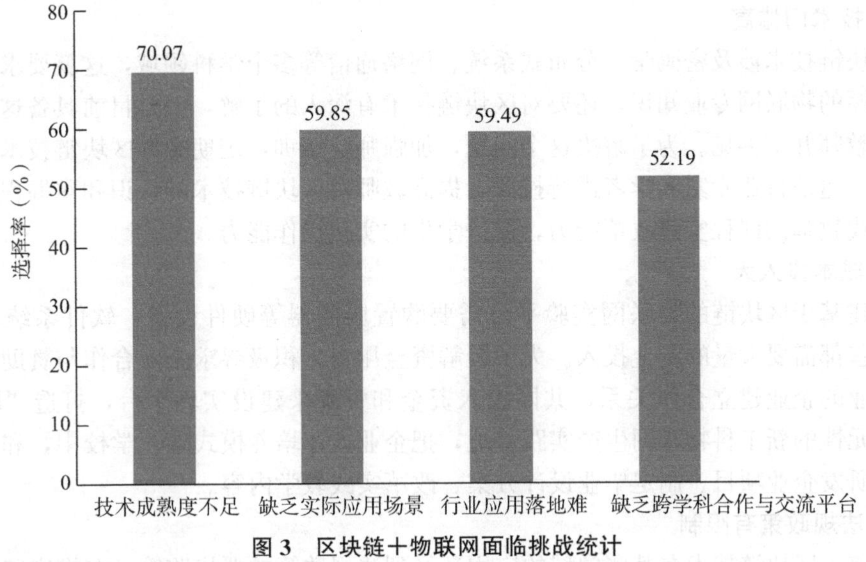

图3　区块链+物联网面临挑战统计

从参与者的反馈来看，区块链技术解决方案受到了广泛的关注和兴趣。根据图4的数据显示，高达57.66%的参与者表示对区块链技术解决方案"尚未考虑使用，但有兴趣"，并表达了参与的意愿。这一高比例充分说明了区块链技术的吸引力和市场潜力，反映了大众对这一新兴技术的认可和期待。除此之外，有20.07%的参与者正在考虑参与使用区块链技术解决方案。他们可能处于观望状态，对区块链技术有一定的好奇心，同时也在权衡其可能带来的利弊。这部分人群是未来区块链技术应用的潜在用户，他们的态度对于区块链技术的推广和应用具有重要意义。更值得一提的是，已有12.04%的参与者正在实际参与区块链技术的应用。他们是区块链技术的先行者和实践者，他们的经验和反馈将对区块链技术的进一步完善和优化提供宝贵的参考。当然，也有10.22%的参与者表示不打算参与区块链技术解决方案。这部分人群可能对区块链技术了解不足，或者对其持有疑虑和担忧。针对这部分人群，我们需要加强区块链技术的宣传和教育，消除他们的疑虑，引导他们正确认识和了解区块链技术。

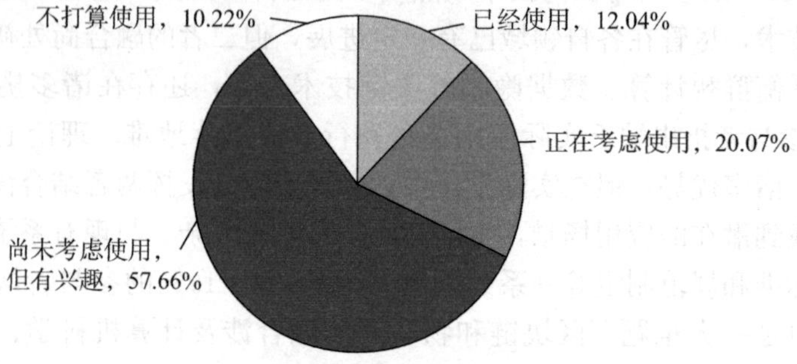

图 4　考虑使用区块链技术解决方案

二、面临的挑战与解决策略

1. 技术门槛高

区块链技术涉及密码学、分布式系统、网络通信等多个学科领域，这就要求教师不仅要有深厚的物联网专业知识，还要对区块链技术有深入的了解，但是目前具备这种跨领域知识的教师并不多见。为了解决这个问题，加强师资培训，定期举办区块链技术培训班或研讨会，邀请行业专家和学者进行授课，提高教师对区块链技术的认识和掌握程度，全面提升一线教师的课程实践改革能力，促进学生的实践操作能力。

2. 成本投入大

构建基于区块链的物联网实验平台需要购置服务器等硬件设备、软件系统和网络资源，这些都需要大量的资金投入。为了缓解资金压力，积极寻求企业合作与赞助，通过与相关行业的企业建立合作关系，共同投入资金和资源来建设实验平台，打造“职业＋技能”双元性的新工科物联网生产实践基地，把企业人才培养模式融入学校中，和企业工程师一起研发企业项目、制定毕业设计方案、改革实践教学内容。

3. 法规政策有限制

目前，区块链技术在某些领域的应用还受到法规政策的严格监管，在推广基于区块链的物联网专业教学实践模式时，需要密切关注相关政策动态，确保教学实践的合规性。为了避免触犯法律红线，加强与政府部门的沟通和合作，及时了解政策走向和监管要求，邀请法律专家进行授课或咨询，提高教师和学生对法规政策的认知和理解。

三、结束语

通过对问卷调查结果的分析，探讨了基于区块链的物联网专业教学实践模式的现状与挑战，为了更好地培养具备高度专业素养和实践能力的人才，笔者正在尝试在“递进升级、动态调整、逐步完善”的柔性专业实践教学体系基础上，把区块链技术融合到各类课程模块中，以全方位、立体化、多形式“多位一体”的实践教学组织方式，优化物联网专业课程，创新构建基于“区块链＋”的物联网专业实践教学体系。

随着区块链技术的日益成熟和广泛应用，其与物联网的结合展现出了巨大的潜力和前景。我们有理由相信，区块链与物联网的融合将深刻改变我们的生活方式，带来更多前所未有的便利和可能性。这种融合不仅将提升物联网系统的安全性和透明度，还将通过智能合约等自动化执行机制，极大地优化业务流程，减少人为干预和错误。这种跨学科的教学模式将为社会培养出更多具备全面知识和技能的人才，使学生不仅掌握物联网和区块链的专业知识，还具备将这两种技术有效结合的能力，从而在未来的职场中更具竞争力。

参 考 文 献

丁锦城，2021. 基于区块链的猪肉供应链溯源体系构建及应用研究［D］. 南京：东南大学.
董骏，高航，2019. 区块链发票生态链的应用［J］. 河北经贸大学学报（综合版）(2)：47-50.
王琳，2022. 基于产教融合的物联网专业实践教学创新模式探索［J］. 计算机教育（2)：67-72.
王梓嫣，2024. 区块链的发展趋势及存在的问题［J］. 中国商界（4)：236-237.
涨潮，刘茜，冯锋，2018. 基于区块链的物联网技术应用研究［J］. 无线互联科技（18)：19-21.
张久安，2022. 区块链技术在公共资源交易领域的应用研究［J］. 互联网周刊（6)：69-71.

基于“3＋1”模式的一体化实践教学深化研究与实践*

魏占勇[①]　兰　彬

摘要：本文借鉴教育专家的实践教学经验，依据农业院校工科专业本科培养实际情况，提出了基于“3＋1”模式的一体化实践教学模式。在深化研究中形成“三关九阶”的一体化实践教学运行模式，规范和细化“人才工坊”的各阶段实现形式，进阶靠能力、通关看质量，使学生从实习生开始逐步成长为合格的职业从业者。在矩阵型教学团队建设中，由学校专业教师、企业工程师、党支部教师组成矩阵型教学团队，实践教学团队下设若干个专业课程组，形成“军长＋政委＋参谋长”课程组模式。在实践教学应用运行中，总结经验形成了定量和定性相结合的评价体系指标。基于“3＋1”培养模式的一体化实践教学深化研究与实践应用以来，有效提升了学生培养质量。

关键词：“3＋1”模式；一体化实践教学；三关九阶；矩阵型教学团队

一、概述

计算机类专业作为农业院校的工科专业，具备下列特征：①依据学校办学定位，培养复合应用型本科人才，加强实践教学是重中之重；②专业应用背景依托农业院校学科优势，要把IT技术应用在农业产业中；③计算机类专业还要凸显自身专业优势，在培养方案、课程体系设置、教学大纲等凸显计算机应用特征，要有自己清晰的知识图谱。计算机类专业长期贯彻执行“3＋1”模式，所谓“3”，就是四年制本科的前三年在学校讲授理论课、基础课、实验、实习课；“1”，就是最后一年学生集中在用人单位，利用企业的工作岗位、技术人员、设备工具等实践操作资源，结合学生的职业顶岗工作，完成实习、毕业设计等实践教学环节。

该模式在教学运行中发挥了重要作用，促进了学生学以致用、理论联系实际，但是也产生了新的问题，如各个实践环节独立开展缺少联系、评价单一等，关于该问题许多教育

---

* 本文系2023—2024年北京农学院教育教学研究与改革项目重点项目（项目编号：BUA2023JG01）；教育部产学合作协同育人项目2023年第一批次立项项目（项目编号：230706093311000）；2023年北京市高等教育学会研究重点课题（项目编号：ZD202313）；教育部产学合作协同育人项目2024年第一批次立项项目（项目编号：231106093160038）；教育部第三期供需对接就业育人项目2024年立项项目（项目编号：2024010829173）。

① 作者简介：魏占勇，男，博士，副教授，主要研究方向为农业信息感知技术应用研究。

专家提出了宝贵经验，陈洪权（2010）以招聘与录用为例，提出了一体化实战教学法。肖伟才（2011）提出递阶式实践教学模式。崔萧等（2019）提出了智慧校园教学一体化、资源一体化、管理一体化和服务一体化四个子系统建设方案等。借鉴前人研究成果，根据教学实践经验，针对该问题，本文提出了基于“3+1”培养模式的一体化实践教学模式，并深入研究、应用实践，学习效果显著提高，一体化实践教学是指专业综合实训、毕业设计和专业综合实习一体化、综合地开展教学和评价。

二、一体化实践教学模式设计

一体化实践教学模式的课程体系包括专业综合实训、科研训练与毕业论文（设计）和专业综合实习等实践教学环节，一体化实践教学主要研究实践教学开发运行模式、教学团队建设和学习成效评价等问题。

一体化实践教学研究与实践的主要研究目标是：①建立一体化实践教学模式，以学生为中心、以学生收获为目标，以“人才工坊”的形式开展实践教学；②深化校企协同育人模式，组建矩阵形教学团队，设置“军长+政委+参谋长”课程组，提高师资团队的综合能力；③探索研究科学合理的教学评价标准和指标体系，以“兴趣、爱好和专业”为方向形成不同的教学评价标准体系，为订单式培养模式奠定基础。

实践教学运行模式研究需要广泛咨询和调研，利用德尔菲方法，开展方案建设研讨，理顺实践教学环节和业务划分，建设“三关九阶”一体化实践教学管理模式，还需要在应用实践中不断校正、评价和完善该管理模式。在矩阵型教学团队建设研究中，搭建产教融合的平台，达成产教合作协同育人，培养“双师型”教师，校企相互挂职，依托企业资源优势转换为课程资源，建设校企合作长效机制。学习效果评价研究，拟采用专家咨询法，广泛征求教育教学专家的意见，并汇总成有代表性的指标评价体系，利用层次分析法，分配权重，综合评价，并持续更新。

三、一体化实践教学模式研究与建设

1. 建设一体化实践教学模式

规范和细化“人才工坊”的各阶段实现形式，形成“三关九阶”的一体化实践教学运行模式，依托校企协同育人平台，校企共同建设工程训练中心，拓展企业研发部职能，以校方为中心打造业务宽泛、形式多样的“人才工坊”，进阶靠能力、通关看质量，使学生从实习生开始逐步提高实践能力，达到学以致用、学用结合的质量成效，毕业后成为合格的职业从业者，如图1所示。

专业综合实训以自然班为单位，学生组成项目小组形式进入工程训练中心，该环节中每个阶段进阶都需要业务教师和课程组的审核评定，既评定作品质量又评价学生收获，还要关注开发过程和业务态度。专业综合实训攻关通过者进入毕业设计阶段，企业拓展原来的基于市场的研发模式，增设拓展项目、预研项目和模拟项目，学生突破自然班限制，以兴趣、爱好、能力和方向为原则，本环节的选题培训、开题设计和课题评定需要导师评审、同行评审和实践教学团队评定。通关课题评定后进入“人才工坊”开展专业综合实习，以企业为主、学校为辅开展，校内导师制定岗位培训、业绩成效的基本要求，学生在

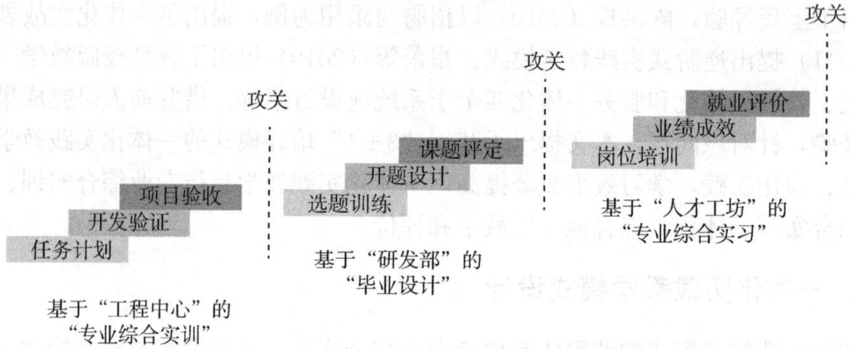

图 1　“人才工坊”形式的一体化实践教学运行模式

企业的工作业绩、学习收获和就业能力作为主要考察点，在规定时间开展就业评价，由校企双方负责人、实践教学团队负责人和导师共同考核，合格者为通关，准予毕业。

利用“三关九阶”的一体化实践教学管理模式智慧管理平台，学生定期汇报过程数据，业务教师、导师和任课教师等定期进行评价和指导，实践教学团队负责人、学院负责人、企业负责人远程可浏览学习报表，同时能互动业务教师、导师和任课教师，提出建议和意见，从而提高实践教学质量。

2. 组建矩阵型教学团队

组建矩阵型实践教学团队，由学校专业教师、企业工程师、党支部教师组成。实践教学团队下设若干个专业课程组，形成“军长＋政委＋参谋长”课程组模式，“军长”由系主任、企业部长和专业教师担任，负责培养目标达成和毕业要求落实等。“政委”由学院系书记和专业教师担任，负责课程思政，树立大课程、大思政的教学理念，建立课程思政体系，把为党育人、为国育才的信念潜移默化地融入各个教学环节中。“参谋长”由专业教师和企业工程师担任，负责课程开发、项目指导、构建工作环境和实践教学执行等。矩阵型教学团队结构如图 2 所示。

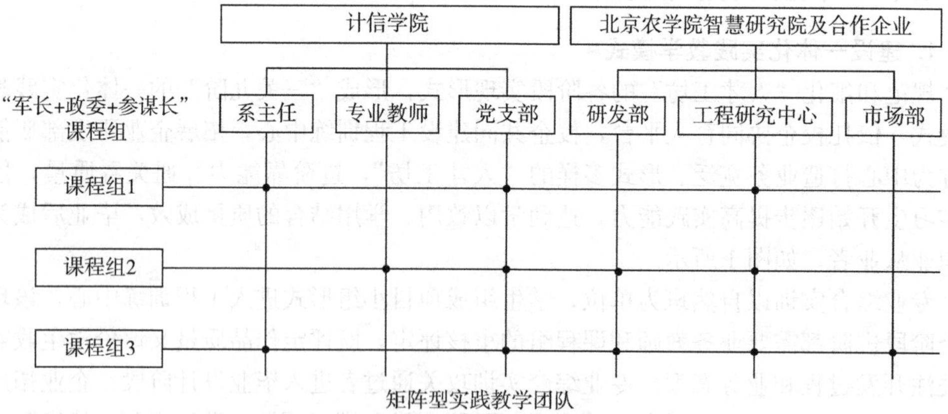

图 2　矩阵型实践教学团队

3. 探索建设研究科学合理的教学评价标准和指标体系

学习效果评价管理，拟采用专家咨询法，广泛征求教育教学专家的意见，并汇总成有代表性的指标评价体系，利用层次分析法，分配权重，综合评价，并持续更新。学习效果评价管理也不是一蹴而就的，需要持续建设，不断完善和更新，达到以评促教、以评促学，并和国家教学部审核评估相一致，定性与定量结合，既考查过程又重视结果。

针对专业综合实训、毕业论文（设计）和专业综合实习等实践教学环节，首先建立既层层递进又相互关联的评价标准，评价标准依据《北京农学院本科生毕业论文（设计）管理办法》《北京农学院智能科学与工程学院 XXX 级本科生专业综合实习规范》《XXX 专业综合实训教学大纲》等建立评价标准，包括考核内容、考核方式和考核团队等。根据评价标准，分别建立评价指标，细分考核内容，根据计算机类专业特点，一级评价指标有项目分析、方案设计、设计实现、测试验证、创新、成果作品和撰写文档，根据课程不同分值权重有所不同，专业综合实训关注项目分析、方案设计、设计实现等方面，毕业论文（设计）关注设计实现、测试验证和撰写文档，专业综合实习关注创新、成果作品和撰写文档。在具体分割一级指标下设置二级、三级指标，包含定性评价和定量考核，分配权重，形成客观的实践教学评价体系。

四、一体化实践教学模式实践应用

1. 实践教学应用

在“专业综合实训”课程中，主要考查指标为专业技能、创新能力、作品质量和文档撰写能力，专业技能考核方面主要是考查嵌入式程序代码量不少于 1 000 行、使用新零部件不少于 5 个，创新能力主要考查学生在学习中能否借鉴指导书实现新设备通信和调试，作品质量主要由任课教师和团队共同评价包括功能实现、创新功能和测试验证等，文档报告由任课教师评阅主要考查文档完备性、逻辑结构合理性、行文规范性等。本课程一次通过率在 90%左右，还需要加班辅导后才能达到 100%通过。

在毕业论文（设计）方面，主要考查设计系统和毕业论文，设计系统主要包括工作量和完成质量，软件类工作量主要考查系统设计规模、功能实现情况和测试验证等，软件类完成质量包括架构、可读性、可复用性和可扩展性等；硬件类工作量主要考查器件选型、电路设计及 PCB 设计、通信接口设计、调试和测试验证，硬件类完成质量包括结构合理性、小型化、智能化、可测试性、可靠性等。毕业论文评价主要是模板符合度、论文结构合理性、论述逻辑性、关键技术应用合理性、测试验证科学性等。在毕业论文（设计）每年通过率为 95%左右，学校会在当年 9 月、12 月举行延期毕业答辩，给予每个学生答辩机会。

专业综合实习主要考查学生独立工作能力、学以致用能力、工作态度和工程师职业道德等，业绩方面由实习企业评定，主要是岗位适应能力评价和专业领域适用性评价，校内导师主要关注学生出勤、工作态度和工程师职业道德等。一般来说，该课程通过率为 100%，主要以激励、鼓励和支持学生就业为主导。

2. 实践教学成效

基于“3+1”培养模式的一体化实践教学深化研究与实践应用以来，学生培养达成度、有效度显著提升，2022 年学院参加学科竞赛获得省部级以上奖励 45 项、毕业率达 86.03%、就业率达 95.16%，2023 年学院学科竞赛获得省部级以上奖励 61 项、毕业率达

93.15%、就业率达 97.06%，学生就业专业相关度达到 70%；项目开展以来，实践教学师资力量得到明显改善，积极拓展校外实践基地 21 家，教学经费和实践条件都得到保障；学生和教师对于实践教学都给予了高度评价，满意度分别平均为 95.12%和 85.32%，用人单位对毕业生满意度达到 90%以上。

教师新实践教学模式中总结经验、不断改进，取得了许多阶段性成果：①获得北京农学院高等教育教学成果二等奖；②3 人次经北京市教育委员会批准，在脱贫攻坚工作中做出突出贡献，给予嘉奖；③获得 2023 年北京农学院教创赛课程思政赛道三等奖。

五、结论

基于“3+1”培养模式的一体化实践教学深化研究与实践应用，加强了师资团队建设、逐步健全了实践教学评价体系、进一步深化了“3+1”培养模式、提升了本科教学保障体系，有效提升了学生培养质量。

信息化建设是实践教学的重要支撑条件，利用“互联网+”和智慧管理系统统一管理实践教学运行过程、教学评价、教师团队组建、校内外实习实践基地以及合作协议、授课计划、项目开发计划、学生学习日志等事半功倍，今后需要有计划地加强信息化教学平台建设；课程资源建设是十分重要的组成部分，校企共建课程资源，开发建设线上、线下的实践课程是今后重要的工作。此外，还需要制定必要的制度和规范，以及特别的配套激励机制，确保该模式运行的长效性和可持续性。

参 考 文 献

陈洪权，2010. 实战教学“一体化”模式的应用：以《招聘与录用》课程为例 [J]. 中南论坛（综合版）(1)：22-24.

崔箫，胡卫星，崔晓雪，2019. 一体化智慧校园建设与应用案例分析 [J]. 中国信息技术教育 (22)：3.

王立萍，2020. 基于“TPM”的“三道三全”教学模式与实践 [C]. 第五届全国大学教学创新大赛决赛暨第三届教育创新者大会，西交利物浦大学（江苏省苏州市）举办：8.

吴卫元，张喜春，2016. 都市型高等农林院校“3+1”人才培养模式的优化与实践：以北京农学院为例 [J]. 高等农业教育 (4)：74-78.

肖伟才，2011. 理论教学与实践教学一体化教学模式的探索与实践 [J]. 实验室研究与探索 (4)：81-84.

人工智能平台用于“法律信息检索与适用”课程实践教学创新研究*

冯　翀①

摘要：法律信息检索平台在法律实务中扮演着重要角色。北京农学院“法律信息检索与适用”课程尝试用人工智能平台作为检索工具用于实践教学，实现平台选择和教学流程的创新。学生掌握了“法律检索”的思维模式，提高了法律问题的综合解决能力，提早准备了职业变革。但人工智能平台用于实践教学也存在非法学类院校购置平台成本过高，以及课程教材缺乏人工智能平台内容的问题。应调整购置预算，扩大法律检索平台容量，并与其他学科交叉衔接，大力贴近法律实务，为培养高层次涉农法治人才贡献力量。

关键词：法律信息检索；法律工作；ChatGPT；人工智能；实践教学

习近平总书记指出，“要强化互联网思维，利用互联网扁平化、交互式、快捷性优势，推进政府决策科学化、社会治理精准化、公共服务高效化，用信息化手段更好感知社会态势、畅通沟通渠道、辅助决策施政”。在法律专业领域，法律信息检索平台是新科技在法律工作中的实际应用，并已经经过了近40年的迭代更新。从1985年，北京大学法律系研发出法律圈人人皆知的“北大法宝”，再到今日琳琅满目的专业平台，信息技术在法律工作中扮演了越来越重要的角色，其已经是律师、法官、检察官等法律职业人员工作的必备工具。

北京农学院法学专业开设“法律信息检索与适用”课程作为法学本科生第6学期的专业选修实践课，基于人工智能平台的诞生和应用，尝试将人工智能平台（ChatGPT、Kimi智能助手等）作为新型法律信息检索工具，探索其用于法律实务中的可行性，目的是主动拥抱新技术、新发展，培育出实践能力更高、业务能力更强的涉农法治人才。然而，人工智能平台虽处于科技前沿，但迄今为止用于法学实践教学缺乏经验和试验，而人工智能平台购置费用高、使用难。基于此，本课程对其进行了有益探索，坚持OBE理念，在学院、任课教师、学生的共同努力下，初步实现了人工智能平台的实践教学应用，极大促进了学生对法律实务认知观念的转变，展现了交叉学科领域北京农学院法学本科生的独特实践能力优势。

* 本文系2024年北京农学院教育教学研究与改革项目（项目编号：BUA2024ZD10）。

① 作者简介：冯翀，男，博士研究生，讲师，北京农学院文法与城乡发展学院法学专任教师，主要研究方向是“法律信息检索与适用”“国际经济法学”等课程教育教学改革。

一、课程平台选择与教学流程创新

（一）平台选择创新

在保留传统平台使用的同时，将人工智能平台融入课程实践教学，实现法律信息检索模式的迭代，引导学生对于法律实践应用思维的转变。在以往的授课过程和“法律信息检索与应用”课程相关的教材中，相关检索平台主要包括传统法律服务平台，如“北大法宝”“中国裁判文书网”等。学生经过5学期的学习，已大致掌握了这些常用的法律信息检索平台。因而在以往的教学中，教师往往是对该类平台使用细节的讲解，以及对部分不会使用平台学生的教学。此外，基于贴近实务，课程会设置综合案例分析，训练学生基于该平台解决实际问题。

人工智能平台作为新兴科技产物，其用于法律检索的经验尚不充分，在目前所有的法律信息检索教材中也没有体现，法律实务上并未广泛使用。然而，人工智能对未来法律行业的影响不可忽视。与国内外重点法学院学生相比，北京农学院的学生更需要在思维观念和科技应用上提高竞争力，培养“面向未来、敢于创新”的本科生。

在2023年和2024年的两年教学过程中，教师除指定学生对ChatGPT平台进行研究外，课程还开放性地要求学生自己搜索法律检索人工智能平台。通过一周的搜索，学生还找到了数个“人工智能”技术开发的专门性“法律信息检索平台”。通过实践教学过程中学生研究小组的展示和对比，一些所谓的智能型法律信息检索平台并不具备人工智能要素，所涉法律问题的解决方案雷同，内容陈旧，不具备可用性。

在这两年的教学过程中，学生通过各类传统平台、人工智能平台的比较，树立了未来颠覆式的法律信息检索方式，对已有平台的操作也有所提升，甚至将其用于学术创作领域，实现了“知识习得、能力提高、思想升华”。

（二）教学流程创新

“法律信息检索与适用”课程作为法学实践课，已经形成较为成熟的“平台介绍—平台训练—实战练习”的教学流程。在2023年和2024年的教学过程中，教师在此流程基础上，加强OBE理念贯彻，引导学生主动探索人工智能平台用于法律信息检索，通过中外法律、国内国际法律等对比，ChatGPT及其他平台不同版本对比，实现了“学生探索、共同学习”。

在2023年的教学中，教师选择ChatGPT交由学生对其适用于法律信息检索的可行性、便捷性进行研究。在课堂展示环节，研究ChatGPT的学生小组首先回顾了该平台的研发历程，并对该平台的数据量级、源数据库、检索方式进行了讲述；之后，学生小组回顾了本次汇报展示准备阶段对该平台的研究，通过对不同法律部门的筛选，对部分法律条文、案例等进行了检索，得出其适用于不同法律部门检索的可行性；随后，学生小组选取课堂上同学之间进行提问，通过模拟法律咨询场景，试验了该平台对于解决法律问题的可行性，验证了其中涉及法律条文的准确性、法律逻辑的严谨性，并深挖了平台回答内容的原始来源；最后，学生小组总结出ChatGPT用于我国法律信息检索工作的准确性较低，对外国法和国际法的法律信息检索结果基本正确且更为便捷。展示环节完成后，教师对展示环节进行评价，并要求学生思考本平台与传统法律信息检索平台在设计逻辑、检索方法上面的差异，要求学生总结该平台的运行原理，改进检索方式，将其运用于国内案例和法学理论的精确检索。

在2024年的教学中，教师依然选择ChatGPT作为研究对象，但增加了对该平台3.0、3.5和4.0版本适用的不同探索，以及对国产人工智能平台Kimi的研究要求。学生在完成2024年教学活动中的各个环节之外，创新性地选取了国外程序员开发的ChatGPT法律检索插件，对英国法律、法国法律、国际法等进行了检索试验，学生进一步利用人工智能平台不断发展改进法律检索习惯。

二、人工智能平台用于实践教学的积极效果

（一）掌握“法律检索”思维模式

学生通过试验ChatGPT平台，理解了人作为检索者的能动性，人需要通过各种方式与人工智能平台进行互动，逐步获得精确的检索结果。与传统的平台相比，人工智能平台并非通过“关键词”“法律部门”“时间”“案件审理主体”等要素进行检索，这对于学生法律语言表达的准确性提出了更高要求。但同时，人工智能平台的答案并非完全正确，法学专业学生还需要基于专业知识甄别检索结果。通过研究和展示，学生了解到“法律检索”的思维模式养成依然需要掌握法学理论知识及法学逻辑，试验该平台不仅没有让学生产生依赖平台的感觉，反而更加认识到专业知识学习在实务领域的重要价值。

（二）提高了法律问题综合解决能力

本课程的教学目的不是简单地教会学生使用法律检索平台，而是为了提高学生法律问题综合解决能力。人工智能平台为学生提供了强大的检索和分析能力协助，学生须在通过平台获得法律信息之外，利用平台人工语言互动引导，分析简单的法律问题，实现在遵守法律逻辑基础上对法律问题综合解决能力的提升。这也将是未来“法律信息检索与应用”课程的教学方向。

（三）提早准备了职业变革

人工智能发展对法律工作者既是机遇也是挑战。在人工智能的冲击下，法律职业面临着以下与法学专业学生发展直接相关的变革。首先，人工智能将替代部分法律实习生、低级别法律工作者的工作。这对于部分非重点高校的法学专业学生而言，意味着更激烈的工作环境和更少的工作选择。其次，人工智能平台的出现对法律工作者掌握电脑技术提出了更高的要求，仅会使用传统检索平台无法应对法律信息检索需求。这对于法学专业学生而言，在学习法学专业知识的基础上，更要通过学习新电脑技术用于专业工作。最后，人工智能压缩了法律检索的时间，将法律工作者从烦冗的检索工作中解放，法律工作者将投入更多的精力到法律分析、法律文书写作等环节，这意味着对法学专业学生专业能力要求的提升。通过本课程，法学专业学生主动拥抱新平台、新软件，主动研究人工智能平台的运行原理，掌握法律检索高级技能，从能力上提高了法律检索的效率，更精确、更省时间地完成法律检索工作，提早准备了职业变革。

三、人工智能平台用于实践教学的问题

（一）非法学类院校购置平台成本过高

法学类院校往往拥有更多的教学预算用于购置各类法律信息检索平台，但非法学类院校则对其难以负担。大多数非法学类院校也仅购置“北大法宝”作为实践教学的唯一平台，更无力购置支付方式更复杂、费用更高的人工智能平台。然而，目前部分高端律所已经开始购置“icourt”等高费用人工智能平台，或是购置更便捷的其他类传统法律检索平台。法律信息检索课程使用平台的脱节会直接导致课程实践性的降低。

（二）课程教材缺乏人工智能平台内容

目前，所有的法律信息检索教材均未涉及人工智能平台的内容，整体实践教学缺乏纲领性指导。人工智能平台大多是国外平台，国内平台还处在发展中，目前法律实务界使用的人工智能平台也大多是国外主流平台。诸多因素导致教材中未涉及该部分内容，这影响了实践教学整体方向的把控。

四、“法律信息检索与应用”课程实践的教学创新建议

（一）调整购置预算，扩大法律检索平台数量

基于贴近实践和实务的教学要求，该课程应调整教学涉及的法律检索平台内容，尽可能与一线实务贴近。考虑到平台购置费用及使用率，针对平台购置的目的应从包年包月使用转变为短期试用，即在保障部分平台一直可用的同时，让学生通过短期的学习尽可能多的人工智能平台，通过数年的教学实践总结出既具有高使用率又贴近法律实务的人工智能平台。同时，教学主管部门也应试图与国内人工智能平台运行方进行沟通，争取用于高校教学应用的特别价格和服务。

（二）与其他学科交叉衔接

“北大法宝”的诞生离不开法学和计算机学的交叉，北京农学院的“法律信息检索与应用”课程实践不仅要融合、衔接法学专业已有的“法律文书写作”“律师事务”等法学实务课程，更要服务于以农学为代表的主流学科，把法律讲活了、把法律用起来。基于此，首先，教师须积极与其他专业进行沟通，交流人工智能平台适用于不同学科的经验，从教学实践角度进行交流分析；其次，本课程可吸纳智能学院等相关领域教师共同组建课程组，以更科学的方法进行法律检索实践教学；最后，课程实践教学可用于解决其他学科产生的真实法律问题，进一步贴近实际。

五、结论

“法律信息检索与应用”课程作为面向法学本科生未来从事法律实践和科研工作的重要课程需要根据法律检索平台的发展而不断更新。人工智能的普及和应用是未来法律检索平台的发展趋势，冲击了原有的课程教学过程、学习思维和教学能力，对学生的法律综合解决能力提出了更高的要求。“法律信息检索与应用”课程在本校目前面临购置平台成本高和缺乏教材的问题。需要主动拥抱人工智能带来的冲击，调整预算，扩大平台数量，并积极与其他学科交叉衔接，以法律实务为基础，通过训练法律检索技能，提高学生的法律

思维和逻辑应用能力。

参 考 文 献

陈颀，2020. 未来法学：作为法学思想实验的科幻 [J]. 法律和社会科学（2）：1-33.
刘梦非，2022. 基于人工智能特色的法学课程教学改革与创新 [J]. 中国高等教育（11）：53-55.
刘乃铭，2012. 法律院校开设法学文献信息检索课之意义 [J]. 学园（教育科研）（4）：15-16.
刘英俊，2013. 论计算机法律信息资源检索与应用 [J]. 电子测试（15）：118-119.
聂慧苹，2020. 大数据时代高校“法律检索”课程探索 [J]. 法学教育研究（4）：197-210.
沙振江，2005. 试述网络法律信息的检索 [J]. 现代情报（5）：157-158.
施亚，代显华，赵亮，等，2022. 人工智能背景下地方高校法学专业实验教学改革探索 [J]. 实验室研究与探索（5）：234-237，243.
徐弋博，2023. 从 ChatGPT 看 AI 智能带给我国法学领域的影响 [J]. 科技视界（4）：17-20.
张力行，1999. 计算机法律信息检索与计算机法律专家系统：理论与实践 [J]. 中外法学（3）：41-47.
赵霞，2016. 论《法律信息与文献检索》课程设置的必要性 [J]. 亚太教育（31）：150，146.
赵玉增，2022. 基于法律发现的人工智能逻辑理路分析 [J]. 法律方法（3）：153-167.
钟振鸿，印润远，于庆梅，2007. 基于本体驱动的法律信息检索模型 [J]. 微计算机信息（30）：178-180.
MAXWELL，K T，BURKHARD S，2008. “Concept and context in legal information retrieval Legal”：Knowledge and Information Systems [M]. Amsterdam：IOS Press.
VAN O，MARC，CRISTIANA S，2017. On the concept of relevance in legal information retrieval [J]. Artificial Intelligence and Law（25）：65-87.

农业资源与环境专业课程中的数学知识研究*

张艳芳①

摘要： 数学是高校大部分专业开设的必修课程。由于学校层次、学生专业不同，开设的数学课程也有所不同。本文以北京农学院农业资源与环境专业本科开设的课程为研究对象，研究了该专业的培养方案和18门必修课程的所有课本，总结了各门课程出现的数学知识点。为农林院校数学课程衔接专业课程提供参考，将相关专业的每一个专业教学案例渗透到数学教师的每一堂课、促进学科交叉、为学生未来从事农业相关工作提供帮助。

关键词： 农业资源与环境；数学知识；课程研究

大学数学都是作为必修课程开设的，可见其对学习专业课程的重要性。长期以来，数学教师研究数学问题，各专业教师研究专业问题，其中交集甚少。即使有一部分数学教师在与某一个专业交叉的领域有研究，也是偏于科学研究及数学建模的问题，很少有人专门研究某一个专业的教学课本中用到的数学知识。本文以北京农学院农业资源与环境专业为例，研究了该专业的培养方案和必修专业课的课本，归纳总结了出现的数学知识，为学生学好专业课程添砖加瓦。

一、农业资源与环境专业本科人才培养方案简介

1. 专业简介

北京农学院农业资源与环境专业立足于农业资源高效利用和首都生态环境“绿色北京”的战略目标，培养具备扎实的农业资源与生态环境领域的基本知识和核心技能、适应都市现代农林业资源与环境专业岗位需求的复合型、高层次应用型人才。

2. 培养目标

该专业旨在面向资源高效利用与生态环境保护的国家需求及北京市“宜居城市”的区域发展需求，培养具备扎实的微生物、土壤、生态、植物营养、环境监测、环境影响评价、资源环境信息技术等专业知识和技能，能在自然资源、生态环境、农业农村等相关政

* 本文系2024年北京农学院教育教学研究与改革项目，一般项目，“都市现代农林人才培养中的数学教学能力与实践研究”（项目编号：BUA2024YB35）；中国高等教育学会2023年度高等教育科学研究规划课题，一般课题，“教改背景下大学数学与中学数学的衔接与融通研究”（课题编号：23SX0428）；教育部产学合作协同育人项目，2023年批次立项项目，“创新创业教育背景下高等数学教学方法探究”（项目编号：230801913282723）；教育部产学合作协同育人项目，2024年第一批次立项项目，“百度松果人才培养实践基地建设”（项目编号：230800001272135）。

① 作者简介：张艳芳，女，硕士，副教授，主要研究方向为数学应用、数学教育。

府机关、科研机构、学校、相关企业等单位胜任都市型农业资源高效利用与可持续发展、生态环境保护等方面工作，具有一定的科学素养、创新意识、创造能力和历史责任感、社会责任心的德、智、体、美、劳全面发展的复合应用型人才。

3. 毕业要求

本专业学生应具备扎实的数学、物理、化学、外语、计算机基础等方面的理论知识和实验技能，掌握了“土壤学”“生态学”“植物营养学”“环境监测”“资源环境信息技术”“农业资源与环境法规”等专业课程的基本理论、基本知识和实验技能，具有了一定的研究本专业知识的科学素养，并具备了运用所学知识的实践能力，能胜任农业资源高效利用、生态环境保护等方面的相关工作。

二、农业资源与环境专业本科必修课程中出现的数学知识

农业资源与环境专业共有35门专业必修课，分别为17门专业基础课，10门专业核心课，8门专业综合课。本文研究的目标是与农业相关的课程中的数学知识，不包含以下专业基础课：“高等数学Ⅰ”“普通物理学Ⅳ”“线性代数Ⅰ”“普通化学”“有机化学”“分析化学”，同时也不包含所有专业综合课，包括专业课程实习（Ⅰ、Ⅱ、Ⅲ、Ⅳ）、科研训练与毕业论文（设计）、专业综合实习，还有专业核心课中与数学关系不太紧密的“农业资源与环境法规”。研究的课程共有18门（表1）。

表1 研究的18门课程

课程	类别	课程编码	课程名称	学分（学分）	总学时（学时）	讲课学时（学时）	实验学时（学时）	实习天数（天）	开课学期	开课单位
专业必修课	专业基础课	40533017	“植物学”	4	64	44	20		2	园林
		40131009	“农业资源与环境导论”	2	32	32			2	生资
		40133005	“基础生物化学”	3.5	56	40	16		3	生资
		40633008	“普通微生物学”	2	32	22	10		3	食品
		40133010	“地质与地貌学”	2.5	32	32		3	3	生资
		40133003	“植物生理学”	3.5	56	40	16		4	生资
		40533038	“农业气象学”	2	32	26	6	1	4	园林
		40131011	“普通生态学”	2	32	32			4	生资
		40133012	“地理信息系统导论”	2	32	24	8		5	生资
	专业核心课	40143006	“资源环境信息技术”	3	48	32	16		4	生资
		40143010	“土壤学”	3	48	36	12		4	生资
		40141011	“土壤地理学”	2	32	32			5	生资
		40143008	“植物营养学”	3	48	32	16		5	生资
		40143012	“环境监测”	3	48	28	20		5	生资
		40143014	“土壤改良学”	2	32	24	8		6	生资
		40143007	“土壤农化分析”	3	48	12	36		5	生资
		40143011	“资源环境统计分析”	2	32	18	14		6	生资
		40141009	“环境影响评价”	2	32	32			6	生资

1. 植物学类课程

培养方案中要求学生掌握植物营养学方面的知识，并具备植物营养诊断的能力。农业资源与环境专业开设了三门植物学类的课程，分别为专业基础课“植物学”“植物生理学”和专业核心课“植物营养学”。其中“植物学”和“植物生理学”是对植物知识的介绍，没有任何数学公式或者知识。“植物营养学”中包含植物营养的基本理论、化学肥料、有机肥料、施肥原理与技术等内容。植物学类课程用到的数学知识如表 2 所示。

表 2　植物学类课程数学知识

课程编码	课程名称	知识点	数学知识	字母及符号解释
40533017	“植物学”	无	无	
40133003	“植物生理学”	无	无	
40143008	“植物营养学”	吸收速率与细胞内外的养分浓度关系	$v=-K\dfrac{de}{dx}$	v 为吸收速率；K 为扩散系数；$\dfrac{de}{dx}$ 为浓度梯度
		在菜豆的杂种后代中钾高效基因型的比例	卡方值、观察值、期望值、概率	指出现在表中的数
		土壤微量元素有效性分级和评价指标	临界值	
		肥效试验函数法检验作物产量和施肥量之间的关系	$y=a+bx+cx^2$	y 为作物产量；x 为施肥量；a、b、c 为常数
		肥效试验函数法检验最大产量时的施肥量	$\dfrac{dy}{dx}=b+2cx=0$，$x=-\dfrac{b}{2c}$	y 为作物产量；x 为施肥量；b、c 为常数
		肥效试验函数法检验经济效益最大时的施肥量	$\dfrac{dp}{dx}=p_y(b+2cx)-p_x=0$，$x=\dfrac{p_x/p_y-b}{2c}$	p_y 为农产品单价；p_x 为肥料单价；b、c 为常数
		土壤肥力分级法	多元回归方程	以经济最佳施肥量为因变量，最高产量和土壤有效磷水平为自变量，进行多元回归，求出回归方程
		临界值法	施肥量＝λ（土壤养分临界值－土壤养分实测值）	λ 称为肥料系数
		肥料效应曲线的一般规律及数学模型	线性模型：一元线性模型、多元线性模型 非线性模型：指数曲线模型、对数曲线模型、双曲线模型、S形曲线模型、一元或多元二次多项式模型、逆二次多项式模型、三次多项式模型、柯布-道格拉斯肥料效应模型、相交直线效应模型	以一种或多种养分共同作用的作物产量为因变量，肥料用量为自变量
		肥料效应函数的参数估计	数理统计的各种方法	
		肥料效益的边际分析	经济上的“生产函数”的概念，一阶、二阶导数	以最小的肥料成本投入（自变量），获得最大的产品经济收益（因变量）

2. 土壤学类课程

土壤是作物生产资料，作物生长不仅与气象特征有关，而且与土壤、水、肥、气、热直接相关。土壤对植物生长、生态平衡以及人类生产活动都具有至关重要的影响。土壤研究涉及土壤的形成、性质、分类、利用以及保护等多个方面，深入开展土壤研究对于了解土壤的本质特征、揭示土壤资源的利用潜力以及实现可持续发展具有重要意义。培养方案特别提到了土壤学。农业资源与环境专业开设了四门土壤学类的课程，均为专业核心课，分别为“土壤学”“土壤地理学”“土壤改良学”“土壤农化分析”。用到的数学知识如表 3 所示。

表 3　土壤学类课程数学知识

课程编码	课程名称	知识点	数学知识
40143010	“土壤学”	达西定律：土壤水的运动——非饱和土壤中的水流	梯度
		Fick 第一定律：土壤中的溶质运移——溶质的对流运移	偏导数
		机械弥散引起的溶质通量：土壤中的溶质运移——溶质的机械弥散	偏导数
		土壤中的溶质运移——溶质的水动力弥散	偏导数
		土壤空气的扩散：扩散通量	梯度
40141011	“土壤地理学”	土壤氧化还原电位	对数
		土壤相似度模型的赋值——模糊逻辑下的土壤自动推理	不定积分
40143014	“土壤改良学”	单位土地回报率——最大产量施氮量、最大利润施氮量	一阶导数
		降雨及其经验频率	数理统计中“总体”“样本”“频率”“经验频率”
		沟畦灌改造技术	相关分析、回归方程
		ANSWERS 模型评估农业区域种植制度的布局和水保措施——连续公式	导数
40143007	“土壤农化分析”	采样误差及其控制	标准差、系统误差、绝对误差、相对误差

3. 资源环境类课程

本专业的名称为农业资源与环境专业，可看出此类课程的重要性。在培养方案中，学生需要掌握环境监测、资源环境信息技术、农业资源与环境法规等专业课程的基本理论、基本知识和实验技能，毕业要求能胜任农业资源高效利用、生态环境保护等方面的相关工作。

农业资源与环境专业开设了 6 门此类专业课程，包括专业基础课程“农业资源与环境导论”，专业核心课程“资源环境信息技术”“环境监测”“资源环境统计分析”“环境影响评价”“农业资源与环境法规”。仅研究前 5 门课程的数学知识如表 4 所示。

表 4　资源环境类课程数学知识

课程编码	课程名称	知识点	数学知识
40131009	“农业资源与环境导论”	无	无
40143006	“资源环境信息技术”	DTM 与 DEM 模型	数字地域模型（digital terrain mode，简称 DTM）数字高程模型（digital elevation mode，简称 DEM）
		黑体辐射的规律—普朗克定律	指数
		农作物与全球植被覆盖监测：农作物生长期内的生长状况 NDVI 累积值	定积分、不定积分
		密度和透光率、反差与影像的质量	对数
		数字图像的计算机处理系统：遥感图像几何校正	多项式变换模型、多元回归方法
		数字图像的计算机处理系统：监督分类	多级切剂分类方法、决策树分类方法、最小距离分类法、最大似然分类法、模糊理论方法、专家系统方法
		随机码与伪随机码：二进制数字码序列的相关函数	定积分
		面积量算	辛普森求积公式
		资源环境应用模型分类	通用模型、专用模型或基于模型用途的模型群、基于空间特征分类
		资源环境专用模型—资源承载力模型—承载指数	导数
		资源环境专用模型—环境承载力模型—区域环境承载力的计算过程	导数
40143012	“环境监测”	监测数据的统计处理和结果表述—基本概念	误差（系统误差、随机误差、绝对误差、相对误差）、偏差（绝对偏差、相对偏差、平均偏差）、标准偏差和相对标准偏差（差方和也称离差、样本方差、样本标准偏差、样本相对标准偏差、总体方差和总体标准偏差、极差）、平均数（算术均数、几何均数、中位数、众数）
		监测数据的统计处理和结果表述—数据的处理和结果表述	狄克逊检验法、格鲁勃斯检验法
		监测数据的统计处理和结果表述—测量结果的统计检验和结果表述	置信区间和 t 值、置信度、显著性水平、t 检验法
		监测数据的统计处理和结果表述—直线相关与回归	线性回归、最小二乘法、相关系数及其显著性检验

（续）

课程编码	课程名称	知识点	数学知识
40141009	“环境影响评价”	环境影响综合评价方法—矩阵法	相关矩阵
		大气温度的垂直分布—气温直减率；干绝热直减率	偏导数
		特纳尔方法	三角函数、反三角函数
		大气环境影响预测模式	积分、复杂指数形式、三角函数
		水体耗氧与复氧	导数
		维稳态水质模型	偏导数、微分方程
		噪声评价量	对数
		声环境影响预测模式	对数
40143011	“资源环境统计分析”	无	无

4. 其他专业必修课程

此外，农业资源与环境专业还开设了专业基础课程：“基础生物化学”“普通微生物学”“地质与地貌学”“农业气象学”“地理信息系统导论”，专业基础核心课程：“普通生态学”。“基础生物化学”研究生物体化学组成及变化规律，对农业资源利用、环境保护及农产品质量至关重要；“普通微生物学”探讨微小生物的生命活动，揭示微生物在农业生态系统中的作用；“地质与地貌学”揭示地球表层的物质与地貌特征，为农业资源规划提供地理背景；“农业气象学”研究气象条件对农业生产的影响，指导适应气候变化的农业策略；“地理信息系统导论”介绍基本理论与应用方法，在农业资源调查与管理中发挥关键作用。这5门课程用到的数学知识如表5所示。

表5 其他课程数学知识

课程编码	课程名称	知识点	数学知识
40131011	“普通生态学”	计算种群的内禀增长能力：瞬时增长率	对数
		关键因素分析：瓦利和格拉德韦尔的K值图解法	对数
		种群的几何级数的增长	差分方程、对数
		种群的指数级数的增长	导数、指数
		种群的逻辑斯谛增长（阻滞增长）	导数、二阶导数
		meta种群的动态模型	导数
		被捕食者种群方程、捕食者种群方程	导数
		寄主—寄生物系统模型	导数、指数、对数
		生物多样性的测定	指数、对数
40133005	“基础生物化学”	无	无
40633008	“普通微生物学”	无	无
40133010	“地质与地貌学”	无	无

（续）

课程编码	课程名称	知识点	数学知识
40533038	“农业气象学”	辐射的基本定律：普朗克定律	指数
		辐射的基本定律：斯蒂芬·玻尔兹曼定律	无穷积分
		到达地面的太阳辐射	
		土壤温波方程	
		空气湿度的表示方法：水气压	指数
		气压的变化：大气静力学方程、拉普拉斯压高方程	微分、对数
		水平地转偏向力	三角函数
		作用于空气质点上的力	梯度
		中国气候特征：大陆度公式	三角函数
		农业气候相似程度判断：相近距的计算	样本集、平均值、标准差、标准化
40133012	“地理信息系统导论”	地理关系数据模型	拓扑关系、拓扑结构或非拓扑结构
		几何变换方法	等积变换、相似变换、仿射变换、投影变换

三、结论及建议

通过研究北京农学院农业资源与环境专业的课程，得到该专业 18 门课程对数学具体知识点的需求。可以看出，高等数学、概率论与数理统计、线性代数的知识均会用到。涉及较多的包括指数、对数、三角函数、导数、微分、积分；数理统计的概念和统计方法；矩阵、线性变换等。

数学教师可以根据学生的专业选择不同的教学案例，将相关专业的教学案例渗透到的每一堂课，强化基础课内容衔接专业教育，改进个性化培养方案。同时，专业教师可以与数学教师沟通，扎实学生相关的数学基础，促进数学与专业的交叉与融合，培养拔尖创新型、复合应用型和实用技能型的农林人才，为农村区域发展和行业需求提供有力支持。

参 考 文 献

CHANG K T，2019. 地理信息系统导论（原著第九版）[M]. 陈健飞，胡嘉骢，陈颖彪，译. 北京：科学出版社.

鲍士旦，2000. 土壤农化分析（3 版）[M]. 北京：中国农业出版社.

高敏雪，许健，周景博，2004. 资源环境统计 [M]. 北京：中国统计出版社.

郭蔼光，2009. 基础生物化学（2 版）[M]. 北京：高等教育出版社.

海春兴，陈健飞，2016. 土壤地理学 [M]. 北京：科学出版社.

黄昌勇，2000. 土壤学 [M]. 北京：中国农业出版社.

黄建国，2003. 植物营养学 [M]. 北京：中国林业出版社.

姜会飞，段若溪，2007. 农业气象学（3 版）[M]. 北京：气象出版社.

梁成华，2002. 地质与地貌学［M］. 北京：中国农业出版社.
林文雄，2013. 生态学（2 版）［M］. 北京：科学出版社.
吕军，2011. 土壤改良学［M］. 杭州：浙江大学出版社.
生物与资源环境学院，2021. 农业资源与环境专业本科人才培养方案［EB/OL］. https://swkgxy.bua.edu.cn/info/1211/3468.htm.
宋纯鹏，王学路，周云，2015. 植物生理学［M］. 北京：科学出版社.
王敬国，2000. 资源与环境概论［M］. 北京：中国农业大学出版社.
汪葵，吴奇，2013. 环境监测［M］. 上海：华东理工大学出版社.
严泰来，2003. 资源环境信息技术概论［M］. 北京：中国林业出版社.
杨清香，2008. 普通微生物学［M］. 北京：科学出版社.
章丽萍，张春晖，2019. 环境影响评价［M］. 北京：化学工业出版社.
郑湘如，王丽，2006. 植物学（2 版）［M］. 北京：中国农业大学出版社.

多模态交互教学模式下大学英语听说能力的培养研究*

李正玉[①]

摘要：随着新媒体的普及应用，传统的“教师放音+学生听听力做练习”的教学模式已经无法满足大学生跨文化交际的英语学习需求，本文旨在探讨多模态交互教学模式在大学英语听说能力培养中的应用及其效果。通过分析大学英语听说课堂存在的问题，结合多模态教学理论，本文提出了在大学英语听力课堂上采用多模态交互教学模式的必要性。通过将具体的教学实践案例应用于课前预习阶段、课堂教学环节及课后任务阶段，教师对多模态教学模式效果进行了初步评估。研究表明，多模态交互教学模式有助于激发学生的学习兴趣，提高学生的听说能力，为大学英语听说教学提供了新的思路和方法。

关键词：多模态；交互教学模式；大学英语；听说教学

随着经济全球化和跨文化交流的日益频繁，英语听说能力的重要性日益凸显。然而，传统的大学英语听说教学往往局限于单一的听觉模态，忽视了其他模态在语言学习中的作用，导致学生的听说能力难以得到有效提升。《大学英语教学指南（2020版）》中教学目标要求培养学生的英语应用能力，其中听说能力是重要的组成部分。这个教学目标也正好契合《大学英语教学大纲》中提出的培养学生的英语听、说、读、写、译等综合能力，提高学生的听力和口语表达能力的要求。所以如何提升大学英语教学效果尤其是提升学生的英语听说能力，达到教学目标的要求，满足大学生跨文化交际的英语学习需求一直是大学英语教师教学研究的重要内容。近年来，多模态话语分析理论为大学英语听说教学提供了新的视角和方法。本文将结合该理论，探讨多模态交互教学模式在大学英语听说能力培养中的应用，以改善课堂教学效果，提高学生英语听说能力。

一、大学英语听说课堂存在的问题

大学英语课程在大学教育中占据重要部分，但是其中综合课程和听说课程的课时比例一般为3∶1，和综合课程比较起来，大学英语听说课堂存在以下几个问题。

---

* 本文系北京农学院校级教改项目“‘互联网+’背景下多模态教学模式在大学英语教学中的应用研究”（项目编号：BUA2023JG57）的阶段性成果。

① 作者简介：李正玉，女，硕士，副教授，主要研究方向为英语教学、跨文化交际。

1. 教学理论落后，教学模式单一

传统的语言学习理论一般注重语法和词汇学习，对于听说能力的重视程度不够。随着语言学、心理学和教育学等领域的发展，出现了许多新的理论观点，但这些新理论在大学英语听说教学中并没有得到充分的应用和推广。传统的大学英语听说课堂往往采用教师播放音频，学生听录音、做练习的单一教学模式。这种模式缺乏互动性和趣味性，难以激发学生的学习兴趣和积极性。

2. 学生锻炼机会少，课堂参与度低

由于教学模式单一，学生在课堂上的参与度普遍较低。他们往往被动接受知识，缺乏主动思考和表达的机会，导致听说能力难以得到有效锻炼；而且很多高校中，大学英语总课时里听说课与综合课的课时比往往是 1∶3，英语课程的设置往往偏重阅读、语法和写作等方面，听说训练的课时相对较少。由于大学英语课堂一般班额容量较大，学生没有足够的机会进行听说实际训练，课堂参与度比较低。

3. 缺乏真实的语言环境

传统的大学英语听说课堂往往缺乏真实的语言环境，学生难以在实际交流中运用所学知识。这限制了学生听说能力的提升和跨文化交际能力的培养。

二、多模态教学理论及听说课中采用该理论的必要性

1. 多模态教学理论

多模态话语分析理论是20世纪末由语言学家 Kress 和 VanLeeuwen 提出的，他们认为语言和语义本身作为社会交流的主体符号虽然可以有效建构话语交流语境，但其他一些非语言符号也可以有效建构话语语境，如图片、语言、动作、音乐等，这些非语言符号组成的语境也能充分有效表达意义。多模态的话语语境建构分析是指语言与一些非语言符号系统相结合，如信息技术、图像、颜色、音乐等多种交流渠道和媒介符号以及视觉、听觉等多感官刺激都参与到交流活动中来，从而构建复杂多样的话语交流语境（刘丽军等，2022）。多模态话语分析理论基于系统功能语法理论，强调在交际过程中，语言不是唯一的信息传递手段，图像、声音、动作等多种模态也可以传递信息。多模态教学理论主张在教学中充分利用多种模态，通过不同模态之间的相互协同和补充，实现信息的有效传递和知识的有效内化。

2. 听说课中采用多模态教学理论的必要性

（1）激发学生的学习兴趣。多模态教学可以充分利用图像、声音、动作等多种模态，使课堂更加生动有趣，激发学生的学习兴趣和积极性。

（2）提高学生的参与度。多模态教学可以为学生提供更多的互动和表达机会，使学生在课堂上更加活跃，提高他们的参与度。

（3）培养学生的跨文化交际能力。多模态教学可以为学生提供真实的语言环境，使他们在模拟真实场景中进行听说练习，培养他们的跨文化交际能力和语言运用能力。

三、多模态交互教学理论在大学英语听力课堂上的应用实践

为了探讨多模态交互教学模式在大学英语听力课堂上的应用效果，本文选取了一个具

体的教学实践案例进行分析。该案例以《新视界大学英语视听说教程 1》第八单元为例，以张德禄（2010）提出的多模态外语教学设计理念和原则为理论依据进行多模态教学的设计和实施。教学对象为植保专业学生，教学环境是多媒体听力教室。通过多模态交互教学模式进行了课前预习阶段、课堂教学环节及课后任务的设计与实施。

1. 课前预习阶段

在课前预习阶段，教师通过班级微信群发布任务，要求学生以小组为单位进行课前准备。具体任务包括如下。

（1）搜集与第八单元的主题"The Green Revolution"相关的词汇和短语，如 global warming、environmental protection、conservationist、extinction、diversity、climate change、ecosystem 等并制作词汇卡。

（2）观看关于环保、可持续发展的纪录片或专题片，如《地球脉动》《灭绝的真相》《绿色星球》，并思考与环保相关的问题，如 Do you think it is necessary to protect the environment，What are the consequences of environmental damage，What can we do to protect the environment 等，学生需要查阅相关资料并分组讨论，并在上课时进行小组口语展示。

这种方式可以让学生接触原汁原味的英文材料，锻炼听力水平。同时，通过制作词汇卡活动，学生可以更加直观地理解和记忆所学知识，提高学习效果。

2. 课堂教学环节

在课堂教学环节，教师充分利用多模态交互教学模式进行听说练习的设计与实施。具体环节包括如下。

（1）课前引入。通过学生课堂口语展示来引入本课内容，从而引出"绿色革命"的主题；并借助 PPT 和视频，进行主题背景介绍，激发学生的学习兴趣和注意力。

（2）头脑风暴。引导学生尽可能多地说出与环保相关的词汇，并根据学生制作的词汇卡进行猜词游戏，活跃课堂气氛，提高学生的参与度。

（3）听力练习。先结合视频信息，要求学生了解大致内容；然后关闭视频，反复播放音频，直至学生能听懂 80%以上的内容。通过视听结合的方式，强化学生的听力训练，提高他们的听力水平。

（4）重点练习。针对听力练习中的重点词汇和句型进行练习，通过朗读、对话等形式，使学生能够熟练掌握并运用所学知识。针对本单元 Outside View 谈回收利用的对话，教师可以给学生准备一系列与环保、可持续发展相关的图片，如垃圾分类、衣服书本回收、闲置物品转让再利用等。这些图片可以帮助学生形成直观印象，同时可以设计看图说话等活动，如设计 What will you do with your textbooks，bicycles or electronics when you graduate 等话题来让学生各抒己见，从而提高学生的语言表达能力。

（5）表演巩固。教师可以让学生扮演成不同国家的代表，讨论如何在全球范围内推广绿色革命；或者组织小型辩论会，探讨绿色革命的利弊。在讨论过程中，教师会引导学生将所学词汇和句型运用到模拟场景中，以此增强学生的语言运用能力和跨文化交际能力。

（6）复习总结。回顾本堂课内容并进行总结，巩固所学知识，为下节课的学习打下基础。本单元的学习也能让学生充分了解目前环保的严峻性，思想上重视环境保护，行动上从我做起、从小事做起把环保贯彻到底，培养学生爱家园、爱环境的优秀品德。

通过课堂教学环节的设计与实施，学生可以充分参与到听说练习中来，提高他们的听说能力和语言运用能力。同时，通过多模态交互教学模式的运用，学生可以更加直观地理解和记忆所学知识，提高学习效果。

3. 课后任务

英语学习的最终目的是应用，所以课后任务主要集中在锻炼学生的英语实际应用能力上，也就是增加学生英语输入＋输出的机会。教师应该充分利用丰富的网络学习资源，给学生提供英语输入-反馈-输出的学习路径，提升英语实际运用能力，这点可以通过布置课后练习任务来实现。教师可以针对本课主题“The Green Revolution”的内容提供拓展听力资源，如“TED演讲：绿色能源转型的盲点”，让学生拓宽知识面的同时，了解如 de-carbonization（脱碳）、renewable（可再生能源）、a climate-safe future（气候安全的未来）、greenhouse gas emission（温室气体排放）等环保相关词汇，进而提高英语听力水平。

所有的英语输入都是为了输出，口语表达能力是英语应用能力的重要组成部分，针对这一点，可以利用手机上的“趣配音”App布置“如何保护我们的地球”的配音任务让学生巩固本课所学，并且学生可以在微信群里随时反馈学习效果、提出建议，这都可以帮助教师及时调整教学策略和方法，保证教学质量和效果。

四、结语

综上所述，多模态交互教学模式在大学英语听说教学中具有重要的作用。通过多种感官的刺激和互动活动的设计，可以有效地提高学生的学习兴趣和听说能力。教师同时需要结合具体的教学内容和学生实际情况，合理选择和运用多模态教学资源，避免过度依赖或滥用，关注学生的学习反馈和效果，及时调整教学策略和方法。未来，我们还需要进一步探索和完善多模态交互教学模式的理论和实践，为大学英语听说教学的发展提供更多的思路和方法。

参 考 文 献

陈纪雪，刘艳茹，2021. 大学英语视听说课堂多模态教学分析［J］. 科教论坛（10）：73－74.

柯可，2020. 多模态教学模式应用于民办高校大学英语听力课程中的实证性研究［J］. 英语广场（29）：109－111.

刘丽军，赵凌云，2022. 基于多模态话语分析的大学英语课程思政语境构建分析与应用［J］. 湖北经济学院学报（人文社会科学版）（5）：158－160.

刘燕，2018. 多模态话语分析理论在大学英语听说教学中的有效应用［J］. 教育理论与实践（38）：55－57.

王郑平，2018. 大学英语听力课堂多模态教学模式的构建［J］. 中国多媒体与网络教学学报（35）：52－53.

张德禄，2010. 多模态外语教学的设计与模态调用初探［J］. 中国外语（3）：48－53，75.

科研反哺在“线性代数”课程教学中的实践与探索*

于腾腾①

摘要：线性代数作为高等数学的重要基础分支，在计算机科学、工程学、经济学等多个领域都有着广泛应用，因而对该课程的教学内容等提出了更高的要求。随着大数据时代的到来和科研的不断深入，线性代数的应用案例不断丰富，但目前教学内容、模式和方法等都往往过于注重理论，忽视了与实际问题的联系，很难满足当今时代学生的需求。基于教学促进科研、科研反哺教学的思想，本文旨在探索如何筛选与线性代数紧密相关的农学方面的科研成果，并将其整合为教学资源，同时将科研思想和实践经验融入“线性代数”课程教学中，设计适合农学专业学生的科研反哺案例，以激发学生的学习兴趣，提高教学效果，并培养其解决实际问题的能力。进而为促进线性代数理论的发展和教学方式的革新，实现科研和教学的互进互促，培养高水平复合应用型人才提供助力。

关键词：科研反哺；线性代数；教学探索

党的二十大明确提出，要实现高水平科技自立自强，必须突出原始创新，持续加强基础研究投入。随着大数据时代的到来和人工智能的广泛应用，数学作为基础学科，几乎所有领域的研究都离不开它的支持，其重要性不言而喻。

作为数学基础课程的重要组成部分，线性代数在科研、工程、经济等多个领域都发挥着至关重要的作用。因此，对“线性代数”的教学也提出了更高的要求。“线性代数”的传统教学模式往往以理论讲授为主，学生在学习过程中难以直观感受到线性代数的实际应用价值。随着科研工作的不断深入，许多科研成果和实践经验可以为教学提供丰富的素材和启示。

一、科研反哺的概念与意义

推动科研反哺教学是2019年全国教育大会精神的一项重要内容，达到让最新科研成果进入课堂的目标。科研反哺是指将科研活动中的经验和成果运用到教学中，将科研成果

---

* 本文系2024年北京农学院教育教学研究与改革项目（项目编号：BUA2024YB30）；北京农学院青年教师科研创新能力提升计划（项目编号：QJKC-2023033）。

① 作者简介：于腾腾，女，博士，副教授，主要研究方向为机器学习、随机梯度算法理论及其应用、数学基础课程教学与实践研究。

与教学实践相结合，使科研成果能够为教学服务，以提高教学质量和学生的学习兴趣，同时使教学得到科研的支持与促进。这种模式旨在实现科研与教学的相互促进与深化，将科研的精髓和成果融入教学环节中，从而提升教学质量和效果。科研反哺不仅可以提高教师的教学水平与能力，促进教师自身的专业成长，而且激发学生的学习兴趣与自主学习能力。科研反哺还有助于打破传统的教学模式，推动教学方法和教学手段的创新，促进教学改革与创新。科研反哺教学是一种新型的教学方式，旨在将教师的科研成果和实践经验融入教学过程中，以激发学生的学习兴趣，提高他们的学习能力和综合素质。这种模式有助于形成科研与教学的良性互动，提升学校的整体科研和教学水平。

在“线性代数”这一课程中，科研反哺教学显得尤为重要，因为“线性代数”作为数学学科的重要分支，不仅在理论上有深厚的背景，而且在实践中也有广泛的应用。在“线性代数”课程中，科研反哺可以通过多种方式实现，包括案例教学、问题驱动学习、研究项目参与、学术报告、课程内容更新、研究方法训练、跨学科融合、创新思维培养、实践平台搭建和学术交流等。

二、科研反哺在“线性代数”课程教学中的实践

在实践中，可以从以下几个方面进行科研反哺“线性代数”课程教学。

（一）整合科研资源，更新教学内容

教师应关注线性代数领域的最新科研成果和发展动态，将相关知识和案例引入课堂，让学生了解线性代数的最新发展和应用。同时，可以邀请校内外专家进行学术讲座和交流，拓宽学生的学术视野。教师还可以通过将自己的科研成果引入“线性代数”的教学内容中，使学生了解线性代数在实际问题中的应用。例如，可以介绍最新的数学软件在线性代数中的应用，让学生了解如何利用软件进行线性方程组的求解、矩阵运算等。

在科研方面，机器学习被认为是人工智能（artificial intelligence，简称AI）领域中最前沿、最能够体现智能、发展最快速的一个分支，它是人工智能的核心，是计算机获得“智能”的根本途径。监督学习是目前机器学习中研究比较广泛的种类之一，其基本原理是利用带标记的训练数据集建立一个数学模型，使得该模型对新数据可以做出较好预测，也就是使得预测输出值和真实输出值之间的误差尽可能小。具体地，给定一个由n个带标记的样本组成的训练数据集 $D=\{(a_i, b_i)\}_{i=1}^{n}$，其中 $a_i \in R^d$ 是第 i 个样本的特征，d 表示特征数，$b_i \in R$ 表示第 i 个样本的标记。线性回归（linear regression）是机器学习中比较常见的一类学习模型，它试图通过学习一个线性模型使其预测输出尽可能准确地预测实际输出。线性回归试图学习得到模型：

$$x^T a_i + \theta = b_i,$$

其中，$\theta \in R$ 是偏置，$x \in R^d$ 是权重向量，也是要求解的未知量。该模型就将机器学习问题转化为“线性代数”课程中的求解方程组问题。

（二）引入科研方法，改革教学方式

在“线性代数”课程教学中，教师可以引入科研方法和思维，如问题导向、探究式学习等，引导学生主动思考和探索，培养学生的科研素养。例如，教师可以设计一些具有挑战性的实际问题，让学生运用线性代数知识进行建模和求解，培养学生的问题解决能力以

及科研过程中需要具备的创新思维、批判性思维等。

同时，教师还可以引导学生掌握线性代数建模的方法和技巧，培养学生运用线性代数知识解决实际问题的能力。通过组织学生参与科研实践活动，如科研项目、科研竞赛等，让学生在实践中掌握线性代数的知识，提高科研创新能力。例如，可以组织学生参与数学建模竞赛，让学生运用线性代数的知识解决实际问题。

又如，如何针对上述机器学习建立的线性代数模型，引导学生通过解决问题来掌握数学知识和方法。传统的解决线性方程组的方法对于该问题并不适用，但可以使用均方误差作为预测值和真实值之间误差的度量，它具有非常好的几何意义，并且与常用的欧氏距离相对应。因此，该模型的最优参数可通过极小化训练数据集中所有样本的平均误差来获得，即

$$\min_{x,\ \theta}\sum_{i=1}^{n}\parallel x^{T}a_{i}+\theta-b_{i}\parallel$$

这就是著名的最小二乘问题。为了降低过拟合风险，常常需要引入 ℓ_2 范数作为正则项，则得到了岭回归问题（ridge regression）。如果在最小二乘问题中引入 ℓ_1 范数作为正则项，则得到了著名的 LASSO 问题。现有的许多数值优化算法都可以直接对上述几类问题进行求解。

（三）搭建科研平台，提供实践机会

学校可以搭建科研平台，为学生提供参与科研项目的机会。学生可以组成科研小组，在教师的指导下开展课题研究，撰写科研论文。通过实践锻炼，学生可以提高自己的科研能力和创新思维。

教师可以鼓励学生参与教师的科研项目，通过实践加深对线性代数理论的理解和应用；还可以定期邀请科研人员召开学术报告会议，让学生了解线性代数在不同领域的前沿应用。根据科研的最新进展，不断更新和丰富“线性代数”的课程内容，保持教学内容的前沿性。

教师还可以鼓励学生将“线性代数”与其他学科知识结合，探索跨学科的科研问题。通过结合学生的专业背景，加强“线性代数”课程与专业的联系，让学生了解线性代数在自己专业中的应用。例如，农学是研究农业发展的自然规律和经济规律的科学，包括作物生长发育规律、病虫害防治、土壤与营养、种植制度、遗传育种等领域。线性代数中的矩阵理论、线性变换等概念和方法可以为农学提供新的研究工具和方法，帮助解决一些复杂的农业问题；利用线性代数中的优化算法可以对农业生产过程中的资源配置进行优化，降低生产成本。利用线性代数中的数据分析方法可以对农业大数据进行分析和挖掘，为农业决策提供支持。

三、科研反哺在“线性代数”课程教学中的效果分析

通过引入科研反哺的教学模式，“线性代数”课程的教学效果得到了显著提升。学生的学习兴趣和学习动力得到了增强，他们更加主动地参与课堂讨论和课后实践。同时，学生的科研能力和创新思维也得到了提高，他们在参与科研项目和撰写科研论文方面取得了显著的成果。

科研反哺教学可以培养学生的创新能力。在探究式教学过程中，学生需要自主选题、设计实验、分析数据等，这些过程都需要学生具备创新思维和批判性思维。通过这些活动，学生可以逐渐培养起自己的创新能力，为未来的科研工作打下坚实的基础。

科研反哺教学可以培养学生的科研思维。将科研成果和科研思维融入教学过程，可以培养学生的科研思维和实践能力，同时促进专业发展，加强“线性代数”课程与专业的联系，可以让学生了解线性代数在自己专业中的应用。

科研反哺教学还可以提高学生的综合素质。在科研过程中，学生需要具备良好的沟通能力、团队协作能力、问题解决能力等。通过参与科研活动，学生可以逐渐提高这些能力，为未来的学习和工作做好准备。

四、结论

本文探索了以科研反哺在“线性代数”课程教学中的应用，通过整合科研资源、将科研成果和实践经验融入教学、引入科研方法和搭建科研平台等方式，有效地提高学生的学习兴趣和实际应用能力，同时科研反哺教学也可以促进教师与学生之间的互动和交流，提高了课程的教学效果。

综上所述，科研反哺在“线性代数”课程教学中的实践与探索具有重要的意义和价值。未来，我们应继续探索更多科研反哺教学的策略和方法，以促进“线性代数”教学的改革与发展。同时，可以进一步完善科研反哺的教学模式，加强科研与教学的融合，为培养具有创新精神和实践能力的高素质人才做出更大的贡献。

参考文献

马宪民，2002. 人工智能的原理与方法［M］. 西安：西北工业大学出版社 .

魏子舒，韩越，刘思浩，等，2024. 2021—2023 年人工智能领域研究热点分析述评与展望［J］. 计算机研究与发展（5）：1261 - 1275.

吴伟，2024. 人工智能背景下线性代数模块教学的数字化转型探究［J］. 创新创业理论研究与实践（1）：41 - 44.

张节松，2024. 科研反哺“统计学”课程教学研究与案例设计［J］. 教育教学论坛（3）：153 - 156.

张先恩，汪卫华，阎锡蕴，等，2023. 加强基础研究夯实科技自立自强根基［J］. 中国科学院院刊（5）：755 - 758.

赵静，高有，金永，等，2024. 新工科背景下线性代数课程教学改革与实践［J］. 高等数学研究（1）：91 - 94.

周志华，2016. 机器学习［M］. 北京：清华大学出版社 .

JOSHI AV，2020. Machine learning and artificial intelligence［M］. Cham：Springer International Publishing.

“耕”与“读”有机融合农林院校耕读教育创新路径探析

廉文文[1]

摘要：服务全面推进乡村振兴战略，培养知农爱农新型人才，这是农林院校必须肩负起的时代使命。耕读教育是农林院校履行使命担当的“法宝”，也要善用之。耕读教育可通过搭建耕读教育大平台，构建耕读教育通识课程体系，打造耕读教育品牌活动，进一步开拓耕读教育的创新路径，实现“耕”和“读”的有机融合。

关键词：耕读文化；农业文化；校园文化

顺应时代潮流，把握发展机遇，通过耕读教育全方位地增强学生的综合素养，培育能够肩负民族复兴重任与乡村振兴使命的农业农村现代化建设新人，这不仅是当前时代赋予的使命，也是推动中国式现代化进程不可或缺的内在要求。通过“耕”来推进农业农村现代化建设，通过“读”厚植农林学子知农爱农为农情怀，让学生走进农村、走近农民、走向农业，了解乡情民情，学习乡土文化，提升学生学农知农爱农素养和专业实践能力，是农林院校回答时代命题的最好思路。通过调研，农林院校耕读教育创新路径归纳为以下三条。

一、搭建耕读教育大平台，增强学生强农兴农使命担当，解决“耕”什么、怎么“耕”的问题

“耕”的古字形由“耒”和“井”组成，泛指从事农业活动。所以要解决耕什么、怎么耕的问题就必须让农林教育走出“书本”、走下“黑板”，让学生走出教室、走进山水林田湖草。

1. 构筑耕读教育实践常态机制

农林院校可遵循“从生产中来，到生产中去”的原则，开展多形式多层次的常态化耕读教育实践活动，让学生将实地调研的“三农”实际问题作为“预习”，在田间地头、与学校合作的场站基地、农业企业、科技小院等“大课堂”中进行“摔打磨炼”，将学到的本领应用到“三农”实际作为“复习”，通过实践详细了解农业的地域性、周期性、季节性等特征，打牢内在知识基础，在努力寻找解决“三农”问题过程中厚植知农爱农情怀。

---

① 作者简介：廉文文，女，副研究员，北京农学院理论教育科科长，主要研究方向为思政、农业文化。

2. 打造与四季农时相适应的实践平台

春有百花秋有月，夏有凉风冬有雪。农耕的对象是农产品、农作物，一年四季有其自身的生长规律，农林院校可通过开辟校内实践基地，或者与农村、农业企业等合作划出耕读教育的“自留田”，春天播种、夏天耕耘、秋天收获、冬天储藏，本科生四年、研究生七年，多个循环往复的实践一定会让学生成长为农事专家、耕种的行家里手。

3. 打造多个周期较短的实践平台

将耕读教育通识课程中的课程实践、专业课中与农耕相关的实践以及暑期社会实践一体化设计。这些周期较短的实践可重点以亲民的耕作形式让学生体验劳动之形、农耕之美，帮助学生重建“日入开我卷，日出把我锄”的乡土耕读情感联结。可将单一部门牵头开展实践，转变为全校多部门联动开展有组织、有目标的社会实践大课堂，不断增强耕读教育的“农味儿”，适应农林学子的“口味儿”。也通过这些体系化的耕读实践，使大学生逐步赢得农民信任、赢得百姓口碑，进一步涵养“三农”情怀，真正做到“一懂两爱”。

另外，耕读教育不仅仅是帮助学生熟悉“三农”的生动场景，也要探寻“三农”未来的发展方向，如将现代智慧农业、人工智能等技术融入农耕劳动，赋能农业生产，让学生充分体验高新技术带给农业产业的高效、高质和高能，感受农业农村现代化发展的蓬勃生机，拓展耕读教育内涵与外延。

二、构建耕读教育通识课程体系，厚植学生“三农”情怀，解决“读”什么、怎么“读”的问题

耕读耕读，除了耕，就是读。在全面推进乡村振兴的新征程上，全力推进耕读教育建设是时代赋予农林高校的使命和任务，而通识课程体系的构建也是耕读教育的重中之重，要将服务“三农”的思想价值融入人才培养方案，农林院校可通过专业调整、人才培养模式改革、课程建设等多路径，将耕读教育融入第一、第二课堂，全流程全要素重塑教学体系，让新时代的农林学子扛起责任，走进“三农”，服务乡村全面振兴。

1. 开设耕读教育通识课程

着眼于耕读教育的育人成效，充分挖掘农林院校的特色和精品资源，深挖“农”的素材，开设多门耕读教育相关的课程，积极构建以“天地为课堂、万物为教材”为核心的农耕文化特色课程，将耕读教育相关课程作为农林院校学生必修课。将大国“三农”、农业发展史、农耕文明、乡土文化、农史农俗等内容科学地融入相关课程，同时将智慧农业、数据农业、农村金融、乡村治理等领域前沿知识融入课堂、纳入课程，将其转成耕读教育的各类特色教育教学素材资源。努力将大自然的“时间表”转换为“课程表”，让耕读教育成为农林院校各类专业课程的“基础课”“第一课”。还要积极打造耕读教育专业师资队伍，培养一批具备专业知识和实践经验的教师，鼓励教师参与耕读教育研究和实践活动，鼓励深入田间地头，坚持“田间与课堂、理论与实践、研发与推广、创新与服务”紧密结合，打好服务乡村振兴阵地战，做给学生看、带着学生干。

2. 积极开展“课程耕读”建设

“大思政课”我们要善用之，对农林院校来说，“大耕读课”我们也要善用之。农林院

校现有的各类课程，都是与农业生产生活密切相关的课程，近些年，专业课程建设也大力提倡理论与实践相结合，所以专业课程本身天然就蕴含了“课程耕读”的基因，理论知识里总有农耕的“身影”，实践中总是与耕读的场景相关，充分将建设课程思政的经验用于开展“课程耕读”建设，将专业课内容与耕读教育紧密结合，深度挖掘提炼专业知识体系中所蕴含的耕读教育元素，促进学生理论知识、专业技能、综合素质有机融合，培养学生实践创新和服务乡村振兴的能力，积极营造门门有耕读、课课有特色的浓厚氛围。

3. 精编耕读教育专业教材

一门课程的开设，教材会起到非常重要的作用，一系列精品有趣的耕读教材的编写，会为耕读课程的建设打下坚实的基础。农业文化作为中华优秀传统文化的重要组成部分，蕴含着丰富的历史底蕴和深厚的文化内涵，尤其在古诗词中，我们常常可以读到对农耕生活的生动描绘，主要包括以下四类：一是描写田园风光的，二是描写动物植物的，三是描写农业活动的，四是展现真实农村生活的。古诗词在耕读教育中会起到意想不到的效果，因为诗词是文人雅客思想感情的精准凝练，不仅词句优美而且营造出了韵味无穷的想象空间，如描述农业劳作场景的诗词常常会引发学生对农耕生活的向往，对农业描写时常会有各种情感的寄托，这也是对学生开展思政教育的有力抓手，解读有关农业的古诗词，也是梳理古代农业变迁的过程，同时还能弥补农业院校文科基础薄弱的现实，提高新型农业人才的文化素养，进而为乡村振兴注入强大的文化动力。让我们在“锄禾日当午，汗滴禾下土”描绘的场景中，感受农耕生活的艰辛与不易，在“采菊东篱下，悠然见南山”的描绘中，感受田园生活的美好……“耕读传家久，诗书继世长”，耕读教育任重而道远。

三、打造耕读教育品牌活动，把农耕文化“种”进校园环境，“耕”与“读”有机融合

耕读教育不仅仅是课程与实践，要借助有形或无形的载体，充分挖掘农耕文化培元、塑人功能，把中华优秀传统文化融入“培根育穗、拔节生长”的育人全过程，用耕读精神浸润师生心灵，让农耕文化真正地可视、可知、可感。

1. 耕读教育与校园文化建设有机结合

将耕读教育融入校园文化建设，不仅是对传统文化的传承与弘扬，也是推动学校内涵式发展的重要途径。可从三方面着手：一是农林院校的校园文化硬件建设可突出耕读元素，充分利用道路、建筑、地标等创设农耕文化地图，打造与农耕相关的特色景观，如农业发展浮雕墙等，道路、楼宇的命名可与二十四节气、农业品种名等相关，指示牌、地标等细节里都可融入农业元素，把四时风物“印”在学习工作环境中，把农业科研成果“刻”在墙上，打造独有特色。二是打造耕读校园专属环境，成为耕读教育的第二课堂。例如，可以在校园内建设农耕文化展示区，展示传统农具、农耕技术和农耕文化的发展历程，让学生在亲身感受中了解农耕文化的魅力。三是广泛开展与耕读教育相关的校园文化活动，可结合“植树节”“劳动节”“丰收节”等节点节日，丰富农耕文化活动，也可根据春夏秋冬四时，弘扬岁时节令文化，开展相关校园活动，使农耕文化元素融入日常生活，让学生真切感受“蕴藏在时间里的农业智慧”。还可借助“请进来”的方式，广泛邀请农

业领域领导干部、专家学者、杰出校友以及乡村"大户""能手"走进校园、登上耕读讲台授课，向师生传授服务乡村振兴的专业知识，讲述身处"三农"一线的鲜活故事，展现新时代乡村最生动的一面，在校园里也能感受到耕读的浓厚氛围。

2. 耕读教育与校史文化充分融合

农林院校的校史是农林文化的独特存在，是农林发展史的重要组成部分，蕴含了开展农耕教育的多种元素，可大力挖掘"校史、校训、校歌"等育人资源，深入挖掘校史中的耕读文化元素，可以让学生在了解学校历史的同时，更加深入地了解传统文化的精髓和价值，赓续强农兴农基因。可组织学生开展打卡校史馆，聆听优秀校友的故事等，全过程、全方位做好农耕文化和校史精神结合教育，进一步加深学生对学校文化底蕴的了解，加强对学校办学定位的认同，厚植学农兴农的职业情怀。

3. 让耕读教育借助"新媒体的翅膀"传播得更远

传播环境的深刻改变，提示我们做好耕读教育一定要搭上新媒体的快车道。耕读教育作为中华优秀传统文化的重要组成部分，借助新媒体进行广泛传播，不仅能够扩大其影响力，还能吸引更多人的关注和参与，推动耕读教育的普及与发展。可通过制作短视频、图文推送等形式，将耕读教育的内涵、价值和意义以直观、生动的方式呈现给学生，同时，新媒体的互动性也使得耕读教育的传播更加生动、有趣，能够吸引更多学生的关注和参与。同时，还可以利用新媒体平台开展线上互动活动，如耕读知识竞赛、农耕体验分享等，激发学生参与耕读教育的热情和积极性。

参 考 文 献

曹东勃，宋锐，2020. 农耕文化：乡村振兴的伦理本源［J］. 西北农林科技大学学报（社会科学版）（3）：144-153.

崔令军，石开明，沈作奎，等，2022. 儒耕读教育背景下农林气象学课程教学的研究与实践：以湖北民族大学为例［J］安徽农学通报（10）：158-160.

崔晓，唐艳丽，陆敏，2022. 涉农高校开展耕读教育的现实价值和路径研究［J］陕西青年职业学院学报（4）：42-44，48

刘旭青，2012. 农耕谚与农耕文化：以浙江为例［J］. 农业考古（3）：14-18.

张岱年，2017. 中国文化概论［M］. 北京：北京师范大学出版社.

中华人民共和国中央人民政府，2021. 中共中央办公厅　国务院办公厅印发《关于加快推进乡村人才振兴的意见》［EB/OL］. https://www.gov.cn/gongbao/content/2021/content_5591402.htm.

大思政课视域下首都农林高校创新创业教育体系的构建

——以北京农学院为例*

时　梦[①]　李一帆　杨海睿　杨一桐　赵晨昕　王　燕　齐　莉　董利民

摘要：农林高校的创新创业教育为我国农业农村的经济社会发展注入了现代化高素质专业型人才。然而，长期以来，学生对农科专业认同度不高、对“三农”情况了解不深，农林高校在创新创业教育过程中对“三农”元素挖掘不足，这些原因都导致农林高校的创新创业教育难以助力新时代首都发展和乡村振兴。本文将以制度、特色、资金三项为抓手，深入挖掘首都农林高校创新创业教育过程中的思政元素，提升新时代农林高校创新创业思政育人工作水平，提高思想政治教育的引领力和作用力，加强学生对涉农专业的认同感，强化学农爱农、强农兴农的使命担当，为我国的乡村振兴和农业农村现代化作出贡献。

关键词：农林高校；大思政课；创新创业教育；乡村振兴

推进中国式现代化，必须坚持不懈夯实农业基础，推进乡村全面振兴。在《中共中央、国务院关于学习运用“千村示范、万村整治”工程经验有力有效推进乡村全面振兴的意见》中对2024年及今后一个时期的“三农”工作作出全面部署。文件重点强调，要提升乡村产业发展水平，产业是乡村振兴的基础支撑。乡村产业的发展这一重担在如今已经落到新一代农林高校学子肩上。

对于农林高校学生而言，培养其创新精神与创业能力对于自身与国家发展都显得尤为重要，这是有效助力乡村发展的基础。近些年，随着创新创业教育和相关竞赛的迅速发展，在培养学生创新创业能力、推动高质量就业方面起到了积极的促进作用。目前，深化高校创新创业教育改革已成为教育综合改革的重点内容之一。

2022年，教育部提出“大思政课”建设部署，开拓了思政教育新格局，第一，思政育人效果要入脑入心，要用党的创新理论育人，增强针对性和有效性。第二，建设格局要更广阔，走出思政小课堂进入大课堂，调动社会力量和资源，建设“大课堂”“大平台”“大师资”。同时，加快建设大思政课育人格局，以“大思政课”理念指导高校创新创业课程，思政建设更具有结构合理性和工作延伸性。

---

* 本文系思政引领首都农林高校创新创业育人新模式（项目编号：BUA2024YB44），立项单位：北京农学院。

① 作者简介：时梦，女，博士，助理研究员，北京农学院教务处综合办公室科员，主要研究方向为创新创业教育。

然而，长期以来，学生对农科专业认同度不高，对“三农”情况了解不深，农林高校在创新创业教育过程中未能有效挖掘“三农”元素，难以助力新时代区域经济社会发展和乡村振兴。

针对这一难题，农林高校必须要把大思政课融入创新创业教育全过程之中，发展拓宽培养农林学子相关能力，让其志存高远、脚踏实地，厚植爱农情怀，练就兴农本领，在乡村振兴的大舞台上建功立业，为加快推进农业农村现代化、全面建设社会主义现代化国家贡献青春力量，在乡村振兴的大舞台上建功立业。

北京农学院作为北京市属唯一的本科农林高校，坚持以立德树人为根本，以强农兴农为使命，着力培养“懂农业、爱农村、爱农民”、社会责任感强、富有创新精神的高水平复合应用型人才。本文将以北京农学院为例，以制度、特色、资金三项为抓手，深入挖掘首都农林高校创新创业教育过程中的思政元素，提升新时代农林高校双创思政育人工作水平，提高思想政治教育的引领力和作用力，增强学生对涉农专业的认同感，强化学农爱农、强农兴农的使命担当，为我国的乡村振兴和农业农村现代化作出贡献。

一、农林高校思政教育与创新创业教育协同育人的内在逻辑

1. 在大思政课中培养创新创业精神

思政教育的目标是引导大学生树立正确的世界观、人生观、价值观，将个人理想融入社会发展之中，成为对社会发展有用的人才，其核心内容是理想信念教育，旨在对大学生的思想行为进行正确的引导和激励。所以，我们要牢牢把握住大思政课，在课堂中引领创新创业教育始终朝着正确的方向发展。

习近平总书记给中国农业大学科技小院的学生回信中提到，“党的二十大对建设农业强国作出部署，希望同学们志存高远、脚踏实地，把课堂学习和乡村实践紧密结合起来，厚植爱农情怀，练就兴农本领，在乡村振兴的大舞台上建功立业，为加快推进农业农村现代化、全面建设社会主义现代化国家贡献青春力量”。高校思政直接关系党的二十大精神能否浸润好新一代爱农青年的成长志向，必须发挥好思政育人的核心作用，促进乡村全面振兴。

以习近平新时代中国特色社会主义思想为指导，优化课程思政与创新创业教育实践的结合方式，引导学生立足世情国情党情民情，设计创新创业实践项目；以红色精神谱系为实践指导，培育学生敢闯会创的能力素质。创造条件并鼓励学生走进“大课堂”，以实践达到创新创业技能与精神塑造双丰收的教育效果。

2. 创新创业教育与思政教育交互融合

创新创业教育的目标是为了培育学生的创新创业意识，使学生能够掌握创新创业知识，增强自身的创新创业技能，创新创业教育可看作是理想信念教育的一种具体形式，通过对大学生进行艰苦奋斗、敬业奉献、团结合作等优秀品质的灌输教育，进一步提升理想信念教育的实效性。创新创业教育为国家社会经济持续高质量发展提供人才，可以为思政教育的顺利开展提供良好的实践平台。

农林高校借助“创新创业课程思政教学改革”这一抓手，将创新创业教育融入大思政课，增强“三农”的价值导向与情感培育，为实现农村全面发展，提供人才支撑和精神支

持。思维是思想政治教育的核心，是思想政治活动的核心。高校要想真正建设成为引领改革、支撑发展、具有中国特色的专业，必须把时代和社会的正能量导入创新创业教育中去，不断探索适合我国国情的涉农专业学生创新创业思政育人新模式，为我国的乡村振兴和农业农村现代化作出贡献。

所以，要坚持创新创业教育与思想政治教育协同育人，培养思想与能力俱佳的“双创”大学生，以实现立德树人、提升学生创新创业能力的目标。

二、农林高校思政教育与创新创业教育现阶段发展问题探析

随着近些年应用科技的飞速发展及政府企业的背后支持，各类“双创”乃至“三创”竞赛不断涌现，引起国内众多高校广泛参与，学生创新蔚然成风。然而，思创育人过程中学生“三农”情怀缺失、制度更新不完善、育人环节缺乏课程思政、创业项目缺乏“三农”元素等，阻碍农业类创新创业教育的进一步发展。高层次发展与坚定的思想信念密不可分，将思政教育、思政元素融入创新创业教育中对于创新应用型农业人才的培养具有独特意义。

三、农林高校创新应用型人才培育路径

1. 加强顶层设计，完善思政育人融入创新创业教育全过程工作机制

新时代高质量思政育人融入创新创业教育全过程，首先要建立一个“好机制”，做到制度保障。涉农高校应深入探索、推进适合首都农林高校人才创新创业教育培养需求的思政课改革创新路径和模式。颁布一系列制度，如《创新创业教育教师队伍提升思想政治理论基础建设规划》《深化新时代思想政治理论课融入创新创业教育改革实施方案》《深入挖掘创新创业教育过程中思政元素实施办法》。通过定期问卷访谈获取师生发展面临难题及机遇，保障创新创业教育制度实施过程中的精准性和有效性，确保制度设计落在实处，给首都农林高校师生提供良好的创新创业激励机制。

建立和完善党委统一领导、党政齐抓共管、部门各负其责、协同配合的工作格局和保障体系，从顶层设计、规划发展、师资队伍、条件建设、资源支撑等方面保障思政元素融入创新创业教育及创新创业竞赛的全过程。

2. 发挥农林高校特色，将专业教育、思政教育与创新创业结合，打造创新创业思政“金课”

（1）立足首都农林专业特色，深化双创项目指导教师振兴乡村的责任意识。邀请学校领导及“三农”专家到田间地头讲授大思政课，给予立项指导性建议和思想政治要求。通过不断引导教师学习思考“思政+创新创业教育”融合点，确保立项始终紧紧围绕首都农业建设，打造一批“又红又专”的“双创”教师。在“双创”教师队伍中优中选优，发挥好内部的“传帮带”作用，坚持长期育人站位，谋求形成一批政治立场坚定、理论功底扎实、热爱思政教育事业、以中青年教师为主的北农专属思想政治理论课教师队伍。在课程系统性建设的基础上，以建设“金课”为抓手，以评促建，组织国家级、省部级、校级一流（优质）本科课程申报、建设工作，以带动整体课程水平提升。

（2）推动“红绿融合”。在创新创业教育课堂上，为学生讲授生态文明、乡村振兴等

“绿色课程”，将农林高校的“绿元素”融入思政课教学的“红课堂”。创新创业课教师主动深入“三农”一线调查研究，将创新创业教育与“三农”一线、田间地头的绿色元素有机结合，增强教学效果。通过开设“中国共产党‘三农’思想史”“农耕文化”等思政选修课，厚植“三农”情怀，助力学校培养懂农业、爱农村、爱农民的有担当、具有创新精神的现代农业人才。坚持“笃行”校训，在“三农”一线这个社会思政大课堂上，将各院系学生的专业技能与京郊乡村发展难题相结合，引导学生于实践中运用创新思维解决“三农”问题，在振兴乡村的笃行实践中，让学生切身感悟党的“三农”政策及思创教育对于强国兴农的时代意义。

（3）农林高校创新创业教育融入国内农业创新创业优质案例，提升学生对“农”的认同感。以北京农学院为例，北京市首家导盲犬培训基地在学校授牌落户并开班培训，为学校思创教育开展提供有力支撑。思政课教师引导学生深刻认识北京市导盲犬培训基地建设对服务新时代首都发展和促进残疾人事业发展的重要意义，积极解决残疾人急难愁盼问题。运用导盲犬案例引导师生在助残一线上好“大思政课”，有力推动公益事业和残疾人事业高质量发展。坚持党政引领，充分发挥学校教育、科技、人才“三位一体”优势，导盲犬创新创业教育围绕导盲犬“繁、育、养、护、医”开展创新创业工作，发挥学科专业优势、中西兽医结合服务以促进导盲犬事业发展；借鉴国内外成熟工作犬企业运营的先进经验，持续引入并研发导盲犬科技成果，培育导盲犬全产业链发展，转化本校科技成果，用高质量的创业成果体现北农学子对特殊群体的关心关爱；政校企联合，培养高水平应用型人才，发挥学科专业优势，提升校内人才产出水平。让学生通过本校案例充分认识到导盲犬事业能够“增加人民幸福感，增进民生福祉”，厚植学生爱农情怀。

3. 设立专项资金，立项支持师生参与乡村振兴战略相关的创新创业竞赛项目

（1）选好项目、组好团队、出好成果。发挥学校专业优势和特点，在项目扶持和参赛遴选过程中，突出“农”的特色，发挥乡村振兴、脱贫攻坚、扶志扶智方面的优势，为学生上好创新创业的“大思政课”。鼓励学生走出教室、实验室，到田间地头、产业一线和社会基层解决问题。项目始终立足行业产业发展需求，结合农村社会发展现状不断调整优化团队专业构成，指导优秀学生跨专业共同组队，打造可供乡村直接应用的高水平创新创业成果。在开学教育过程中，学校开好讲好以“首善标准、红色基因、北农特色”为核心的乡村振兴“大思政课”，搭配好培育优质项目的第一份“肥料”。出台《学生竞赛类奖励实施办法》，搭建学科竞赛平台，实施《大学生创新创业训练计划》，对创新创业项目提供经费、设施和场地支持，强化学生的创新精神、创业意识和创新创业能力，筛选“好”创意点，进行立项组队实践全方位优质导师指引，师生协作共同打造乡村振兴北农成果。

（2）建立农业创新创业案例库，强化优质农业创新项目宣传。设立年度“乡村振兴最佳创新创意团队”“扶农助农最佳创业团队”等评定制度，引导学生在创新创业过程中积极融入乡村振兴和农业农村发展大潮，形成良性竞争。给予优质涉农项目资金及媒体宣传支持，扩大农业类创新创业项目成果影响力，发挥好示范激励作用。结合本校导盲犬基地建设任务，深化导盲犬“引进、繁育、训导”等多环节合作事项，打造具有首善标准、中国特色的导盲犬培训基地，作为案例金牌项目大力宣传。同时，凝练更多优秀“红绿融合”案例，突出北农思创教育特色，以此反哺和支撑思政课教学，增强思政课的“农味儿”，适应北农学生的“口味儿”，在成果宣传过程中，深入学习探讨习近平总书记关于思政课改革创新的重要讲话和重要指示批示精神，持续不断地完善和推进“红绿融合”式思政课改革创新，讲深、讲透、讲活“绿色故事”中的“红色道理”，品味北农成果。综上所述，通过思政引领首都农林高校创新创业育人新模式的研究，使农林高校大学生厚植爱农情怀、练就兴农本领的责任与担当，体现在“强国兴农有我”的实际行动上。让思政课助力青年学生夯实人生根基、成为栋梁之材。

4. 设置竞赛人才库，创建“思政+创新创业”互助模式

（1）构建北农“双创”人才交流平台，加强思政教育。借助校内已有资源和教师经验，挑选一批思政素质过硬、“双创”成绩优异的应用型学生人才，通过选拔进入人才库，由教务处颁发聘用书并组织其定期开展乡村振兴朋辈经验分享，切实发挥好朋辈“传帮带”作用，打通各学院壁垒，围绕农业本色，推动北农“双创”人才多方持续高效发展。鼓励本校思政过硬的学生人才参与更多产教融合活动，在社会实践中将创新创业道路走深走实，牢固自身专业知识基础和创新创业技能，为本专业本院系后续人才培养提供可复制经验。

（2）提升思政课程质量，增加思政课程与京郊村镇建设的直接联系。把思政课开在讲在田间地头，把思政小课堂和社会大课堂结合起来，使党的创新理论的真理力量和实践伟力入耳、入脑、入心。学校可组织拍摄“村镇面对面访谈”之类的视频，由村镇干部在视频内介绍本村发展方向及当前问题，教师在课堂上将“农村发展问题”抛给学生，鼓励学生寻找相关专业教师组织“青红赛道”实践队伍，以此为思政和创新创业融合的重要抓手，帮助学生厚植爱农兴农情怀，使其从服务京郊村镇的亲身实践中汲取营养和力量。引导师生在学习和工作实践中，充分发挥所学专业和知识优势，融入乡村振兴，把创新创业落实在田间地头，把创业成果凝结在农民的收获里，让学生在新时代乡村振兴的大舞台上勇于创新，敢于创业。

5. 强化红色支撑，红色宣传平台引入创新创业短视频知识分享

以红色宣传平台为支撑，邀请“三农”名人为本校学生思创教育录制短视频。红色平台丰富自身教育内容，拓宽农林高校“双创”育人工作的宣传形式，以名人的亲身经历引领校内学生发展目标。做好农业视频选题和审核优化工作，将短视频融入新时代的思创工作中。鼓励学生走出教室、实验室，到田间地头、产业一线和社会基层解决问题，充分利用党政宣传部门的红色资源，与师生团队做好配合，长期录制学生在田间地头的亲身实践中发生的思想变化，用镜头语言展现出红色力量赋予北农学子的强农担当与爱农情怀，指引师生把创新创业项目做在京华大地上，把创业成果凝结在农民的收获里。用创新创业短视频讲深、讲透、讲活“绿色故事”中的“红色道理”。

6. 大思政课与创新创业协同发展——以北京农学院为例

北京农学院作为一所市属农林院校，“乡土”气息浓厚，与现实联系密切，具有讲好大思政课的肥沃土壤。学校始终坚持以强农兴农为己任，以培养知农爱农新型人才为中心。在学校党委的坚强领导下，学校立足办学特色和专业优势，通过建设乡村振兴“大课堂”、搭建乡村振兴“大平台”、汇聚乡村振兴“大师资”、开好讲好乡村振兴“大思政课”，组织引导师生把论文写在京华大地上，把成果凝结在农民的收获里。

学校着力创新思政课程新方式，在创新创业教育中加强思政元素的挖掘，提高思想政治教育的引领力和作用力，创新乡村振兴实践育人路径，提升学生对涉农专业的认同感，强化学农爱农、强农兴农的使命担当，从而构建“三全育人”大格局，真正让立德树人落地生根。

近年，学校在创新创业成果上更是层出不穷。2023 年，北京市第九届“互联网＋”大学生创新创业大赛中，北京农学院共计 59 个项目获奖，其中一等奖 6 项、二等奖 8 项、三等奖 45 项；分别在高教主赛道获得一等奖 2 项、二等奖 6 项、三等奖 36 项，在“青年红色筑梦之旅”赛道获得一等奖 4 项、二等奖 2 项、三等奖 4 项，在产业命题赛道获得三等奖 5 项。学校再次荣获“优秀组织奖”荣誉称号。

四、结语

农林高校的创新创业教育为我国农业农村的经济社会发展注入了现代化高素质专业型人才。为进一步有效发挥高等农林高校人才培养优势，将核心素养培育融入人才培养目标，农林高校要继续坚持发展“思政＋创新创业”协同育人体系，加强顶层设计，创新教育理念，优化资源平台，重构师资队伍建设，推动应用型本科高校“思政＋创新创业”协同育人的有效实施，以期培养更多具有创新精神和实践能力的优秀人才。真正让立德树人落地生根，搭建新型思创教育体系，思创合力，让农林高校形成新时代心系“三农”的创新创业类人才持续供给体系。

参 考 文 献

鲍锐，王睿，蒋雪伟，等，2023. 乡村振兴战略背景下应用型高校涉农专业学生返乡创业意愿实证研究［J］. 江苏农业科学（24）：239－244.

丁建范，卜永强，2023. 大思政视角下高校“双创”教育策略探究［J］. 湖北开放职业学院学报（20）：11－13.

谷洪波，郑毅勋，郭云贵，2023. 我国高校创新创业教育的困境、影响因素及对策研究［J］. 当代教育理论与实践（6）：60－66.

何晶晶，2024. 课程思政视域下高校“双创”教育改革策略研究［J］. 湖北开放职业学院学报（5）：6－8.

王雅坤，于翠英，2024. 乡村振兴战略下农业高校“三农”人才培养研究［J］. 智慧农业导刊（5）：193－196.

韦联桂，2023. 地方高校“双创”教育与乡村振兴战略实施耦合发展：困境与路径［J］. 长春大学学报（10）：63－66.

新华社，2023. 习近平给中国农业大学科技小院的同学们的回信［EB/OL］. https://www.gov.cn/yaowen/2023-05/03/content_5754012.htm.

新华社，2024. 中共中央、国务院关于学习运用“千村示范、万村整治”工程经验有力有效推进乡村全面振兴的意见［EB/OL］. https://www.gov.cn/zhengce/202402/content_6929934.htm.

姚威，徐晓飒，胡顺顺，2024. 习近平总书记关于科技创新的重要论述指导高校创新创业教育的路径研究［J］. 西北工业大学学报（社会科学版）（1）：43－49.

张闯开，2023. 高校双创教育与思政教育的融合与实践［J］. 食品研究与开发（14）：238.

张虹，罗江华，2024. 守正与创新：党的二十大精神引领下高校精准思政的出场逻辑［J]. 青海民族大学学报（社会科学版）(1)：95-100.

张宇，宣雄智，2022. 涉农专业创新创业教育与思政教育协同育人路径研究［J]. 河南农业（27)：32-34.

中华人民共和国教育部，2022. 教育部等十部门关于印发《全面推进“大思政课”建设的工作方案》的通知［EB/OL]. http://www.moe.gov.cn/srcsite/A13/moe_772/202208/t20220818_653672.html.

教学质量建设

完善教学管理模式 促进“双培计划”培养质量提高探讨*

——以北京农学院园林学院为例

张红梅[①] 赵晨宇

摘要：自2015年北京市教委启动双培计划开始，北京农学院与北京林业大学联合共建，协同育人，服务北京高等教育改革发展。从市属高校的视角出发，从建设举措、培养情况等方面阐述“双培计划”现状，以调研为基础，探讨“双培生”的管理模式，提升培养实效。

关键词：特色培养；个性管理；健全管理体系

“双培计划”是由北京市教委制定，由北京市属高校与在京中央高校共同培养优秀学生的人才培育改革措施，是“北京高校高水平交叉培养计划”中的重要内容。在市教委的指导下，北京农学院和北京林业大学之间形成了双培双联合人才培养制度，园林学院的林学与风景园林学科，每年选择“双培计划”的学员前来北林进行就读。“双培生”实行“3＋1”的人才培养方式，即前三年在北京林业大学就读，第四年则在北京农学院进行实践与毕业。

“双培计划”开展以来，对于这种新的培养模式，如何让学生准确定位，尽快适应北京林业大学的学习和生活环境，跟上学习进程，顺利完成学业一直是学院和学校关注的重点。为此，有必要溯源几年来“双培计划”项目的整体实施情况，发现存在的问题并有针对性地总结培养过程中的路径对策，进而优化项目实施，提升项目培养效果。

一、北京农学院园林学院“双培”现状

（一）录取情况

北京农学院作为首批实施“双培计划”项目高校之一，于2015年起开始招收“双培计划”学生，园林学院招收包括风景园林及林业（城市林业）两个专业。园林学院截至2023级累计派出“双培生”已达127名，已毕业学生77名。几年间，录取人数整体较为稳定。

---

* 本文系2023分类发展定额项目—人才培养质量提高经费—基层本科教学质量管理提升项目—园林学院—张红梅（项目编号：5046516650/059）。

① 作者简介：张红梅，女，本科，助理研究员，教学秘书，主要从事园林学院教学管理工作。

（二）建设举措

1. 制定特色的培养方案

人才培养方案是开展人才培养、实现人才培养目标的指导性文件，是保证教学质量和人才培养规格的基础。根据“北京高校高水平交叉培养计划”的工作要求，北京农学院与北京林业大学林学和风景园林专业反复进行了多次交流研讨，根据教委文件精神，总体培养目标，以及培养学生的可操作性，并充分考虑到双方人才培养的自身优势和特点，发挥和融合双方高校的特色，兼顾入校学生的特点和基础，为“双培计划”学生单独定制了有别于双方高校现有培养方案的个性化培养方案。随着双方高校培养方案的修订，每一届“双培”方案也进行相应的修订。

2. 建立个性化管理机制

自“双培计划”实施以来，学院建立了较为完善且高效的沟通机制。经过多年的建设，学院建立了以学生副院长为负责人、教学副院长协同参与的管理机制，学生部和教学部协作，保证“双培生”健康成长。于“双培生”入学前制定对应的工作方案，单独设班，由辅导员担任班主任，负责各项事务的通知，并时刻关注“双培生”的学习生活动态。同时，为每一位“双培生”安排一位专业教师作为导师，当遇到问题时，由导师给予相应的指导，同时导师也是“双培生”大四时返回农学院开展毕业设计、进行综合实习的校内指导教师。

3. 搭建有效的交流机制

随着“双培计划”的逐步实施，交流机制逐步完善。学院与北京林业大学建立了良好交流沟通方式，双方专业教师定期就课程教学开展交流活动，就“双培生”的培养和学习问题进行沟通，共同推进“双培生”的培养，同时也增进了双方的了解，为进一步加深合作奠定了基础。

（三）培养情况

自“双培计划”开展以来，北京农学院逐步完善沟通机制，发现问题及时解决，培养效果较为良好。以 2015 级、2016 级、2017 级、2018 级、2019 级“双培生”为统计对象，平均五届学生一次性毕业率为 87.04%，退出“双培计划”人数共 4 人。随着“双培计划”的实施，一次性毕业率有了明显提升，但退出“双培计划”的人数在逐渐增加（表 1）。

表 1　“双培生”培养情况统计

毕业年级	一次性毕业率（%）	退出“双培计划”人数（人）
2015 级	81.25	0
2016 级	88.24	0
2017 级	85.71	0
2018 级	90.00	0
2019 级	90.00	2
2020 级	—	0
2021 级	—	2
2022 级	—	0
2023 级	—	0

二、“双培生”现存困境

随着“双培计划”的实施，根据2015—2019级“双培生”毕业情况进行分析。可以看出，“双培生”的毕业率得到了明显提升，但也新出现了退出“双培计划”的情况。为了解“双培生”学习生活现状并及时解决现存问题，提升“双培生”培养质量，利用调研问卷的形式进行调查。以此了解真实的“双培生”情况，找到问题所在，及时处理。此次调研问卷收回有效问卷33份，根据问卷内容，总结出“双培生”现阶段的管理困境有以下几点。

（一）学生缺少归属感

由于“双培计划”培养模式的特殊性，相较本校学生，“双培生”很难得到有针对性地时时关照。根据调查问卷显示，93.94％的学生认为与北京林业大学的联系更为紧密；57.58％的学生在遇到困难时会选择首先与北京林业大学进行沟通。部分学生表明希望与本校多交流沟通，增强联系，熟知学校政策。这都充分表明学生与本校的归属感弱，需增强与学生之间的日常交流。

（二）学生承受多重压力

基础差距客观存在，无论是高考成绩还是平时成绩，均与中央院校存在一定差距。“双培生”去往北京林业大学进行学习，优质的教学资源固然能培养出良好的学生，但与全国的佼佼者一同学习，压力也会更大。通过调查问卷显示，9.09％的学生表明学习上存在较大困难，78.79％的学生表明学习上存在一般困难。困难主要包括周边环境压力过大、学习自主性差、跟不上教学进度、基础较为薄弱等，特别是面对一些数学、英语等基础性课程，找不到入手点，与北京林业大学学生一起学习时，难免感觉吃力，造成成绩有一些差距，从而导致学习的兴趣和信心不强。9.09％的学生表明心理上存在一定困难。总体来看，“双培生”心理素质偏弱、抗压能力不足的情况较为常见，对待专业学习虽有良好的期望，但在行动上通常不能克服困难，容易半途而废。

（三）学生不熟悉本校流程

“双培计划”是3＋1的培养模式。前三年在北京林业大学进行学习，第四年回本校完成毕业设计及毕业实习，并且由本校进行毕业审核。调查问卷中显示大部分学生不了解本校的规章制度，不会用本校的基础软件、不熟悉学院的教学流程等，甚至18.18％的学生不了解毕业条件，极少数学生从来没有与教学秘书及辅导员进行过沟通。部分学生表示希望能在刚入学时增加交流沟通，针对“双培生”的细则能有详细的认识，熟知专业特点及毕业条件。

三、“双培生”管理对策

（一）健全管理体系，把握帮扶方向

关注教育的本质，立足学生的全方面成长。“双培生”的培养过程涉及两个学校，两校之间培养方案和课程体系存在差异，虽然制定了个性化的培养方案，但随着社会需求的变化，双方课程教学衔接方面还存在很多值得探索的问题，在“双培计划”实施过程中如何达到相应的专业培养的目标和效果，实现“双培”的真正培养也需不断思考。在“双培

生”入学之际，针对毕业条件及管理细则对其进行说明，确保学生了解相关政策，提升一次性毕业率。

（二）增强帮扶效能，拓宽信息沟通渠道

开展“双培计划”学生学情跟踪调查，确定学生学业状态情况，并组织辅导员和导师对其定期开展座谈交流，多组织一些活动，关注学生心理健康状况，增强学生对学校和学院的认同感，增加归属感。另外，根据考试成绩分析“双培计划”学业困难学生情况，从而开展有针对性地指导与帮扶，对于学生的学业进行有效提升。定期听取学生意见，建立多元、畅通便捷渠道，不但能有效推动工作开展，还能及时发现学生的问题并适时引导。及时给予学生更多的话语权，让学生成为教学管理的参与者。

（三）巧用多种方式，强化交流沟通

在“双培生”进入北林学习后，学院持续关注学生的学习和生活状况，要求辅导员和导师日常进行沟通，了解其学习情况，学院同时也定期邀请“双培生”回校开展座谈，当面了解情况、解决问题。推动虚拟教研室和教学共同体的建设，促进其良性动态发展，制定相关的政策制度，如合作科研制度、集体备课制度、在职进修制度、教师交流制度等。此外，争取双方高校的支持，提供必要的建设经费、物资设备和政策支持，为“双培生”培养提供更好的平台，保证教学质量。

（四）建立交流体系，营造榜样作用

“双培计划”人数较少，培养方式较为独特。“双培生”往往在入学后需要较长的适应时间。学院可以增加不同年级之间的“双培生”交流活动，通过搭建微信群等方式，老生解读政策，介绍学习经验，新生获取经验。最大程度发挥榜样作用。

四、结语

“双培计划”的实施促进了市属院校和中央院校合作交流，促进了教育公平，对于提升市属院校的人才培养水平起到了积极的促进作用。通过不断调整“双培”模式，“双培生”的培养质量也切实得到了提升。只有“双培生”具备更强的适应能力、自学能力、自制能力，管理者对传统教学管理模式进行及时的调整和创新，才能解决“双培计划”学生培养过程中的诸多问题，进而满足社会发展对人才的需求。

参 考 文 献

王巍，李烨，林聪，2017. 打造“双培计划”教学共同体探索区域协同育人新机制［J］. 北京教育（高教）（6）：55-59.

张巍，袁烁，罗蕊，等，2021. “双培计划”学生培养过程研究：以北京农学院食品科学与工程学院为例［J］. 科教文汇（上旬刊）（10）：19-20.

基于“以学生为中心”的教学质量监控与评价体系建设*

吴卫元①

摘要：本文探讨了北京农学院在构建以学生为中心的教学质量监控与评价体系方面的实践与挑战，分析了北京农学院教学质量监控与评价体系的现状，包括内部监控和外部监控的构成及其在教学活动中的实施效果，指出了体系在组织机构建设、教学评价体系、信息化程度以及质量文化建设等方面存在的问题。针对这些问题，提出了一系列优化策略，包括加强组织机构和质量标准体系建设、完善教学质量监控信息化、构建校内教学评价体系、加大质量评价结果的运用、数据赋能助力人才培养以及提升质量文化意识。

关键词：教学质量监控；评价体系；学生中心；质量文化

在高等教育领域，教学质量被视为高校的核心竞争力。自 2018 年和 2019 年，教育部相继印发《关于加快建设高水平本科教育全面提高人才培养能力的意见》与《关于深化本科教育教学改革全面提高人才培养质量的意见》，明确强调了以学生为中心产出导向和持续改进的教育理念的重要性。2021 年，教育部印发《普通高等学校本科教育教学审核评估实施方案（2021—2025 年）》，明确提出高校的“质量保障能力”是重点审核的指标，关注高校“自我评价机制、评价结果反馈机制、质量提升机制”的建立和运行。

这些政策旨在激发高校追求教学卓越，内化质量意识，全面推动高等教育质量的提升。随着教育改革的不断深化，构建完善的教学质量监控与评价体系已成为提升高校人才培养质量的关键。北京农学院作为一所农业类高校，在教育教学改革和质量保障方面不断探索，力求构建以学生为中心、持续改进的教学质量监控与评价体系。

一、北京农学院教学质量监控与评价体系的现状

北京农学院在构建教学质量监控与评价体系方面已取得显著进展，该体系由内部监控和外部监控两大部分构成。内部监控体系侧重于教学活动的实时监控和反馈，涵盖了教学巡视、两级督导、三级听课、四项检查等环节，确保教学活动的规范性和有效性。此外，学业警示和学生信息员机制为学生提供了直接参与教学质量监控的途径，增强了学生在教

* 本文系 2023—2024 北京农学院校级教改项目“新一轮审核评估背景下北京农学院教学质量监控与评价体系的构建与实践支持”研究成果。

① 作者简介：吴卫元，女，硕士研究生，副研究员，主要研究方向为高等教育管理与研究。

育过程中的主体性。外部监控体系则通过专业评估、专业认证、课程评估、实验室评估和第三方评价等手段，引入外部视角，对教学质量进行全面的评估和认证，确保教学活动符合教育标准和行业需求。这些监控机制的建立，不仅提升了教学质量，也为学校的教学改革提供了有力的支撑（图1）。

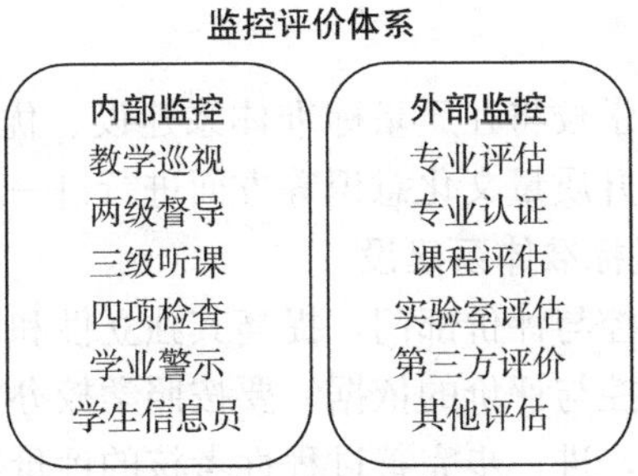

图1　监控评价体系

学校教学质量监控与评价取得了一定的成绩，在2022年CIQA全国高校质量保障机构联盟组织的"全国不同类型高校质量保障体系优秀范例选树活动"中，北京农学院"四位一体"教学质量保障体系案例获得提名奖。

二、存在的问题

在实际运行过程中，学校教学质量监控与评价体系仍存在一些不足。例如，学校的质量意识不浓厚、教学质量监控缺乏完整的评价体系和教学结果动态监控机制没有实时、动态的反馈形成闭环，难以从根本上对教学过程存在的问题进行及时诊断和持续改进。具体表现在以下几个方面。

1. 组织机构和质量标准体系建设需加强

目前，学校尚未设立独立的质量监控部门，教学质量监控与评价科隶属于教务处，缺乏独立性和权威性。同时，专职教学质量管理人员数量不足，难以承担繁重的教学质量监控与评价工作。教学质量标准体系建设还需完善，如存在有的课程和毕业设计考核标准偏低、过程性考核评价标准偏简单、区分度较低等问题。

2. 教学评价体系有待完善

教学评价指标不够全面，目前只从课程性质的层面设置了评价指标，如理论课、实验课、体育课等，按照统一的标准对不同专业类的课程评价缺乏合理性和规范性。评价体系过于依赖学生评价，教学督导的数量和精力有限，评价覆盖不全面，部分课程和教师的评价缺失。忽视了教师自评、同行评价的作用。同时，质量持续改进机制不完善，目前的质量监控与评价体系尚未形成有效的闭环管理，对存在问题的分析和改进措施缺乏系统性。

3. 监控与评价的信息化程度不足

现有的监控方式以人工检查为主，缺乏高效的信息化手段来支撑教学质量监控与评价工作。反馈改进的时效性有待进一步增强。质量持续改进机制还需强化，改进效果不明显，如有的课程不及格率过高，问题缺乏分析和改进措施。

4. 质量文化建设有待进一步加强

目前学校的质量文化在一定程度上主要靠管理约束和他评推动，与"自觉、自省、自律、自查、自纠"的质量文化内化于心、外化于行的要求相比还有一定差距。师生质量共同体意识尚未完全形成，质量文化建设的内生动力不足。

三、优化策略

针对以上存在的问题，学校将在质量标准体系建设、优化教学质量监控与评价系统、加大质量评价结果应用、提升质量文化意识等方面进行进一步探索和实践。

1. 加强组织机构和质量标准体系建设

设立独立的教学质量监控与评价部门，提高其独立性和权威性，加大质量监控人员队伍建设。质量标准是质量监控与评价的依据，要按照学校办学定位和人才培养目标制定科学合理的教学质量标准体系，进一步完善过程性考核的评价方法与标准，切实发挥过程性考核对学业考评的重要支撑作用。科学合理设置不同专业类的教学质量评价标准，加强质量持续改进制度及运行机制建设，持续推进问题导向的质量改进，进一步明确质量评价、反馈、改进等环节的责任人、具体要求和时间节点，加强对改进效果的持续跟踪，建立教育教学质量，持续改进问责与奖罚机制。

2. 完善校内教学质量监控体系

通过学期初、期中、期末教学检查、教学值班员检查、校院两级督导听课、学生信息员信息反馈等多种方式对质量效果和实际运行情况进行评估和评价。通过对教学检查问题进行即时反馈和定期反馈，将质量运行中发现的问题及时反馈给具体责任人，根据具体情况确定独立或辅助的改进策略，并设法及时解决相关问题。

3. 构建校内教学评价体系

注重过程管理，构建以校领导、中层干部、校院两级教学督导、同行评教、学生评教为主要环节的教学质量监控信息化管理平台，建立督教、督管、督改"长效教学质量管理机制"。改进并升级"北京农学院教师教学投入及教学质量评价系统"，支持移动端企业微信评教、评学，使评教、评学变得方便及时，教师本人能随时、随地查看评价结果，方便教师在教学过程中有目的地调整教学方案，提高"评价—反馈—改进"的持续改进机制的时效性。增加评价的常态化和多元化，建立以学生培养目标为导向的全程监测点和督导点，将"以学生为中心"理念融入本科教学质量评价体系中，进一步优化考核评价指标，细化评分标准，改进评分机制，领导评价、督导评价、同行评价、学生评价四位一体的多元评价主体相互补充，提升评价的覆盖面以及评教结果区分度。

4. 加大质量评价结果运用

出台相关文件和政策，将教学质量评价的结果运用到教学名师评选、优秀课程评选、优秀教学团队评选、教学奖励、教师职称评定、院系教学质量年度考核等方面。通过教学质量监控的信息反馈，多层次、全方位推广优秀教学经验、优秀教师形象和优秀教学成果，推行 OBE 理念，引导教师教育教学理念的转变，助力教师教学能力的提升。对于教学质量优秀的教师给予物质或精神奖励，并发挥他们的推广示范作用；对需要提高教学水平的教师，开展有针对性的培训，从而充分发挥教师教学质量评价结果对教师的激励与约束作用。

5. 数据赋能助力人才培养

通过对教学质量阶段性总结与数据收集，建立数据采集和分析系统，使教学质量监控信息能快速、准确、高效、及时反馈，反映的问题能及时整改，形成闭环管理。相关教学质量数据为学校政策制定、资源配置、改进教学管理等方面的重要决策参考依据，为学校进一步深化办学特色、发展个性化教学方案等提供实质性帮助，形成持续发展的内生动力，深入推进自主化、创新化教育改革。

6. 提升质量文化意识

质量文化是指全体教师具有根植内心的质量意识、无须提醒的行为自觉、课后常态的理性反思、言行举止的自我约束和追求卓越的持续改进。通过加强质量文化建设顶层设计，强化质量标准和管理制度的宣传与贯彻落实，明确学校各责任主体的质量责任，引导全员参与质量文化建设，将质量标准和质量意识逐渐内化为日常行为习惯，为全面提升人才培养质量提供内生动力。有效推广先进的教学理念和优秀的教学方法，使质量标准和质量要求成为每个教学单元每个教师的教学底线，形成内生成长闭环系统，使一切教学工作在质量标准的基本要求下运行，建立“自觉、自省、自律、自审、自纠”的“五自”北农特色质量文化。

四、结论

构建以学生为中心、持续改进的教学质量监控与评价体系是高校提升教学质量的关键。北京农学院应不断完善和优化教学质量监控与评价体系，推动教育教学改革向纵深发展。通过完善教学质量监控信息化建设、构建校内教学评价体系等系列措施，不断提升教学质量监控与评价体系的科学性和有效性，为培养高水平应用型人才提供有力保障。

参 考 文 献

国宇，冯永，龚大龙，2024. 高校内部教学质量监控评价体系的构建与实践 [J]. 教育管理 (1)：44－47.

李晓静，吴彩娥，褚兰玲，2022. 基于“以学生为中心”理念的教学质量监控评价体系建设 [J]. 黑龙江教育（高教研究与评估版）(3)：35－36.

钱文光，李梦楠，2024. 基于 OBE 理念的地方应用型本科高校教学质量监控与评价体系研究 [J]. 北华航天工业学院学报 (2)：21－23.

高校新生网络成瘾与学习倦怠的关系研究*

高 原[①] 尹俊杰 李曼宁 史咏钢[②]

摘要： 大学生网络成瘾现象日益普遍，并可能对其学业倦怠产生影响。本文以B高校919名大一新生为研究对象，采用CIAS-R和学习倦怠问卷进行调查研究。结果显示，B高校新生网络成瘾检出率为7.22%，且网络成瘾程度与学习倦怠呈显著正相关。不同网络成瘾程度的学生在学习倦怠总分及其三个维度（情绪低落、行为不当、成就感低）上存在显著差异。此外，生源地、是否担任团学班干部、性别、父母学历等因素也对学习倦怠产生一定影响。本文结果提示，高校应加强对新生的网络成瘾教育，并采取积极的应对策略，以降低网络成瘾对学业倦怠的负面影响。

关键词： 网络成瘾；学业倦怠；高校新生；学习适应

网络成瘾，也常被称为互联网使用障碍（internet use disorder，简称IUD），是一种心理行为障碍，表现为个体对互联网的使用失去控制，长时间上网及戒断症状如焦虑、烦躁，尤其是当涉及在线游戏、社交网络服务（social networking services，简称SNS）、色情内容、电子商务（e-commerce）平台等活动的时候。这种障碍是以用户对互联网访问和使用的过度依赖为特征，以至于影响了个人的生理和心理健康、社交功能以及学业和职业表现。专业人士在诊断网络成瘾时参考DSM-5标准，尽管此标准未正式认定网络成瘾为精神障碍，但仍认为需进一步研究。

根据中国互联网络信息中心（CNNIC）发布的第52次《中国互联网络发展状况统计报告》，截至2023年6月，中国网民规模达10.79亿人，其中20～29岁网民占比高达14.5%。网络已经成为大学生日常生活中不可或缺的一部分。李松等（2020）研究发现，大学生网瘾的检出率达12%。网瘾会对大学生的生活、学习与工作产生严重的影响。

学业倦怠主要表现为情绪耗竭、去个性化和个人成就感的降低。这种心理状态通常与持续的学业压力、对学业成果的不满意以及对个人能力的负面评价有关。对学业倦怠的学生可能感到自己的努力未得到相应的回报，从而逐渐失去对学业的兴趣和积极性。大学生活对于大一新生来说是一个重要的转折点。他们需要面对诸如学业压力、人际关系和适应

* 本文系2023—2024年北京农学院教育教学研究与改革项目（项目编号：BUA2023JG55）。

① 作者简介：高原，女，硕士，讲师，主要研究方向为高等教育管理、大学生心理健康教育。

② 作者简介：史咏钢，男，博士，助理研究员，主要研究方向为学生发展与教育。

新环境等挑战。研究表明，大学新生常常面临学业适应压力。适应不当可能导致出现一些负面行为，如逃避问题和沉迷网络，进而影响学业。对学业倦怠的学生可能将网络视为一种逃避机制，以暂时逃避学业压力和不满。这种逃避不仅体现在精神上的脱离现实，还包括对消极情绪如厌烦、沮丧和无助的调节，通过网络中的成就和奖励系统获得短暂的满足感和成就感。有研究以大学生为研究对象，采用问卷调查法初步探讨了学习倦怠与网络成瘾之间的关系。研究发现，无论是学业倦怠还是网络成瘾在性别、年级上均存在显著差异，且两者之间呈现显著正相关。学业倦怠与网络成瘾之间的复杂联系揭示了一种相互促进的关系。

综上所述，本文拟考查高校新生网络成瘾与学习倦怠的关系。

一、对象与方法

1. 研究对象

本文采取随机分层抽样，以B高校大一新生为研究对象。9个二级学院共919名学生参与问卷作答，剔除作答时间过短（小于120秒）以及存在一致反应的无效问卷，得到有效数据887份，回收率为96.5%。其中，女生563人（占比为63.5%），男生324人（占比为36.5%）。

2. 研究工具

（1）中文网络成瘾量表（CIAS-R)。该量表分为“网络成瘾相关问题”分量表和“网络成瘾核心症状”分量表，共19道题目。采用4点计分（1为“非常不符”，2为“不符合”，3为“符合”，4为“非常符合”），总分代表个人网络成瘾的程度。得分在46～53分区间的为网络依赖群体，小于46分的为正常群体（得分分布于整体位置的80%以下），大于53分的为网络成瘾群体（得分分布于整体位置的95%以上）。

（2）学习倦怠问卷。采用连榕等（2005）编制的学习倦怠问卷，包括情绪低落、行为不当和成就感低三个因素，共20个条目，每个条目按“完全不符合”“有点符合”“介于中间”“比较符合”“完全符合”分为五个评分等级。得分越高表示被试者的学习倦怠水平越高。

3. 统计学方法

本文运用SPSS22.0统计软件对调查的数据进行处理与分析，主要运用描述统计、独立样本t检验、Pearson相关分析等方法。本文中$P<0.05$表示差异具有统计学意义。

二、结果

1. 高校新生网络成瘾的总体情况

根据统计分析结果，本文中高校新生网络成瘾均分为40分。按照《中文网络成瘾量表》对调查对象的网络成瘾程度进行分析，得分小于46分的为正常群体，在46～53分区间的为网络依赖群体，大于53分的为网络成瘾群体，新生网络游戏成瘾的检出率为7.22%。

2. 不同网络成瘾程度下学生的基本情况

如表1所示，不同网络成瘾程度的高校新生在性别比例、父母亲学历高低、生源地和是否为团学干部方面均无显著差异（$P>0.05$）。

表1　不同网络成瘾程度下大学生人口学基本情况

	选项	正常组（n=596）	网络依赖组（n=227）	网络成瘾组（n=64）	P 值
性别	男	37.2	34.4	37.5	0.734
	女	62.8	65.6	62.5	
父亲学历	研究生	7.5	8.4	6.2	0.645
	大专及本科	45.5	39.6	43.8	
	高中、中专及以下	47.0	52.0	50.0	
母亲学历	研究生	5.7	4.4	4.7	0.959
	大专及本科	50.0	47.6	48.4	
	高中、中专及以下	44.3	48.0	46.9	
生源地	农村	25.3	24.7	29.7	0.604
	乡镇	8.2	10.1	11.0	
	城市	66.5	65.2	59.3	
是否为团学班干部	是	24.3	22.9	23.4	0.909
	否	75.7	77.1	76.6	

3. 学习倦怠总分及各维度描述统计分析

从表2可知，本文中高校新生学习倦怠均分（标准差）为（2.888±0.433），低于临界值3分。其中，情绪低落维度为（3.053±0.654），高于临界值3分；行为不当维度为（2.844±0.643），低于临界值3分；成就感低维度为（2.712±0.577），低于临界值3分。总体来看，B高校新生学习倦怠水平较高。

表2　学习倦怠总分及各维度得分（n=887）

维度名称	最小值	最大值	平均值±标准差	中位数
情绪低落	1	5	3.053±0.654	3
行为不当	1	5	2.844±0.643	3
成就感低	1	5	2.712±0.577	2.833
学习倦怠总分	1.4	4.45	2.888±0.433	2.95

4. 不同人口学变量与学习倦怠差异性分析

如表3所示，学习倦怠及各维度在是否为独生子女方面（$P>0.05$）均无显著差异；在生源地（$P<0.05$）和担任团学班干部方面（$P<0.01$）在学习倦怠和行为不当维度都呈现显著差异；在性别（$P<0.01$）、父亲学历（$P<0.01$）和母亲学历（$P<0.05$）方面

在成就感低维度呈现显著差异；各个因素在情绪低落维度均无显著差异。

表 3　学习倦怠总分及各维度差异性分析

	情绪低落	行为不当	成就感低	学习倦怠总分
性别	−0.044	−0.013	0.179**	0.039
是否为独生子女	0.015	0.043	0.048	0.048
父亲学历	0.002	0.049	0.100**	0.063
母亲学历	−0.012	0.042	0.079*	0.043
生源地	−0.036	−0.071*	−0.062	−0.078*
团学班干部	0.048	0.109**	0.043	0.095**

注：* 为 $P<0.05$；** 为 $P<0.01$。

5. 高校新生网络成瘾和学习倦怠的相关关系

如表 4 所示，高校新生的网络成瘾总分以及不同网络成瘾程度，都与学业倦怠总分及其各个维度之间存在显著正相关关系。这表明，高校新生网络成瘾程度越明显，其学习倦怠程度也会越高。

表 4　高校新生网络成瘾和学习倦怠的相关关系

	正常组（n=596）	轻度网瘾组（n=227）	重度网瘾组（n=64）	*F*	*P*
情绪低落	2.94±0.65	3.17±0.53	3.71±0.68	49.92	0.000**
行为不当	2.71±0.66	3.04±0.45	3.40±0.55	53.24	0.000**
成就感低	2.71±0.55	2.77±0.53	2.56±0.86	3.47	0.031*
学习倦怠总分	2.80±0.44	3.01±0.33	3.27±0.39	52.20	0.000**

注：* 为 $P<0.05$；** 为 $P<0.01$。

三、结论与建议

(一) 结论

本文旨在探讨高校新生网络成瘾与学习倦怠之间的关系。通过对 B 高校大一新生的研究发现，当前大学生存在一定程度的网络成瘾问题，高校新生网络成瘾与学习倦怠之间存在显著的正相关。不同网络成瘾程度的学生在学习倦怠总分及其三个维度存在显著差异。具体而言，网络成瘾程度越高，学生的学习倦怠程度及其在情绪低落、行为不当和成就感低的表现程度也越高。轻度和重度网瘾组在情绪低落和行为不当方面显著高于正常组，且重度网瘾组高于轻度网瘾组。在学习倦怠总分及其行为不当维度，新生的生源地和担任团学班干部因素呈现显著差异；在学习倦怠总分的成就感低维度，新生的性别、父亲的学历和母亲的学历因素呈现显著差异。

(二) 建议

(1) 加强对新生的教育，提高学生对网络成瘾的认识。在入学教育阶段，以多种形式开展教育活动，提高学生对网络成瘾危害的认识，帮助新生意识到过度使用网络对学业和身心健康的负面影响。

（2）采取积极的应对策略，引导新生采用积极的应对策略，如设定明确的目标和时间管理策略，加强自我控制能力，保持规律的作息时间，积极参与课外活动和体育锻炼等，寻找并培养自己的兴趣爱好，帮助转移注意力，积极调适学业压力，适当使用网络。

（3）加强支持和辅导，学校应加强对学困生的帮扶，辅导员、班主任和团学班干部应积极关注学业成绩较低和过多使用网络的高校新生。心理健康指导中心为有网络成瘾倾向和学习倦怠症状的学生提供专业的心理辅导，帮助他们建立健康的应对机制。

参 考 文 献

白羽，樊富珉，2005. 大学生网络依赖测量工具的修订与应用［J］. 心理发展与教育（4）：99－104.

连榕，杨丽娴，吴兰花，2005. 大学生的专业承诺、学习倦怠的关系与量表编制［J］. 心理学报（5）：632－636.

李松，冉光明，张琪，等，2020. 社交回避对网络过度使用的影响：一个链式中介模型［J］. 应用心理学（4）：307－314.

刘晓宇，2021. 大学生网络游戏成瘾对学科素养与社会融入的影响研究［J］. 大众标准化（10）：140－142.

佚名，2023. 第52次《中国互联网络发展状况统计报告》发布及专家解读［J］. 互联网天地（9）：11－15.

CHOU T J，TING C C，2003. The role of flow experience in cyber-game addiction ［J］. CyberPsychology & Behavior（6）：663－675.

HUANG C，DONG J，CAO L，et al.，2019. Freshman's college adjustment：the roles of grit，self-efficacy，and perceived stress ［J］. Frontiers in psychology（10）：1557.

LI M，ZHANG X，2015. The relationship between network addiction and academic burnout among university students：a meta-analysis ［J］. Chinese journal of clinical psychology（4）：713－717.

MASLACH C，JACKSON S E，1981. The measurement of experienced burnout ［J］. Journal of occupational behavior（2）：99－113.

SALICETI F，2015. Internet addiction disorder（IAD）［J］. Procedia-social and behavioral sciences（191）：1372－1376.

SALMELA-ARO K，UPADYAYA K，2014. Developmental trajectories of school burnout：Evidence from two longitudinal studies ［J］. Learning and Individual Differences（36）：60－68.

SCHAUFELI W B，ENZMANN D，1998. The burnout companion to study and practice：a critical analysis ［M］. Calabasas：CRC press.

TICE D M，BRATSLAVSKY E，BAUMEISTER R F，2001. Emotional distress regulation takes precedence over impulse control：If you feel bad，do it ［J］. Journal of personality and social psychology（1）：53－67.

WANG Q，CHEN W，LIANG Y，2016. The relationship between academic burnout and internet addiction among college students：The mediating effect of self-control ［J］. Cyberpsychology，behavior，and social networking，（11）：1－6.

高校人事管理信息化在智慧校园建设中的应用研究*

张唯聪①

摘要：本文旨在通过分析高校人事系统信息化建设的现状，指出信息化水平参差不齐、信息孤岛现象、人事数据共享性差、管理流程烦琐等问题，阐述人事管理系统信息化建设在智慧校园建设的过程中的重要意义及其核心地位，并提出构建统一的人事管理信息系统、优化人事管理流程和利用大数据分析人事数据三个方面的具体实施路径，为实现高校现代化管理和智慧校园建设提供参考建议。

关键词：人事管理；信息化建设；智慧校园

随着大数据信息化时代的到来，高校智慧校园建设已成为提升管理水平和教学质量的重要途径，得到了社会的普遍认同。其中，高校人事管理信息化作为智慧校园建设的重要组成部分，对于提升人事管理效率、优化人才资源配置、促进学校高质量发展具有十分重要的意义，其信息化水平直接关系到智慧校园建设的成效。

一、智慧校园建设的重要意义与人事管理信息化的地位

（一）智慧校园建设的重要意义

智慧校园建设是指借助现代信息技术手段，对传统校园进行深度改造和全面升级，实现教育环境、教学方式、管理模式和服务形态的全面智能化升级，其对于提高教育教学质量、优化校园管理、提升服务体验以及促进创新发展具有极其重要的意义，是提升高校管理水平和教学质量的关键举措。智慧校园建设通过信息化手段，实现教育资源的优化配置、管理流程的优化再造、服务师生的便捷高效，从而提升高校的竞争力和影响力，为高校的可持续发展提供有力保障。

（二）人事管理信息化的重要地位

高校人事管理信息化是将传统的人事管理方式与现代信息技术相结合，通过应用先进的信息技术和管理软件，实现高校人事信息的采集、存储、处理、分析和共享等全过程的数字化、网络化和智能化，提高人事管理的效率、准确性和透明度，为高校的教学、科研和管理工作提供有力支持。人事管理作为智慧校园建设的重要支撑，其信息化水平将直接影响智慧校园建设的成效。人事管理信息化不仅可以提升人事管理效率，减少管理成本，

* 本文系人事管理信息化在智慧校园建设中的应用研究（项目编号：5046516654/091），立项单位：北京农学院。

① 作者简介：张唯聪，女，硕士，助理研究员，主要研究方向为人力资源管理、高等教育教学。

还可以为高校提供全面、准确的人事数据支持，助力高校科学决策和精细化管理。因此，人事管理信息化在智慧校园建设中占有举足轻重的地位。

二、人事管理信息化建设是智慧校园建设过程中的必要要求

（一）提升管理效率

智慧校园建设的核心目标之一是提升校园管理的效率和水平。人事管理作为校园管理的重要组成部分，其信息化水平直接影响整个校园管理的效率。通过人事管理信息化建设，可以实现人事信息的快速录入、查询、更新和统计，大大提高了人事管理的效率。

（二）促进数据共享

在智慧校园中，各部门之间的数据共享和协同工作是非常重要的。人事管理信息化建设可以使得教职工的基本信息、职务职称、科研成果等数据在各部门之间实现共享，避免了数据的重复录入和错误，提高了数据的准确性和一致性。

（三）支持决策分析

通过人事管理信息化建设，可以收集和分析大量的人事数据，为学校的决策提供有力的支持。例如，可以通过分析教职工的学历、职称、年龄等数据，了解教职工队伍的整体状况和发展趋势；通过分析教职工的科研成果和教学评价等数据，评估教职工的绩效和贡献。

（四）优化服务流程

人事管理信息化建设可以优化教职工的服务流程，提供更加便捷、高效的服务。例如，教职工可以通过在线系统提交请假申请、报销单据等，避免了传统纸质流程的烦琐；同时，系统还可以自动提醒教职工完成相关手续，提高了服务的及时性和准确性。

（五）助力高校科学决策和精细化管理

通过人事管理信息化，高校可以获取全面、准确的人事数据支持，为科学决策和精细化管理提供有力保障。同时，通过数据挖掘和分析技术，可以深入了解教职工的工作状态、发展需求、绩效表现等情况，为高校制定更加科学、合理的管理策略提供支持。

因此，人事管理信息化建设是智慧校园建设过程中的必要要求，对于提升校园管理效率、促进数据共享、支持决策分析、优化服务流程和助力高校科学决策和精细化管理都具有十分重要的意义。

三、高校人事系统信息化建设的现状分析

当前，国内部分高校已经建成或正在逐步建成智慧校园，并初步实现了人事管理信息化。据统计，2019 年全国有超过 2 000 所高校开展了智慧校园的建设，覆盖了约 80%的高校。然而，高校人事管理信息化仍存在一些问题，如数据流通困难、业务协同不足、系统平台技术框架落后等，这些问题制约了智慧校园的可持续发展。

（一）信息化水平参差不齐

目前，高校人事系统信息化建设的水平存在显著差异。部分高校已建立起完善的人事管理信息系统，实现了人事信息的电子化、网络化管理；而另一些高校则仍停留在传统的纸质文档和手工操作阶段，信息化水平较低。

（二）信息孤岛现象严重

由于各高校在人事管理信息化建设过程中缺乏统一规划和标准，导致各系统之间数据格式不统一、兼容性差，数据无法在学校内部的业务部门顺畅流通，导致形成了信息孤岛现象。这不仅增加了数据管理的难度，也限制了数据在决策分析和数据挖掘方面的应用。

（三）人事数据共享性差

由于数据格式、存储方式等方面的差异，导致人事数据难以实现有效的共享和交换，也无法实现与其他职能部门的业务协同。这使得高校在制定人力资源规划、优化人员配置等方面缺乏全面、准确的数据支持。

（四）人事管理流程烦琐、效率低下

传统的人事管理流程涉及多个环节和部门，手续烦琐、耗时较长，而系统平台的技术框架基本基于传统的流程来构建，这就导致流程冗长，手续复杂的现象仍不可避免。这不仅增加了管理成本，也难以满足师生对快速、高效服务的需求。

四、人事管理信息化建设的实施路径

（一）构建统一的人事管理信息系统

一个统一的人事管理信息系统是高效管理的基础。该系统应能够实现人事信息的集中存储、查询、更新和共享，确保数据的准确性和一致性。

（1）系统设计与规划。在构建系统前，需进行详细的调研，了解高校人事管理的实际需求，制定系统的功能模块、数据结构和操作流程。同时，还需考虑系统的可扩展性和可维护性，确保系统能够随着高校的发展而不断完善。

（2）数据整合与标准化。将各部门的人事信息整合到系统中，实现数据的集中存储。同时，制定数据标准，确保数据的准确性和一致性。对于非结构化的数据，如教职工的简历、照片等，也需进行标准化处理，方便系统存储和查询。

（3）用户权限管理。系统应支持多用户同时使用，并根据不同用户的职责和需求，设置不同的权限。例如，人事部门可以查询、修改和删除人事信息，而普通教职工只能查询自己的信息。这样可以确保数据的安全性，并防止信息泄露。

（4）界面设计与优化。系统界面应简洁明了，易于操作。对于常用的功能模块，应设置快捷入口，方便用户快速访问。同时，还需考虑系统的响应速度和稳定性，确保用户在使用过程中能够获得良好的体验。

（二）优化人事管理流程

通过统一的人事管理信息系统，可以优化人事管理流程，简化手续，提高管理效率和服务质量。

（1）流程梳理与再造。对现有的人事管理流程进行梳理，找出存在的问题和瓶颈。然后利用系统的功能优势，对流程进行再造和优化。例如，可以实现在线申请、审批和办理相关手续，减少纸质材料的使用和传递环节，提高办理效率。

（2）自动化处理与提醒。系统可以自动处理一些简单重复的工作，如薪资计算、考勤统计等。同时，还可以设置提醒功能，如合同到期提醒、生日祝福等，增强系统的服务性和人性化。

（3）数据分析与决策支持。通过系统的数据分析功能，可以对人事数据进行深入挖掘和分析，为高校领导提供决策支持。例如，可以分析教职工的年龄结构、学历层次和职称分布等情况，为制定人才引进和培养计划提供参考。

（三）利用大数据和人工智能技术实现人事数据的深度挖掘和智能分析

随着大数据和人工智能技术的发展，我们可以将这些技术应用于人事管理领域，实现数据的深度挖掘和智能分析。

（1）数据挖掘与分析。利用大数据技术，对人事数据进行挖掘和分析，发现数据中的规律和趋势。例如，可以分析教职工的离职原因和趋势，为制定留人策略提供依据。

（2）智能推荐与预测。利用人工智能技术，根据教职工的个人信息和历史数据，进行智能推荐和预测。例如，可以为教职工推荐合适的培训课程和晋升机会，提高教职工的职业满意度和忠诚度。

（3）风险评估与预警。通过系统的数据分析功能，可以对人事管理中的风险进行评估和预警。例如，可以预测教职工的离职风险或绩效下滑风险，并提前采取措施进行干预和防范。

五、结论

总之，人事管理信息化在智慧校园建设中具有重要地位和作用，其深度应用和发展对于高校实现全面、高效、智能的人事管理具有重大意义。在智慧校园建设的大背景下，人事管理信息化的应用不仅极大地提升了高校人事工作的效率，而且为高校的人力资源管理带来了深刻的变革。高校应充分认识其重要性，加强人事数据的挖掘和分析，实现人力资源的精细化管理，推动高校人力资源管理不断向更高层次发展。同时，高校还应积极探索新的管理模式和方法，以适应智慧校园建设带来的新变化和新要求。

参 考 文 献

陈洁萍，2023. 智慧校园建设中的高校人事管理信息化建设探索［J］. 产业与科技论坛（19）：273-274.
刘志浩，2024. “互联网＋”背景下高校人事管理过程中的资源共享方法［J］. 互联网＋应用（1）：100-102.
搜狐科技，2024. 智慧校园在高校中的应用现状［EB/OL］. https://www.sohu.com/a/749539856_121833325.
闫鹏，2024. 高校人事管理信息化建设的困难和对策［J］. 中国管理信息化（2）：115-118.
杨柳青，谢振安，2023. 新时期高校人事管理信息化建设研究［J］. 淮南职业技术学院学报（6）：89-91.

北京农学院科技创新高质量发展现状分析与路径研究

张文娜[①] 路 平[②]

摘要：高质量发展是全面建设社会主义现代化国家的首要任务。立足新发展阶段，聚焦高水平科技自立自强的目标，对照学校科技创新高质量发展要求，在平台支撑、队伍水平、科研实力、学术影响等方面仍存在问题和短板，提出要打造科研发展引领区、科研团队示范区、科研攻关先行区、科研制度保障区，通过做大做强科研体量和水平，增强服务战略需求支撑力、培育核心攻关团队战斗力、提升解决重大问题贡献力。

关键词：科技创新；高质量；路径

党的二十大报告指出，高质量发展是全面建设社会主义现代化国家的首要任务。北京市第十三次党代会也提出，新时代首都发展，根本要求是高质量发展。北京农学院紧密围绕首都“四个中心”功能建设，落实市属高校分类发展改革决策部署，坚持科技创新驱动，强化政产学研协同，为都市农林特色高水平应用型大学建设夯实基础，为乡村振兴和京津冀协同发展提供强有力的科技支撑。

一、“十四五”以来科技工作现状分析

1. 加强应用基础研究

“十四五”以来，北京农学院累计到账经费1.7亿元，承担国家级项目37项，省部级82项。获批国家自然科学基金项目36项，与“十三五”时期相比增长63%。其中，青年科学基金项目与“十三五”时期相比增长111%，青年科技人才日渐成为学校科技创新主力军。学校首次获批国家自然科学基金重点项目——“非呼吸跃变型果实成熟的信号转导机制及品质调控”，立项经费283万元，持续在果实成熟和品质改善方向开展研究，推动园艺学科领域前沿取得新突破。首次牵头组织并获批立项国家“十四五”重点研发计划——“畜禽新品种培育与现代牧场科技创新”重点专项——“城郊都市区现代牧场关键技术集成示范”项目，总经费5 000万元。其中，中央财政专项资金2 000万元，实现了学校在国家重大项目上的历史性突破。

---

① 作者简介：张文娜，女，硕士，助理研究员，农业推广硕士学位，主要研究方向为科技管理。
② 作者简介：路平，女，博士，副教授，农学博士学位，主要研究方向为科技管理。

2. 研究成果产出丰硕

学校荣获北京市科学技术奖等省部级奖项 19 项，SCI 收录论文 295 篇。其中，影响因子 10 以上的论文 16 篇，呈现逐年递增趋势，在绿色健康养殖、优异种质资源创新等领域取得研究新进展。获得授权专利 241 件，有效充实学校创新研发技术库，为后续产业化应用提供基础保障。培育玉米、海棠、丁香、百合等植物新品种 19 个，为产业发展和生态环境建设提供优良品种资源。制定国内首个“即食鲜切果蔬加工卫生规范”食品安全国家标准，填补行业空白，为鲜切蔬菜行业高标准、高质量发展贡献巨大力量；建立种质资源育、繁、推一体化推进体系，自主培育的青贮玉米新品种在全国多地大面积示范推广，“北农青贮 368”入选《2023 年国家农作物优良品种推广目录》，是特专型青贮玉米唯一入选品种。作为主要支撑单位，参与《北京市蔬菜产业高质量发展三年行动计划（2023—2025 年）》《北京市奶业高质量发展行动方案（2023—2027 年）》等政策文件的编制工作，参与起草的关于农业农村发展的政策建议多次得到中央和北京市领导批示，为首都农业农村现代化发展贡献北农智慧。

3. 创新平台都市农林特色日益凸显

成功获批国家林业草原古树健康与古树文化工程技术研究中心、农业农村部特色农产品加工与质量安全控制重点实验室、“一带一路”国际葡萄与葡萄酒产业科技创新院，依托特色科研平台，学校承担国家林业和草原局、宁夏回族自治区科学技术厅“揭榜挂帅”科技项目，开展联合攻关，推动产业发展。承办国际国内高端学术论坛，提升学校学术影响力。学校大学科技园被认定为国家大学科技园，入园企业 105 家，园区企业总收入超过 10 亿元。北京市首家导盲犬培训基地在学校授牌落户，并开班培训。目前，学校各类创新平台总数达到 27 个，为推进“都市农林学”新兴交叉学科平台建设，奠定坚实基础、提供有力支撑。

4. 精准对接现代农业产业需求

学校 13 人入选现代农业产业技术体系北京市创新团队，涉及设施蔬菜、家畜家禽等 8 个领域，有力推动北京都市现代农业发展。与大北农集团共建北方豆类研究中心，发挥学校种质资源优势，开展豆类新品种培育工作；与海南九圣禾农业科学研究院有限公司开展深度合作，联合培育推广青贮玉米新品种，完善“育种、制种、用种”产业链，加快生物育种技术创新，服务“种业之都”建设。76 名教师成功入选北京市“千人进千企”专项行动产业特派员，5 名教师获聘昌平区首批农业领域“科技副总”，深度推进产教融合，服务区域特色产业发展。依托国家大学科技园，将学校科教智力资源与市场优势资源紧密结合，探索“现金＋股权”转化模式，成功转化“农安云-数字农产品质量安全信用服务平台”。

5. 重视青年科技人才培养

开展科技创新能力提升计划，引导新入职教师快速成长。设立科技创新“火花”项目，激发青年教师创新思维，点燃“火花”变成“火苗”；承办中国科协“秒聚青科·乡村振兴有我”青年科技人才创新论坛，常态化举办青年学术沙龙，搭建跨界交流合作平台，鼓励青年人才向阳成长。“十四五”以来，学校 15 人荣获中国青年科技奖，农业农村部“神农英才”、神农青年英才，国家林业和草原局科技创新领军人才、科技创新青年拔尖人才，北京市最美科技工作者，入选北京市科协青年人才托举工程。

6. 深化体制机制创新

开展有组织科研，率先实施“揭榜挂帅”，针对需求，研制发布榜单累计55个，打破年龄资历限制，遴选“挂帅出征”的优秀专家团队。坚持破“五唯”与立新标并举，推行分类评价，实施成果代表作制度。着眼以行践学、以践促教，出台《北京农学院专任教师科技挂职管理办法》，引导广大专任教师踊跃投身乡村振兴和首都农业农村现代化建设。

二、问题和短板分析

面临新形势与新需求，学校科技创新综合实力仍然存在明显的问题和短板。主要表现在以下四个方面。

1. 承担国家重点科技项目能力不足

国家重点研发计划和国家自然科学基金项目是衡量一所学校科研创新能力和水平的重要标志。“十四五”以来，国家在农业农村领域启动了15个重点专项，总投入近300亿。截至目前，学校仅主持1个项目，可提升空间巨大。学校国家自然科学基金项目年均立项数11项，与中国农业大学等一流高校、青岛农业大学等快速发展高校相比，存在不同程度的差距。年均科研经费5 800万元，科研经费的不足影响和制约着学校高质量科研活动的开展。

2. 高水平科技成果凝练与产出不足

科技成果奖是服务国家、区域重大战略需求和创造性贡献的重要体现，是科技创新中不可或缺的重要组成部分。近五年，学校作为完成单位获国家科学技术奖仅1项，各类省部级奖励共36项，科技创新综合实力不足，服务首都农业产业特色不鲜明，无论数量还是质量均难以满足学校高质量发展的内在要求。缺乏提前谋划和统筹布局，形成科技成果时存在短板，系统性、整体性不足；在特色领域缺乏持续深入的研究，团队传承不足，人才断档、研究断档、成果断档；缺少与优势科研院所、行业头部企业的科技合作，尚未形成优势互补、共赢发展的良好局面。

3. 科技成果产业转化效能不足

成果产业化是衡量高校科技创新和服务社会能力的重要指标。“十四五”以来，学校横向课题与成果转化经费在学校竞争性科研总经费中年均占比约38%，科技创新和产业发展结合不紧密，服务产业能力不足；年均转化各类成果18项，转化方式相对单一，大多数技术和成果仍“锁在深闺”，尚未与市场和行业需求形成有效对接，成果转化率低，科技成果的市场竞争力有待加强。

4. 创新平台支撑作用不足

创新平台是科技创新体系的重要组成部分，承担了开展高水平科研、培养高层次人才、联动政产学研用等重要使命。当前，学校创新平台仍存在重申报、轻建设，小而不精、特而不优等问题，在资源高效利用、开放共享、协同育人等方面作用不凸显。

三、工作思路与具体举措

党的二十届三中全会通过的《中共中央关于进一步全面深化改革　推进中国式现代化

的决定》指出了方向，要坚持面向世界科技前沿、面向经济主战场、面向国家重大需求、面向人民生命健康，优化重大科技创新组织机制，统筹强化关键核心技术攻关，推动科技创新力量、要素配置、人才队伍体系化、建制化、协同化。改进科技计划管理，强化基础研究领域、交叉前沿领域、重点领域前瞻性、引领性布局。加强有组织的基础研究，提高科技支出用于基础研究比重，完善竞争性支持和稳定支持相结合的基础研究投入机制；完善中央财政科技经费分配和管理使用机制，健全中央财政科技计划执行和专业机构管理体制。扩大财政科研项目经费“包干制”范围，赋予科学家更大技术路线决定权、更大经费支配权、更大资源调度权。

针对以上存在问题，提出学校“1＋2＋3＋4”科技创新高质量发展工作思路。

1个根本目标：做大做强科研体量和水平，支撑学科建设和人才培养。

2个努力方向：顶天、立地。

3个方面支撑：完善体系，健全机制，提升能力。

4大任务抓手：科研发展引领区，科研团队示范区，科研攻关先行区，科研制度保障区。

具体举措包括如下。

1. 打造科研发展引领区，增强服务战略需求支撑力

针对平台不强，缺少标志性平台、国家级平台等问题，整合创新资源，强化顶层设计，瞄准国际科技前沿，加大国家级和省部级科技平台的培育和布局，优化内设机构，合并重组科研机构，加强基础支撑与条件保障平台等科学基础设施建设。启动平台相关建设工作，积极对接市教委、科委、农业农村局等行业部门，主动推进重点实验室等科研平台的培育和建设。邀请院士专家指路支招、进一步聚焦重点、找准对策、补足短板，推动高能级平台建设，提升创新支撑条件。建议依托学校现有资源，布局现代高效智慧农业、食品营养与人类健康、健康养殖等领域，搭建形成“定位清晰、特色鲜明，方向、学科有机融合，创新研究、社会服务、人才培养功能齐全”的平台体系，提升平台服务产业发展需求能力。

2. 打造科研团队示范区，培育核心攻关团队战斗力

针对团队松散、单打独斗，延续性不强等问题，围绕国家重大需求和首都重点领域、重点产业发展需求，跨学科、跨领域组建一流创新团队，打破科研人员二级单位身份界限，建立以任务为目标，结果为导向的科研组织方式，分类实施科技领军与青年团队项目、战略科学家孵化计划、青年人才创新发展计划，创新团队支持计划等，通过组建跨领域交叉科研攻关团队，打造标杆与样板团队。深化改革创新，优化引才政策，实施“北农引才计划”，前置人才待遇，科研启动经费提高至现在的3倍以上，开通人才引进绿色通道，对急需紧缺人才实行“一事一议”“一人一策”“柔性引进”等政策。坚持目标导向，精准实施人才培育，实施“北农学者”计划，创新“效益年薪”和高水平业绩成果“无限叠加”绩效奖励模式，并对团队及个人产生的标志性成果进行重奖，将取得500万元以上转化成果的教师纳入“效益年薪制”。

3. 打造科研攻关先行区，提升解决重大问题贡献力

针对重大项目不足，服务地方不足等问题，聚焦国之大者，开展有组织科研。主动对接乡村振兴、粮食安全、“双碳”等国家战略以及首都发展重大需求，加强基础研究和应用基础研究，研究模式可设三类：集中区，集中力量办大事，解决国家重大战略需求；自由区，鼓励前沿创新探索，营造创新环境，解决重大基础科学问题；融合区，与产业深度融合，解决真问题，真解决问题，提升原始创新能力，强化关键核心技术攻关，提升重大任务承担能力。启动国家重点研发计划项目，邀请院士专家来校指导，汇集领域翘楚，为项目把脉问诊。统筹全校优势资源，聚焦农业现代化、生态安全、土地资源管理等重大理论和现实问题，组织资深专家，提前预判，凝练选题，及时设立相关校级科研项目，开展前期预研，形成系统性、标志性、有影响力的前期成果。

4. 打造科研制度保障区，激发学校科技创新原动力

建立多部门联动机制，将有组织科研作为学校高质量发展的重要举措。强化二级科研单位在科研管理中的作用，形成有组织科研“一院一方案”。营造科研氛围，提升教师科研能力。健全科研评价激励机制，优化绩效考核分配机制，完善“代表性成果”评价机制。具体体现为“四个转变”：项目组织上，从“接单式”向主动谋划、主动服务转变，建立重大任务组织机制，主动服务国家重大需求和行业产业发展需要；团队建设上，从“戴帽子”向“重实战”转变，在重大攻关任务的实战中发现、培养和造就战略科学家，锻炼科技领军人才及其创新团队；平台建设上，从“自由生长”向“定向培育”转变，围绕国家战略需求和重点攻关任务加强培育布局，加强与地方和企业的协同共建；支撑引导上，从“资源驱动”向“综合施策”转变，发挥评价政策引导、教育资源配置等多元化支持引导手段的作用。

信息化教学

新工科背景下“化工原理”课程信息化教学探索*

高　娃[①]　常明明　赵　鹏　薛飞燕

摘要：在新工科建设推进和信息化教学改革深入的背景下，进行“化工原理”课程信息化教学改革具有重要意义。本文从课程教学内容重构、思维导图构建、教师教学和实践能力的提升、线上线下混合式教学的实施、虚拟仿真实验的建设等方面对“化工原理”课程进行了信息化改革与实践，并取得了显著提升的课程教学效果，同时也明显促进了学生创新思维能力和问题分析解决能力的发展，为北京农学院其他理工科专业课程信息化教学改革提供了有价值的借鉴。

关键词：化工原理；新工科；信息化教学；教学改革

新时代经济的快速发展对传统工科专业人才培养提出了全新挑战。2018年，教育部全面启动并系统部署了新工科建设。在这一进程中，注重以创新能力、实践能力和跨界整合能力为核心，基于新兴技术，并紧密关注未来产业发展需求与科技革命及产业变革背景相契合，构筑具有中国特色的先进工科教育体系。作为我国高等教育改革的重要方向之一，新工科建设对于培养适应未来产业发展需求的高素质人才意义重大。

“化工原理”是北京农学院应用化学、生物工程等专业的核心课程。课程内容主要研究传递过程基础理论在化工单元操作中的应用，系统阐述了单元操作的过程和设备原理，旨在培养学生掌握化工单元操作的基本知识，并具备设计分析单元设备、解决实际工程问题的能力，同时注重培养化工职业道德和操守，加强对技术伦理和个人价值取向的认知。在新工科建设背景下，信息化教学尤为重要，因此对“化工原理”课程进行信息化教学改革具有重要意义。

一、北京农学院“化工原理”课程教学现状

“化工原理”是一门研究化学工程中基本原理和基本方法的学科，以过程工程为教学背景，使学生在理论和实践上掌握单元操作的过程与设备原理，进而完成相应的设计型和操作型过程与设备计算，提高分析问题和解决问题的能力。该课程的理论知识较为抽象，涉及大量公式和定理，重点难点较多，是一门“硬核”课程。北京农学院应用化学等专业“化工原

* 本文系北京市高等教育学会课题（项目编号：MS2023234）；北京农学院本科教育教学研究与改革项目（项目编号：BUA2023JG20）。

① 作者简介：高娃，女，博士研究生，副教授，主要研究方向为环境催化。

理”课程一般安排48学时，面临着授课时间不足的问题。另外，教学团队中年轻教师比例较高，相对而言，在教学经验和实践历练方面存在一定不足。因此，在新工科建设推进和信息化教学改革深入的背景下，进行“化工原理”课程信息化教学改革具有重要意义。

1. 学生学习主动性不强

传统教学模式中，“化工原理”课程的教学几乎完全由教师独自完成，而教师却缺乏对学生学习效果和课堂教学效果的思考。学生缺乏积极思考的能力，上课互动参与度较低，被动或者“灌输式”接受新知识。这种学习状态未能有效激发学生的学习积极性和主动性，对于培养创新能力和探索能力更具挑战。

2. 学习难度大，挂科率较高

该课程中存在大量公式和定理，其推导过程烦琐，需要学生深入理解并掌握应用技巧。“化工原理”涉及的公式和定理与工程实践密切相关，对学生的数学运算能力和逻辑思维能力有较高要求。然而，在前期对北京农学院学生进行的学情分析中发现，他们在化学和数学基础方面相对薄弱。当遇到复杂公式推导时容易产生厌倦情绪，导致期末考试挂科率较高。

3. 考核评价方式不够合理

在传统的考核评价方式中，缺乏对学生过程性评估的关注，而期末考试所占比例较大。这种情况导致许多学生仅在临近期末考试时死记硬背知识点和重点例题，以应付考试要求。然而，这种评价方式并不能有效培养学生的创新实践能力以及分析和解决工程问题的能力。

针对以上问题，本教学团队根据课程支撑的毕业要求指标点结合课程特点，从知识和能力方面确定了课程目标（图1），将其落实在了每节课的教学目标中，并积极推进“化工原理”信息化教学改革实践。目前，已取得了显著的教学效果，为北京农学院其他理工科专业课程信息化教学改革提供了有价值的借鉴。

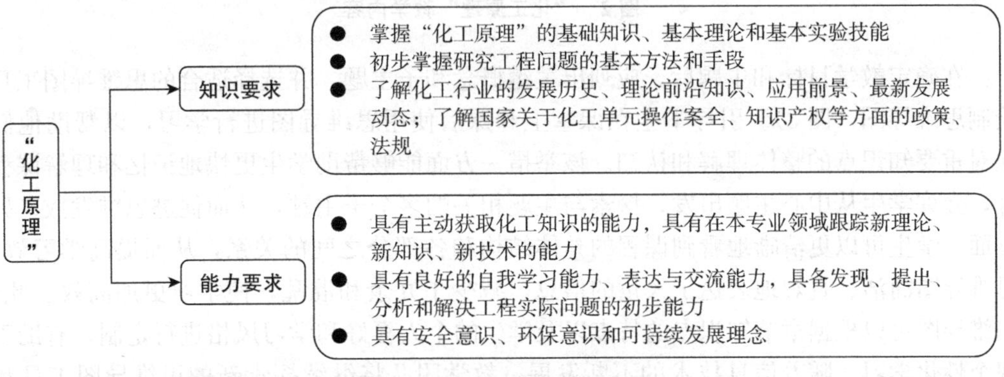

图1 “化工原理”课程目标

二、“化工原理”课程信息化教学改革举措

1. 教学内容的凝练重组及学习思维导图的构建

针对课程知识点繁多、公式数量大、计算量大且过程复杂、难度较高等特点，教学

团队对“化工原理”教学内容进行了重构（图2）。由于授课对象为二年级本科生，其已系统地学习了“高等数学”“大学物理”“无机化学”“物理化学”等基础课程。“化工原理”中的一些基础原理性知识在这些课程中都有所涉及，如化学热力学和化学动力学。因此，在授课过程中需要适当删减部分内容，如次因子分析法、精馏原理和传质机制等。

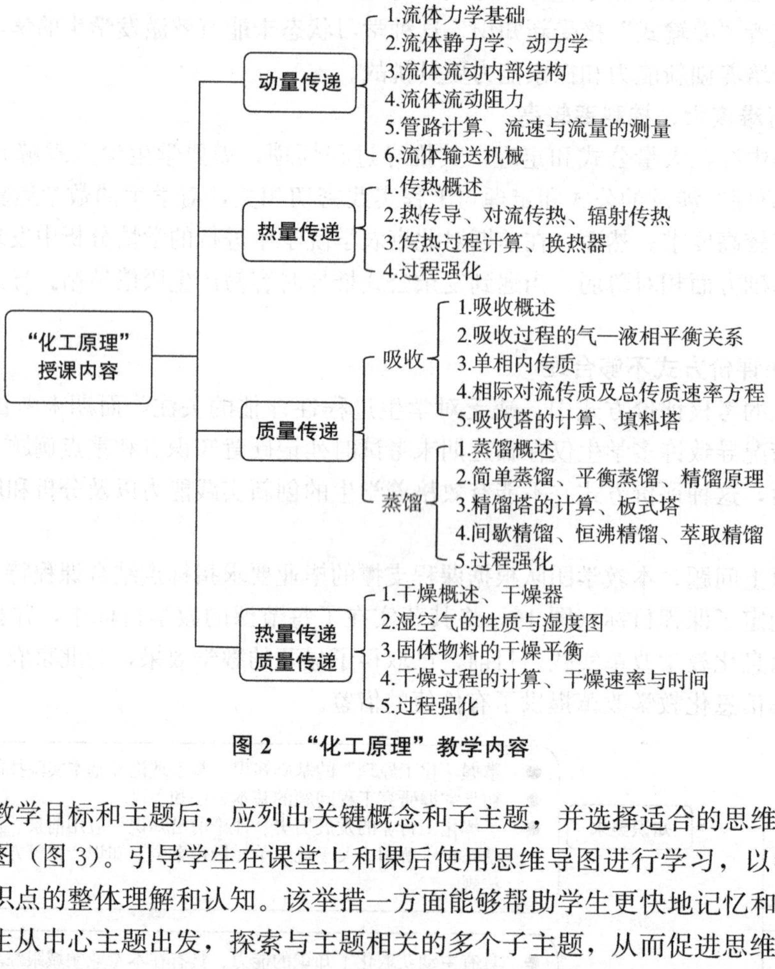

图2　“化工原理”教学内容

在确定教学目标和主题后，应列出关键概念和子主题，并选择适合的思维导图工具来绘制思维导图（图3）。引导学生在课堂上和课后使用思维导图进行学习，以帮助他们建立对重要知识点的整体理解和认知。该举措一方面能够帮助学生更快地记忆和理解课程内容，允许学生从中心主题出发，探索与主题相关的多个子主题，从而促进思维发散；另一方面，学生可以更清晰地看到课程的整体结构和各部分之间的关系，从而提高学习效率。思维导图简洁、直观地表达了大量的信息，减少了冗余和混乱，使学习更加高效。此外，思维导图可以根据章节知识点的特点以及学生的个人喜好和学习风格进行定制，有助于实现个性化学习。随着信息技术的不断发展，教学团队将继续探索新的思维导图工具和平台，以提高教学效率和效果。

2. 教师教学和实践能力的提升

随着信息技术的迅猛发展，教师队伍具备卓越的专业能力和实践能力已成为高质量完成教学任务的重要前提之一。教学团队要求教师持续学习与自我提升，包括不断更新专业知识，定期参加专业培训、研讨会或在线课程，以扩展和更新其专业知识库；深入学习教

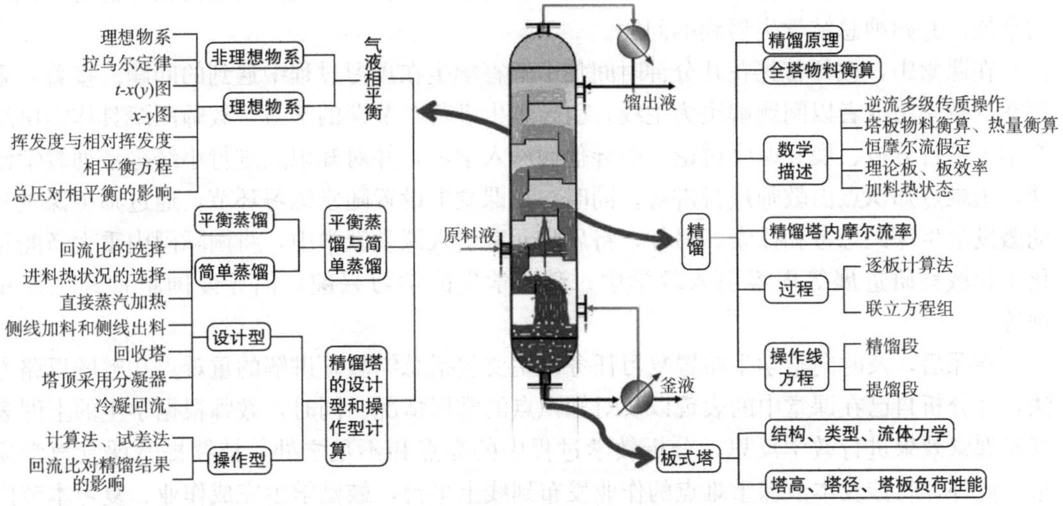

图3 蒸馏章节知识点思维导图

育理论，了解最新的教育理念和教学方法，如翻转课堂、项目式学习等，并尝试将其融入日常教学实践中；积极进行跨学科学习，鼓励掌握其他领域知识以开阔视野，并为跨学科教育提供可能性。

同时，要求授课教师勇于尝试新的教学方法，在日常授课中融入创新的理念和方法，如运用互动式工具进行互动式授课、推行小组合作等；积极参与校内外的教育教学改革项目并与同行合作，共同探索全新的教育模式。鼓励授课教师主动加入各类师资社群，在其中分享自己丰富多样的经验、资源和创意。观摩其他优秀教师的授课过程和参赛作品，借鉴其优点。与其他教师合作设计策划各种类型教学活动及开展协作式探究活动来共同提升自身及团队整体素养。

3. 线上线下混合式教学的实施

现代认知心理学根据个体对学习的信息加工过程将知识分为陈述性知识和程序性知识两大类。陈述性知识也被称为描述性知识或记忆性知识，它主要涉及事实、概念、原则、理论等，这些知识通常可以通过语言或文字进行描述和表达，如一些定理、分类和特征等知识点，适用于线上教学；而程序性知识涉及如何做事的知识，即关于完成某项任务或解决某个问题的操作步骤和方法。程序性知识是动态的，主要回答“怎么做”的问题，适用于线下教学。教学团队参考上述分类对“化工原理”课程内容进行了分类和划分，选取合适的教学方式。以吸收模块为例，吸收概述、吸收过程的气—液相平衡关系、分子扩散、单相对流传质机理、吸收设备等知识点可归为陈述性知识，选择线上教学方式；单相内对流传质速率方程、相际对流传质及总传质速率方程、吸收塔的计算等知识点为程序性知识，选择线下教学方式。

根据OBE教育理念，教师会在课前一周发布预习任务，主要包括在线上学习平台上自主学习教师录制的微课视频，参与线上讨论以及完成在线测试。若遇到不明白的问题，学生可以查阅教材和相关资料，通过合作探究来解决问题。该教学模式能够促进学生自主学习，激发他们的积极性。教师可以根据学生的学习情况，精确把握他们在课前对知识点的掌握，并归纳总结学生遇到的问题。

在课堂中，教师首先花几分钟时间集中解答学生在预习过程中遇到的问题。接着，采用案例教学法或者以问题解决为主线，引导学生进行本节课的学习。教师围绕具体实例组织学生进行分析、展开课堂讨论、引导他们深入学习，并对知识点进行小结等系列教学活动，重难点知识点由教师进行讲解。同时，在课堂上设置随堂练习环节，通过师生课堂互动激发学生深入思考和探索。另外，将思政元素引入课堂教学中，将国际国内重大新闻及化工领域科研进展等内容引入教学中，激发学生的学习兴趣，倡导爱国精神和工匠精神等。

在课后，及时向给学生布置复习任务，主要包括总结教师讲解的重难点和解题思路方法，并分析自己在课堂中的表现以及对知识点的掌握情况。同时，教师根据学生的上课表现及课堂效果进行教学反思，分析教学过程中的亮点和不足之处，持续提升课堂教学质量。此外，将涉及本节课重难点的作业发布到线上平台，鼓励学生完成作业、复习本节内容并展开讨论。长期而言，这将促使学生主动地参与学习，并逐步提高他们分析和解决实际工程问题的能力（图 4）。

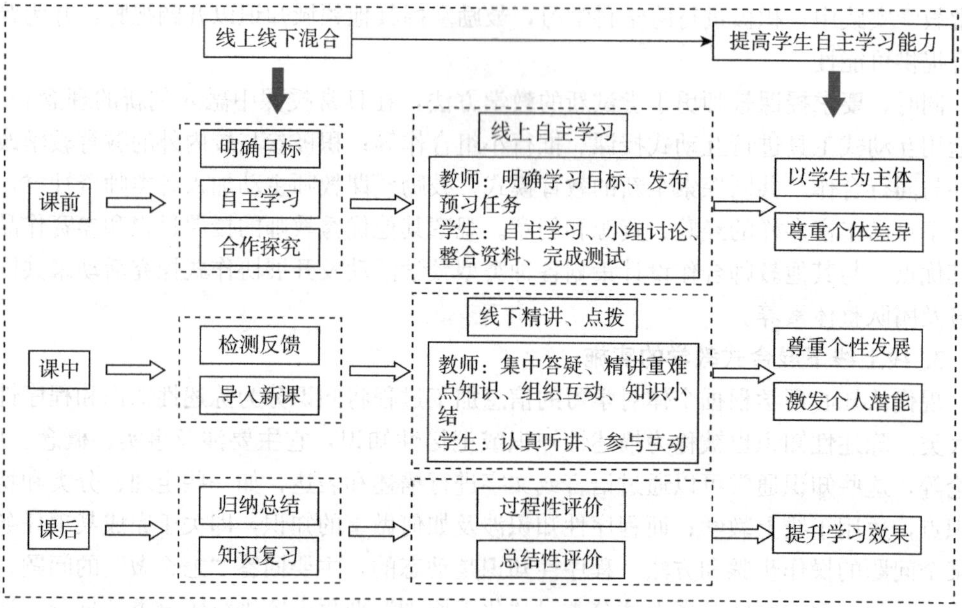

图 4　线上线下混合式教学的实施方案

4. 虚拟仿真混合式教学模式的建设

随着信息技术与教育教学深度融合，高等学校虚拟仿真实训教学环境建设将被加强。目前，教学团队已经建设了流体在圆直管内流动摩擦系数测定实验、离心泵特性曲线测定实验、传热综合实验、吸收解吸综合实验、精馏综合实验和洞道干燥实验等典型化工虚拟仿真实验，学生可以通过欧倍尔虚拟仿真云平台完成虚拟仿真实验。虚拟仿真实验平台为学生提供了三个板块内容：实验介绍、设备介绍和操作说明。其中，实验介绍板块主要阐述了实验目的与基本原理、具体操作步骤以及实验过程中的注意事项等，设备介绍板块通过三维视频演示详尽描述了所涉及设备，而操作说明板块则对软件使用进行详尽阐述。

在实际的化工生产厂区，出于安全考虑，学生在"化工原理"实习课中大部分时间只能参观厂区和设备，缺少动手实操机会，更是无法了解现实问题的解决方案，如事故发生及其安全处理情况等。然而，通过虚拟仿真实验平台，学生可以在模拟工厂环境中体验现代化工业生产运作方式。这不仅有助于巩固和加强基础理论知识，并进一步熟悉和掌握实验操作流程和注意事项，同时也提高了解决遇到的实际工程问题的能力。此外，在进行实验拓展时，学生查阅文献并总结设计感兴趣的相关内容以及改进现有的实验装置等方面的想法，从而提高其工程实践和创新能力。

5. 课程考核方式的优化

经过近两年的"化工原理"教学改革探索，教学团队目前采用平时成绩和期末考试卷面成绩各占比50%的方式进行考核。平时成绩为过程化考核，包括线上预习10%、课堂互动10%、课堂讨论5%、课堂练习10%和课程作业15%。平时成绩的考核方式融入每节课中，以促进学生及时掌握课堂重要知识点，激发学生在学习过程中的积极性和自主学习能力为目的。同时，这种过程化考核还有助于提高学生解决实际工程问题和创新思维的能力。最后，优化后的课程考核方式也能有效地评价学生的学习效果以及教师的教学效果，帮助教师持续提升课堂教学质量。

三、结语

在新工科建设的背景下，"化工原理"课程作为应用化学等专业的核心基础课，在专业人才培养中起着至关重要的作用。针对该课程教学过程中存在的课程内容多、课时少、公式众多、计算量大等问题，教学团队通过重新组织教学内容、构建思维导图、提升教师的教学和实践能力、实施线上线下混合式教学以及优化理论考核方式等信息化改革探索，对"化工原理"课程进行了改进。同时，还发掘并全面融入了思政元素，以培养理论知识扎实、工程实践能力强和综合素质高的应用型人才为目标。通过对本课程的教学改革与实践，教学团队取得了显著提升的课程教学效果和质量，并且学生的创新思维能力和问题分析解决能力也有了明显进步。在未来，教学团队将持续探索如何进一步科学地设计"化工原理"信息化教学以满足不同学生的个性化需求，并促进信息技术与教育教学深度融合。

参 考 文 献

高婞，常明明，薛飞燕，2021. 农林院校《化工原理》课程思政教学探索［J］. 广东化工（48）：187－189.

刘芬，柏凌，杨涛，等，2023. 数字转型背景下化工原理实验课程教学改革探索［J］. 广东化工（50）：184－186.

杨玉东，2010. 陈述性知识与程序性知识的教学策略［J］. 天津师范大学学报（3）：18－21.

於思瑜，雷洪，张浩，等，2022. 新工科背景下化工原理理论和实践教学改革研究［J］. 化学教育（24）：25-30.

曾艳，崔梦冰，陈恒，等，2021. 基于 OBE 理念《化工原理》在线教学改革探索与实践［J］. 广州化工（4）：160-161.

赵榕，毕秋艳，马晓东，2023. 虚拟仿真混合式实验教学在化工原理实验课程中的探索［J］. 造纸技术与应用（4）：51-54.

中华人民共和国教育部，2018. 教育部关于印发《教育信息化 2.0 行动计划》的通知［EB/OL］. http://www.moe.gov.cn/srcsite/A16/s3342/201804/t20180425_334188.html.

高校教学运行管理信息化探索与实践*

刘 芬[①]

摘要：随着我国高等教育改革持续走深走实，高校教学管理信息化建设水平也在逐步提升，各种教学管理系统有效支撑和保障高校日常教学平稳、有序、高效运行，对日常教学运行的重要性与必要性日益显露。本文基于高校信息化建设的大背景，从高校教务处教学运行管理者的视角，呈现高校教学运行管理信息化现状，剖析影响高校教学管理信息化水平的原因，并对提升高校教学管理信息化建设水平提供可行性建议，从而解放高校新质生产力，实现高校的可持续发展、高质量发展。

关键词：教学运行；信息化；现状；问题；对策

网络技术的飞速发展、人工智能的突飞猛进、5G时代的来临、大学推行真正意义上的学分制，种种因素叠加，无不呼唤着高校管理者利用信息技术持续改进现有教学管理模式。教学运行管理是高校教育教学管理的基石，试卷、毕业论文、看课听课等教学运行环节也是本科教育教学审核评估专家重点关注的基础环节，其信息化运行水平的高低已逐渐成为决定高校教学质量好坏以及能否可持续发展的重要因素，因此站在高校管理者角度，对高校教学运行管理信息化研究与探讨意义重大。

一、高校教学运行管理信息化现状

高校教学运行管理一般来说，分为学籍管理、课程管理、教学计划管理、考务管理、成绩管理、毕业生管理和实验实践管理等。学籍管理包含的业务主要有印制新生学生证和火车票优惠卡、管理在校生的学籍异动等学籍档案、开具在校生的各类证明、制作发放每位应届毕业生的毕业证书和学位证书，还要补开往届毕业生的毕业证明、学位证明、学籍卡等。除此以外，每年还要填报各级各类管理部门的大量数据，如高等学校基层报表数据、本科审核评估数据、新生入学注册、在校生学年注册、毕业生学历注册、毕业生学位上报等；课程管理主要业务包括课程库维护、选排课、退补选、免重修安排等；教学计划管理主要包括计划任务下达和计划任务安排；考务管理主要业务包括四六级笔试口试考试、教师资格考试、期末考试、补考等；成绩管理包含成绩录入、成绩修改、成绩学分认定、成绩加分处理、学业预警等；毕业生管理主要包含毕业生辅助信息管理，毕业证书、

* 本文系分类发展定额项目—人才培养质量提高经费—2023—2024 北京农学院校级教改项目—信息技术在课程考核中的应用与研究（项目编号：BUA2023JG49）。

① 作者简介：刘芬，助理研究员，主要研究方向为高等教育管理、教育信息化。

学位证书管理等；实验实践管理主要包括实践基地建设与管理，毕业论文、毕业实习安排与管理等。目前，绝大多数高校都有富含本校特色的教务管理系统，基本实现了信息化。但部分工作仍然沿用传统的管理方式，并未实现深度信息化管理。总体说来，现状如下。

1. 现代教务管理综合服务平台的运用

近些年，高校在信息化建设中，以学校信息综合服务平台建设为基础，结合学校个性化需求，积极开展与软件开发公司的深度合作，定制满足学校特色的教务管理系统，实现了学籍管理、课程管理、教学计划管理、排课管理、选课管理、考务管理、成绩管理、毕业生管理等模块教学运行的信息化和流程化管理。

2. 其他教学管理软件的补充应用

教务管理系统在2007年被引入高校，经过十几年的发展，已经由当初的“B/S+C/S”架构发展为今天的网络版，还衍生出手机端功能，极大方便了师生，在教务管理系统发展升级迭代的过程中，其他一些软件也依托教务管理系统并和其相伴相生共同发展。例如，学籍自助服务系统可实现学生火车票优惠卡自主写卡与自助充磁，在校生在校证明、毕业生毕业证明与学位证明的中英文自助打印等功能；本科生成绩单打印系统可实现在校生与毕业生中英文成绩单的自助打印；可信化电子成绩单系统可实现在校生、毕业生的中英文成绩单在线验证以及学信网验证；另外，教材系统可实现教材订购、教学质量评价系统可实现360度全方位多角度评价、实验实践系统可调配全校本科生和研究生实验实践资源，从而实现资源最优化配置。

3. 临时开发的其他小程序

新冠疫情防控期间，高校组织校外考试，经常需要统计各种数据，时间紧、任务重，为保质保量，完成各种统计数据，会临时开发一些小程序，来统计学生的各种信息。这些小程序，彰显了学校教学运行信息化管理水平，在特殊时期，有效地保障了教学运行稳定、有序、高效进行，凸显了教学运行管理信息化的价值以及提升教学运行管理信息化水平的必要性。

二、高校教学运行管理信息化存在的问题

随着社会的发展和网络的普及，上级部门和社会各界对高校在教学、科研、社会服务等方面的关注度日益提高，高校教育教学管理承载着前所未有的压力。在深入探讨高校教学运行管理的信息化进程时，我们不可避免地会遇到一系列挑战和问题。这些问题不仅涵盖了技术层面的实施难题，还包括了人员培训、资源整合以及管理策略等多个方面。具体来说，存在着以下问题。

1. 学校对信息技术融合教学管理重视程度不足

2024年政府工作报告提出，大力推进现代化产业体系建设，加快发展新质生产力。报告强调，深化大数据、人工智能等研发应用，开展“人工智能+”行动。可部分高校在实际的教学管理中，并未将信息化提升到与其重要性相对等的重视程度。首先，学校层面未认识到“人工智能+教学运行管理”融合的重要性。教学运行是细水长流、慢工出细活的过程，平时不显山、不露水，只要不出错，基本上就得不到领导的关注，不像教学质量、教学研究等科室，容易出成果、出项目、出名师、出团队、出奖项，久而久之，学校

也就降低了对教学运行信息化的重视和投入。其次，部分教师和学生的人工智能素养欠缺，参与教学运行信息化建设积极性不高。信息系统的建设和熟练掌握不可能一蹴而就，需要久久为功，需要教师和学生的支持与配合以及持续学习不断改进。在磨合期，难免会出现这样那样的问题，部分师生就会产生对抗情绪和不耐烦心理，不利于系统的进一步推进。最后，部分教学运行管理人员信息化管理理念滞后，不能适应数智时代对新型教学管理人才的要求。信息系统建设前期和初期，需要管理人员投入大量的精力进行需求分析、流程设计、系统调试和师生沟通及培训，无疑会对现有管理工作造成冲击。从某种程度上来说，信息化建设初期管理人员的工作量不减反增，导致教学运行管理人员出现畏难和抵触情绪，不利于人工智能和教学运行管理深度融合。

2. 缺乏教学运行信息化管理制度顶层设计

顶层设计的缺失意味着高校在推进教学运行管理信息化时，缺乏一个全面、系统且具有前瞻性的规划。这导致信息化建设方向不明确、各部门之间协作不畅、资源浪费以及效率低下等问题，具体表现在以下几个方面：首先，缺乏完善的教学运行信息化管理制度体系，导致信息化建设的目标、原则、任务和措施不明确，项目执行随意性比较大，有时甚至无法达到项目预期目标。其次，信息化组织机构和责任体系不健全，导致各项任务无法彻底有效执行。最后，在顶层设计中，教学运行部门与其他相关部门的协调与配合度不够。例如，与学生管理、科研管理、公寓管理、师资管理等系统合作不够紧密，容易成为信息孤岛，无法形成合力。此外，与校外机构、企业和政府等各方面的沟通与协作比较薄弱，共同推动教学运行管理信息化深入发展的驱动力不足。

3. 教学运行管理信息化人才匮乏

教学运行管理信息化人才匮乏，是当前高校在推进信息化进程中所面临的一大挑战。这一问题主要表现在以下几个方面：首先，高校内部缺乏具备信息技术和教学管理双重背景的专业人才。这种复合型人才不仅需要熟练掌握各种信息技术，如大数据分析、云计算、人工智能等，还需要对教学运行管理的流程和理念有深入的理解。然而，目前许多高校在这类人才的培养和引进上还存在不足。其次，由于教学运行管理信息化工作的复杂性和特殊性，对人才的要求较高，而现有的教育体系中缺乏与之相对应的专业课程设置。这导致高校在招聘和培养相关人才时，难以找到合适的人选。最后，高校在吸引和留住信息化人才方面也面临一些困难。一方面，高校的教学环境和管理机制可能无法与一些大型企业或互联网公司媲美，导致一些优秀的信息化人才不愿意进入高校工作；另一方面，高校在薪资待遇、职业发展等方面可能无法满足一些高端人才的需求，使得人才流失现象较为普遍。

三、高校教学运行管理信息化建设对策

1. 提升高校教学运行管理信息化建设理念

为了深化对教学运行管理信息化的理解与认同，我们需要提升相关人员的信息化认知度。这一举措旨在确保教学运行管理的各个环节能够充分利用信息技术的优势，提高管理效率和质量，从而实现教学资源的优化配置和高效利用。通过提升信息化认知度，我们可以更好地推动教学运行管理的现代化和智能化，以适应不断变化的教育环境和需求。可以

采取以下措施加强信息化意识培养：首先，定期邀请行业专家或学者举办讲座，并组织全校范围内的信息化培训，分享信息化在教学管理领域的最新趋势和成功案例，确保管理人员和教师都了解信息化在教学运行管理中的重要性。其次，优化信息化培训体系，为不同层次的人员（如系统管理员、教学秘书、一线教师）提供对应层次的信息化培训，培训内容应涵盖系统的需求分析、流程设计、故障处理等，鼓励教师使用“教务系统”“课程中心”“慕课平台”等网络资源平台，熟练掌握前沿理论知识。最后，鼓励大家在实际教学中尝试使用信息化工具，逐步提高对信息技术的认识和运用水平。通过各种途径（如视频讲解、现场操作、亲身实践等）帮助师生揭开信息技术的神秘面纱，培养想用敢用会用的信息素养。通过实施以上措施，可以有效提高教学运行管理信息化的认知度，推动教学管理的现代化和智能化。

2. 加强高校教学运行信息化管理制度建设

建立健全教务管理信息化相关制度，确保信息化建设有章可依，促进教学管理信息化建设的科学性与规范性。具体说来，要做到以下方面：首先，制定科学规范系统全面的信息化管理制度，包括教学运行管理的各个方面，如课程管理、教学计划管理、学籍管理、考试管理等制度。这些制度应明确各项工作的流程、标准、责任和权限，确保信息化管理的规范性和有效性。其次，完善信息化基础设施和平台建设。高校应加大对信息化基础设施和平台建设的投入，包括校园网络、数据中心、云计算平台等。这些基础设施和平台是信息化管理制度得以实施的基础和保障，只有具备了完善的设施和平台，才能确保信息化管理的顺利进行。再次，建立健全的信息化安全保障体系。高校应建立健全信息化安全保障体系，确保教学运行管理信息系统的安全和稳定。这包括加强网络安全防护、建立数据备份和恢复机制、加强用户权限管理等措施，确保信息系统不受外部攻击和内部泄漏的威胁。最后，加强信息化管理的监督和评估。高校应建立信息化管理的监督和评估机制，定期对信息化管理制度的执行情况进行检查和评估。通过发现问题、分析问题、制定改进措施等方式，不断完善信息化管理制度，提高信息化管理的水平和效果。

3. 加强教学运行信息化管理人才队伍建设

高校应加强信息化人才的培养和引进工作，建立一支具备信息技术和教学管理双重背景的专业团队。通过举办培训班、引进外部专家等方式，提高现有员工的信息化素养和技能水平，同时积极引进优秀的信息化人才，为信息化管理提供有力的人才保障。首先，加强与企业和科研机构的合作，共同培养具备信息技术和教学管理双重背景的专业人才。通过产学研合作，高校可以为学生提供更多的实践机会和实习岗位，帮助他们更好地掌握相关知识和技能。其次，设立专门的信息化人才培养基金，用于支持相关课程的开设、教师的培训和学生的奖学金等。这可以鼓励更多的学生选择信息化方向的学习和研究，并为他们提供更好的学习和发展环境。再次，完善信息化人才激励机制和职业发展通道，为专业人才提供更具吸引力的薪资待遇和职业上升空间。高校可以通过设立专项津贴、提供晋升机会等方式，吸引和留住优秀的信息化人才。最后，加强信息化建设的宣传和推广工作，提高全校师生对信息化工作的认识和重视程度。通过举办讲座、研讨会等活动，让更多的人了解信息化在教学运行管理中的重要性和作用，从而增强他们对信息化工作的支持和配合。

总之，通过以上手段确保教学运行管理各个环节能够充分利用信息技术优势，提高管理效率和质量，从而实现教学资源的优化配置和高效利用，推动教学运行管理的现代化和智能化，以适应不断变化的教育环境和需求。

参 考 文 献

胡绍轩，2022. 基于 Spring Cloud 的教务管理系统的设计与实现［D］. 长春：吉林大学.
郭倩，张力元，2024. “人工智能＋”加出转型发展新动能［J］. 大众投资指南（8）：63.
石佳璐，2023. 数字化转型背景下企业财务管理信息化建设路径研究［J］. 中国管理信息化（21）：51-54.

信息化教学在高校体育教学中的应用

王 珊[①]

摘要：随着信息技术的快速发展，信息化教学已经成为高校体育教学改革的重要方向。本文首先探讨了高校体育信息化教学的特点，包括信息化教学环境、智能化内容推送、数据化运动决策和即时化评价反馈等方面。接着，本文分析了信息化教学在高校体育教学中的应用价值，主要体现在应对大学生体质健康问题和满足现代化教学需求两个方面。最后，本文提出了在信息化背景下优化高校体育教学的策略。这些策略包括：一是整合高校体育课程资源，并开发线上课程，以扩大教学资源的覆盖面和可及性；二是充分利用互联网平台，策划并实施多样化的校内外体育活动，以增强学生的参与度和体验感；三是构建信息化教学管理系统，创新体育教学模式，以提高教学的互动性和个性化。通过实施这些策略，预期能够显著提升高校体育教学的质量与效率，同时促进学生体育素养的全面提升。

关键词：信息化教学；高校体育教学；教学资源整合；教学模式创新

近年，信息技术日新月异，为各行各业带来了深刻的变革。在教育领域，信息技术更是凭借其强大的优势，为教学方式、教学手段带来了创新。特别是在高校体育教学中，信息技术的应用已经逐渐成为教学的重要组成部分。高校体育教学旨在培养学生的体育兴趣、运动技能和健康意识。然而，传统的体育教学方式往往受到时间、场地、设备等因素的限制，难以满足学生的多样化需求。信息化教学的出现，为高校体育教学提供了新的解决方案。随着国家对教育事业的重视，教育政策不断出台，对信息化教学提出了明确要求。

一、高校体育信息化教学特点

1. 信息化教学环境

在构建体育信息化课堂教学环境时，学校应确立智能化技术为其建设的核心基础。这包括对移动终端等关键技术组件的深入理解，并以此为基础构建一个综合的信息化运动平台。学校能够为师生创造一个智能化的教学环境，从而充分展现信息化课堂的优势和适应性，提升教学效果和学习体验。

---

① 作者简介：王珊，女，硕士研究生，副教授，北京农学院基础课实验教学中心副主任，主要研究方向为体育教学、学生体质健康。

2. 智能化内容推送

信息化手段为信息化课堂的实施提供了坚实的基础，而多媒体资源的丰富性同样促进了教学的优化。在设计学习任务时，教师能够利用数据采集技术深入了解学生的学习情况，进而对学生的个性化运动能力进行精准评估。

3. 数据化运动决策

在高校体育信息化课堂教学中，教师可利用运动手环等技术手段，对课堂中的运动数据和视频记录进行量化分析。这不仅有助于教师了解每位学生的心率强度，还能掌握整个班级的心率强度分布，并据此调整运动负荷，有效预防教学中可能出现的问题。通过对不同时段学生的教学设计进行合理性分析，教师能够获得科学的数据支持，从而优化教学方案。同时，学生也能通过可视化设备自主选择适宜的运动负荷，既避免因负荷过高导致身心疲劳，又防止因负荷过低而降低教学的趣味性，最终实现教学分层的目标，提升教学效果。

4. 即时化评价反馈

在促进高校体育课堂的信息化进程中，教师可以利用大数据技术和反馈系统，实时全程记录学生的学习历程，并对不同学生的数字化学习状态进行详尽的收集与分析，从而实现对学生学习的精准诊断与评价。这一过程涵盖了多个方面：在课堂开始前，通过评估反馈学生的身体状况及课程预习情况；在教学过程中，能够及时对学生的具体练习成果进行反馈。通过这种方式，不仅能够提升教学质量，还能够促进学生个性化学习的发展，为高校体育教育的信息化转型提供坚实的支持。

二、信息化教学在高校体育教学中的应用价值

1. 应对大学生体质健康问题

由国家体育总局和北京体育大学联合编撰的《中国青少年体育发展报告（2015）》中指出，大学生身体素质发展情况不乐观的现状。为了有效应对这一问题，加强大学体育课程建设是一个关键的解决策略。体育课程应包含多样化的运动项目，以满足不同学生的兴趣和需求。同时，课程内容应注重提高学生的基本体能，如耐力、力量、速度和灵活性。采用现代化的教学方法，如游戏化学习、团队合作等，以提高学生的参与度和兴趣。同时，利用信息技术，如移动应用和在线平台，来辅助教学和跟踪学生的进步。根据学生的体质和兴趣，提供个性化的教学计划。这可以通过大数据分析来实现，以确保每个学生都能在适合自己的水平上得到发展。通过教育和宣传，提高学生对体育锻炼重要性的认识。鼓励学生在课外时间也积极参与体育活动。设立奖励机制，鼓励学生在体育课程中取得好成绩。同时，对于未能达到标准的学生，提供额外的辅导和支持。定期对体育教师进行专业培训，提高他们的教学能力和对学生体质健康的关注。与家长合作，共同关注学生的体质健康，鼓励家长支持学生在家进行体育锻炼。可以有效地提升大学生的体质健康水平，帮助他们建立良好的体育锻炼习惯，从而改善身体素质。

2. 可以满足现代化教学需求

在传统体育课堂教学中，确实存在一些局限性，如教学模式单一、教学监管不足等问题。随着教育技术的发展，智慧课堂的引入为解决这些问题提供了新的可能性。智慧课堂

系统可以实时监控学生的学习过程，包括他们的动作、反应和参与度。教师可以及时获取这些数据，从而更准确地评估学生的学习状态和进步。通过收集和分析学生的学习数据，教师可以为每个学生定制个性化的教学计划。这有助于满足不同学生的需求，提高教学效果。智慧课堂可以利用多媒体和互动工具，如在线讨论、实时投票等，增加课堂的互动性。这不仅能提高学生的参与度，还能帮助教师更好地理解学生的学习需求。智慧课堂可以自动记录学生的学习情况，减轻教师的工作负担。这使得教师可以将更多时间和精力投入教学设计和学生指导上。智慧课堂不仅能够提高体育教学的质量和效率，还能更好地满足现代化教学的需求，帮助学生提升体质健康水平。

三、信息化下的高校体育教学策略

1. 整合高校体育课程资源，开发线上课程

为了提升体育课程的教学质量和学生的体质健康水平，整合体育课程资源并融入多元化的教育元素是非常重要的。将传统的体育项目与民族特色项目、时尚运动项目相结合，如太极拳、民族舞蹈、街舞、攀岩等，以吸引不同兴趣的学生参与。在体育课程中融入思政教育，通过体育活动培养学生的团队精神、竞争意识和公平竞争的价值观。例如，通过团队运动项目来强调合作与沟通的重要性。利用民族体育和传统文化资源，如武术、龙舟等，增强学生对本土文化的认同感和自豪感。改革课程评价体系，不仅评价学生的体能和技术水平，还要评价学生的参与度、团队合作能力和体育精神。提供多样化的公共体育课选项，满足不同学生的兴趣和需求，鼓励学生根据自己的喜好选择课程。采用现代化的教学方法，如翻转课堂、游戏化学习等，提高学生的学习兴趣和参与度。通过引入现代化的体育管理工具和方法，如使用体育管理软件来跟踪学生的进步和健康状况，提高体育教学的效率和效果。通过这些措施，可以有效地提升大学体育课程的质量，增强学生的体质健康，同时也能够促进学生全面发展，培养他们的社会责任感和文化自信。

2. 充分利用互联网平台，组织开展丰富多样的校内外体育活动

为了有效拓宽体育活动的宣传渠道，利用学校网站、微信公众号、官方微博等数字平台，发布体育活动的最新信息。这些平台可以快速传播信息，覆盖广泛的学生群体。在社交媒体上创建互动式内容，如问答、投票或挑战，以提高学生的参与度和兴趣。例如，可以发起一个关于即将到来的体育赛事的预测投票，或者鼓励学生分享他们的运动照片和故事。保持内容的更新频率，定期发布体育活动的预告、回顾和相关新闻，以维持学生的关注度和兴趣。利用大数据分析学生的兴趣和行为模式，向他们推送个性化的体育活动信息。这可以通过分析学生的在线行为、参与历史或偏好来实现。与学生社团、体育俱乐部或其他校园组织合作，共同推广体育活动。这些组织通常拥有自己的社交媒体渠道和忠实追随者，可以扩大宣传的影响力。虽然数字平台是主要的宣传工具，但也不要忽视传统的校园广播和公告板。这些传统媒介可以作为补充，确保信息覆盖到所有学生。通过这些策略，高校不仅能够提高体育活动的可见度和参与度，还能降低宣传成本，提高宣传效率。

3. 构建信息化教学管理，创新体育教学模式

在体育教学中，多媒体和智能化设备的应用可以极大地提升教学效率和学生的学习体验。通过智能投影仪播放高质量的教学视频，可以清晰地展示体育动作的发力点和技巧。

这些视频可以循环播放，确保每个学生都能清楚地看到并理解动作要领。利用智慧移动黑板，教师可以实时展示动作分解图或关键点提示，帮助学生更好地理解和模仿。

此外，黑板还可以用于展示实时反馈，如学生的动作录像回放，以便及时纠正错误。引入互动式教学软件，让学生通过触摸屏或移动设备参与互动练习。利用 VR 和 AR 技术，创建沉浸式的学习环境，让学生在虚拟场景中练习体育动作，增强学习的趣味性和实效性。

四、总结

信息化教学在高校体育教学中的应用，不仅为体育教学带来了全新的教学方式和手段，也为学生的体育学习和成长提供了更多的可能性。通过整合高校体育课程资源，开发线上课程，可以为学生提供更加丰富多样的学习内容和学习路径。同时，利用互联网平台组织开展校内外体育活动，可以激发学生的学习兴趣和积极性，提高体育教学的参与度和实效性。体育教师应积极拥抱信息化教学，不断提升自身的信息素养和教学能力，为培养具有高素质体育人才做出更大的贡献。同时，学校和教育部门也应加大对信息化教学的投入和支持，为高校体育教学的发展提供更加有力的保障。

参 考 文 献

李祝青，2024.“互联网+”背景下高校体育信息化教学改革路径分析 [J]. 安徽师范大学学报（自然科学版）(1)：75-79.

林立跃，2024. 基于服务全民健身理念的高校体育场馆信息化建设研究 [J]. 文体用品与科技 (8)：133-135.

牛美惠，杨薇，赵芮，2024. 教育信息化 2.0 时代高校体育专业实践教学平台建设研究 [J]. 教育教学论坛 (5)：37-40.

王雨霏，2024.“互联网+”背景下高校体育信息化现状研究 [J]. 文体用品与科技 (4)：145-147.

武银煜，2024. 信息化背景下高校体育信息技术教学改革创新途径探讨 [J]. 文体用品与科技 (8)：112-114.

袁雯娟，2024. 高校体育信息化教育资源区域共建共享机制研究 [J]. 当代农机 (4)：91-92.

"互联网+"背景下
高校网球发球技术混合式教学的实践研究*

袁龙辉[①]　董肖旭　王卓识　路正荣

摘要： 信息化教学是当代教育事业高质量发展的重要条件，应用混合式教学的理论模式和结构，在传统教学模式的基础上，采用线上信息化结合线下传统模式，探索信息化教学应用到体育课堂的可行性和价值。运用对比法、实验法、访谈法等研究方法，发现利用混合式教学模式辅助教学比一般的传统教学模式效果明显。提升了课堂教学的质量和效率，从问卷调查得出，运用混合式教学设计进行教学，大大地提高了大学生积极参与体育锻炼的意识。

关键词： 混合式教学；发球技术；网球教学

网球作为一项大众体育运动，正逐渐受到学生的青睐。但在网球教学过程中存在着学生在短时间内难以完全掌握发球技巧的问题，这主要归咎于传统教学方法的局限性。混合式教学可利用移动互联网技术，围绕教学内容、教学方法、教学手段、教学环境等维度来实施线上线下相结合的教学，从而提高教学效果。实验选取北京农学院网球选项班（共58人）学生为实验研究对象，采用线下分解教学结合线上多媒体辅助教学，深入分析并识别教学过程中的不足，帮助学生在大脑中构建准确的动作图像和概念理解，从而快速地理解和掌握网球发球技巧。

一、研究对象与方法

（一）研究对象

本文以"互联网+"背景下高校网球发球技术混合式教学的实验作为研究对象，以北京农学院网球选项班（共58人）学生为实验研究对象。

（二）研究方法

通过中国知网、万方数据库等进行检索，查阅相关书籍，并搜集有关混合式教学、多媒体辅助教学、网球发球视频等相关资料，内容涉及教育学、体育学等学科为研究设计分析提供理论保障。对实验研究对象进行问卷调查。在教学实验前后所测试的各项指标数据运用SPSS Statistics25.0软件进行统计学分析（样本T检验），充分体现实验结果量化过程，保证实验研究的科学性和客观性。

---

* 本文系北京农学院2023—2024年本科教育教学研究与改革项目（项目编号：BUA2023JG44）。

① 作者简介：袁龙辉，男，研究生，讲师，主要从事体育教学和运动训练研究。

1. 实验法

随机选取北京农学院2023—2024学年（第一学期）公共体育网球课程的两个男生班的学生作为实验研究的对象。在展开教学实验之前，随意抽取一个班设定为实验班，另外一个为对照班，实验班和对照班均为29人。通过相关数据分析软件对实验前后所测试的数据进行处理，进而对研究的各项指标和数据加以验证。

2. 教学训练的设计

遵循实验设计的规范和条件控制的标准，教学实验对实验组与对照组均实施了单盲测试，确保学生在不知情的条件下参与。在实验启动前，通过样本T检验对学生进行了分组，以保证两组在身体素质和运动技能水平上不存在显著性差异，从而确保分组的公正性和实验结果的有效性。

身体素质方面，主要选取立定跳远（力量）、50米跑（速度）和1 000米跑（耐力）三项进行测试，测试指标依据《国家学生体质健康标准》（大学生组）对两个班的学生在实验前进行身体素质测试。

运动技能方面，关注发球的成功率和落点。

在教学实验的初期阶段，即训练启动前，进行首次评估；在训练周期结束时，即学期的最后一堂课，进行最终评估。两次评估均采用盲评方式，即评分教师不知晓学生的分组情况，目的是确保评分过程的客观性、公正性，并能够真实地反映学生经过训练后技术能力的提升。此外，根据为期15周、共计30学时的教学计划，对实验组和对照组均进行了相应的教学实验。

3. 对照班与实验班教学具体实施过程

对照班采用传统的教学模式，"以技能教学为主，学生被动接受，重复练习技术动作"的教学方法，教师根据既定的教学计划组织小组练习，并在练习中提供集体和个别的指导和纠正。在训练周期的第15周，对对照班学生的发球技术进行了视频记录，评估了他们连续发球10次的成功率及球的落点分布，每次成功发球计1分。具体的实施步骤如图1所示。

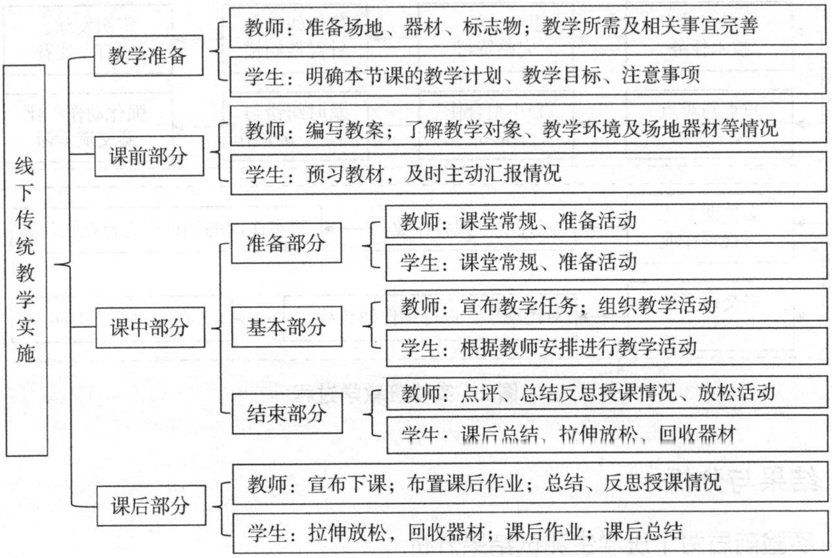

图1　对照班教学过程

实验班采用混合式教学模式（线上多媒体技术辅助线下传统教学模式的教学方法），具体实施步骤如图 2 中所示。学生利用线上资源和线下指导相结合的方式进行学习，通过录制训练过程和动作技巧视频，把视频作为课后复习材料，也是作比较和纠正动作的依据，以此来识别和改进自己的技术动作。

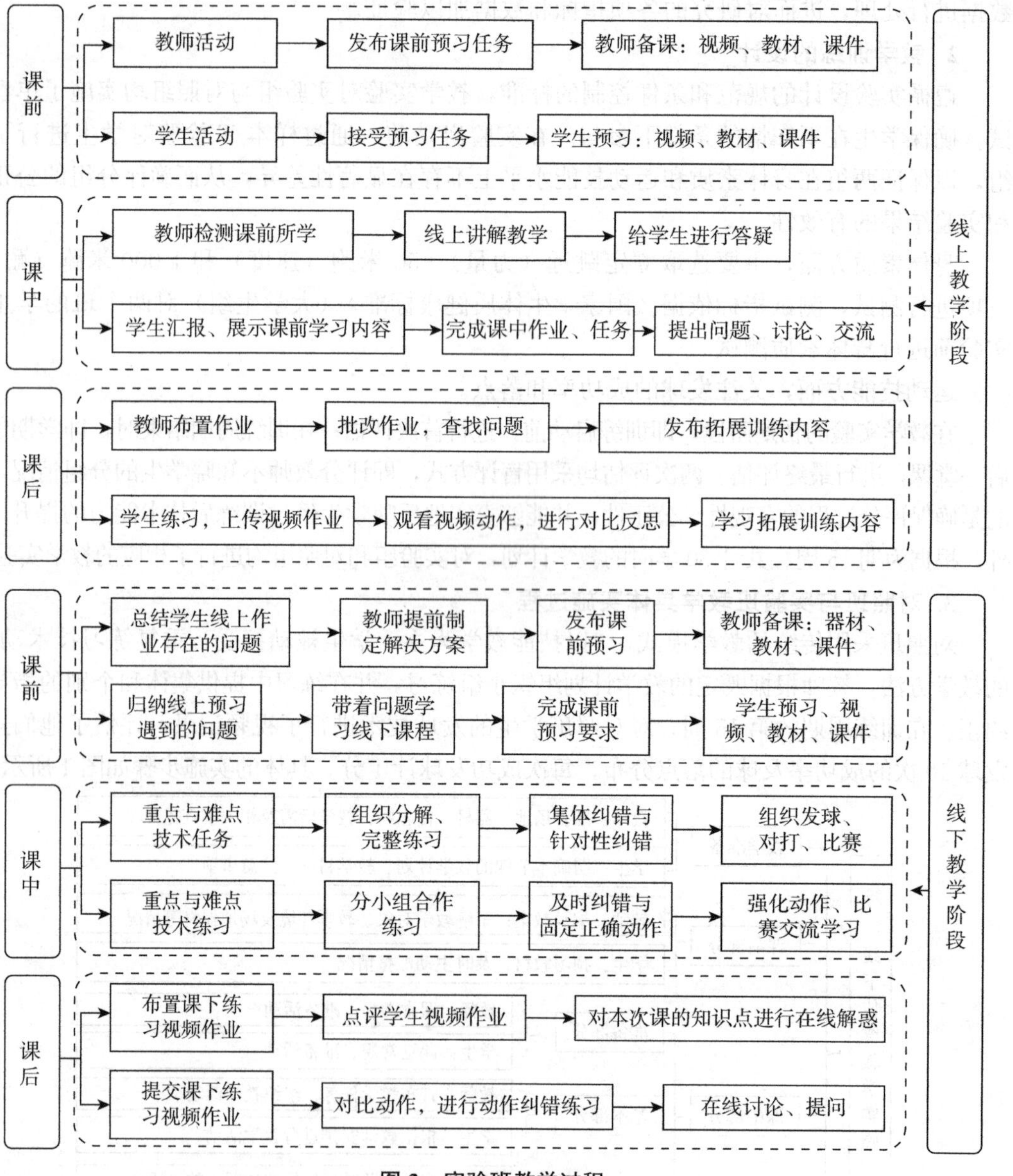

图 2　实验班教学过程

二、结果与分析

（一）实验前后两个班学生测试结果分析

在实验前对两班学生年龄、身高、体重、臂长进行调查并分组，以及 3 项身体素质

（测试方式按照教育部颁布的《国家学生体质健康标准（2014年修订）》规定的方法进行）和网球发球运动技能水平测试（表1、表2）。

表1　实验前两班学生身体情况分析结果

组别	人数（人）	年龄（岁）	身高（米）	体重（千克）	臂展（厘米）
实验班	29	18.2±1.10	1.73±0.31	65.0±0.68	74.3±0.36
对照班	29	18.3±1.35	1.74±0.27	66.1±0.32	73.8±0.62
T		0.257	1.573	0.684	0.726
P		>0.05	>0.05	>0.05	>0.05

表2　实验前两班学生身体素质指标分析结果

组别	人数（人）	50米跑（秒）	立定跳远（米）	1 000米跑（秒）
实验班	29	7.21±0.35	2.17±0.34	241±10.55
对照班	29	7.38±0.21	2.13±0.33	239±11.47
T		0.242	1.596	0.704
P		>0.05	>0.05	>0.05

如表1、表2所示，实验班和对照班之间无显著性差异（$P>0.05$），通过问卷和访谈的方式对实验对象的技能水平及运动经历进行了统计分析。学生在网球运动方面均无基础。说明本实验的实验对象符合实验要求，分组合理、科学。

（二）网球发球成功率、落点测试结果与分析

通过专家访谈可知，网球运动员的技术水平可以通过其发球落点的精准度来评估，专家们指出，学生发球技术的水平不仅取决于感觉，更在于发球动作的稳定性。技术的熟练度越高，控制发球落点的精准性越好；反之，技术稳定性差，落点的控制也会受到影响。

为了确保实验设计的合理性，测试评分标准如下，笔者将发球区域明确划分为中心区（距发球区1米处设置标记）、内角区（靠近发球区内侧1米处设置标记）和外角区（靠近发球区外侧1米处设置标记）。测试方法为左右区各发球5次，共10次发球机会，一发失误采用二发发球，以此类推。评分标准为：发到界内得1分，根据动作、力量等进行评分，要求技术动作正确、完整、比较流畅、落点球速较快。左、右区各5分，未击打到指定场地内的无分，共10分（表3）。在实验的初期和末期，对参与者进行了发球能力的测试，每个区域分别发5次球，并记录下落点和成功率（计分）。同时，使用视频设备捕捉并记录实验对象的发球动作，以便进行技术分析（表4）。

表3　发球技术评分标准

技术	发球个数/标准	分值	总分	达标
发球技术	10	1	10	5
发球技术动作	技术动作正确、完整、比较流畅、连贯、协调落点球速较快			技术动作正确、完整、连贯、球速较快

表4　实验前两班学生发球落点分数统计

组别	人数（人）	内角（分）	外角（分）	中路（分）
实验班	29	2.31±0.28	1.41±0.68	3.14±0.35
对照班	29	1.98±0.67	1.63±0.47	3.07±0.48
T		0.237	0.594	0.772
P		>0.05	>0.05	>0.05

通过统计数据和表4可知，在实验前实验班发球总成功率的平均值是26.9%，对照班实验前发球总成功率的平均值是28.2%。综上数据分析，从各成功率和得分数据上可知，两班在实验初期对网球发球落点的控制能力没有明显的差异（表5）。

表5　实验后两班学生发球落点分数统计

组别	人数（人）	内角（分）	外角（分）	中路（分）
实验班	29	6.551±0.71	7.10±0.45	8.64±0.27
对照班	29	4.57±0.62	4.37±0.48	5.57±0.38
T		−10.26	−13.57	−16.62
P		<0.05	<0.05	<0.05

通过统计数据和表5可以得出：在实验后，实验班学生发球总成功率的平均值为58.6%，对照班在实验末期总成功率的平均值为43.6%。结果表明，在实验结束时，两个班的学生在网球发球的精准度上均有显著进步，与实验前相比有了较大的差异。特别是实验班，从实验开始到结束，他们在控制发球落点方面的能力有了显著的提升。同样，对照班也有明显的改善。这些结果表明，实验组达到实验的预定目标，验证了实验教学方法的有效性。

（三）干预后实验班课程满意度情况分析结果

在实验班网球混合式教学课程完成之后，对参加实验的29名实验班学生进行混合式学习满意度访谈和问卷调查。本次满意度调查问卷共发放29份，回收问卷29份，回收率100%。对回收问卷和访谈的内容进行统计分析，通过调查发现，实验班绝大多数的学生对混合式学习感到满意，特别是学习满意度的维度调查方面，90%的学生同意或非常同意将来还会继续选修该课程，80%的学生表示通过该课程提高了自己参与体育课的积极性。

综上所述，把混合式教学模式（传统的分解教学模式结合多媒体辅助技术）应用到网球教学中，从发球落点数据统计中可以看出，实验对象提高了发球落点的控制能力，这也说明了通过利用移动互联技术，把教学内容、教学方法、教学手段、教学环境等维度信息化，从而提高了教学效果。

三、结论与建议

（1）经过15周的混合式教学模式（传统的分解教学模式结合多媒体辅助技术）教学后，实验班学生的发球落点更精准、成功率更高，实验班比对照班实验效果明显。

（2）混合式教学模式（传统的分解教学模式结合多媒体辅助技术）教学比传统教学模

式效果明显，提升了课堂教学的质量和效率。

（3）通过调查问卷和访谈可知，运用混合式教学设计进行教学，大大地提高了大学生积极参与体育锻炼的意识。

（4）将多媒体信息技术应用到网球技术课教学，对于体育课堂生动教学有着积极的促进作用，有利于网球教学课程的革新和网球运动的普及，但各大软件的应用处理还需要教师花费时间和精力去学习。

参 考 文 献

何宇轩，2022. 混合式教学在高校羽毛球选修课中教学效果的实验研究［D］. 广州：广州体育学院.

胡艺芹，2016. 混合式学习在高职公共英语教学中的有效性研究［J］. 广西民族师范学院学报（1）：138-140.

李宁，2022. 线上线下混合式教学在体育院校网球专选课中的应用研究［D］. 济南：山东体育学院.

刘英杰，2022. “互联网+体育”背景下高校篮球混合式教学研究［D］. 西安：陕西师范大学.

路鹏，2009. 采用多媒体手段提高大学生网球发球技术水平的研究［J］. 陕西师范大学学报（6）：12-18.

孟号翔，2014. 基于视频图像分析技术的网球发球技术的训练研究［J］. 文体用品与科技（11）：6-11.

牛志超，2020. 混合式教学在高校足球教学中的应用研究［D］. 上海：上海体育学院.

孙乐宁，2012. 网球发球技术教学的重难点与优化途径分析［J］. 黑河学刊（10）：10-11.

孙谦，2024. PBL 联合混合式教学模式在高校公共体育网球课中的应用研究［D］. 北京：中央民族大学.

田朝辉，2008. 视频技术在网球发球教学中应用的初步研究［J］. 武汉体育学院学报（11）：21-24.

袁龙辉，2018. 视频图像技术在网球发球教学中的实验研究［D］. 武汉：武汉体育学院.

俞剑鸣，2017. “互联网+”背景下大学生体育参与现状研究［D］. 上海：上海体育学院.

张胜影，2006. 网球发球信息技术教学设计的实验研究［J］. 江西师范大学（10）：14-19.

"互联网+教育"背景下高校教师数字素养提升策略研究*

孔素然[①] 申盼盼

摘要：推进"互联网+教育"发展，加快教育数字化转型，对高校教师的数字素养提出了更高的要求。然而，高校教师数字素养存在理念滞后、能力欠缺和数字社会责任缺失等问题，制约了高校教师数字素养的提升。因此，本文探讨了提升高校教师数字素养的三个途径：一是理念先行，优化顶层设计，提升教师数字化意识；二是能力培养，全方位、系统化培训助力高校教师提高数字化应用能力；三是制度保障，健全高校教师数字素养的保障体系，将数字素养培育常态化、制度化。

关键词：互联网+教育；数字素养；提升策略

2017年，《国家教育事业发展"十三五"规划》将"互联网+教育"发展提上日程；2018年，《教育信息化2.0行动计划》中提出要推进"互联网+教育"，加快教育现代化和教育强国建设；《2019年教育信息化和网络安全工作要点》将"互联网+教育"试点建设与师生数字素养提升设为核心目标；2020年，《教育部关于加强"三个课堂"应用的指导意见》中指出，积极推进"互联网+教育"发展，加快教育数字化转型，持续优化师生数字素养；2021年，教育部等六部门印发《关于推进教育新型基础设施建设构建高质量教育支撑体系的指导意见》中指出，依托"互联网+教育"大平台，创新教学、评价和管理等应用，提升教师数字素养，纵深推进教育数字化转型。

教育数字化转型是教育全领域、全方位、全过程的变革，"互联网+教育"的发展直接影响甚至决定教育数字化转型的进程。因此，在"互联网+教育"背景下，高校教师作为教育数字化转型的关键因素，努力提升自身数字素养，既能满足国家发展战略的宏观需求，又从微观上对提高教学质量、满足学生发展等具有重要意义。

一、核心概念界定

（一）数字素养

探析高校教师数字素养提升策略，首先需要明确数字素养的核心概念。数字素养框架最先由以色列学者阿尔卡莱提出，他将数字素养分为5个框架：①图片—图像素养，即学

---

* 本文系2022年北京市高等教育学会研究课题（项目编号：MS2022065）、2023年度北京市数字教育研究课题（项目编号：BDEC2023619048）、2024年北京农学院教育教学研究与改革项目（项目编号：BUA2024YB39）资助。

① 作者简介：孔素然，女，硕士，副教授，主要研究方向为应用数学、数学教育。

会理解图像信息的技能；②再创造素养，即创造性"复制"能力；③分支素养，即驾驭超媒体素养的能力；④信息素养，即辨别信息适用性的能力；⑤社会—情感素养，即具备共享知识的意识与以数字化形式进行情感交流的能力。

后美国记者保罗·吉尔斯特正式提出"数字素养"这一概念，将其界定为使用和评估数字资源、工具和服务，并将其应用于终身学习的过程中的能力。之后，国内外学者相继展开对"数字素养"概念的研究。而今，随着信息技术的不断发展，数字素养的含义也在不断更新中。

联合国教科文组织认为，数字素养是指在工作、生活或学习中，以交流、合作的方式使用数字信息技术和网络设备，安全、恰当地获取、理解、整合、交流、评估和创造信息的能力，包括媒体素养、计算机素养、互联网素养和信息素养等。这一广义定义体现了当今各行各业（包括教师）需具备的数字素养。

2021年，中央网络安全和信息化委员会印发《提升全民数字素养与技能行动纲要》，将数字素养与技能界定为数字社会公民学习、工作、生活应具备的数字获取、制作、使用、评价、交互、分享、创新、安全保障、伦理道德等一系列素质与能力的集合。简言之，数字素养指的是在数字环境下，人们对海量数据信息选择、理解、运用、批判过程中形成的数字理解与应用能力，是"互联网＋"背景下必备的科学与文化素养。

（二）教师数字素养

党的二十大报告中明确提出要"推进教育数字化"，教师是提升教育水平的主力，因此，要不断提升教师的数字素养。2022年，教育部发布《教师数字素养》中明确指出，教师数字素养指的是教师运用数字技术获取、加工、使用、管理和评价数字信息和资源，发现、分析和解决教育教学问题，优化、创新和变革教育教学活动应具有的意识、能力和责任。教师数字素养框架包括5个一级维度、13个二级维度和33个三级维度。其中，一级维度包括数字化意识、数字技术知识与技能、数字化应用、数字社会责任，以及专业发展。

培养高校教师的数字素养，对实现教育数字化转型的目标至关重要。高校教师只有不断地提升教学技能、更新教学方法、提升数字素养，才能更好地实现教育与信息技术的深度融合、教育资源的优化配置和高等教育的高质量发展。

二、高校教师数字素养现状分析

教育数字化转型带来的教育生态变革要求高校教师提升数字素养。优秀的数字素养能够帮助高校教师更好地利用数字技术和教学资源，提高教学质量和学生的学习体验。但在实际教学中，许多教师仍面临着数字意识不强、数字化应用能力弱、数字社会责任感低等问题。

（一）理念滞后：高校教师数字化意识亟待加强

数字意识是指客观存在的数字活动在教师头脑中的主观反映，教师应对数字技术在教育教学中的运用具有正确的理解和积极的态度。目前，部分高校教师由于受传统教学模式根深蒂固的影响，仍然采用教材＋板书的固有教学模式，对在课堂教学中应用数字化信息技术持消极态度，数字化意识淡漠；部分高校教师虽然采用PPT教学，但对更高层次、更复杂的数字技术（微课制作、资源筛选、数据分析等）的学习和使用存在畏难情绪，数字化信息技术使用率较低，使用数字化信息技术教学的意愿不强。

（二）能力欠缺：高校教师数字应用能力亟须提高

数字化应用能力是教师应用数字技术开展教学活动的能力，包括如下内容：①数字资源整合能力，即使用搜索引擎搜索和筛选数字资源，评估数字资源的可信度和适用性，进而将数字资源整理、归纳、分类并进行使用的能力；②数字化工具和资源的应用能力，即使用数字化工具、平台和资源开展教学、研究的能力。

目前，部分高校教师应用数字技术开展教学的意识较强，但能力较弱，表现在：①数字化课程设计能力不足，教学理念缺乏数字技术手段支撑；②数字化教学方法单一，仅限电子课件辅助教学，使用慕课、微课及其更高层次的信息化教学手段开展教学的能力不足；③数字化教学评价缺失，教学评价往往采用期末考试、考勤、提问等简单考核方式，缺少利用数字化信息技术平台开展在线考试、随堂测试、随机提问等方式。

（三）责任缺失：高校教师数字社会责任感有待提高

数字化社会责任指的是教师在数字化教学活动中应遵守相关法律法规和道德伦理规范，以及应具备数据安全保护和网络安全防护能力。同时，教师还需引导学生遵守网络法律法规，合理使用数字产品并注重保护个人信息隐私，维护数据安全。

目前，部分高校教师数字化社会责任缺失，主要表现在：①对数字化活动相关法律法规不了解，随意转载或发布信息；②对数字化活动的道德伦理规范认识不清，轻信或传播未经证实的网络传言；③缺乏数据保护和网络安全防护能力；④缺乏引导学生遵守网络法律法规、维护个人信息安全的意识。

三、高校教师数字素养提升策略

（一）理念先行：优化顶层设计，强化数字化意识

高等院校承担着培养人才、为社会服务等功能，高校教师是培养创新人才的主要承担者。“互联网＋教育”时代，作为大学生知识与技能的传播者与引领者，高校教师的数字素养对于提升教育质量和推动教育数字化转型至关重要。因此，高等院校应优化顶层设计，强化教师数字意识与数字化社会责任，提升教师数字化应用能力。

1. 搭建数字教育平台

提高高校教师数字化意识，首先是打破常规陈旧的教育理念，教师应认识到数字技术不仅仅是一种教学辅助工具，更是一种习惯、一种理念。因此，高校应为教师搭建数字教育平台、鼓励教师共享数字资源，定期发布数字教育新闻动态、图书资料、培训课程、研究报告、项目会议等，便于教师获取信息，了解数字教育发展动态，经过海量数字化信息潜移默化地影响，“数字教师”渐渐会成为一种意识和习惯，从而形成一种数字文化。

2. 创建数字教育环境

高校应基于数字化信息技术，依托计算机信息技术和网络，为教师创建一个智能化、数字化、信息化的教育环境。在此数字教育环境下，教师的教学方式、教科研方式，学生的成长方式与学习方式将发生翻天覆地的变化。教师能够学会使用数字化教学平台开展教学理念、教学模式、教学手段以及教科研方式的创新，学生可以利用各类数字资源进行高

质量的学习，从而促进教师数字素养的提升，有助于教学相长。

（二）能力培养：加强数字教育培训，提升数字化应用能力

课堂教学中教师的数字素养知识、能力、理念、价值等要素，深刻影响学生数字思维素养的培育效果。高等院校应为教师提供全面、系统的数字教育培训，包括数字化教学平台的使用、课程设计与评价、多媒体教学技术等基础培训，在线学习环境下的教学策略、在线协作和交流的进阶培训，以及设计和实施在线课程、制作多媒体教学资料等的实践培训。数字教育教学培训体系的建立需要针对不同层次和不同需求的教师进行分类和设计，引导教师树立数字教育理念，同时以数字赋能课程思政建设，运用数字手段提高学生学习兴趣，激发学生学习内驱力。

高校应注重数字化协作平台的开发与培训，加强教师之间的团队合作。数字化协作平台（虚拟教研室、学习通等）为教师提供一个方便、快捷的协同工作环境，团队教师通过数字化协作平台集思广益、策划课程、分享经验，从而不断提升自己的教科研水平。通过数字化协作平台，教师能够获取海量数字教学资源，为教师提供个性化的教学方案和资源推荐，帮助教师更好地准备优质的教学内容，进一步提升课堂教学的质量和效果。

（三）制度保障：数字教育常态化，提高数字化社会责任感

高校作为知识、技术和思想的传播者，其在建立和完善数字信息安全管理制度方面承担着举足轻重的责任。因此，高校需明确各类数据的安全等级和相应的保护措施，将数据处理和传输的标准流程制度化，定期对数字信息开展安全监测，定期开展数字化法律法规和道德伦理规范培训，常态化开展师生的信息安全教育和培训，引导师生安全、规范、科学使用数字信息，提升教师数据安全保护和网络安全防护能力，也使教师有意地去引导学生遵守网络法律法规、维护个人信息安全。

参 考 文 献

冯思圆，黄辰，2023. 高等教育数字化转型与教师数字素养提升：2022 世界慕课与在线教育大会分论坛四综述［J］. 中国教育信息化（1）：118-128.

国务院，2017. 国务院关于印发国家教育事业发展“十三五”规划的通知［EB/OL］. https://www.gov.cn/gongbao/content/2017/content_5168473.htm.

教育部，网信办，发展改革委，等，2021. 教育部等六部门关于推进教育新型基础设施建设构建高质量教育支撑体系的指导意见［EB/OL］. http://www.gov.cn/zhengce/zhengceku/2021-07/22/content_5626544.htm.

孔令帅，王楠楠，2023. 如何发展教师数字素养：联合国教科文组织的路径与启示［J］. 中国远程教育（6）：56-63.

刘洋，李淑，2023. 数字化时代高校教师数字素养提升策略研究［J］. 中国成人教育（12）：72-76.

吴洪祥，2024. 教育数字化背景下中小学教师数字素养提升路径［J］. 中国教师（2）：97-99.

闫超阳，杨洁，2024. 数字化时代高校教师数字素养提升的价值、困境与策略［J］. 中国成人教育（1）：43-51.

于洪洋，2023. 数字化时代高校青年教师数字素养内涵、要素及养成［J］. 泰山学院学报（1）：128-133.

中共中央网信办，2021. 提升全民数字素养与技能行动纲要［EB/OL］. https://www.cac.gov.cn/

2021 - 11/05/c _ 1637708867754305. htm? eqid = 99d9b4e40027f94f0000000664271007&wd = &eqid = 9a47d47900003945000000006645b06c6.

中华人民共和国教育部，2018. 教育部关于印发《教育信息化 2.0 行动计划》的通知［EB/OL］. http://www.moe.gov.cn/srcsite/A16/s3342/201804/t20180425 _ 334188. html.

中华人民共和国教育部，2019. 教育部办公厅关于印发《2019 年教育信息化和网络安全工作要点》的通知［EB/OL］. https://www.cac.gov.cn/2019 - 03/13/c _ 1124228069. htm.

中华人民共和国教育部，2020. 教育部关于加强“三个课堂”应用的指导意见［EB/OL］. http://www.moe.gov.cn/srcsite/A16/s3342/202003/t20200316 _ 431659. html.

中华人民共和国教育部，2022. 关于发布《教师数字素养》教育行业标准的通知［EB/OL］. http://www.moe.gov.cn/srcsite/A16/s3342/202302/t20230214 _ 1044634. html.

周刘波，张梦瑶，张成豪，2023. 数字化转型背景下教师数字素养培育：时代价值、现实困境与突破路径［J］. 中国电化教育（10）：98 - 105.

基于教学管理信息化的教师教学能力提升路径研究*

宋迎迎①

摘要： 本文立足于新时代高等教育内涵式发展的要求，以农林高校教师教学能力培养为核心，探讨了利用教学信息化手段促进教师教学发展的有效途径。通过依托在线教育综合平台和教师教学投入与教学质量评价系统，构建了集教学培训、教学竞赛、教学评比、课程建设于一体的多元教学发展集群，旨在提升教师教学能力、课程教学质量、团队协同意识及资源建设水平，最终实现教师教学发展共同体的建设。本文对推动农林高校教育教学改革，促进教师可持续发展具有重要意义。

关键词： 教学管理信息化；教师教学能力；教师教学发展共同体

2018 年 4 月，教育部发布《教育信息化 2.0 行动计划》，提出完善教育管理信息化顶层设计，提高教育管理信息化水平。2020 年 12 月，教育部等六部门印发《关于加强新时代高校教师队伍建设改革的指导意见》，提出建设高校教师发展平台，健全教师教学发展体系，着力提升教师专业素质能力，营造有利于教师可持续发展的良性环境。在新时代高等教育追求内涵式发展的背景下，激励教师积极投身于教学，并持续推动教学发展，已成为当前我国高等教育领域亟待解决的关键任务与迫切需求。高等农业院校需不断加强信息化建设，大力推进教育教学工作向数字教育方向转变。教学管理信息化是指在现代教育思想引领下，将信息技术作为工具和手段融入人才培养和教育教学的全过程，是信息技术在教育教学领域的具体应用。在当前“互联网＋教育”大背景下，农林高校亟须利用教学信息化进行教育教学创新改革促进教师教学发展，从而推进教育教学工作向数字教育方向转变。

一、教学管理信息化现状

目前，北京农学院教学管理信息化主要通过“本科教学—教务管理系统”“课程中心—在线教育综合平台”“教学基本状态数据库及评估系统”“大数据实训管理平台”“课堂教学应用云平台”和“教师教学投入和教学质量评价系统”等几大平台来实现。本文主要

* 本文系 2023 年度北京市数字教育研究青年课题“基于教学管理信息化的教师教学发展共同体研究”（项目编号：BDEC2023619089）。

① 作者简介：宋迎迎，女，硕士研究生，助理研究员，主要研究方向为高校教师教学发展、教育教学质量监控与评价。

依托其中的“在线教育综合平台”和“教师教学投入和教学质量评价系统”为载体，以提升教师教学能力、提高教育教学质量为目标，优化系统功能，开辟数字模块，打造集教学培训、教学竞赛、教师评比、课程建设于一体的多元教学发展集群，从而促进教师教学发展共同体建设。

其中，“在线教育综合平台”为学校多年前搭建的教学信息化平台，目前主要使用对象为学生，可实现直播授课和录播教学，能完成师生互动、作业批改、考试测验等教学基本功能，在近年来保障学校线上教学方面发挥了至关重要的作用，也将在今后继续为学校的线上线下混合式教学提供有力服务和保障。

“教师教学投入和教学质量评价系统”是学校近年来刚刚研发并投入试运行的教学信息化平台。该平台以课程评估为基础，从评价主体、评价指标和评价方法三个维度入手，对师资建设、课程建设、实践教学、教学改革和教学效果五个方面进行管理、评价和考核，从而对教师教学投入和教师教学质量进行量化统计。

二、教学管理信息化路径探索

1. 科学搭建培训内容体系，筑好教师学发展“底盘”

实施多维度教学技能培训，构建教师“交流共享”平台。开展多层次、多样化、多路径的教师教学能力培训活动，为教师搭建“互学互助”空间。组织教师合作教研活动，围绕特定教学主题开展“深度研讨”。重视教学名师榜样力量，充分发挥其“领航”作用，激励青年教师积极投身于教学改革之中，激发青年教师改革热情，以实际行动践行“名师引领”理念。聘请教学领域资深专家提供前沿的教学理论支持和专业的成果指导，助力教师更新知识结构，提升教学理论水平，参与教学成果的打磨与提炼过程，促进教学实践转化为可推广、可复制的教学成果，完成“成果培育”的目标，驱动教育创新发展。

2. 高质打造教学竞赛精品，给足教师教学发展“油门”

以斩获国家级、省部级赛事荣誉为引领，我们依托“在线教育综合平台”，精心策划并举办教创赛、青教赛等系列教学竞赛活动。该平台集竞赛价值导向、参赛技能锤炼与赛事全程观摩于一体，旨在激发教师自我提升的内生动力，显著提升其参与教学竞赛的竞争力。通过“以赛促教”的方式，不仅促进了教学方法的创新，更推动了教学质量与育人水平的整体跃升。

3. 加速培育教师评比精英，释放教师教学发展“动能”

为强化“教学名师奖”对教师教学发展的激励效应，我们采取“培养为基、评选为媒、名师领航”的策略，致力于构建教学名师的梯队化、动态化发展模式。通过精准培养，为不同层级的教师提供个性化成长路径；依托评选机制，选拔并表彰教学卓越者，树立标杆；同时，充分发挥名师的引领示范作用，带动整个教师队伍持续进步，形成教学名师不断涌现、持续发展的良好生态。

一方面，激励现有名师向更高层级名师发展；另一方面，以名师示范课、教学观摩活动、教学研讨会等形式，提升教学名师的教学影响力和引领示范效应，使得名师的教学风范可以让更多的教师共享和学习，从而形成学习名师、争当名师、注重教学、研讨教学的良好风气。

4. 合理优化质量评价方法，握牢教师教学发展“方向”

依托“教师教学投入和教学质量评价系统”，完善教学质量评价体系，保障教学质量，引导教师投入教学，形成激励文化，促进教师教学朝向良性发展。在评价主体上实现“多元评价”，即督导、同行、学生、教师本人均参与教师教学质量评价；在评价指标上实现“全程评价”，即将教学质量评价贯穿教师教学全过程；在评价方法上实现“全面评价”，即定性评价和定量评价相结合，对教师教学投入和教师教学质量进行定性评价和量化统计。

三、教学管理信息化模块设计

1. 教学培训模块

我们整合了教学理念、设计、方法、实施及课程思政等全方位培训内容，系统性地规划了教师教学培训体系。该体系紧密围绕教师实际需求，细致考量每位教师的教学能力差异，创新性地试点分层次、分阶段的开展教学。通过精准匹配培训内容，确保每位教师都能在适合自己的阶段获得有效提升，进而有力支持他们在教育教学改革实践中勇于探索，不断创新。

2. 教学竞赛模块

巩固比赛成果，形成长效机制，充分发挥教学类比赛在提高教学质量工作中的激励作用。着力放大获奖教师的“明星效应”，将参与国家级、北京市级赛事的获奖者打造为教学领域的“闪亮品牌”。通过定期举办高规格的交流活动，不仅展示这些优秀教师的教学技艺，更深度推广其先进的教学理念与教学方法，以此激发广大教师群体追求卓越的内生动力，共同推动教学质量的全面提升。

3. 教师评比模块

以名师观摩课、教学研讨会、课堂实录视频等多种形式，将教学名师、优秀教师的典型案例向学校教师开放，搭建教师交流学习平台。出台政策支持文件，划拨专项资金，重点扶持、定点培养现有师资队伍中的潜力教师，发掘和培育国家级和北京市级教学名师。

4. 课程建设模块

试点优质课程、优质课件、教学大纲共享，实现 80%普通课程向 20%优质课程学习。优质课程资源具有内容先进、设计精练、手段丰富的特点，具有明显的头部示范效应，可在将优秀教学理念和教学方法快速传递给其他教师的同时，有效激发教学改革热情，推动国家级、北京市级优质课程建设。

四、结论及展望

本文通过教学信息化手段，探索出了一条提高教师教学水平的有效途径，并在强化教师教学培训、提高教师教学和管理水平、提升课程教学质量、推进质量评价体系建设等方面有一定促进作用。特别是在深度融合信息技术与教育教学上，明显提升了师生信息素养与创新能力，这为学校发展基于“互联网+”的教育服务新模式提供了良好的信息化技术和环境保障。在新时代的社会语境下，在教育部推动教育信息化 2.0 和新时代高校教师队伍建设改革的背景下，农林院校应从教学信息化技术的融合应用等方面入手，助力教师教学能力的全面提升和教育教学改革的深化。具体表现在以下几个方面。

1. 深化教学信息化技术的融合应用

随着人工智能、大数据、云计算等技术的快速发展，未来将进一步探索这些技术在教学管理信息化中的应用潜力。例如，利用人工智能技术进行个性化教学推荐，为每位学生提供定制化的学习路径和资源；通过大数据分析，精准识别教师的教学需求和学习成效，为教学培训和评价提供更加科学的依据。此外，还可以考虑将虚拟现实（VR）、增强现实（AR）等前沿技术融入教学过程，丰富教学手段，提升学生的学习体验。

2. 拓展多元评价体系的深度与广度

现有的多元评价体系在促进教师教学发展方面已经取得了显著成效，但仍有进一步完善的空间。未来研究可以聚焦于如何更加全面、客观地评价教师的教学质量和学生的学习成效。例如，引入更多元化的评价维度，如情感投入、创新能力、社会责任感等，以全面反映教师的综合素质。同时，可以探索更加科学的评价方法，如采用机器学习等技术对评价数据进行深度挖掘和分析，提高评价的准确性和可靠性。

3. 强化教学共同体建设的实效性

教师教学发展共同体的建设是提升整体教学质量和教师专业素养的重要途径。未来研究将更加注重共同体建设的实效性，通过定期组织学术研讨会、教学观摩活动、项目合作等方式，加强教师之间的交流与合作。同时，建立更加完善的激励机制和保障措施，鼓励教师积极参与共同体建设，形成共同学习、共同进步的良好氛围。

4. 推动教育教学资源的开放共享

优质教育教学资源的开放共享是推动教育教学改革的重要手段。未来研究将聚焦于如何更好地实现教育资源的优化配置和高效利用。一方面，可以探索建立更加完善的教育资源共享平台，促进校内外优质教育资源的互联互通；另一方面，深化教育领域的国际合作，引入更多优质、前沿的国际教育资源，为教师提供国际化的视野与平台，进一步丰富教学内容与方法，提升农林高校的教育教学水平。

参 考 文 献

李善寿，方潜生，杨亚龙，等，2022. 依托虚拟教研室打造专业教师发展共同体［J］. 安庆师范大学学报（3）：112－117.

沈俣，王立彬，2022. 基于“一平三端”校本精细化培训的高校教师信息化教学能力提升研究［J］. 高教学刊（34）：167－170.

中华人民共和国教育部，2018. 教育部关于印发《教育信息化 2.0 行动计划》的通知［EB/OL］. http://www.moe.gov.cn/srcsite/A16/s3342/201804/t20180425_334188.html.

中华人民共和国教育部，2020. 教育部等六部门关于加强新时代高校教师队伍建设改革的指导意见［EB/OL］. http://www.moe.gov.cn/srcsite/A10/s7151/202101/t20210108_509152.html.

应用型高校教师师德教育实践路径探索*

——以北京农学院为例

王佳美[①]

摘要： 教师是立校之本，师德是教育之魂。为切实提高师德师风建设水平，提升教师立德树人能力，国家、北京市先后出台一系列政策建立健全教师师德教育机制，各高校均对应落实相关举措加强师德教育。本文介绍了高校教师开展师德教育背景、现状及应用型高校教师师德教育的实践路径，并结合发展实际对如何完善应用型高校师德教育工作展开思考。

关键词： 应用型高校；师德教育；实践；探索

一、应用型高校开展师德教育背景

所谓师德，即教师的职业道德，是教师从事教育活动中形成的较为稳定的道德观念、行为规范和道德品质的总和。教师作为落实立德树人任务的主力军，其政治素质和道德水平直接影响着学生的思想动态和道德修养。党的二十大报告明确指出，“加强师德师风建设，培养高素质教师队伍”。党的十八大以来，习近平总书记在多次重要讲话中都强调了师德师风建设的重要性，并先后对教师提出了“四有好老师”“四个引路人”“六要”“大先生”的具体要求。在2023年教师节前夕，习近平总书记致信全国优秀教师代表时，勉励全国广大教师要“以教育家为榜样，大力弘扬教育家精神”。习近平总书记关于师德师风的系列重要论述为新时代加强师德教育提供了理论遵循和行动指南。

师德师风是落实立德树人根本任务的关键，占据教师队伍建设的首要位置，建设一支具有良好师德师风的高素质教师队伍是高质量教育体系的关键保证。国家、北京市先后制定出台了《教育部关于进一步加强和改进师德建设的意见》《教育部关于建立健全高校师德建设长效机制的意见》《中共中央、国务院关于全面深化新时代教师队伍建设改革的意见》等一系列文件指导规范高校师德师风建设工作。2019 年教育部等七部委联合下发《关于加强和改进新时代师德师风建设的意见》中要求“把师德师风作为评价教师队伍素

* 本文系北京市教师发展研究课题重点课题“应用型高校青年教师综合素质能力提升路径研究（课题编号：GJ2023006）”研究成果；北京农学院教育教学研究与改革一般项目“本科教育教学审核评估背景下高校师德师风长效机制建设路径研究——以北京农学院为例”（立项编号：BUA2023JG07）资助。

① 作者简介：王佳美，女，硕士研究生，助理研究员，主要研究方向为高等教育管理。

质的第一标准，将社会主义核心价值观贯穿师德师风建设全过程，严格制度规定，强化日常教育督导”。师德教育作为提升教师师德修养的关键之举尤其受到重视，各高校均制定师德教育系列制度文件，持续组织开展教师师德教育，并取得了一定成效。

二、应用型高校教师师德教育的实践探索

以北京农学院为例，近年来，学校立足应用型高校实际和教师特点，持续强化师德师风建设顶层谋划，先后成立教师工作部、学校师德建设委员会、学校教师工作委员会，设立师德建设工作领导小组、二级党组织师德考核工作小组，健全完善党委统一领导，党政齐抓共管，各部门各司其职、二级党组织具体落实的师德师风工作体系。先后制定出台《新时代北京农学院教师职业行为规范》《北京农学院新教师入职宣誓制度》《北京农学院师德承诺制度》《北京农学院师德师风建设实施方案》《关于在全校开展师德集中学习教育的实施方案》等多项文件，为师德教育提供制度保障。深入开展政治建设思政铸魂行动、规则立德固本强基行动、专项整治清朗净化行动、关键群体教育提升行动、以案明纪警钟长鸣行动、榜样引领典型赋能行动等专项行动，并将每年 9 月确定为师德师风建设主题月，确保师德学习教育全覆盖、有成效。

（一）面向全体教师开展师德教育必修课

学校将师德教育纳入日常理论学习和各类培训体系，开展人员全覆盖的师德专题学习教育。制定师德集中学习专项方案，量身定制学校全体教职工参加的涵括理想信念教育、职业道德教育、学术规范教育、法纪教育、心理健康教育等内容的师德师风专题培训。编排印发师德师风专题学习材料，制作师德榜样引领视频资料，充分利用新媒体平台，开设师德师风学习教育专题网站，增设企业微信人事人才服务专栏，开通北农教师微信公众号，为教师参加师德教育提供资源和便利。组织开展全员师德师风大讨论活动，学理论，学政策，学要求，全员参与对照要求就短板弱项开展研讨，推进研讨成果落地，规范教师履职履责行为，弘扬新时代教师道德风尚。定期召开全体教职工参加的师德师风警示教育大会，剖析高校及学校师德失范典型案例，警示全体教职工以案为鉴，树牢底线意识。通过开展师德集中学习教育系列行动，全员全方位全过程强化师德养成。

（二）面向不同群体教师开设师德教育定制班

结合教师的成长特点和实际需求，立足学校特色和目标定位，为不同层次、不同类别教师量身打造师德教育定制班。把握新教师进校关键期，将师德师风教育作为重要必修课，精心制定培训方案，通过邀请专家做师德专题报告、开展师德师风主题教育、进行师德师风专题研讨、组织新入职教师宣誓仪式、建立新教师思政导师制度等多种方式，帮助新教师熟知教师职业道德规范，树立良好的师德师风意识，提升新入职教师思想政治觉悟和道德品质。面向青年教师群体举办青年教师专项培训班，在培训过程中，注重提升参训教师的政治素质和师德素养，发挥关键少数的带动作用，书记校长讲授第一课，专家学者专题辅导，定制学习手册，组织青年教师开展研讨，参与外出实践，全面强化青年教师师德教育，助力青年教师更好地承担起学生成长指导者和引路人的责任。面向学校骨干教师举办研修班，引领骨干教师发挥智力优势，在学习过程中引导骨干教师聚焦党的建设和学校事业发展改革中的难点堵点开展研究，在研究过程中坚定教师为党育人、为国育才的理

想信念，提升骨干教师师德素养。

（三）打造师德教育品牌项目

开拓契合教师实际需求的师德培育形式，创立“师享沙龙”品牌活动，借助轻松、活泼的沟通交流平台，定期开展“师享沙龙”活动，每期挖掘确定不同主题，邀请不同领域的优秀教师或者行业大咖进行分享，通过典型优秀教师的引领，激发教师向优秀看齐，向榜样学习的热情，提高教师的师德素养，助力教师全面成长。开展讲述我（我们）的育人故事系列活动，以优秀团队讲述、榜样教师讲述、青年教师讲述、受益学生讲述、杰出校友讲述等不同角度讲述的方式，生动展现学校优秀教师坚守为党育人、为国育才初心使命的感人故事，挖掘教师在立德树人、服务社会过程中的生动故事，提高师德教育入脑入心实效。隆重举办教师节庆祝大会系列活动，致敬荣休教师及从教满 30 年教师，表彰获得奖励及荣誉的优秀教师，探索榜样引领在师德教育中的重要作用，弘扬尊师重教良好风尚。

（四）开展“行走的大思政课”师德教育实践活动

结合应用型高校发展目标定位，持续挖掘社会实践大课堂。针对青年教师欠缺基层一线实践经验现状，组织青年教师奔赴乡村振兴前沿，深入“三农”一线，开展系列实践教学活动，积极引导青年教师积极扎根基层，助力青年教师了解现代农业产业发展需求，激发教师服务“三农”意识。制定教师暑期实践工作方案，成立教师暑期社会服务团，组织全体教师利用暑期走进乡村、走进企业、走进社区，积极开展智力帮扶、产学研合作、调查研究、指导学生社会实践等方面工作，在实践中践行教师服务“三农”使命。持续搭建社会实践平台，依托教授工作站、科技小院、博士农场等，组织教师深入一线查找真问题，解决实际问题，利用知识优势开展科研攻关和成果转化，在“行走的大思政课”中开展师德教育。

三、应用型高校教师师德培育路径的思考

新形势下，各种社会思潮和意识形态的斗争和冲突日趋尖锐，高校教师思想动态呈现新特点，部分教师学习主动性有待进一步提高，部分教师底线意识有待进一步筑牢，个别教师甚至出现在公众场合做出不当行为、项目经费使用不合规等问题，这对学校师德教育也提出了更高要求，师德教育针对性及实效性需进一步加强。探索如何立足应用型高校目标定位，结合应用型高校教师特点及师德师风建设实际，构建完善的全覆盖、分层次、多形式、多维度的师德长效教育体系显得尤为必要。

（一）持续健全师德教育长效体系

应用型高校教师师德教育是一项必要且持续性工作，应持续完善制度建设和机制保障，构建师德教育长效体系。在充分调研教师个体的思想政治状况、师德素养情况及实际需求基础上，针对不同层次、不同类别、不同岗位教师的特点，借助培训班、读书班、沙龙活动、研讨会、优秀教师遴选表彰、育人故事会、教师传帮带等多种形式，为教师提供契合需求的差异化师德培训，使得每位教师都能受到能产生情感共鸣的师德教育。

（二）不断拓展师德教育学习平台

充分利用现代信息技术，探索搭建师德教育学习智慧平台。基于大数据手段，结合收

集的教师教育教学行为数据，运用现代信息技术进行教师个体数据分析，评估教师的师德表现，为教师有针对性地推送个性化学习资源和培训活动，令师德教育更加贴近教师的实际需求，更便于教师自主选择学习；利用信息化手段对教师行为进行智能监督，实时对教师思想动态进行密切关注和及时预警。

（三）深入开展沉浸式实践活动

契合应用型高校教师特点，通过开展国情研修、深入基层一线实践、参与志愿服务和公益性活动等多种形式，依托红色基地、乡村、企业、社区等具体沉浸式情境，深化教师对高尚师德的深入理解。激发教师参与师德教育、提升师德素养的积极性和主动性，引导教师自觉将师德规范的落实贯穿于教书育人全过程。

参考文献

崔健，李箐，王萱，2024. 新时代高校教师师德教育存在的问题及对策探析［J］. 教育教学论坛（11）：13－16.

黄长乐，2022. 新时代师范生师德教育的路径研究［N］. 科学导报，09－13.

刘璇，吕立志，吴永祥，2023. 新时代增强高校师德建设有效性的路径论析［J］. 江苏高教（10）：119－124.

马灵君，张祎喆，2024. 将教育家精神与党建融合，打造教育家型教师队伍［J］. 河南教育（教师教育）（9）：12－13.

裴帅，张丹妍，许双瑜，2024. 教育强国视域下高校师德建设长效机制研究［J］. 黑龙江教育（高教研究与评估）（9）：96－100.

王飞平，1988. 教师伦理学［M］. 上海：上海人民出版社.

王晓亚，2024. 生态体验视域下师范生师德教育的三个维度［J］. 教育探索（5）：81－84.

王晓亚，杨其勇，刘慧玲，2024. 教育家精神融入师范生师德教育的价值逻辑与实践［J］. 昭通学院学报（3）：46－53.

吴馨宇，2023. 加强高校师德师风宣传教育工作研究［J］. 河南教育（高等教育）（10）：23－25.

郑胜梅，2023. 新时代师德教育的有效途径探索［J］. 广西教育（34）：10－13.

周彼洋，卢少平，田仕，等，2024. 发挥高校师德典型示范效应的实践路径研究［J］. 建材世界（2）：137－140.

图书在版编目（CIP）数据

都市农林特色复合应用型人才培养模式的创新与实践 / 武艳，马兰青主编. -- 北京：中国农业出版社，2024. 12. -- ISBN 978-7-109-32783-2

Ⅰ. S-40

中国国家版本馆 CIP 数据核字第 2024VX5958 号

都市农林特色复合应用型人才培养模式的创新与实践

DUSHI NONGLIN TESE FUHE YINGYONGXING RENCAI PEIYANG MOSHI DE CHUANGXIN YU SHIJIAN

中国农业出版社出版

地址：北京市朝阳区麦子店街 18 号楼

邮编：100125

责任编辑：姚　佳　王佳欣

版式设计：杨　婧　　责任校对：张雯婷

印刷：中农印务有限公司

版次：2024 年 12 月第 1 版

印次：2024 年 12 月北京第 1 次印刷

发行：新华书店北京发行所

开本：787mm×1092mm　1/16

印张：24.5

字数：580 千字

定价：138.00 元